U0319167

高炉失常与事故处理

张寿荣　于仲洁　等编著

北　京
冶金工业出版社
2022

内 容 提 要

高炉炼铁技术发展到当前的水平，从事故带来的挫折中积累起来的经验教训在高炉炼铁技术水平的提升上发挥了重要作用。顺行是高炉炼铁生产追求的一种状态，因为高炉失常与事故往往是炉况不顺不断累积的结果。为预防和正确处理高炉事故与炉况失常，及时找出原因使炉况恢复顺行，高炉炼铁界数代人积累了宝贵的知识财富。本书所介绍的高炉事故的知识、教训和处理事故的经验，不仅需要传承，更重要的是要与今天和将来的炼铁工作者分享。从挫折中学习，将继续是不断提升高炉炼铁技术水平的一条重要途径。

本书首先扼要地阐释高炉炼铁在我国工业化进程中的重要地位，指出高炉事故与炉况失常是钢铁工业走向可持续发展的一大障碍，进而提出解决问题的根本方法。本书分章阐述高炉各类事故的基本征兆，剖析事故产生的原因，并选取有代表性的高炉事故案例，介绍事故处理的经验、教训和预防方法。

本书可供高炉炼铁领域的生产、科研、设计、管理、教学人员阅读。

图书在版编目 (CIP) 数据

高炉失常与事故处理 ∕ 张寿荣等编著 . —北京：冶金工业出版社，2012. 1 （2022. 5 重印）

ISBN 978 - 7 - 5024 - 5784 - 6

Ⅰ. ①高… Ⅱ. ①张… Ⅲ. ①高炉炼铁—事故处理 Ⅳ. ①TF549

中国版本图书馆 CIP 数据核字（2011）第 231223 号

高炉失常与事故处理

出版发行	冶金工业出版社	**电 话**	(010)64027926
地 址	北京市东城区嵩祝院北巷 39 号	**邮 编**	100009
网 址	www. mip1953. com	**电子信箱**	service@ mip1953. com

责任编辑 刘小峰 张熙莹 美术编辑 彭子赫 版式设计 孙跃红
责任校对 卿文春 责任印制 禹 蕊
北京虎彩文化传播有限公司印刷
2012 年 1 月第 1 版，2022 年 5 月第 4 次印刷
710mm×1000mm 1/16；21. 5 印张；415 千字；328 页
定价 65. 00 元

投稿电话 （010）64027932 投稿信箱 tougao@cnmip. com. cn
营销中心电话 （010）64044283
冶金工业出版社天猫旗舰店 yjgycbs. tmall. com
（本书如有印装质量问题，本社营销中心负责退换）

前　言

　　进入 21 世纪，钢铁工业资源和能源的全球化，技术装备的现代化、大型化、自动化，冶金工业的科研发现和技术创新，以及信息技术的应用，使钢铁工业科学技术实现了历史性的巨大跨越。在此期间，我国高炉炼铁几乎逐年刷新历史最高水平，生产技术指标不断改善，事故不断减少。不少高炉保持了长期稳定生产，有的操作人员工作 10 年以上未经历过高炉事故。这个结果来之不易，应当珍惜。同时应该看到，高炉事故的偶然性和随机性又决定了高炉事故还不可能杜绝。一旦事故出现，操作人员缺乏处理经验可能会措手不及，给生产带来不必要的损失。高炉炼铁技术发展到当前的水平，从事故带来的挫折中积累起来的经验教训在高炉炼铁技术水平的提升上发挥了重要作用。有关高炉事故的知识、教训和处理事故的经验是高炉炼铁界数代人积累下的宝贵知识财富，应当传承下去，使今天和将来的炼铁工作者能够分享。科学和技术永远是在克服挫折中前进的。从挫折中学习，将继续是不断提升高炉炼铁技术水平的主要途径之一。

　　2009 年 12 月初，中国金属学会在北京开会，总结举办第 5 届国际炼铁科技会议的经验。会议期间，武钢、鞍钢、首钢等单位的炼铁专家共同关注了近年国内高炉事故频发，带来巨大损失的问题。议论之后大家决定撰写一本总结高炉事故处理和炉况失常经验的专著。本书由中国工程院院士张寿荣发起和组织，武钢、鞍钢、首钢等单位的一些炼铁专家参加撰写，广泛搜集国内高炉事故案例，认真进行剖析，希望能对高炉事故的预防和正确处理有所裨益。

　　本书结构和各章的主要撰稿人员如下：

第 1 章　绪论（张寿荣）

第 2 章　炉缸冻结事故（刘　琦）

第 3 章　炉缸堆积（刘云彩）

第 4 章　炉缸炉底烧穿事故（汤清华）

第 5 章　炉墙结厚与结瘤（杨佳龙）

第 6 章　炉前事故（杨佳龙）

第 7 章　恶性管道与顽固悬料（张世爵）

第 8 章　高炉煤气事故（汤清华　邬虎林）

第 9 章　高炉爆炸事故（刘　琦）

第 10 章　其他重大事故（于仲洁）

第 11 章　从挫折中学习（张寿荣）

　　在本书撰写过程中，各撰稿人得到国内很多炼铁厂和炼铁界老朋友的大力支持，获得大量有价值的素材。有的章节还利用了《高炉事故处理一百例》一书（徐矩良、刘琦著，冶金工业出版社 1986 年出版）中有参考价值的案例。本书第 8 章和第 9 章涉及高炉煤气爆炸事故，部分内容稍有重叠。这两章由三位炼铁专家撰写，各包括了一部分爆炸事故的案例。

　　由于全书不同素材的撰写年代跨越时间长，撰写背景不尽相同，因而内容和格式差异较大。为了尽量统一各个事故案例的体例格式，全书由于仲洁进行统稿整理，最后由张寿荣审定。

　　炉况失常往往是一个累积的过程，即由短期性的炉况不顺逐渐演变为炉况失常。如在出现炉况不顺时能及时找出原因，使炉况恢复顺行，炉况失常就不会发生。而每个高炉事故的发生都有其特定条件。由于高炉炼铁生产、技术、操作和组织管理的复杂性，决定了高炉事故具有多样性。本书各章中所列举的事故都是在特定条件下发生的，高炉事故没有完全相同的，不可能有完全重复的。因此，这些高炉事故的处理经验只能借鉴参考，而不能照搬照套。以上两点是本书编著者的基本观点，特别提醒读者参阅本书时考虑。

　　在统稿整理事故案例时，我们力求领会每个案例的精髓，只进行必要的删减或补充，但仍可能无法完全准确地表达，希望原作者和广大读者予以批评指正。最后，对为本书提供宝贵技术资料的所有炼铁厂家和炼铁界同仁表示最诚挚的感谢。

编著者

2011 年 8 月

目　　录

1 绪 论

1.1 回顾与展望

虽然我国是世界上冶铁技术历史最悠久的文明古国之一，但工业革命以来，我国钢铁工业远远落后于工业化先进国家。1949 年新中国成立时，当年我国钢产量只有 15.8 万吨，仅占世界钢产量的 0.1%。新中国成立以来，我国一直把发展钢铁工业放在优先位置，尽管经历了艰难曲折、跌宕起伏，1978 年党的十一届三中全会后，我国钢铁工业终于走上了健康发展的轨道。1995 年和 1996 年，我国生铁和粗钢年产量分别超过了 1 亿吨。进入 21 世纪，我国钢铁生产规模的增长进入了快车道。2008 年我国粗钢产量达 5.0048 亿吨，占世界钢产量的 37.64%。在世界金融危机的影响下，由于我国政府投资拉动经济的政策，2009 年我国钢产量增长到 5.6784 亿吨，占世界钢产量的比例增至 46.55%；生铁产量增至 5.4374 亿吨，占全世界生铁总产量的 60.53%。

我国钢铁工业高速增长的拉动力是日益加速的工业化进程对钢铁产品日益增长的需求[1]。为应对国际金融危机，2008 年下半年以来扩大固定资产规模，使我国市场钢材表观消费量在 2009 年出现超常规增长。这种增长是阶段性的。在固定资产投资规模恢复正常后，市场钢材表观消费量将恢复至正常水平。我国经济发展的目标是 2020 年基本实现工业化。我国是拥有 13 亿人口的大国。2020 年之前，国内市场对钢材的需求将保持在较高水平（预计不会低于 4 亿吨/a）。到 2020 年，全世界基本实现工业化国家的人口可能达到 30 亿，届时全世界还有一半以上的人口有待于实现工业化。由此可见，在 21 世纪内，钢铁将继续是人类社会所使用的主要材料，人类社会仍将处于"铁器"时代。

1.2 钢铁工业是我国实现工业化的重要支撑

任何国家在实现工业化过程中，都要建设大批工厂和大量的公共基础设施。这些项目都要使用大量钢材。作者曾对全球拥有独立的工业体系的国家进行过统计，发现这些国家在进入工业化进程时，钢的生产能力必须具备一个起码的水平，作者当时称之为"门槛值"。统计结果显示，"门槛值"为人均年产钢 100kg[2]。换句话说，一个国家要实现工业化至少具备人均年产钢 100kg 的生产能力。2000 年以前，当时有一种观点认为中国钢的生产规模应控制在年产钢 1 亿吨以内。在北京密云召开的一次讨论会上,作者提出年产钢 1 亿吨是不能支撑我国实现工业化的。工业发达国家在 19 ~ 20 世纪期间完成了工业化任务,这些国家在工业化过程中,有的人均年产钢达到 800 ~ 1000kg,少的也有 300 ~ 500kg。我国年产钢量在 20 世纪内未达到人均 100kg,因而在实现工业化的进程中,我国长期是钢的净进口国。进入 21 世纪,我国钢铁工业高速发展,在 2007 年成为钢净出口国。世界金融危机后,我国加大社会固定资产投资力度,市场钢材表观消费量大增。2009 年我国钢产量比 2008 年增长 6700 万吨,而钢产品进出口基本平衡。2009 年在全球经济衰退的情况下,我国 GDP 增长 8.7%,对世界经济早日转向复苏作出了重要贡献。由于我国各地区经济无序发展,高炉大型化后新的大高炉投产,而应淘汰的小高炉继续生产,以及地方经营的落后产能过剩,使钢铁工业成为产能过剩的代表之一。但从另一个角度看,钢铁工业在 2009 年有力地支撑了我国 GDP 增长,在应对世界经济危机中发挥积极作用也应当予以肯定。由此可见,在我国工业化过程中,钢铁工业是重要的支撑。

1.3 新型工业化过程中钢铁工业的责任

如上所述,在我国工业化过程中,钢铁工业的重要作用是毋庸置疑的。然而,钢铁工业致命的缺点在于"两高一资",即资源、能源的高消耗和废弃物的高排放导致地球环境的高负荷以及对化石资源的严重依赖。自工业革命以来,先期工业化国家走的是"两高一资"传统工业化的老路。到今天,积累起来的对地球环境增加的负荷已到了地球环境难以继续承受的程度。20 世纪 80 年代,人们提出要寻求人类社会可持续发展的道路。为实现人类社会的可持续发展,人们在探索走新型工业化道路。对发展中国家,要实现工业化,走新型工业化道路是唯一正确的选择。发展中国家实现工业化,离不开钢铁工业强有力的支撑。"两高一资"是钢铁工业自工业革命以来数百年带来的弊端。新型工业化道路的核心是使所有的工业都转变为资源节约型和环境友好型的新型产业。为了人类社会的可持续发展,使我国钢铁工业逐步转变为资源节约型和环境友好型是我国责无旁贷的严肃任务。

自 20 世纪钢铁工业第一个高速增长期起,钢铁工业工艺流程形成两种主要类型:以铁矿石为原料的高炉→氧气转炉流程和以废钢为原料的废钢→电炉流程。进入 21 世纪,两种工艺流程并存的格局未发生根本性改变。由于发展中国家社会废钢积蓄量少,其钢产量在世界钢总产量中的份额增长很快,目前,高炉→转炉流程所占的份额已超过 70%。在我国,高炉→转炉流程所占的份额已超过 90%。

由于高炉→转炉流程"两高一资"弊端表现突出,自 20 世纪中期起,不少专家开始研究、探索"非高炉炼铁流程"。研究取得许多令人瞩目的进展,有的流程已付诸工业化。然而令人遗憾的是，迄今为止，尚未出现一种能够完全替代高炉的新流程。21世纪内，在可预见的将来，高炉炼铁工艺仍将是从铁矿石获取生铁的主要工艺流程。随着钢产量的不断增长，社会的废钢积蓄量将会增多，电炉钢的比例将会增加，转炉钢的比例将降低，生铁产量将下降，这对钢铁工业节能减排有利。

由此可见，21世纪钢铁工业走向可持续发展的路径将是以现有工艺流程为基础的技术创新，主要有节能降耗、资源综合利用、减少排放和污染物治理以及提升钢材的使用性能、降低单位GDP的钢消费量等。总之，对现有的钢铁制造工艺流程的优化和技术创新，将是21世纪钢铁工业技术进步的重点。要在不断的技术创新过程中，使钢铁制造流程逐步靠近资源节约型和环境友好型的目标。

1.4 高炉事故与炉况失常是钢铁工业走向可持续发展的一大障碍

在高炉→转炉流程中，炼铁工序的能耗占钢铁制造流程总能耗的70%。只有稳定均衡生产，高炉炼铁才能取得较好的效果。

现代化大规模工业生产的特征之一是要求工业生产的各个环节，从原料、能源供应、生产过程直至产品销售尽可能地均衡、稳定、有序。这是因为只有稳定、均衡运行，现代化的大规模工业才能获得好的经济效益。钢铁工业对稳定、均衡的要求比其他行业更高。钢铁工业属于流程制造业，与一般制造业的主要区别之一在于其生产流程是串联式的，上工序的产出就是下工序的输入，生产流程中任何一个工序出现问题，均可能影响全局。钢铁制造工艺与一般制造业的另一重要区别在于其整个流程属于高温冶金过程，流程中的物质流是1000℃以上的固体、液体和气体。钢铁厂出事故，往往造成资源、设备和人员的重大损失。钢铁企业出现重大事故，往往使企业遭受严重损失。要求钢铁企业不发生事故是企业必须履行的最基本的职责。炼铁工序的能耗占钢铁制造流程总能耗的70%，要求高炉不发生事故或不出现炉况失常是理所当然的起码要求。但是，原燃料性能和质量变化、设备出现故障、操作人员的失误等，使高炉炉况失常又时有发生，处理不及时和不当又转为事故。高炉事故与炉况失常是钢铁工业走向可持续发展的重大障碍，与高炉事故和炉况失常做斗争是高炉工作者的天职。

1.5 消灭事故与炉况失常需要长期艰苦的努力

1.5.1 高炉冶炼过程的复杂性

钢铁制造过程从物理化学观点看就是铁、碳、氧三种元素的反应过程。作为钢铁制造流程的主要工序，高炉的基本任务是从铁矿石（铁的氧化物）中提取金属铁。从铁矿石中铁的化合物（主要是氧化物）提取金属铁需要还原剂，同时还要提供充足的热量，以达到必要的温度。高炉实质上是散料床组成的竖炉反应器和热交换器。焦炭和散状含铁炉料从竖炉顶部装入，热风从下部的风口送入竖炉，使焦炭燃烧，产生热量和热还原性气体，使铁氧化物的还原过程得以进行。液态的金属铁和炉渣按密度的不同分离并从竖炉底部排出，而上升的炉内产生的煤气则从竖炉顶部排出。

高炉冶炼过程，从传输原理观点分析，其本质是在特定的竖炉内逆向流动的物质流和能量流的传热、传质和相变过程。这个过程是交错的、互相依赖的，而有时是互相矛盾的。高炉冶炼过程是动态的、非平衡的，永远处于变化之中，参与过程的能量流与物质流中任何变化都会对过程产生影响。炼铁的目标是期望高炉稳定、均衡、优质、高效地生产铁水。换句话说，期望高炉内的过程长期处于优化的平衡状态。与所有的流程制造业一样，流程中的反应过程不平衡是绝对的，平衡是相对的。使高炉内的反应过程长期处于优化平衡状态，难度是很大的。

高炉内逆向运动的物质流是在不断变化的。从高炉顶部装入含铁炉料与焦炭，其温度基本接近室温，在下降过程中被上升煤气流加热。在升温过程中发生的反应过程有：水分的蒸发，化合水的分解，焦炭挥发分的挥发和分解，碳酸盐的分解，铁氧化物的间接还原，矿石的软化和熔融，初成渣的形成，焦炭的溶解损失，升温过程中含铁炉料与焦炭的降解，氧化铁的直接还原，高炉内软熔带的形成，生铁的渗碳，硅、锰、磷、钛、砷等元素的还原和进入铁水等。从高炉风口鼓入的热风，除了氧气外还携带水分和喷吹燃料。在风口区内，碳、氧和水蒸气之间发生一系列化学反应，在炉腹区形成炉腹煤气的初始分布。在炉腹煤气上升过程中，除了煤气将热量传给下降炉料之外，还进行一系列的化学反应（传质）和煤气流分布状态的变化。逆向运动物质流在高炉内的变化状况，决定着冶炼过程的效率。逆向运动物质处于不断变化的状态，而且经常是随机的，因而造成了高炉冶炼过程的复杂性。

1.5.2 高炉冶炼过程的决定性因素

影响高炉冶炼过程的因素很多，其中具有决定性作用的可归纳为4类。

1.5.2.1 原燃料特性和供应水平

原燃料是高炉冶炼的基础。这主要包含两方面涵义：第一，不具备基本的原燃料供应条件，炼铁高炉就不能生产；第二，原燃料条件、特性决定着炼铁生产工艺流程、操作制度和高炉冶炼过程的效率和经济性。铁矿石种类繁多，如使用高铁分矿石，粉矿可以用于生产高碱度烧结矿，而块矿在整粒后可以直接装入高炉，高碱度烧结矿配块矿是合理炉料结构的一种类型。如使用低铁分矿石，则必须先经过选矿流程，去除大部分脉石，提高铁分。如选矿后得到的精矿粒度粗，可以与高铁粉矿配矿生产烧结矿或高碱度烧结矿。如得到的精矿粒度细（如小于200目，即0.074mm），则以生产球团矿为宜，高碱度烧结矿配酸性球团矿同样是合理结构的一种类型。全部使用球团矿的高炉炉料结构在美洲与北欧早已有先例。全部球团矿炉料结构中使用自熔性球团矿已有成熟经验。为使高炉炼铁取得好的效果，必须对所使用的原燃料开展系统的研究，并与高炉实践相结合，选择出适合该高炉具体条件的最佳炉料结构。这是高炉高产、优质、低耗、长寿的基础。

精料方针是世界炼铁行业根据多年的经验教训总结出来的指导高炉冶炼的重要技术方针。二次世界大战以后，高炉炼铁实施精料方针的重要性逐渐在高炉工作者中取得共识，原燃料质量对高炉影响的研究才受到重视。在此基础上，原燃料预处理，炼焦、烧结和球团等工艺技术方面都出现了许多技术创新。二次世界大战期间，钢铁工业第一次高速增长带动了精料领域的技术进步。20 世纪 60 年代，澳洲、南美等地区大储量富铁矿资源的发现和开发，使世界钢铁工业资源走向国际化，同时大大提升了高炉炼铁的精料水平。目前高炉炼铁的渣量，在主要产钢国一般均在吨铁 400kg 以下，有的低于吨铁 300kg。入炉原燃料质量的稳定性也得到大幅度提升，与 20 世纪 60 年代以前的原燃料质量水平不可同日而语。随着原燃料质量的改善，高炉事故与炉况失常的频率大幅度下降。

1.5.2.2 高炉技术装备完善程度和技术水平

如上所述，高炉本质上是一种竖炉反应器。高炉与一般竖炉反应器的区别在于，其内部是逆向运动的高温、高压下相互反应的物质流和能量流。竖炉要求能经受高温、高压液态渣铁和煤气流的物理、化学侵蚀。如果高炉不能承受这些侵蚀，就会发生事故。为使高炉实现稳定均衡生产，对物质流和能量流必须进行准确地计量和调控，对炉料在炉内分布必须及时掌握并有效地加以控制。对高炉液态渣铁产出物的排放，要有保证安全的设施。对高炉炉顶排出的煤气，必须装备确保安全的净化和利用手段。因此，为了保证高炉本体安全有序，除高炉主体设备外还要配备一系列辅助设施。

回顾工业革命以来高炉炼铁的发展史，它凝聚了前人的智慧和从业者的血汗。从硬件方面来讲，实质就是高炉装备不断完善和技术水平不断提高的历史。

工业革命前期，世界上最大的高炉在英国，每周产铁量仅 15t。二次世界大战前，高炉容积超过了 1000m³，日产超过 2000t。今天，世界上已有 5000m³ 以上的高炉十余座，单座日产铁超过 12000t。高炉装备水平现在已进入一个新时代。20 世纪 80 年代，一代寿命 10 年以上的高炉就算长寿。进入 21 世纪，许多大型高炉一代炉龄不中修的寿命超过了 15 年，有的超过 20 年。高炉设备的作业率大幅度提升，不少大型炼铁厂的高炉作业率达到了 98% ~ 99%。

高炉装备完善程度和技术水平的不断提升，使事故发生率大幅度降低。

1.5.2.3 高炉操作制度的合理化与优化

前面谈及原燃料是高炉炼铁的加工对象，高炉装备是高炉炼铁的硬件，而高炉操作制度则是高炉炼铁的软件。具备了好的原燃料和技术装备，高炉能否实现优质、低耗、高效和长寿，高炉操作制度具有决定性的作用。

高炉操作制度按控制方式可划分为 3 类，即上部操作制度、下部操作制度和造渣制度。有的炼铁专家增加了 1 项热制度，而将高炉操作制度分为 4 类。实际上，高炉热制度是上部操作制度、下部操作制度和造渣制度最终形成的结果，而不是调剂手段。

上部操作制度主要指的是调剂炉料在高炉炉顶的分布。高炉操作人员对炉料在高炉内分布的重要性的认识经历了漫长的过程，前苏联巴甫洛夫院士领导的研究组曾作出过重要贡献。起初人们以为炉料分布愈均匀对高炉操作愈有利，所以采用旋转布料器和钟式炉顶。后来发现炉喉边缘应当适当疏松，于是开发出可调式炉喉钟阀式炉顶。此后无料钟炉顶的出现，以其调节功能的灵活性逐渐取代了钟式炉顶。但是，装备了无钟式炉顶并不等于高炉上部调剂问题已经解决，关键在于要通过实践找出最佳的装料制度。

下部操作制度包括风口的布置，风口选用的参数，高炉的风量、风温、喷吹燃料量、富氧量等。前苏联标准设计风口数目按炉缸直径（以米计）的 2 倍来确定，以后又增至炉缸直径 2 倍以上。这对当时的 1000m³ 级高炉是合适的。随着高炉的大型化，风口数目偏少对高炉强化冶炼不利。作者认为风口数目应按炉缸截面圆周上风口中心的间距来确定，即炉缸截面圆周上风口中心线间隔控制在 1.15~1.25m 之间为宜。风口偏少不利于高炉强化，风口数目过多高炉操作难以稳定。

风口直径的确定要考虑高炉容积大小和期望达到的生产水平。许多钢厂按计算的鼓风动能值确定风口内径，比较简单的方法是参照标准状态下的风速。小于 1000m³ 高炉的风口标准状态下的风速可以低于 200m/s。大于 2000m³ 高炉则必须在 200m/s 以上，3000m³ 以上的高炉则应在 250m/s 以上。大高炉风口风速偏低是导致炉缸堆积的重要原因之一。

高炉能接受多少风量，可能强化到何种程度，首先取决于高炉内料柱的透气性，而原燃料质量是决定性因素。其次要考虑上下部操作制度的选择是否得当，上部与下部操作制度能否相互适应并有互补性。这两方面条件具备，高炉冶炼就具备了强化、高效的基本条件。

下部操作制度除了风口直径之外，还包括风口长度。总的发展趋势是随着高炉的大型化，风口长度逐渐增大。目前大高炉都在致力于强化冶炼条件下的长寿，大多数高炉风口长度都在 500mm 以上。

20 世纪 70 年代，高炉风口燃料喷吹发展初期，人们曾把鼓风脱湿作为一项节能技术来对待。喷吹技术发展到今天，在大量喷吹燃料的条件下，鼓风中湿分分解热在热平衡中占的比例越来越低，鼓风脱湿的作用越来越小。如何利用风口喷吹物和富氧还有待于今后开展更深入的研究。

造渣制度是高炉操作制度的重要组成部分。造渣制度决定着高炉铁水的质量，同时对高炉能否顺行和传热、传质过程产生重大影响。高钛铁矿能否采用高炉流程，20 世纪 60 年代之前曾被列为技术难题。高钛铁矿高炉冶炼试验成功使我国在攀枝花建设大型钢铁企业成为现实。近年来，随着进口铁矿石 Al_2O_3 含量升高，Al_2O_3 对我国某些企业高炉的造渣制度带来不利影响，给生产造成了损失。由于造渣制度的重要性，今后对造渣理论的研究工作必须加强。造渣制度决定高炉的热制度。实践证明，高炉需要的是熔点合适的"短渣"。只有造渣制度合理，高炉才能冶炼出物理热充足的低硅、低硫的炼钢生铁。生铁的含硅量并不能完全代表铁水的物理热。铁水含硅量相同，大高炉的铁水温度比小高炉高。由于造渣制度不合理造成的炉缸冻结比严重炉凉导致的炉缸冻结处理起来更加困难。

由此可见，高炉操作制度的合理化与优化是影响高炉冶炼过程的重要因素。

1.5.2.4 操作人员的专业技术水平

钢铁工业长期以来属于技艺的范畴。工业革命以来，随着人类科学知识的积累，钢铁冶炼开始从技艺走向科学化。尽管 20 世纪以来钢铁工业得到很大发展，钢铁冶金尚未真正成为像物理、化学等学科那样的科学，仍然属于技术的范畴。因此，钢铁工业操作人员的专业技术水平对钢铁工业的发展起着决定性作用。

二次世界大战以后，钢铁工业经历了两次高速增长期[3,4]。第一个高速增长期出现在 20 世纪 50 年代中期至 70 年代前期，北美、欧洲和日本及东欧和前苏联的战后重建对产品需求的增长是拉动力，而以氧气转炉炼钢和连铸为核心的技术创新是增长的推动力。这一时期的技术创新是钢铁冶金技术史上一次重大技术革命。其中，欧洲工业发达国家的钢铁专家、研究人员和工程技术人员发挥了带头和桥梁作用。第一次高速增长期使全球钢产量由年产 2 亿吨增至年产 7 亿吨。20 世纪末出现的第二次钢铁高速增长期则是由于中国和一部分发展中国家工业化和基础设施建设的拉动。由于涉及的发展中国家人口众多，其规模扩张速度大大超过了第一个高速增长期。第二个高速增长期的推动力借助于从工业发达国家引进的技术创新项目的应用与推广。其间，发达国家与发展中国家的专业技术人员发挥了重要作用。在我国实现现代化的过程中，智力资源是最重要的人力资源，专业技术人员是决定性因素之一。

1.5.3 为高炉冶炼创造更加优越的条件是消灭事故与炉况失常的物质基础

20 世纪后半期，技术进步推动了工业的大发展。20 世纪 50 年代之前，高炉炉底、炉缸烧穿似乎是不可避免的事故。前苏联重点钢铁企业之一，库兹涅茨钢厂的两座 $1000m^3$ 以上的高炉，几乎在同一时间炉底和炉缸的交界处烧穿。这一事故当时震惊了国际钢铁界。炉底、炉缸烧穿的基本原因在于当时高炉炉体结构落后。烧穿的两座高炉冶炼强化程度并不高，按现在的计算方法利用系数远不到 2.0t/(m³·d)。当时研究工作深度不够，对高炉炉底的侵蚀机理没有真正理解，高炉设计和炉体结构有缺陷是炉底炉缸烧穿事故发生的根本原因。20 世纪后半期以来，炼铁技术进步推动了高炉大型化和生产水平的提升，加深了对炼铁冶炼过程的理解，在此基础上大幅度地提高了高炉炼铁的技术装备水平。进入 21 世纪，高炉长寿问题在某些产钢大国包括我国在内，技术层面上已经解决，目前的问题在于长寿技术的推广应用。

经过 20 世纪几代高炉工作者的努力，在进入 21 世纪时，炼铁界对高炉事故与炉况失常的掌握能力与 20 世纪前半期相比有很大提高，已经走出了"必然王国"。人们认识到，高炉事故与炉况失常是可以避免的；使炼铁高炉长期处于稳定、均衡、优质、低耗和清洁生产的状态是可以做到的。问题的关键在于要为高炉冶炼创造更加优越的条件。这个过程是长期的，只要钢铁工业存在，就要不断为高炉冶炼创造更为优越的条件。这是消灭事故与炉况失常的物质基础，也是钢铁工业走向可持续发展的必由之路。

1.6　不断提升炼铁专业队伍技术和理论水平是永恒的课题

人类社会的科学技术水平总是不断进步的。在封建社会，科学技术发展缓慢。工业革命后，科学技术进展加快，而且不断加速。信息技术的出现，使科学技术进步进一步加速，而且呈现指数式积累。钢铁工业技术进步加速现象也十分明显。工业革命之初，英国高炉产量最高的是每周 15t。二次世界大战期间，年产 100 万吨的钢厂就算是大钢厂。日本发动侵华战争时其最高年产钢量为 700 多万吨。鞍钢前身是日本占领时期建的昭和制铁所，是当时亚洲的大钢厂，号称年产钢能力 140 万吨，实际最高年产钢量只有 90 万吨。新中国成立后，我国第一个五年计划确定建设三大钢铁基地，即鞍钢的恢复重建、新建武钢和包钢。鞍钢规模为年产钢 400 万吨；武钢和包钢规模分别为年产钢 300 万吨，分两期建设。武钢一期 150 万吨，1957 年开始施工，1965 年建成，历时 8 年（其间包括"大办钢铁"和三个经济调整）。宝钢是我国全套引进的现代化钢厂，一期工程规模年产钢 600 万吨，1978 年末开始施工，1985 年建成，历时近 7 年。21 世纪我国自主新建的京唐公司的曹妃甸钢厂及鞍钢在营口鲅鱼圈建的新钢厂，规模比武钢、宝钢一期都大，而施工期短得多，其主要原因在于技术进步推动了我国钢铁工业总体水平的大幅度提升。

21 世纪全球经济将会继续发展，其速度、广度和深度将远远超过 20 世纪。作为工业化支撑的工业在 21 世纪将继续发展，同时发展模式也将逐渐走上可持续发展的轨道。自第二个钢铁工业高速增长期以来，我国钢铁工业规模扩张很快，平均年增产钢 6000 万吨。但在产业结构方面，总体上反而有所倒退，能耗居高不下，环境负荷日益沉重，与可持续发展的目标背道而驰。21世纪钢铁工业规模的大发展，使我国钢铁工业调整结构和淘汰落后的任务更加艰巨。

改变目前落后局面的出路在于从根本上提升钢铁工业专业队伍总体的技术和理论水平。

（1）学习、实践科学发展观，转变钢铁工业增长的发展模式。

旧中国的"一穷二白"决定了我国工业化长期以来实行"规模扩张型"模式。已经出现的若干行业的产能过剩的实质是落后生产能力过剩，而同时高技术含量产品不能自给，不得不依赖进口。在可持续发展已成为国际社会经济进一步增长关键因素的情况下，我国长期以来实行的"规模扩张型"经济发展模式已难以为继。然而，这种传统发展模式似乎成了"定式"，形成了不自觉的"路径依赖"。这种状况若不改变，新型工业化道路将难以实现。

实践科学发展观，关键在领导。违反科学的决策不仅带来严重事故，而且使国家遭受重大经济损失。1958年鞍钢10号高炉开炉事故就是一个典型案例[5]。该炉容积1513m³，是当时我国最大的高炉。在建设工作尚未搞好的情况下，1958年11月10日强行点火开炉。由于设备施工质量差，小钟平衡杆折断数次，频繁休风，风口及二套烧坏，炉顶爆炸等事故频繁，最后导致高炉炉缸冻结，最严重时只能从风口出铁。这次事故从1958年11月10日点火算起到1959年2月6日全部风口恢复正常送风，历时2个月26天。这是"大办钢铁"期间我国大型高炉发生的空前重大事故。

改变违反科学规律办事的根本办法主要是使钢铁工业的领导干部和专业技术人员认真学习科学发展观，真正用科学发展观审视个人的思想方法和世界观，必须理论结合实际，而不是把科学发展观只当成口号来宣传。能否真正改变经济增长的模式，是对一个组织或科技工作者是否接受科学发展观的试金石。只有把转变钢铁工业增长方式成为钢铁行业的自觉行动时，我国钢铁工业才有可能由大变强。

（2）从实际出发，坚持实践是检验真理的唯一标准，永远保持头脑清醒，博采众长。

对我国钢铁工业规模的快速发展，国外不少溢美之词，我们对此必须保持头脑清醒。必须认识到，我国钢铁工业的发展是以浪费能源和环境透支为代价的，不可沉醉于个别领域内的技术成就而自我估价过高。总体上看，我国仍属于发展中国家，工业化历史不长，竞争力与工业先进国家的差距需要长期艰苦努力才能赶上。保持谦虚谨慎、戒骄戒躁、博采众长、为我所用的态度是十分必要的。

（3）理论联系实际，提高炼铁行业总体技术水平是当务之急。

钢铁工业规模扩张太快，而专业人才培养要有一个过程，人才成长跟不上发展要求是不可避免的。新中国成立初期也曾出现过类似情况，出路在于各企业自主抓队伍培养。要强调理论联系实际，重点在于提高解决实际问题的能力。钢铁工业需要的是队伍总体水平的提升，这样才能使我国钢铁工业由大变强。鉴于钢铁企业事故日趋减少，操作人员亲历事故的机会将越来越少，出版本书希望对炼铁人员的学习能有所帮助。

参 考 文 献

［1］Zhang Shourong. The 5th International Congress on the Science and Technology of Ironmaking（ICSTI'09）. Shanghai，2009：1~13.

［2］张寿荣. 21 世纪中国需要多少钢［M］//张寿荣文选（下卷）. 武汉：湖北科学技术出版社，2008：515~521.

［3］张寿荣. 钢铁工业与技术创新［M］//张寿荣文选（下卷）. 武汉：湖北科学技术出版社，2008：574~582.

［4］张寿荣. 钢铁工业的过去、现在和未来［M］//张寿荣文选（下卷）. 武汉：湖北科学技术出版社，2008：537~543.

［5］成兰伯. 高炉炼铁工艺及计算［M］. 北京：冶金工业出版社，2001：339~363.

2 炉缸冻结事故

炉缸冻结是高炉最严重的事故之一，尽管近年高炉的原燃料、装备、操作等条件有了大幅度的改善，但此类事故在国内外高炉仍时有发生。高炉一旦发生炉缸冻结事故，不仅严重影响炼铁生产，有时还会损坏设备，造成人力、物力的巨大损失。因此，努力避免发生炉缸冻结事故，一向是高炉工作者追求的目标。

2.1 炉缸冻结的征兆

炉缸冻结的征兆即炉缸冻结前的炉况特征，如能掌握这些特征并及时、准确地应对，有可能挽救高炉炉况，不至于发展到炉缸冻结的事故状态。一般来说，炉缸冻结有以下特征：

（1）急剧炉凉。除了突发性管道行程造成的炉缸冻结外，绝大多数炉缸冻结发生以前都会经历急剧炉凉。由于炉凉原因不同，其趋势可能是急变也可能是缓变。急剧炉凉一般表现为：铁水中硅含量可能低于 0.1% ~ 0.2%，硫含量很高；铁水发红，温度极低，可能低至1300℃，流动性极差；炉渣呈黑色，断面似沥青，温度极低，流动性极差。

（2）因炉凉引起崩料、悬料、管道等炉况失常。风口发红、呆滞，个别或多个风口涌渣。如果风口涌渣时崩料或坐料，多数情况下会发生风口灌渣，风口甚至风口二套可能烧穿。无论风口大面积灌渣或风口烧穿，只能休风处理，而且休风时间较长，常易诱发炉缸冻结。

（3）铁口难开。即使能打开铁口，也表现出铁冷、渣黑、流动不畅，或者只见铁不见渣。这说明炉内的炉渣黏稠，难以穿过焦炭间隙从铁口排出，更严重时炉渣可能会凝结。

（4）随着炉凉的发展，风量自动减少，风压升高，这必然引发崩料、悬料、管道等异常行程。

（5）大型管道发生以前必定有一段时间压差升高。2.5 节中本钢、唐钢、沙钢等高炉的案例均属此类情况。以沙钢5800m³ 高炉为例，该高炉开炉初期，因操作制度不适应，在风量不高的情况下，压差高达220 ~ 250kPa，结果发生特别严重的管道行程，炉顶温度超过1000℃，导致发生气流顺下降管摧毁部分除尘器旋流板的事故。

（6）如果炉缸冻结是由于炉内漏水引起的，在炉缸冻结前可能出现风口与二套间，或二套与大套间、大套与法兰间向外流水。同时，铁口可能发潮、冒气甚至流水，炉顶煤气中 H_2 含量升高。

2.2 炉缸冻结的原因

引发炉缸冻结的原因很多，有时多种因素叠加，但基本原因只有几种，介绍如下。

2.2.1 炉况失常

在很多情况下，由于原燃料质量变差或基本操作制度不当引起高炉炉况失常。连续性的崩料、坐料，使大量未经充分还原的炉料进入高炉下部，在进行直接还原时吸收大量热量。如果此时减风、降负荷、加净焦等措施不到位，就可能引起炉况大凉，甚至导致炉缸冻结。

有些高炉炉缸冻结起源于恶性管道。恶性管道发生时煤气分布严重失常，其热能、化学能不能得到有效利用，管道伴随的崩料使大量生料降到高炉下部，使本来正常的炉温骤然下降，可能引发炉缸冻结。

崩料、坐料，特别是发生在已经炉凉时的崩料、坐料，一般伴有风口涌渣、灌渣。恶性管道伴随的崩料，也常引发风口灌渣，甚至风口烧穿。无论风口烧穿或灌渣，特别是多个风口灌渣，必须休风处理，而炉缸冻结则往往发生在这种休风以后。

2.2.2 操作失误

炉缸冻结的前奏是炉凉。高炉炉温在一定范围内波动本来是正常现象，而导致炉缸冻结的炉凉则往往是由于操作不当引起的，即由炉凉而剧冷，最后到冻结。

2.5.6 节列举的重钢高炉炉缸冻结案例，是在矿石成分大幅度波动时未及时调整焦炭负荷引起的。更多的事故案例可归结为工长操作经验不足，对炉温走势反向判断，进行反向调剂。例如，在炉温向凉的情况下反而采取降风温、提负荷、撒煤量、加风量等措施，或调剂力度不当，使炉温进一步向凉，甚至发展到剧冷、炉缸冻结。这就是所谓"小失误引来大事故"。

当然还有"大失误"引发的炉缸冻结，例如鞍钢高炉很多年前曾发生过因装料程序错误，只装矿石，不装焦炭，导致炉缸冻结的严重事故。

高炉长期严重发展边缘，长期低料线作业，往往引起炉凉乃至炉缸冻结，也值得警惕。

2.2.3 大量冷却水漏入炉缸

2.5 节列出了 4 个因冷却设备漏水引起的炉缸冻结案例。向炉内漏水的可能是冷却壁，也可能是风口。在较长时间休风未对漏水的冷却设备处理，或者根本就没有发现漏水，休风期间炉内没有热源水蒸发量小，没有压力使漏水量加大。这样一来，大量的水容易流入炉缸，使炉内残存的渣铁冷凝，复风时打不开铁口，形成炉缸冻结。

2.2.4 长期休风或封炉

即使没有冷却设备漏水，长期休风也是诱发炉缸冻结的常见原因。长期休风时炉内没有新的热量产生，存料处于逐渐冷却状态，如果停炉或封炉方案有误，就可能在复风时发生炉缸冻结。这些失误可能包括：

（1）休风料或封炉料中净焦不足；

（2）复风后续炉料负荷过重；

（3）休风前渣铁未出净；

（4）休风期间风口未堵严，或炉壳开裂处未处理，吸入空气使炉内焦炭燃烧。

2.2.5 设备事故诱发

如果开炉前试车不充分，常会造成频发的设备事故，引起高炉较长时间的反复休风。由于开炉初期炉体各部位未经充分预热，这种情况下容易造成炉凉，甚至发展成炉缸冻结。

突然发生的、重大的设备事故，往往造成高炉紧急的、长时间的休风。由于事先在配料、出铁方面毫无准备，休风时还可能造成风口大面积灌渣，复风时很容易发生炉缸冻结。2010 年沙钢 2500m³ 高炉炉缸烧穿和 5800m³ 高炉热风总管突然断裂造成的长期休风，复风时都曾造成炉缸极度冷却。幸亏当时铁口处理较好，复风时尚能出铁。这两个事故虽然尚未达到炉缸冻结的程度，实际上炉缸也已基本处于"凝结"状态。

2.2.6 原燃料质量恶化

原燃料质量恶化，特别是焦炭强度、热强度下降，或者碱金属含量高，都会使炉内料柱透气性变坏，风量、风压关系失常，引起崩料、悬料、管道等炉况失常的行程。如果处理不当，就会导致炉凉，严重时可能发展为炉缸冻结。

烧结矿强度恶化，焦炭、烧结矿筛分组成变差，也可能引起上述结果。焦炭中存在的碱金属，对其强度起劣化作用，恶化高炉行程。2.5.15 节所列江苏铁本钢铁厂高炉发生的"死炉"事故，是充分体现焦炭中碱金属破坏作用的典型案例，值得引起重视。

2.3 炉缸冻结事故的处理

炉缸冻结事故处理的关键有两点：一是熔化炉缸内温度低的渣铁和炉料；二

是将低温的渣铁从炉内排出。

2.3.1 熔化渣铁和冷料

2.3.1.1 加够净焦

炉缸冻结的根本原因是炉内热平衡失调,必须靠外加热源才能使炉况起死回生。加净焦的数量因炉缸冻结的程度而不同,但应足够。2.5 节列举的鞍钢案例中加净焦量的参考数据见表 2-1。

表 2-1 鞍钢高炉加净焦量及效果

炉 号	加焦炭		炉缸容积 /m³	焦炭容积/ 炉缸容积	炉 况
	t	m³			
鞍钢 1 号	88.8	147.3	72.5	2.032	炉温回升,炉况恢复顺利
鞍钢 3 号	21.8	48.4	101.3	0.477	失败
鞍钢 3 号	65.4	145.3	101.3	1.434	炉温回升,炉况恢复顺利
鞍钢 3 号	88.0	196.6	101.3	1.940	失败
鞍钢 6 号	28.3	62.9	129.6	0.485	失败
鞍钢 11 号	160.0	335.6	274.7	1.222	炉温回升,炉况恢复顺利

净焦之后的后续料,一般采取正常料间隔加净焦的加料方法,直至接近正常负荷。负荷恢复正常的进度应根据炉凉程度、恢复顺利情况以及风温等条件确定。

2.3.1.2 形成小冶炼区

积存在炉内的焦炭,其燃烧所产生的热量不足以熔化和加热炉内的冷料,必须从炉顶加入净焦,净焦下到风口带,才能使炉内的冷料顺利熔化并加热到从铁口流出。因此,送风初期不应打开多个风口,那会使大量冷料下到风口区,加剧炉凉。

等待净焦下降到风口这段时间是处理炉缸冻结事故最困难,也是最关键的阶段,要求操作者有足够的信心和耐力。

处理炉缸冻结时,开始开多少风口是成败的关键环节。开风口数目一定要少,可视炉缸冻结的程度选用风口总数的 1/10 ～ 2/10,一般是铁口两侧的 2 ～ 4 个。这样在送风后能在炉内形成一个在冷料包围中的小的冶炼区域。其目的一是减少单位时间内需要还原、熔化的冷的渣铁,减小渣铁排出的困难;二是减缓冷料的熔化速度,避免因冷料熔化过快,升温速度低,拖长炉况恢复时间。

为了保证少量风口正常送风,其他未开的风口一定要堵严。常常有风口自动吹开的情况,有时操作人员往往不重视,听其自然,结果使大量冷的渣铁不能顺利外排，加剧风口涌渣、灌渣，拖长炉况恢复进度。遇到这种情况，应该宁肯冒着灌渣的风险，也要休风重新把吹开的风口堵好。

2.3.2　按单风口风量送风

处理炉缸冻结送风初期，有些企业是按风压操作的。根据本章编者的经验，应按单风口风量操作，即每个送风风口的风量与正常炉况时单个风口的风量大体相当。其优点在于：单个风口的风速与正常炉况相当，可保持一定深度的风口回旋区，有利于活跃局部炉缸，扩展熔化区域。在炉况好转增加风量时，也要遵循这一原则增加新开的风口。

初始送风的风温应采取热风炉能达到的最高风温，因为这时风量较低，向高炉的供热仍然有限。

2.3.3　排出冷渣铁

排出冷渣铁是处理炉缸冻结事故最关键、最困难的工作。实际上，只要铁口与风口能够贯通，冷渣铁能排出去，处理难度就小得多。不论是计划的还是非计划的长期休风，要尽最大可能出好最后一次铁，做到大喷铁口。

长期休风的复风以前，不论炉内积存多少渣铁，都应尽量挖出铁口周围几个风口下面的焦炭和冷凝物，填以新焦炭。但是大型高炉铁口与风口间距离大，挖空很难，可尽量多挖一些。

高炉送风后应争取尽早烧铁口。如能烧开，说明铁口、风口是贯通的，要大喷铁口。堵口后每隔半小时再开再喷，目的是保持并加热铁口与风口的通道。如果铁口烧不开，估计铁口与风口活跃区相距不远时，可用炸药炸铁口。若二者相距较远时此法不宜采用，可用氧气烧铁口。如果铁口烧进很深仍不见渣铁流出，说明风口与铁口隔断，炉缸内冷凝的渣铁过多，此时应采用非常铁口出铁。所谓非常铁口，对20世纪80年代以前有渣口的高炉来说首选渣口。目前的高炉多不设渣口，当确认铁口不能排出渣铁时唯一的选择是用风口出铁。通过风口出铁的要点包括：

（1）选用铁口上方相邻的两个风口，一个送风，一个出铁，其余风口全部堵严。

（2）用于出铁的风口，拉下风口小套，换上与风口外形尺寸相同，内径80～100mm的炭砖套，并焊支架顶住。二套、大套内砌好耐火砖，并垫好炮泥烤干。大套外焊钢架、铁沟、砌砖、填泥、铺沙，争取与炉前出铁沟或铁罐相连。鹅颈管焊堵盲板。

做好以上准备工作后可以开始用一个风口送风，一个风口出铁。与此同时，抓紧烧正式铁口，直到铁口能出铁。此后再将临时用作铁口的风口改回去。

2.3.4   慢捅风口

送风风口与正式铁口贯通，铁口能流出渣铁，标志炉缸冻结最困难的时期已经过去，此后转入扩大战果，全面恢复炉况阶段。但是，在这个阶段最容易犯的错误和最忌讳的是性急，捅风口过早、过快。这会导致炉况恢复工作返工，延长处理时间。这个阶段炉缸热量不足，大量冷料下来后炉温向凉，甚至重新造成凝结，使渣铁排出不顺。因此，捅开风口应遵循以下 3 条原则：

(1) 送风的风口明亮、活跃，并已持续一段时间，使相邻的风口有时间加热。

(2) 铁口出铁、出渣正常。

(3) 每次增开风口最多两个，即在已开风口两侧一边一个。不可多捅开风口，也不可与已开风口相隔捅开风口。如遇到相邻的风口捅不开，必须捅隔开的风口时，捅开风口的时间间隔要拖长一些。

2.3.5   加强炉前工作

处理炉缸冻结时，炉前工作负担很重，主沟也需要随时修理，因此必须准备充足的人员。打开铁口初期，一般渣铁不多，流动性差，需要制作临时撇渣器，以避免渣铁不分的冶炼产物凝死撇渣器。这些流动性差的冶炼产物可流向铺沙的炉台，或流到铁罐后到炼钢处理。

2.3.6   长期休风时闭小冷却水

在长期休风过程中要闭小冷却水，一般可在休风后逐步减少炉体冷却水，两天后停泵。软水在及时补水的前提下保持自循环状态，风口改工业水保持自循环状态。

2.3.7   恢复正常

一旦铁口能够正常出铁，工作风口占到总数的 90% 以上，炉缸冻结处理即告圆满完成。此后的工作转入调整负荷、恢复喷煤、调整炉温等操作，以逐步恢复炉况顺行。

如果炉缸冻结处理过程没有反复，一般情况下从处理开始到基本正常大约需要一周时间。随着高炉容积的大小和冻结程度不同，炉缸冻结的处理时间可能有一些差异。

2.3.8   炉缸冻结事故处理小结

炉缸冻结事故的处理有时相当困难，特别是在等待焦炭下达、风口涌渣、铁口也烧不开的情况下。这时需要操作者有足够的耐心、信心和毅力，相信按照正确的方法一定能处理好。在恢复过程中切忌急躁，开风口、加负荷、加风量、恢复喷煤等操作都要循序渐进，避免返工，避免欲速而不达。

2.4 炉缸冻结事故的预防

2.4.1 防止炉况失常，防止炉凉

炉缸冻结事故不论何种原因均与炉况失常、发生严重炉凉有关。因此，必须把维持炉况稳定顺行，防止炉况失常放在首位。

防止炉况失常的根本措施在于改善原燃料条件，稳定原燃料成分、理化性能和冶金性能，特别是焦炭和烧结矿的强度和筛分组成。在高炉操作方面，加强操作人员的基本功训练，对炉况发展的趋势做到判断准确、调剂及时、力度恰当，要认真执行操作规程，提高应对非正常炉况的能力，力求避免炉况失常，或将失常消除在萌芽状态。

炉缸冻结的前兆是炉凉，防止炉凉应注意以下几点：

（1）在冶炼低硅铁时要防止生铁中硅含量连续低于下限，更重要的是要保持炉缸活跃，炉温充沛，适当提高炉渣碱度。即使硅含量低些，也应保持一定的铁水温度。

（2）对于炉况欠顺的情况，如出现悬料、崩料、管道频繁时，要适当控制风量，不宜盲目加风。与此同时要控制负荷，及时补充焦炭。

（3）出现突然性的向凉因素，如渣皮滑落时，要及时补足焦炭。

（4）当炉况已经大凉，甚至已出现风口涌渣时，应集中加入大量净焦，一是补充热量，二是疏松料柱。

（5）在炉凉时喷煤应注意以下几点：

1）在炉温轻微下行时，可增煤调剂。

2）在炉温明显向凉且煤量已较多时，不应再加煤，因为此时风口前温度已很低，越加煤温度越低，未燃煤粉会增多，炉渣黏度升高。此时应减风，提风温，如有可能同时减轻负荷。

3）在已形成炉凉，风口出现涌渣时，应果断停煤，减风，尽早减负荷，尽可能提高风温。

2.4.2 控制压差

无论高炉在正常炉况还是非正常炉况下运行，都要控制一定的压差，不允许高炉在高压差下操作。本章编者的经验是：压差超过正常压差的5%，会引起高炉难行；超过10%会引起悬料、管道频发；超过20%会产生严重悬料或剧烈管道行程。频繁和剧烈的管道行程，往往会导致高炉剧冷甚至炉缸冻结。

2.4.3 长期休风或封炉操作

前面提到，有些炉缸冻结事故是在长期休风或封炉后发生的。对于长期休风或封炉应注意以下几点：

（1）休风前2~4周应洗炉。降低炉渣碱度，按控制铁水中锰含量为0.6%~0.8%加锰矿洗炉，或者加萤石洗炉。

（2）休风前5~7天适当提高炉温，控制铁水中硅含量为0.6%~0.8%，中小高炉铁水中硅含量更高一些。

（3）休风料中加入足够的净焦和轻负荷料。表2-2给出了不同容积高炉封炉时的焦比参考数据。在高炉生产实践中，封炉时间除与封炉时间、炉容有关外，还与原燃料条件、风温条件等因素有关。

表 2-2 不同容积高炉的封炉焦比 （t/t）

容积/m³	休风/d					
	10~30	30~60	60~90	90~120	120~150	150~180
450~550	1.5~1.6	1.6~1.9	1.9~2.2	2.2~2.5	2.5~2.8	2.8~3.2
600~900	1.4~1.5	1.6~1.9	1.9~2.2	2.2~2.5	2.5~2.8	2.8~3.2
1000~1200	1.4~1.5	1.5~1.8	1.8~2.1	2.1~2.4	2.4~2.7	2.7~3.1
1500~1800	1.3~1.4	1.5~1.8	1.8~2.1	2.1~2.4	2.4~2.7	2.7~3.1
2000~2500	1.3~1.4	1.4~1.7	1.7~2.0	2.0~2.3	2.3~2.6	2.6~3.0
≥3200	1.3~1.4	1.4~1.7	1.7~2.0	2.0~2.3	2.3~1.6	2.6~3.0

（4）封炉料中净焦与后续料负荷的选择大致与开炉料相近。

（5）休风期间风口一定要堵严，不要顾虑复风后风口不易打开。有的炼铁厂用炮泥堵风口后外面涂抹黄油，效果较好。对于炉壳有裂纹或开裂的高炉，在停炉前应对裂纹或开裂处进行焊补处理。

（6）休风前最后一次铁一定要出好。要大喷铁口，有多个铁口的高炉要同时打开喷，力求减少炉缸内残存的渣铁，特别是各个铁口附近的残存渣铁。

（7）停风前要用全部风口送风，平时堵住的风口也应提前两三天打开。

（8）停风前仔细、认真地检查冷却器、风口及炉顶的冷却设备，有漏水的要及时更换或停水，绝对不允许在休风期间向炉内漏水。

2.5 炉缸冻结典型案例剖析

2.5.1 鞍钢11号高炉长期休风冷却设备漏水造成的炉缸冻结事故[1]

2.5.1.1 事故经过

鞍钢11号高炉（2025m³）于1971年10月1日投产。原设计炉腰以上冷却壁和支梁式水箱为汽化冷却，由于对汽化冷却装置维护缺乏经验和监测仪表不完善，开炉后 5 个月左右第 8 段 19 号汽化冷却壁水管烧坏。随着高炉生产的强化，汽化水管破损量增加，向炉内漏水，严重威胁高炉生产。为此被迫于 1974 年 1 月 16 日在原汽化冷却装置基础上改为循环水冷却，但漏水问题并未根除，而是愈来愈严重。

　　1974 年 7 月 13 日计划休风 32h 进行检修，休风料是在全焦冶炼的基础上减轻负荷 15%。在炉顶压料时炉顶温度由 500℃ 缓慢下降到 350℃。复风 5h 后有 5 个风口的堵泥被吹开，其中 5 号风口堵泥被连续吹开 5 次。7 月 13 日 16：30 左右发现 10 号、14 号、19 号风口的二套与大套之间流水，炉顶温度由 350℃ 逐渐升到 650~700℃。这种迹象表明炉内已大量漏水，虽有察觉但未采取果断措施处理，使漏水越来越多。7 月 14 日夜班，炉内产生的大量水煤气在炉顶燃烧，使炉顶温度直线上升到 900~950℃，大钟烧红。炉顶温度的变化详见表 2-3。7 月 14 日 5：00 左右，查明西南方向冷却壁有 3 根水管烧坏，向炉内漏水，当即将进水阀门关闭。从休风到查出漏水历时长达 16h。

表 2-3　鞍钢 11 号高炉冷却设备漏水时的炉顶温度（1974 年 7 月 14 日）　　（℃）

时　间	1：00	2：00	3：00	4：00	5：00	6：00	7：00	8：00	9：00	10：00	11：00	12：00
西北方向	480	490	505	530	540	550	600	580	680	670	494	450
东北方向		520	545	540	550	575	640	635	655	645	460	435
东南方向	715	735	770	760	780	816	905	900	860	800	560	510
西南方向									955	900	580	530

　　为防止因冷却设备漏水造成炉况恢复困难，决定提前送风。送风前将全部堵泥风口抠开检查，发现只有 2 号、3 号、14 号、15 号风口前为红焦炭块，其余风口前的焦炭全部被水浇熄，其中从 19 号风口取的焦炭样含水量已达饱和状态。取下 3 个渣口的四套后，有水从炉内向外流，炉缸冻结已成事实。

　　7 月 14 日 12：40 送风，开铁口附近的 2 号、3 号、4 号、21 号、22 号共 5 个风口。考虑到出铁困难，送风后抓紧处理铁口，用氧气烧到 1.7m 时发现有大量潮气逸出。烧到 2.3m 时又有水从铁口流出。烧到 4m 时铁口内全是黑焦炭，氧气在铁口内点不着火。21：00 和 22：00 两次用定向爆破法开铁口无效，铁口区炉缸已成死区。

　　送风后先后有 7 个风口被自动吹开。炉凉，风口自动灌渣，4h 后有 3 个风口被渣灌死，其余的工作风口分别灌渣和被残渣堵塞，只剩下一两个小孔。送风 12h 后，熔化的大量渣铁积存于风口前，没有出路。虽然在风口外部打水冷却，但终因 20 号风口在 23：35 被烧穿而被迫休风。休风后有 12 个风口灌渣，其中 5 号风口最为严重，使炉缸冻结程度进一步恶化。

2.5.1.2 炉缸冻结的原因

鞍钢 11 号高炉这次炉缸冻结事故的起因是汽化冷却设备大量漏水。由于对漏水的严重性估计不足,开炉的准备工作不够充分,应对措施不力。第一天送风没有作从渣口出铁的准备,当铁口出不了铁时渣口又不能工作,使风口前积存大量熔化的渣铁最终将 20 号风管烧穿,高炉被迫休风。

2.5.1.3 炉缸冻结的处理

采用渣口出铁是消除炉缸冻结的重要措施之一。第二次准备送风时决定改用渣口出铁,在休风处理灌渣风口的同时,将西渣口的三套取下安装炭砖套,外部砌砖作为临时出铁口。西渣口距离铁口近,从西渣口出铁对熔化铁口死区有利,为此将 18 号、19 号风口与西渣口烧通(但烧得不彻底)。在处理过程中发现,18 号风口前是潮湿的黑焦炭。西渣口前烧成直径约 1.5m 的大洞,附近都是黑焦炭和渣铁混合物。

7 月 15 日 23:55 二次送风,只开 19 号一个风口。由于炉缸凉,风量小,带入炉内的热量少,焦炭燃烧缓慢,风口逐渐由亮变暗。因渣铁凝结严重,风口与渣口间烧得不彻底,熔化的渣铁沉不下去,使风口自动灌渣,曾多次用人工透风口无效,最后风口自动灌死。这时高炉已处于自动休风状态,第二次送风又告失败。鉴于 19 号风口附近有大量渣铁,已凝结成死区,熔化需消耗大量热量,而又无热源,从西渣口出铁困难很大,迫使改用南渣口出铁。同样取下渣口的三套、四套,安上炭砖套,外部砌砖作为临时出铁口。这次吸取了西渣口的教训,在处理南渣口时坚持把 15 号、16 号风口与南渣口三者之间烧通,同样烧成一个大洞,并放入 100kg 食盐、500kg 铝块和半吨多新焦炭。7 月 16 日 17:10 第 3 次送风,使用 15 号、16 号两个风口。18:23 从南渣口第一次出铁。为防止渣铁量过多,对临时铁口不利,决定每隔 1h 出铁一次,共出铁 14 次。每次堵铁口时均减风到零,用人工堵口。送风后不久铁口冒煤气,14 号风口和西渣口也开始有煤气着火。

由于 15 号、16 号风口和南渣口连续工作,炉缸热量得到补充,风口工作逐渐好转。7 月 17 日 10:14 打开 17 号风口送风。随后不久 18 号风口自动吹开,工作风口增加到 4 个。南渣口经过多次出铁,渣口二套水温差上升到 3.5~4.0℃。

7 月 17 日 11:10,西渣口自动流出铁和渣,13:10 开始从西渣口出铁。18:45,20 号风口自动吹开,这时工作的风口增加到 5 个。当西渣口出第 3 次铁时发现二套水温差上升到 8℃,经检查确定已经烧坏。为坚持出铁,决定减少二套水量继续工作。21:30 南渣口二套也被烧坏向外流水。为了减轻渣口出铁的负担,保证安全,休风堵死 15 号~18 号风口,重开靠铁口近的 19 号、20 号两个风口送风。关闭西渣口二套的冷却水,坚持由西渣口出铁,同时集中力量烧铁口,争取尽早从铁口出铁。7 月 18 日 10:10 烧开铁口出铁。当时仅有 19 号~21 号 3 个风口送风，渣铁流动性极差，1.5h 出一次铁。在多次出铁后，炉缸热量有所回升，渣铁流动性改善，工作风口数目逐渐增加。

7 月 19 日工作风口已经增加到 9 个，风量增加到 2000m³/min 以上，炉缸一部分被熔化，但还有大量凝结物。13∶48 休风打开 6 号、8 号、10 号、11 号、13 号 5 个风口，使工作风口突然增加到 14 个。送风后发现 6 号、8 号、11 号风口暗红，经常涌渣。为防止烧穿，对风口外部喷水。19∶55 发生了 6 号风口二套爆炸，向外喷出大量渣铁与焦炭，迫使高炉紧急休风，14 个风口全部灌渣。随即休风 250min 更换 6 号风口和处理灌渣。再次送风时只开了铁口两侧的 9 个风口（2 号、3 号、4 号、15 号、17 号、18 号、19 号、20 号、21 号），适当减缓恢复进度。随着风量的恢复，炉缸凝结物逐渐熔化，炉况逐渐好转，出渣出铁比较顺利。在此情况下依次逐个向两侧扩开风口，渣口能顺利放渣，炉况恢复正常。

2.5.1.4 经验教训

在处理炉缸冻结事故的过程中，应该注意以下几点：

（1）开风口要适当，不要操之过急。7 月 19 日 6 号风口二套爆炸说明炉缸凝结物仅部分熔化，各风口之间通道不畅。实践证明，这种情况下开 5 个风口是不对的。处理炉缸冻结有一个熔化炉缸凝结物的过程，应依据炉缸工作状况和熔化状况，按顺序逐渐增加工作风口的数目，不能间隔打开风口。熔化的渣铁要有出路，及时排出，才能安全迅速地恢复炉况。

（2）炉内操作要根据实际情况加足净焦。这次送风后加净焦 40 车（156t），一是增加热量，二是疏松料柱，使炉内热量迅速增加，同时也有利于炉况顺行和恢复风量。实践证明，只有净焦下达到炉缸，炉子才能真正热起来，逐渐熔化炉缸中的凝结物。

（3）风量的使用和风压的高低，要依据开风口的数目决定。在采用渣口出铁时，开风口不宜过多，风量不宜过大，避免渣铁量过多，使渣口负担过重而烧坏渣口二套。

（4）在熔化炉缸过程中，尽量使用高风温，提高风口前燃烧温度。在此期间，要保持炉况顺行，防止崩料、悬料，防止风口烧穿。

（5）采用低碱度造渣制度对改善炉渣流动性有利。在这次炉况恢复过程中，配用部分球团矿，将炉渣碱度调整到 0.85 ~ 0.95，这对排出炉缸熔化的渣铁极为有利。

（6）要加强冷却设备的检查与维护。这次炉缸冻结事故的直接原因就是冷却设备向炉内漏水。在处理这次事故过程中对所有烧坏的冷却壁关水处理，其他各段的冷却壁降低水压和冷却强度（特别是尚未送风的风口两侧的冷却壁）。根据开风口情况，逐渐增加水量。采取以上措施后在事故处理过程中没有发现冷却设备漏水，为顺利恢复炉况创造了条件。

2.5.1.5　案例点评

这是一次十分严重的炉缸冻结事故，唯一的原因是休风后冷却壁向炉内大量漏水，把高炉"浇熄"了。事故的处理过程比较曲折，有些环节对情况估计不足，采取的措施不到位。

（1）第一次送风对开铁口困难估计不足，开风口偏多（5个），致使送风12h后大量熔化的渣铁没有出路，引发20号风口烧穿而被迫休风。

（2）决定从西渣口出铁后，采取了将18号、19号风口与西渣口烧通的措施，但未彻底烧通，导致第二次送风失败。

（3）7月19日，正当事故处理顺利进展时，受急躁情绪支配一次烧开了5个风口，导致"风口暗红，经常涌渣"，最后6号风口二套爆炸。

（4）对炉缸冻结的严重程度估计不足，送风前未对从渣口出铁做足够的准备工作。

2.5.2　武钢4号高炉中修开炉后发生的炉缸冻结事故[2]

武钢4号高炉有效容积2516m³，有东、西两个出铁场，两个铁口，24个风口。该高炉第一代于1970年投产，1974年2月17日停炉进行第一次中修，到10月16日才开炉，封炉时间达8个月之久。这次长期封炉后的开炉造成了炉缸冻结，直到10月25日中班炉况才基本恢复正常。

2.5.2.1　开炉前的准备工作

4号高炉第一代，炉身采用了汽化冷却的冷却壁结构。投产两三年后汽化冷却壁大量烧坏，到1974年2月中修之前，8段冷却壁全部停用，7段和9段冷却壁大部停用。停炉后发现，7段冷却壁以上的炉衬全部脱落进入炉缸，熔化后不能从铁口排出。风口水平面以下，全是焦炭和高铝渣（Al_2O_3最高含量为39%）的凝结物，异常坚硬。考虑封炉时间很长，开炉时采取了以下措施：

（1）清除炉缸内残渣。在停炉期间，钻眼放炮，将炉缸内残渣大部分清除。在两个铁口区，挖开两个直径约3m，深度达到铁口水平面以下的大坑。在炉缸中心区域挖开一条宽度约3m的沟，使两个铁口连通，其深度也接近铁口水平面。据观察，只有炉缸南北两侧非铁口区残渣较多，最厚处为铁口水平面以上1.0~1.5m。当时认为，炉缸的清理已达到顺利开炉的要求。

（2）烘炉。开炉前用热风烘炉16h，烘炉时风温300℃，风量2500m³/min。

2.5.2.2　开炉操作

装开炉料时在两个铁口区和低渣口区共装枕木200根，之后装焦炭470t，开炉焦比为2.51t/t。

4号高炉第1次中修封炉后于1974年10月16日7∶58送风。全开的送风风口有 1 号、2 号、11 号、12 号、13 号、14 号、23 号、24 号 8 个,半开的送风风口有 4 号、9 号、16 号、21 号 4 个,其余风口全部堵泥。开炉最初 16h 的平均风量为 1366m³/min,风温 895℃,热风压力 77kPa,炉顶压力 3.2kPa (320mmH₂O)。16:25 钻开东铁口,出渣约 5t。17:28 钻开西铁口,出渣约 2t。炉渣温度较低,碱度为 0.82~0.85,(S)为 0.68%~0.72%。

2.5.2.3 事故经过及处理

10 月 17 日夜班,两个铁口各出铁 3 次,共出渣约 295t,出铁约 5t。当时西铁口的渣温比东渣口的高,出渣量也多,仅 7:50 一次出铁就出渣 100t。8:00 以后炉况开始恶化,东铁口一直烧到 15:13 才出铁 1t 左右。铁水温度低,用光学高温计测量只有 1250℃,铁水成分为含硅量 0.85%,含硫量 0.70%。西铁场因渣罐掉道不能出渣铁,11:40 才配齐渣铁罐。由于炉温低,铁口烧不开,渣铁出不来,造成风口灌渣。风压由 98kPa 升到 152kPa,风量由 1200m³/min 下降到 200m³/min,炉顶压力由 3.6kPa 降至 1.2kPa,炉况极差。

17 日 9:00 发现此前一段时间上错了料,即从 16 日最后一批到 17 日共装错 20 批料,多上烧结矿 303.1t。由于焦炭负荷比正常情况高一倍,使料柱透气性恶化,风量锐减,崩料增多,加剧了炉凉。18 日 8:00,铁水含硅量下降到 0.075%,19 日 2:30 又降至 0.020%,此时炉缸已经冻结。

在发现装错料后立即补焦炭 289.6t,并且以后都按入炉焦比 2.0 以上配料入炉,还增加了锰矿。为了减轻事故,加强了出渣出铁工作。17 日出铁 20 次,但每次只能出铁 0.5~8.0t,炉渣则一直出不来。

18 日开始,几乎全部风口灌渣,只有 3~5 个小眼进风。20 日 11:00,低渣口四套换成炭砖套。21 日 16:00,又将渣口三套换成炭砖套。从 21 日开始,渣铁口烧氧气也流不出渣铁。22 日 10:30 高炉休风,改用风口出渣,其中 17 号风口出渣 75t,16 号风口出渣 60t,24 号风口出渣 35t,共计 170t。休风期间高渣口三套也换成了炭砖套。23 日 1:08 送风,进风风口有 9 个(不干净),先从渣口出渣出铁,逐步加风恢复,炉温逐渐升高。11:00 时,[Si]为 1.655%,[S]为 0.034%;15:00 时,[Si]为 2.49%,[S]为 0.019%。24 日 1:25,烧开东铁口,出渣铁 25t。3:45,烧开西渣口,出渣铁 35t。之后两个铁口交替出铁。25 日 10:20~10:21,休风换掉两个渣口的炭砖套,用 13 个风口送风,风量达到 1800m³/min,炉况基本恢复了正常。

这次开炉到炉况基本正常历时 9 天多,共上焦炭 1653.5t,烧结矿 1156.9t,鄂城矿 329t,锰矿 149.6t。处理事故共烧氧气 3170 瓶,氧气管 16t。

2.5.2.4 炉缸冻结的原因分析

炉缸冻结的原因有:

(1)开炉前对炉凉的不利因素估计不足。虽然开炉前对炉缸内的大部分残存渣铁进行了清理，但仍然有 Al_2O_3 含量高的残渣 150～200t，残铁 700～800t。开炉时这些残渣、残铁的温度很低，开炉焦比选择 2.51 偏低。

（2）上错料加重了炉凉。开炉不到 16h 就连续上错料 9h，多上烧结矿 303.1t，焦炭负荷增加一倍，料柱透气性恶化，造成崩料频繁，加剧炉凉。

（3）开炉炉料质量较差。停炉时焦炭槽内剩余的一部分焦炭存放时间长，吸水变潮，开炉时装入了炉缸。在开炉的含铁炉料中，有一部分是含粉率高的烧结矿。

（4）开炉风口分布不均匀。为了顺利打开铁口，送风的 8 个风口全部集中在两个铁口区域，即东西方向。炉缸直径较大，南北方向的风口不进风，焦炭不能燃烧发热，致使装入的 270t 焦炭不能发挥作用，相当于减少了入炉焦炭量。

2.5.2.5 体会

处理本案例的体会

（1）开炉前应彻底清除炉缸内的残存渣铁。4 号高炉这次中修后开炉炉缸清除不够彻底，拖长了炉况达到基本正常的时间。

（2）在处理事故时要一次加够净焦，争取处理过程中不出现反复。

（3）炉缸冻结时从风口放渣，并把渣口三套换成炭砖套，送风后先从渣口出渣铁，然后开铁口，炉况恢复较快。

2.5.2.6 案例点评

中修开炉是钢铁企业经常遇到的工作。这次事故对炼铁同行最大的提醒是开炉前一定要把炉缸内的残存渣铁清理到铁口水平面以下。另外，中修后的开炉焦比选择应结合炉内残存渣铁情况适当选高一点，使开炉炉温留有余地。这次开炉使用的原燃料质量较差，特别是发生了上错料，是很不应该的，这些因素导致了炉况恢复更加困难。

2.5.3 首钢 4 号高炉检修后开炉发生的炉缸冻结事故[3]

2.5.3.1 事故经过

首钢 4 号高炉（1200m³）1975 年 1 月 23 日起休风 19 天更换大钟和大料斗。休风料加到炉腹下沿，休风料焦比由正常料的 642kg/t 提高到 930kg/t。为了配合炉顶检修工作，降低炉顶温度，加入冷烧结矿 14 批。最终料线为 4m。

2 月 11 日 7：45 高炉复风，工作风口为 1 号、3 号、5 号、10 号、12 号、14 号、17 号共 7 个风口。复风料的装料制度为 2CC + OOOOCC + CC。

11 日 8：00，1 号热风炉热风支管突然破裂，大量跑风，被迫紧急休风进行处理。送风后不久，在 12：35 发现位于西渣口上方的 12 号风口烧坏，13：10 其风管前端烧出，迅速打水后才止住。13：30 发现 3 号风口自动灌渣凝死，1 号、5 号风口也自动进渣，其他风口前有大块生料。14：30，12 号风口再次由原处烧出并烧坏风口二套，被迫于 14：24 休风更换。

更换 12 号风口后，11 日 17：37 复风，工作风口为 1 号、2 号、10 号、12 号、14 号、17 号共 6 个。21：30 至次日 1：00，5 号、13 号、16 号风口先后自动吹开，工作风口增加到 9 个。11 日中班至 12 日夜班，铁口顺利出铁 3 次，第一次铁口用炸药炸开，其余两次用氧气烧开，生铁中硅含量为 1.4% ~ 1.6%，但顺行情况较差。12 日 3：00 发现西渣口向外流水，后检查确定是 14 号风口烧坏漏水所致，随即休风更换。在休风过程中 13 号风口灌渣凝死，15 号风口进渣。由于 12 号、14 号风口连续漏水，13 号、15 号风口灌渣，12 号 ~ 15 风口区域下的炉缸已凝结连成一片，并且与铁口处于隔断状态。

12 日 7：48 复风，发现西渣口仍然继续往外流水，检查出渣口上方的 13 号风口二套已烧坏漏水。随后又发现 17 号、10 号风口烧坏漏水，16 号、15 号风口进渣。10：40 出铁，铁口难开，用炸药炸开后铁水没有流出多少就凝结在主沟里。11：10，16 号风管烧出并烧坏风口二套，随即休风近 9h 更换 13 号风口、16 号风口二套。在休风过程中 2 号、3 号、5 号、10 号风口灌渣，至此已发展成炉缸冻结。

考虑到已经发展到炉缸冻结，在 12 日 20：08 复风时只使用铁口上方的 1 号、2 号、3 号 3 个风口，风量 300m³/min，风温 800℃。为了打通风口与铁口间的通道，不停地用氧气烧铁口和用炸药炸铁口。在上下部调剂方面，采取"高风温、低风压"来提高炉缸温度，集中加净焦 10 批，以改善料柱透气性和从根本上提高炉温。

送风 1.5h 后开铁口出铁但打不开，3 个送风的风口前窝渣严重，风量减少到 100m³/min，风压却由 47kPa 升高到 55kPa。22：15，2 号风口烧坏漏水，次日 1：00 将其进水管关闭，外部喷水。13 日 2：00，用氧气烧开铁口，仅流出渣铁 2 ~ 3t。5：00 以后，连续两次用炸药炸铁口均未炸开，至此炉缸已处于严重冻结状态。

2.5.3.2 事故处理经过

A 准备工作

2 月 13 日 5：45 至 14 日 7：45 休风 26h，做了以下两项准备工作：

（1）烧通风口与铁口之间的通道。卸下铁口上方的 18 号风口二套，用氧气烧 18 号、1 号风口前的焦炭及渣铁凝结物，铁口则用氧气烧和炸药炸，以打通 1 号、18 号风口与铁口间的通道。

（2）准备渣口出铁。卸下东渣口三套及其上方的 4 号风口二套，用氧气烧通 4 号风口与东渣口之间的通道，然后在渣口三套位置装入炭砖套，利用东渣口出铁。

B 炉况的恢复

2 月 14 日 7：45 复风，送风的风口为 4 号，风量 300m³/min（风速 220m/s），

风温 700℃，风压 38kPa。复风后东渣口喷吹 38min，1 号风口在 13：25 自动吹开，风量增加到 400m³/min，但该风口前窝渣严重，直到 15：12 渣口出铁后才消除。这说明 1 号、4 号风与渣口之间已经沟通。东渣口出铁 8 次后，22：43 从铁口自动流出铁水。

　　在铁口已经打开，炉温开始上升，料尺已正常活动的条件下，为了加速炉缸的根本好转和恢复炉况，从 15 日起加入萤石洗炉（见表 2-4）。15 日 14：07 休风捅开 2 号风口，工作风口增加到 3 个，风量相应提高到 500m³/min，风温 800 ~ 850℃。由于出渣、出铁情况良好，复风时加入的净焦下达到炉缸，18：30 又将 13 号风口捅开，风量相应提高到 650m³/min。

表 2-4　首钢 4 号高炉炉况恢复过程中的变料情况（1975 年 2 月）

日　期	下料批数	其中净焦批数	焦炭负荷	萤石/t
11 日	18	7	2.06	
12 日	17	10	2.14	
13 日	1	1		
14 日	8	8		
15 日	23	14	2.183	4
16 日	49		2.861	15
17 日	80		2.542	24
18 日	120		2.694	36
19 日	119		2.925	36
20 日	155		3.062	

　　由于炉温充沛、出铁顺利，而且净焦、萤石陆续到达炉缸，从 16 日起由铁口向两侧依次打开堵泥的风口，每天开 2 ~ 4 个。到 22 日为止，工作风口数目已达到 17 个，风量相应增加到 2100m³/min。至此，炉缸状况根本好转，高炉基本恢复到正常的生产水平。炉况恢复期间的送风制度调整以及风口、渣口破损情况详见表 2-5。

表 2-5　送风制度调整进程（1975 年 2 月）

时　间		工作风口号	风口面积/m²	风量/m³·min⁻¹	风压/kPa	风温/℃	风速/m·s⁻¹	备　注
16 日	3：00	4/1/2/18/5	0.103	720	82	720	111	1：05，5 号捅开；14：15，14 号一孔被渣灌死
	10：54	4/1/2/18/5/17	0.133	300	70	600	100	18：30，6 号开一孔

时 间		工作风口号	风口面积/m²	风量/m³·min⁻¹	风压/kPa	风温/℃	风速/m·s⁻¹	备 注
17 日	1:45	4/1/2/18/5/17/7	0.158	1050	105	800	110	0:20,捅开 7 号,6 号烧坏;1:40,6 号二套烧坏
	7:10	4/1/2/18/5/17/7/16	0.183	1300	110	640	117	10:10 休风换东渣口炭砖套,用渣口三套,换 6 号风口及二套
	14:15	4/1/2/18/5/17/7/16/8	0.208	1300	105	750	104	17:45 顶压 0.04MPa,东渣口放渣
	19:45	4/1/2/18/5/17/7/16/8/9	0.233	1300	118	740	93	18:35,7 号烧坏;19:31 更换
18 日	0:50	4/1/2/18/5/17/7/16/8/9/15	0.258	1400	120	700	92	
	8:20	4/1/2/18/5/17/7/16/8/9/15/14	0.283	1500	142	630	88	
	16:30	4/1/2/18/5/17/7/16/8/9/15/14/13	0.308	1550	150	620	84	
19 日	14:15	4/1/2/18/5/17/7/16/8/9/15/14/13/10	0.333	1700	160	800	85	2:15 东渣口坏,2:48 西渣口放渣
	21:00	4/1/2/18/5/17/7/16/8/9/15/14/13/10/3	0.358	1800	175	870	83	8:30 休风换 10 号风口及二套,20:10 西渣口坏

2.5.3.3 事故原因

造成这次事故的直接原因是:在送风初期炉况尚未恢复正常的情况下,短时间连续烧坏风口,大量冷却水漏入炉缸并频繁休风。该事故的主要原因则是复风操作错误。

A 复风时选择工作风口的失误

复风时应将工作风口集中于铁口上部,使铁口区温度上升,为容纳和排出液态渣铁创造有利条件。首钢 4 号高炉这次复风,工作风口是均匀分布的,这对长达 19 天休风的高炉恢复极其不利。送风初期,单个风口燃烧焦炭的热量有限,不可能将其周围冷凝的渣铁全部熔化,新生成的渣铁就不能渗透下到炉缸,而是聚集在单个风口下方,在渗透性最差的区域就会发生问题。12 号风口在送风后一个多小时被烧坏和烧穿就是例证。

当 2 月 11 日铁口出第一次铁后,有 3 个堵泥风口自动吹开,工作风口骤然增加到 9 个。工作风口过多且布局不合理,风速低,风口前极不活跃,西渣口区域的风口和二套连续烧坏,向炉内大量漏水,最后导致炉缸冻结发生。

B　对送风后炉况恢复趋势判断失误

复风后 22h 出了 3 次铁,铁口好开,炉温和渣铁流动性一次比一次好。当时过于乐观,认为出铁和炉温问题已经解决,而对隐藏的事故苗头认识不足。特别是,对于送风后不久发现的风口窝渣,窝渣进而烧坏风口以及西渣口向外流水等异常现象未及时采取有力措施。这些不利因素发展成主要矛盾,最后造成了炉缸冻结。

2.5.3.4　经验教训

通过此次事故,得出以下经验教训:

(1) 利用渣口出铁是处理好炉缸冻结的一个有效措施。复风时应选渣口上方的风口送风,并要用氧气烧通风口与渣口之间的通道。渣口换装炭砖套,送风后喷吹一段时间然后堵上。用渣口出铁时两次出铁时间的间隔不宜过长,每次出铁量不宜过多。随着炉温的升高,应沿着渣口向铁口方向依次打开堵泥的风口,逐步扩大炉缸活跃区和提高铁口区域的温度。

(2) 处理炉缸冻结主要靠增加炉缸热量,提高炉缸温度。在炉缸温度升高后,铁水有可能从铁口流出。用炸药开铁口只是一个辅助方法,爆破铁口要选适当的时机。当炉温回升顺利,铁口难开时,炸开铁口可能有作用。而当大量漏水,有新生成的渣铁冷凝时,爆破铁口很难奏效,而且有损炉缸内衬的寿命,需谨慎处理。

2.5.3.5　案例点评

首钢 4 号高炉这次炉缸冻结事故,虽然发生在 19 天的长期休风之后,但造成的原因并不是长期休风,而是复风风口选择失误和恢复操作不当。

这次休风是有计划的,休风减了负荷。虽然加入焦炭不够集中,数量也不足,但从复风后连续 3 次能从铁口顺利出铁,铁水含硅量为 1.4% ~ 1.6% 分析,初期炉温并不算凉,问题出在复风操作不当。正如以上总结的,主要失误在于送风风口过多,开始 7 个,随后是 9 个,而且风口分布不连续。这导致单个风口前低温渣铁熔化过多,各风口互不沟通,风口及二套烧坏后大量漏水。漏水进入炉缸造成高炉反复休风,从 2 月 11 日 7:45 到 12 日的 5 个班内休风 5 次,共计 20h,烧坏风口 7 个,这是炉缸冻结的主要原因。

另外需要指出,堵风口不严,使 3 个风口自动吹开,增加了事故的严重性和处理难度。堵风口不严是复风操作中常见的通病,应尽力避免。

2.5.4 鞍钢1号高炉生产中漏水造成的炉缸冻结事故[4]

2.5.4.1 事故经过

鞍钢1号高炉容积为568m³，12个风口。1975年3月12日因冷却壁烧坏未及时发现，大量漏水造成了炉缸冻结事故。

3月12日夜班7:00左右，发现风口区域冷却壁漏水。接着风口大套与二套之间都向外冒水，东渣口也往外淌水，风口开始显凉，呈暗红色。夜班出第二次铁以前，5号、6号风口出现涌渣、挂渣现象。此后不久，5号、6号、7号风口先后自动涌渣灌死，其他风口也普遍涌渣。从14:45至次日夜班3:00，全部风口凝死，见表2-6。

表 2-6 鞍钢 1 号高炉炉缸冻结前风口变化（1975 年 3 月）

时 间	12 日 3:00	12 日 7:10	12 日 14:45	12 日 16:00	12 日 21:00	12 日 23:00	13 日 3:00
风口变化	全部风口暗红	5 号、6 号涌渣	5 号、6 号、7 号涌渣、凝塞，其他涌渣	10 号、11 号、12 号灌渣、凝塞	3 号、4 号灌渣、凝塞	8 号灌渣、凝塞	全部风口凝塞

从12日开始炉温急剧下滑，夜班生铁中硅含量为2.06%，中班已降至0.363%，13日夜班更降至0.242%。出铁量显著减少，12日夜班产223t，白班85.4t，到中班只产50t。按料批计算有100余吨铁积存在炉内。13日夜班渣口大喷，放不出渣来。铁口坚持出铁，但已十分困难，每次出铁都要用氧气烧进2m多深，铁口大喷而铁流很小。最后当铁口烧到2.5m时，只淌出一点铁。铁水暗红呈糊状，流动性很差，只喷出煤气火焰，没有渣铁流出，最后凉渣把铁口凝死。风量逐渐减少，而风压逐渐升高（见表2-7）。到13日夜班3:00左右，风量已经减至零，这时风口全部灌死。6:30，高炉被迫休风，炉缸已全部冻结。

表 2-7 鞍钢 1 号高炉冻结前鼓风参数变化（1975 年 3 月）

时 间	12 日 0:00	12 日 16:30	13 日 3:00	13 日 3:10	备 注
风压/kPa	53	72	102	112	最后休风
风量/m³·min⁻¹	659	785	400	0	

2.5.4.2 炉缸冻结原因

这次炉缸冻结的直接原因是第6段第12号冷却壁烧坏，大量漏水进入炉内，未能及时查出所致。12日夜班发现漏水迹象，直到12日15:20才查出，切断了水管。这时已有大量冷却水进入炉缸，造成了炉缸冻结。

2.5.4.3 炉缸冻结的处理

3月13日6:30休风，将南渣口的三套、四套取下，装入与三套尺寸相同的炭砖套，外部砌砖作为临时铁口。处理中将该渣口上方的8号风口烧通。由于漏水过多，在风口区用氧气烧熔的渣铁又沉积到渣口区凝结起来，用氧气烧才能将残渣从下边排出，有时甚至烧通了又凝死。经过多次反复，花了32h还没有处理好，这时产生了急躁情绪，在风口与渣口尚未完全烧通的情况下急于送风。

在烧渣口过程中发现，渣口附近几乎全部是高氧化铁的黑渣，很少见到焦炭。渣口区域烧进1m多深全都是渣、铁、焦的混合物。为了提高燃烧温度，填入食盐、铝条和少量新焦炭。14日15:20用8号风口送风，因风口与渣口未烧通，熔化的渣铁沉积不下去，积存在风口区域，风口暗红、自动涌渣、灌渣，只剩下一个小孔洞。送风后即组织从渣口出铁。烧进2m多深，里边还是黑色，喷出小焦炭块，渣出不来，风口又被自动灌死。14日18:55，被迫第二次休风，重新处理南渣口。休风后打开8号视孔大盖，淌出2t多渣。集中力量将8号、9号风口与渣口之间烧通，烧进渣里的深度约2.5m时见到了焦炭。这时烧出一个大洞，放入食盐、铝条和新焦炭，重新装上炭砖套作为临时铁口使用。

15日4:40，使用8号和9号两个风口第二次送风。由于风口与渣口已烧通，熔化的渣铁较顺利沉进炉缸。送风后95min就从南渣口顺利地出了第一次铁。为及时排出凉渣，高炉每隔1.5h出铁一次。由于从南渣口出铁顺利，15日17:14休风打开7号风口，共有3个风口送风。渣口出铁12次，为铁口出铁创造了较好的条件。

送风的风口不断向铁口方向扩展，渣口工作又顺利，随即大力组织烧铁口工作。16日8:52烧开铁口出第一次铁，为解除炉缸冻结打开了新局面。第二次出铁是用开口机钻开铁口，出铁比较顺利，炉温回升很快，因而迅速增加了送风风口的数目。16日23:50已有7个风口工作，风量达到1200m³/min，坚持每隔2h出一次铁。17日铁口出铁恢复正常。14:43休风处理南渣口的三套，为恢复渣口正常放渣做准备，这时高炉已基本恢复正常。

2.5.4.4 经验教训

通过此次事故，得出以下经验教训：

（1）发现漏水后及时加净焦并减轻负荷，为快速恢复炉温起了积极作用。3月12日夜班发现炉缸有漏水迹象，特别是东渣口往外淌水时，感到漏水严重，立即从夜班第27回开始加净焦20罐（88.8t），同时果断地减轻负荷20%。在第二次送风时焦炭已下达到炉身下部，从渣口开始出铁到第五次出铁，生铁中硅含量已由第一次的0.05%上升到2.20%，炉缸热量快速回升。

（2）恢复期采用了全倒装、低碱度和较高风温等操作制度，有较好效果。在恢复开始时，为了疏松料柱，便于吹风，采用了全倒装的装料制度、低碱度造渣制度和较高风温的送风制度。用两个风口送风时，风量为 $750m^3/min$，风压为 $55kPa$，风量稳定，风压平稳。随着工作风口增加，风量相应增加，这为迅速增加炉缸热量，提高风口前燃烧温度，熔化炉缸冷凝物发挥了很好的作用。

（3）高炉正常生产中必须加强对各部位冷却设备工作情况的监测，对漏水情况应及时发现，及时查明，及时处理。如果做到上述几点，这次事故是完全可以避免的。

（4）处理炉缸冻结，要坚持把用做临时出铁口的渣口与其上方的风口之间用氧气烧通，使渣铁有出路，以此为基础逐步熔化炉缸内的冷凝物。

2.5.4.5 案例点评

这是一次典型的因冷却壁漏水引发的炉缸冻结事故。处理过程中的重要经验教训是：送风时一定要将风口与作为临时出铁口的渣口（或铁口）烧通，否则就会造成返工，引发更严重的后果。这次事故处理中，当发现炉缸有漏水迹象时立即向炉内加入大量净焦，并果断减轻负荷，为较快并顺利恢复炉况创造了较好的条件。

2.5.5 本钢 5 号高炉因恶性管道行程引起的炉缸冻结事故[5]

本钢 5 号高炉有效容积为 $2000m^3$，22 个风口，于 1978 年 1 月 22 日发生了一起炉缸冻结事故。

2.5.5.1 事故经过

本钢 5 号高炉这次炉缸冻结事故是由于炉料质量下降，产生恶性管道行程引起的。炉料质量变差后，高炉出现 18~19kPa 的高压差，在出铁前 20min 产生恶性管道行程。大量减风后，频繁崩料不止，风口前生降不断并涌渣；上渣很快由褐色变黑色，黏稠并将渣口凝死；当次铁铁水硅高、硫低，约有 180t 渣没有放出。下一次铁在铁口和渣口做了很多工作，但仍然不能出渣，只有维持很低的风量。炉缸积存的渣铁越来越多，渣面升高，逐渐高出风口平面，进风量越来越少，最后全部风口均被炉渣凝死，风量仪表读数为零，高炉只有被迫休风。

休风期间，对灌渣的风口和风管做了处理，并用风口放渣，其中 3 号和 7 号风口前黏稠的黑渣忽凝忽熔，在 20h 的休风期间流出 30t 渣铁。复风后全部风口仍不进风，说明风口区附近均被炉渣和焦炭的混合物凝死。计算表明风口以上存渣量约有 70t，至此炉缸冻结已成事实。

2.5.5.2 事故原因和特点

由于恶性管道和连续崩料，大量生料进入炉缸，在炉缸内加热还原消耗大量热量，使炉缸很快凉下来。这次恶性管道发生在出铁前，炉缸积存的渣铁多，冷凝后造成炉缸冻结。

这次炉缸冻结的特点是：铁水尚能从铁口放出，而炉渣却放不出。这说明炉缸尚未凝死，炉渣与焦炭形成了可塑性的凝固层，铁水可沿其缝隙渗透并到达铁口。在休风期间，炉缸四周的可塑性凝固层完全凝固。在处理中发现，风口区前端的凝固层厚度达到 500 ~ 1000mm，其位置从铁口延伸到风口区以上约 1m 处。可塑性凝固层位置高，不仅堵塞了炉渣通道，也阻塞了初始煤气流的通道。

2.5.5.3　事故处理

A　建立起一个小的活跃区

所谓小的活跃区，就是用一个风口送风，冶炼产物由一个临时渣铁口排出，使燃烧、熔化、出渣铁的过程能连续地稳定进行。这次选择了离铁口较近的东渣口作为临时出铁口，其上的 5 号风口作为工作风口，以充分利用在该区域休风时放出 30t 渣的有利条件。

a　烧通风口

卸下风口二套、三套，用氧气烧熔风口前的凝结物，使其从风口排出。风口前方烧通 1m 以上，造成一个较大的空间，使到达风口的赤热焦炭上方有足够的透气性，使烧熔的凝结物产生的烟气能从炉内抽走。

b　烧通临时渣铁口

将东渣口的三套、四套卸下，用氧气烧熔凝结物，边烧边将熔化物排出。渣口上方烧出足够大的空间，而后由渣口向其上方的 5 号风口烧，直到从 5 号风口冒出燃烧的红烟，风口到渣口形成能够流通煤气和液态产物的红焦层。最后安装一个外形和内径尺寸与渣口三套相当的炭砖套，并用水冷顶棍固定。这次做的炭砖套工作了两天，放渣 300t，铁 40t，完好无损。

为烧通 5 号风口和东渣口，高炉休风 12h。复风后 5 号风口明亮，虽然短时间内曾见涌渣，但打开东渣口后涌渣随即消失。此后风口和临时渣铁口工作逐渐正常。实践证明，一个风口工作，允许压差稍高些，风量稍大些，在这种情况下炉料可以自动下落。图 2-1 所示为一个风口作业时的下料情况和鼓风参数变化。

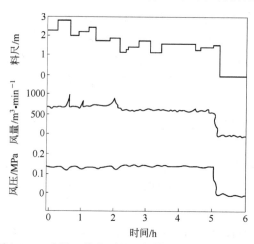

图 2-1　一个风口作业时的下料情况和鼓风参数变化

B　扩开风口和送风制度

5 号风口工作 16h 后，风口前由涌渣、生降、火焰暗红转到明亮，东渣口排放的炉渣也由黑色黏稠变为黑色易流，此时已具备扩开风口的条件。出铁后扩开了相邻的 4 号和 6 号风口。

扩开风口过程中始终遵循以下原则：

（1）扩开风口是依次打开工作风口两侧的风口，不可跨越，每次开风口一般不超过两个。

（2）新开的风口工作正常后方可继续开其他风口。

（3）新开风口区熔化的渣铁应能从临时渣铁口或铁口排出。

为减少扩开风口的休风时间，每次休风可同时处理 4 个风口，但复风时只开两个与工作风口相邻的风口，其他的风口用泥堵死。新开的风口工作正常后，再有计划地捅开风口，不必休风。

随着工作风口增多，适当增加风量以加速熔化过程。控制风量的大小主要依据压差值，初期可高些，以后要维持正常压差的下限。在风口面积和风量不变的情况下，还要注意保持合理的风速。因此，当工作风口不断增加时，为了不影响扩开风口的进程，应将已熔开的风口重新堵死。

图 2-2 所示为 5 号高炉开风口进度与送风制度变化。这次的做法是成功的，没有出现反复，没有发生灌渣烧穿事故，炉况恢复速度较快。

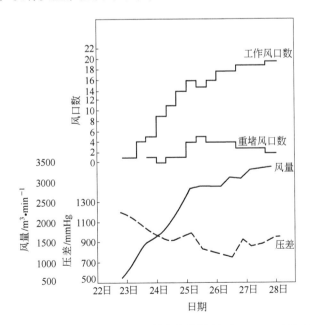

图 2-2　5 号高炉开风口进度和送风制度变化情况（1mmHg = 133.3224Pa）

C　出渣和出铁

小的活跃区建立并稳定工作后，首要的任务是尽快向铁口方向烧通，因此要优先扩开铁口方向的风口。

只有 5 号一个风口工作时，曾尝试开铁口，但不成功。一个风口工作的末期，铁口可放出少量铁水，但炉渣仍然放不出来。在 3 号、4 号风口投入工作 4h后，铁口的出铁量增多并流出了下渣。铁口上方的 1 号风口工作后，铁口工作逐渐正常，说明铁口到 5 号风口的炉缸区域已经熔化连通。渣铁能从铁口流出是一个重要突破，此后临时渣铁口只作为渣口使用，解除了安全威胁。

渣口工作要配合扩开风口的进度，基本做法是渣口上方的风口扩开后渣口立即工作。为了安全，要先卸下渣口的铜套，安装炭砖渣口，等上渣不带铁后再换用铜套渣口。

在扩开风口过程中要做好铁口和渣口的工作，保证及时出渣出铁，以加速熔化炉缸中的凝结物。

D　减轻焦炭负荷和提高炉缸温度

处理炉缸冻结要果断减轻焦炭负荷，其幅度应大大超过一般的炉凉。最好是集中加焦炭，以争取时间。图 2-3 所示为焦炭负荷调剂过程。最初焦炭负荷为 3.5（焦比 480kg/t），最低的负荷为 1.5（焦比 1300kg/t）。轻料下达后，炉缸温度很快上升，渣铁流动性良好，炉缸凝结物熔化加快，为扩开风口创造了很好的条件。

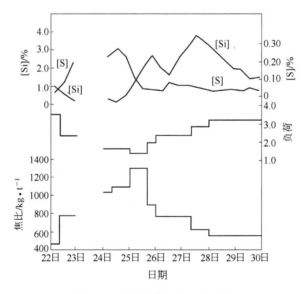

图 2-3　焦炭负荷和炉温的变化

风口接近全开时，炉缸内的凝结物大部分熔化，热耗减少，炉温迅速回升，因此要较快地恢复正常的焦炭负荷。这次炉缸冻结事故处理前后用了5天时间，焦炭负荷恢复到正常值。

2.5.5.4 经验教训

通过此次事故，得出以下经验教训：

（1）先在临时渣铁口上方开一个风口送风，建立一个小活跃区，然后依次逐渐扩开风口，是处理炉缸冻结的有效方法。只要谨慎处理，不会出现反复和其他事故。

（2）用渣口做临时渣铁口，安装炭砖套，可满足生产和安全的要求。

（3）如在出铁前出现恶性管道事故，要立即出铁，这有可能避免炉缸冻结事故，至少也会减轻事故的严重程度。

2.5.5.5 预防措施

预防措施如下：

（1）做好精料工作，减少入炉粉末，提高原燃料的强度，采用与原燃料条件相适应的操作制度，要严防恶性管道事故发生。

（2）处理恶性管道时减风幅度要大，并严防连续崩料。如出铁前发生恶性管道，除集中补焦外，还要采取其他增加热收入、减少热支出的措施。

2.5.5.6 案例点评

本案例主要摘自曾任本钢总经理的著名炼铁专家张文达撰写的报告。报告中介绍了本钢5号高炉因原燃料质量下降，引发恶性管道，最后导致炉缸冻结的事故经过及处理过程。这次事故处理采取的一些措施是正确、有效的。特别是采用渣口出铁的描述甚为详尽。虽然现代高炉大部分已无渣口，但他们的经验对于事故中采用铁口出铁或风口出铁同样有效。在这次炉缸冻结事故处理中，他们采取的是大幅度减轻焦炭负荷增加炉缸热量的做法。近年国内一些高炉处理炉缸冻结事故的实践表明，集中大量加净焦和减轻焦炭负荷相结合，效果更好。

2.5.6 重钢1200m³高炉炉缸冻结事故[6]

重钢新建的1200m³高炉于1989年4月9日点火投产。由于原料质量和设备故障等原因，该高炉生产一直不正常。1989年7月23日，因低炉温、高碱度发生了炉缸冻结事故，处理时间长达12天，造成了重大损失。

2.5.6.1 事故发生过程

7月23日夜班生铁中硅含量从1.55%降至1.44%，炉渣CaO/SiO_2为1.24～1.23，高炉行程正常。白班开始，生铁中硅含量降至1.08%～0.83%，炉渣CaO/SiO_2升至1.27～1.33，炉温明显下行。这时对炉温判断有误，不仅未提炉温反而采取了较多降温措施，风量由1450m³/min增加到1873m³/min，风温由

1000℃降至927℃，鼓风蒸汽量由1300kg/h增加到3005kg/h。中班发现风口发红，涌渣，渣口难放渣，立即采取果断措施纠正，15：25将鼓风蒸汽全部关死，风温加至1022℃又升至1190℃，风量由1873m³/min减少到1273m³/min。为提炉温和降低炉渣碱度，15：57开始每批料加焦炭300kg，减石灰石300kg，继而又再减少石灰石500kg，并间隔加焦炭69.6t。

17：00打开铁口放出铁水100余吨，出渣仅2~3t，风口继续涌渣。生铁中硅含量降至0.31%，炉渣CaO/SiO₂升至1.38，至此炉缸冻结事故已初步形成。随后炉况失去控制，风量、风压剧烈波动，崩料时有发生。

24日夜班炉况进一步恶化，生铁中硅含量先后降至0.070%~0.099%，估算炉内至少有300t渣没有放出来。崩料频繁发生，5：00左右一次崩料后风量由950m³/min减少到237m³/min，绝大多数风口被堵死，仅个别风口进风。开铁口只有煤气喷出，放不出渣铁，炉缸冻结发展到很严重的程度。

2.5.6.2 事故处理经过

24日12：50休风，拉掉上渣口小套，用氧气向炉缸内烧进约2m，不见渣铁出来。又卸下风口吹管，烧掉风口小套内的冷凝黑渣，仍无渣铁流出。随即加净焦78.3t赶料线，探明料线到4m后停止上料。为减少冷却水带走的热量，停开风口区高压水泵一台，高炉本体采用中压水冷却，并减冷却水600t/h。

先用氧气烧几个风口及其周围空间，以便焦炭熔化渣铁后从风口或渣铁口排出。经过29h的处理，将1号、17号风口清出了空洞，并与18号风口连通。在18号风口二套周围砌上砖套，准备排放渣铁。

25日17：50高炉恢复送风，送风风口为18号，风量为20~58m³/min。到28日风量仅有109m³/min，从铁口排出铁水约15t，从18号风口排出渣焦混合物20多吨。从7月25日到8月1日，从铁口和18号风口共排出铁水约300t，渣焦混合物390余吨，而且已能从铁口排出部分炉渣，炉况大有好转，8月1日中班的最大风量达到了284m³/min。

遗憾的是，8月1日中班20：08发生一次大崩料，风压从167kPa升至200kPa以上，导致风机自动放风，1号、2号、17号、18号等风口几乎全被炉渣灌死，个别风口鹅颈管也被灌死，风量又降至56m³/min。

8月2日高炉再次休风处理风口灌渣，增加3号、4号、5号和14号风口送风。8月3日4：40复风，9：00以前高炉不进风，到12：00风量达到100m³/min。14：35送煤气，17：00风量增至862m³/min，生铁中硅含量从0.045%升至1.5%进而升至3.61%。随着炉温升高，炉内积渣全部排出，铁口恢复正常，失常炉况的处理工作基本结束。表2-8列出了处理炉缸冻结过程中渣铁成分的变化。

表 2-8 重钢 1200m³ 高炉处理炉缸冻结期间渣铁成分

日 期		生 铁				炉 渣				
		Si 含量/%	Mn 含量/%	S 含量/%	P 含量/%	SiO₂ 含量/%	CaO 含量/%	FeO 含量/%	S 含量/%	CaO/SiO₂
7 月 24 日		0.085	0.32	0.106	0.11	33.54	45.10	2.57	1.36	1.34
7 月 25 日		0.111	0.43	0.082	0.15					
7 月 26 日		0.068	0.33	0.150	0.16					
7 月 28 日		0.072	0.38	0.111	0.17	35.81	44.50	0.85	1.18	1.24
7 月 29 日		0.061	0.34	0.092	0.17					
7 月 30 日		0.049	0.28	0.167	0.14	32.70	43.40	1.58	0.93	1.33
7 月 31 日		0.059	0.30	0.155	0.16	33.75	43.17	1.67	0.93	1.28
8 月 1 日		0.037	0.16	0.301	0.14	35.36	40.41	2.33	0.86	1.14
8 月 2 日		0.048	0.18	0.386	0.16	36.30	39.70	2.03		1.09
8 月 3 日	16:35	1.500	0.31	0.322	0.13	36.95	40.40	1.63		1.09
	20:05	3.610	1.13	0.058	0.16	36.66	42.40	0.75		1.16
	20:50	3.070	1.34	0.055	0.16	33.68	43.40	0.73		1.29

2.5.6.3 事故原因分析

重钢 1200m³ 高炉发生的这次炉缸冻结事故损失较大，处理事故的时间长达十余天，消耗焦炭 600 余吨。生铁中硅含量一直低于 0.1%，最低时仅有 0.028%；炉渣碱度高，失常时高达 1.34；生铁中硫含量高达 0.41%。由于炉温低、炉渣碱度高，炉内凝结的炉渣很难从风口排出炉外，使事故处理极为困难。发生这次事故主要有以下原因：

（1）未建立正常生产秩序。高炉投产后由于待料闷炉以及发生大量设备故障和操作事故，一直未能建立正常生产秩序。炉缸冻结事故发生以前，高炉休风率高达 35%，慢风率在 20% 以上，导致炉温波动大，炉墙渣皮增厚。炉况波动时这些炉墙黏结物落入炉缸，引起炉缸热量大幅度波动。这是此次事故发生的潜在因素。

（2）矿石成分大幅度波动，甚至缺少成分分析数据。7 月中旬高炉使用的矿石 TFe 53.61%，SiO₂14.27%，7 月 22 日中班供矿系统发生故障，导致 23 日夜班高炉装入没有化学成分分析的矿石。一直到夜班才得到矿石的化验成分：TFe 57.87%，SiO₂10.48%。面对这样大的原料成分波动，操作人员认为炉温还高，未采取加焦炭、减石灰石的补救措施，最后引发了这次事故。

（3）渣型改变。7 月 15 日以前该高炉配用低钒钛烧结矿，渣中 TiO₂ 为 2.5%～3.0%。后因受烧结矿供应影响，高炉改用普通烧结矿入炉。与低钒钛烧结矿相比，普通烧结矿对渣皮和黏结物有较强的冲刷作用，炉凉时作用更强，使得大量炉墙黏结物进入炉缸，加剧了炉缸冻结事故。

（4）对炉温判断失误。7月23日夜班和白班生铁中硅含量高是由于净焦下达所致，但操作人员经验不足，判断失误，未发现炉凉的危险，而是采取了反向的降温措施，使炉况急剧恶化。

（5）缺乏经验。1200m³高炉是当时重钢建设的第一座大型高炉，在生产操作、设备管理等方面缺乏经验。另外，高炉的设计、施工、设备制造、安装调试等方面也有不足，对这次事故的发生和处理也有一定影响。

2.5.6.4　经验教训

通过此次事故，得出以下经验教训：

（1）打通送风通道是处理炉缸冻结的关键。这次事故处理过程中，首先打通铁口方向的两个风口送风，一个风口排放冷凝渣铁，然后逐渐扩展进风风口，增加风量，直到最后实现全部风口送风。

（2）风口、铁口交错排渣放铁，以缩短处理时间。当铁口、渣口、风口均排不出渣铁的炉缸冻结事故形成后，一般的处理方法是从风口排渣放铁，稍有好转再转到渣口，最后才恢复到铁口出渣出铁。这次处理采取了风口、铁口交错排渣放铁的做法，即在风口排渣放铁之后立即打开铁口。虽然最初几次从铁口仅排出数百千克到几吨的低温铁水，但后来就出了较多的渣铁。与传统方法相比其优点是：1）使低温铁水提前排出炉外，有利于炉缸加热，并减轻风口砖套的工作负荷，延长其寿命；2）减少风口、渣口水套的大量烧坏；3）减少装卸渣口水套和砌筑拆卸砖套的休风时间。

（3）对复杂的技术问题进行正确分析和判断。在处理事故过程中首先遇到了净焦已下达炉缸而炉温并未升高的问题。经分析确定采取提高顶压的措施，此后生铁中硅含量很快从0.045%提高到1.500%又进一步升高到3.610%。又如，8月3日送风后几个小时不进风，分析认为是长期休风引起的暂时现象。从仪表显示和上升管观察发现有黑色煤烟，判断只要坚持目前的送风状况高炉将会进风。果然从10：30起高炉风量开始增加，到17：00风量增加到了862m³/min。

（4）未及时提高煤气压力和引送煤气是最大教训。由于煤气长期放散，炉顶压力几乎为零，大量焦炭吹到炉外，仅吹到重力除尘器切断阀上的焦炭就有30～50t。这导致切断阀在引煤气时打不开，吹出焦炭数百吨，不仅多耗焦炭，对炉温恢复也不利。

2.5.6.5　案例点评

这是一起由于操作不当引发的炉缸冻结事故的典型案例。主要教训是：在高炉未建立正常生产秩序的情况下，入炉矿石品位突然升高，用块矿代替低钒钛烧结矿，炉料结构有重大变化。这些变化带来了引起炉凉的因素，而操作上未采取相应的措施，继而在炉温下行时判断失误，反向操作，导致了炉缸冻结事故的发生。在处理事故过程中，所加净焦数量不足，又延迟了处理事故的时间。

值得肯定的是，事故发生后采取的用风口、铁口交错排出渣铁的措施是有效的，很有特色。特别是对那些没有渣口的高炉可以借鉴。此外，案例中总结的未及时提高煤气压力和引送煤气的教训也是很深刻的。

2.5.7 三明钢厂1号高炉炉缸冻结事故[7]

2.5.7.1 炉缸冻结处理方法要点

炉缸冻结是高炉生产中的一项重大事故。随着原燃料质量改善，高炉操作人员水平的提高以及检测手段的完善，炉缸冻结事故有所减少。一般来说，形成炉缸冻结一般有以下原因：

（1）严重的管道行程、连续崩料、恶性悬料等失常炉况导致高炉热制度破坏；

（2）冷却器大量漏水而未及时发现、处理；

（3）无计划的长期休风；

（4）闷炉，有计划的长期休风处理不当，发生意外事故；

（5）原燃料质量恶化；

（6）上料系统不准或上错料。

三明钢厂在处理 $300m^3$ 左右小高炉炉缸冻结方面形成了一套固定模式，其要点包括：

（1）上部追加足够的焦炭，加热炉缸，使炉缸内凝结的渣铁熔化。

（2）休风 10～15h，烧开 1 号、2 号风口，必要时卸下风口小套，将风口与铁口烧通。

（3）复风时以 1 号、2 号风口送风，集中人力烧铁口，尽量排出低温渣铁。

（4）空焦下达后，渣铁流动性好转，逐渐增加送风风口数目，提高风量。按次序捅开风口，优先捅开渣口侧的风口；严禁间隔风口送风；如个别风口吹开应休风后再堵上，如个别风口捅不开可休风处理。

多年实践证明，在三明钢厂小高炉的生产条件下，采用以上方法处理炉缸冻结，一般只要 5 天左右炉况便可恢复正常，且工人劳动强度减轻，操作比较安全。

2.5.7.2 炉缸冻结处理案例

下面以 1992 年和 1995 年 1 号高炉两次炉缸冻结事故的处理为例加以说明。

A　1992 年 3 月炉缸冻结事故处理

1992 年 3 月 9 日中班，炉温剧凉，1 号、2 号、3 号、4 号风口中小套漏水，19：48 休风处理。10 日 5：48 休风检查时又发现 6 号、8 号风口小套磨破，10 号风口小套烧坏。休风前加净焦 24.6t，复风时用 1 号、2 号、3 号和 10 号风口送风，风量为 280m³/min，风压 40kPa。15：10，2 号风口涌渣堵死，1 号、3 号、10 号风口也涌渣。料能动，但铁口烧不开，炸了两炮也没有效果。

鉴于以上情况，决定彻底处理风口。从 10 日中班到 11 日白班共休风 18h 以上将 1 号、2 号风口与铁口烧通。以 1 号风口送风，复风后再加净焦 16.2t。17：05 烧开铁口出渣 4t，19：00～19：30 出渣铁 2t。12 日 2：23 捅开 2 号风口，风量为 260m³/min，风压 60kPa。此后每隔 3h 出铁一次，渣铁量为 7～10t，均送至铸铁机处理。12：30～14：20 休风处理 3 号、10 号风口小套。22：25～23：35 休风处理 4 号、9 号风口小套。13 日 13：40～16：22 休风处理 5 号、6 号、7 号、8 号风口小套，复风时堵 6 号、7 号风口。14 日夜班撒渣器保温，15 日炉况基本恢复正常。

B 1995 年 1 月炉缸冻结事故处理

1995 年 1 月 2 日 1 号高炉闷炉后于 0：30 复风，送风的风口有 1 号、2 号、11 号、12 号、13 号、14 号共 6 个，风量 400m³/min，风压 48kPa。9：35 高炉出第一次铁，生铁中硅含量为 1.5%。14：10 出第二次铁，生铁中硅含量为 0.8%。在出第二次铁时水泵断水，刚见渣就堵了铁口。中班以后铁口烧不开，只流出少量渣铁。3 日凌晨发现 13 号风口中套漏水，6：25～22：06 休风更换 13 风口中套，并处理 10 个灌渣的风口弯头。烧开 1 号、2 号风口后以 1 号风口送风，风量为 230m³/min，风压为 38kPa。4 日夜班烧开铁口 5 次，加净焦 20t。白班每次出铁有 5～10t，随即捅开 4 个风口，使风量增加到 350m³/min，风压为 46kPa。1 月 5 日炉况好转，再捅开 4 个风口，风量增至 570m³/min，风压为 70kPa。全天出铁 8 次，每次出铁量由原来的 8t 增加到 40t。但 5 日出现一次停电故障，紧急休风后炉况的恢复受阻。6 日捅开 2 个风口后风量只有 550m³/min。直到 7 日，风量增加到 700m³/min 后炉况才恢复正常。

2.5.7.3 防止炉缸冻结的措施

防止炉缸冻结的措施有：

(1) 加强管理，严格工艺纪律，做好铁前工作，保证高炉均衡稳定生产，这是消除炉缸冻结的根本措施。

(2) 搞好日常操作，维持正常炉型，保持炉况稳定顺行，及时消除管道行程，防止恶性悬料、大凉，严禁长期低料线作业。

(3) 加强设备管理，确保全部设备正常运转，防止无计划长期休风。保证上料系统称量准确，防止上错料。

(4) 加强冷却设备监护，发现漏水迹象要及时查清原因，及时处理。如一时查不出原因则应先复风再检查，不能无限期的休风检查。复风后要对可疑部位的冷却器进水量适当关小。

（5）闷炉前应先洗炉，放净渣铁，选择适当的闷炉焦比。3天以上的无计划休风和6天以上的闷炉，复风时均按炉缸冻结处理。

2.5.7.4 讨论

A 加焦量的控制

炉缸冻结一旦形成，凝结的渣铁重新熔化所需热量比渣铁的熔化热大若干倍。因此处理炉缸冻结加焦要及时、集中，数量要足够大。根据以往经验，大高炉所加净焦体积一般为其炉缸容积的1倍以上，而中小高炉则为2.0～2.3倍（见表2-9）。

表2-9 处理炉缸冻结加焦量

高 炉	加 焦 量		净焦体积/炉缸容积	备 注
	质量/t	体积/m³		
鞍钢11号	160	355.9	1.291	恢复顺利
梅山1号	67.5	145.6	1.086	恢复顺利
三明钢厂250m³	40.8	81.6	2.358	1992年3月9日
三明钢厂350m³	41	82	1.38	1995年1月3日
三明钢厂314m³	55	110	2.34	1995年2月15日

B 休风时间的控制

处理炉缸冻结，一般强调尽量少休风。这从道理上讲是对的，但炉缸冻结时往往是很多风口已灌渣，高炉几乎不进风，如片面强调减少休风时间会影响处理风口、铁口的彻底程度，草率复风达不到好的效果。文中所举两个案例均是强调对1号、2号风口彻底处理，争取与铁口连通，并对灌渣的风口、弯头彻底处理。这样虽然花了较长的休风时间（16h左右），但恢复炉况比较顺利。

C 送风风口数目和分布的控制

初期送风适宜用一两个风口，风量应小些，以控制熔化的渣铁量。若熔化渣铁过快又不能及时排出，则风口容易凝死，引起炉况反复。等风口与铁口连通形成小空间后，有利渣铁排出。空焦下达后，炉缸热量增加，渣铁熔化加速，以铁口为中心的活跃区逐渐扩大。在这种情况下，可以逐步扩展风口，增加风量，但应注意让风口连成一片，避免间隔开风口送风。

2.5.7.5 案例点评

案例中简明扼要地总结了炉缸冻结发生的原因、处理原则及有效措施，并以三明钢厂处理炉缸冻结的实际案例作为佐证，所总结的经验对类似条件的高炉有较好的参考价值。

2.5.8 新余6号高炉炉缸冻结事故[8]

新余6号高炉有效容积为620m³，1985年5月投产。1995年高炉进入炉役晚期，设备状况极差。特别是 1993 年 7 号高炉（620m^3）投产后，铁前烧结和原料处理系统未配套建设，两座高炉生产极不稳定。1995 年 9 ~ 12 月，1 号高炉发生 3 次炉缸冻结事故，在处理最后一次炉缸冻结事故后即停炉大修。

该厂 3 次炉缸冻结事故的处理方法大体相同，这里只介绍第一次炉缸冻结事故的处理过程，对其余两次事故则着重介绍事故原因和教训。

2.5.8.1 1995 年 9 月炉缸冻结事故

A 炉缸冻结前的征兆

1995 年 9 月 5 日 6：00 起，6 号高炉因护炉需要按计划休风 3 天，在休风前于前一天 22：00 加休风焦 70t。休风以前炉况基本顺行，休风前的两炉铁的出铁量、炉温、碱度都比较正常（见表 2-10）。

表 2-10 新余 6 号高炉休风前出铁情况（1995 年 9 月 5 日）

炉　次	出铁量/t	[Si]/%	[S]/%	CaO/SiO$_2$
休风前 2 炉	90	1.05	0.032	1.25
休风前 1 炉	60	1.05	0.052	1.26

9 月 8 日 7：14 高炉复风，复风时开 7 个风口，堵 7 个风口。复风后铁口打不开，随后用炸药炸了两次均未炸开。这时发现铁口出水，经检查有 4 个风口漏水，随即于 15：33 休风处理。在休风过程中造成复风时开的 7 个风口灌渣，形成了炉缸冻结。

B 炉缸冻结的处理

9 月 9 日 6：20 复风，复风时仅开铁口上方的两个风口，其余 7 个风口未开。8：10 用氧气烧开铁口，出渣铁约 10t。此后每隔 90min 从铁口排渣铁一次，每次渣铁量 10 ~ 20t，但铁水温度越来越低。22：25 高渣口发生爆炸，高渣口的大套、中套、小套均被炸开，高炉被迫紧急休风。在休风前，高炉送风的风口共有 5 个。

9 月 11 日 8：33，高炉处理完高渣口后复风，复风时仍采用铁口上方的两个风口。10：00，13 号风口吹开。13：45 用炸药炸铁口未开，14：30 用炸药炸开铁口，出渣铁约 5t。15：30 用氧气烧开铁口，出渣铁约 4t。此后又用氧气烧开铁口两次，出渣铁 3 ~ 8t。19：15 人工开铁口，出渣铁约 10t，炉缸冻结处理基本结束。这次炉缸冻结事故的处理用了 3 天多时间。

C 炉缸冻结原因分析

这次炉缸冻结主要有以下原因：

（1）复风时有的风口没堵严，漏风，部分凉渣铁积存于炉缸；

（2）复风时过于乐观，开风口较多，加剧了炉凉；

（3）4 个风口漏水加剧了炉凉行程；

（4）为更换烧坏的风口休风，造成已开的两个风口灌渣，为此休风处理长达10h，使高炉由炉凉发展到炉缸冻结。

D 教训

这次炉缸冻结的主要教训是：高炉长期休风后复风时应尽量少开风口，送风时堵的风口一定要堵严，不能漏风。

2.5.8.2 1995年10月炉缸冻结

A 炉缸冻结发生经过

1995年10月18日，6号高炉因烧结供应紧张而用部分块矿替代。10：20烧结配比由6/10减至4/10，块矿配比由2/10加到4/10，并在每批料中加入白云石500kg。22：30，烧结配比由4/10进一步降至3/10，增加土烧结1/10，每批料中白云石用量增至800kg。

由于铁罐周转等原因，18日全天出铁8次中有7次未出净，造成高炉频繁减风。6：20因炉料供应不上减风待料。8：00～9：00因上料系统故障不能上料，被迫减风。18日全天，6号高炉均在低料线、深料线状态下工作。

炉料结构的大幅度调整以及频繁减风，导致19日高炉炉温剧烈波动（生铁中硅含量由0.90%升至1.47%），管道行程频发，部分风口挂渣，铁口出铁量则急剧下降到20t左右。12：00坐料处理管道和悬料，造成多个风口不同程度的灌渣。13：50出铁时渣铁量极少。14：24休风处理灌渣风口时造成14个风口灌渣至弯头和中节，形成炉缸冻结。

这次炉缸冻结事故的处理过程较长，从10月20日到25日共6天。

B 事故原因及教训

这次炉缸冻结事故是炉料结构变化和质量变差引起的。因烧结矿供应不足，增配了未经破碎、水洗和过筛处理的块矿和冶金性能差的土烧结矿。原料变差造成炉况不稳，管道频繁发生，碱度波动大。加上供料系统和上料系统故障多，长期低料线、深料线操作，加剧了炉况的恶化。

这次事故处理过程较长，除了炉况恢复难度大的原因外，主要教训是不送风的风口未堵严，多次自动吹开，打乱了炉况恢复的进程。

2.5.8.3 1995年12月炉缸冻结

A 炉缸冻结发生经过

1995年12月10日，因冷却系统漏水未查出，20：00发现铁口渗水影响出铁，高炉风量由1050m³/min减至900m³/min。11日铁口渗水越来越多，导致渣口难开难堵、铁口泥套打炮、撇渣器凝结等。为防止炉凉加入大量净焦，生铁中硅含量均在2.0%以上。

12日铁口渗水一直未断，且越来越严重，一直无法开铁口，被迫于17：08休风。休风时造成风口灌渣。22：20查出3号、5号、8号、9号风口的中套烧坏，此时高炉已处于冻结状态。

这次炉缸冻结事故的处理从 12 月 13 日~16 日共 4 天。

B　事故原因及教训

这次炉缸冻结事故发生的原因是：高炉炉役晚期设备老化，冷却系统漏水未及时查处和处理。主要教训是：对炉役晚期的高炉，应特别重视加强冷却设备的检查，发现问题及时处理。

2.5.8.4　案例点评

新余钢铁厂 620m³ 高炉 1995 年 9~12 月连续发生 3 次炉缸冻结事故，暴露了当时在生产管理和操作技术方面存在的问题。例如，长期休风时堵风口不严，送风风口过多；大幅度变料，高炉长期低料线、深料线，处置不当；风口和冷却设备漏水，发现不及时和处理不当等。

该厂炉缸冻结事故的处理总结的经验教训，如"高炉长期休风后复风时应尽量少开风口，送风时堵的风口一定要堵严，不能漏风"，"对炉役晚期的高炉，应特别重视加强冷却设备的检查，发现问题及时处理"是有普遍意义的。在处理炉缸冻结时该厂重视开铁口工作，千方百计排出冷凝渣铁的认识和措施也很有参考价值。

2.5.9　鞍钢 10 号高炉炉缸冻结事故[9]

1997 年 3 月，鞍钢 10 号高炉（2580m³）热风围管爆裂鼓开，将高压水总管折断，大量冷却水从围管开口处灌入炉内，造成炉缸冻结。在处理炉缸冻结过程中，坚持铁口出铁，采用铁口氧气法使高炉较快地恢复到正常炉况。

2.5.9.1　事故经过

1997 年 3 月 6 日 17：30，开炉仅两年的鞍钢 10 号高炉 3 号铁口上方的热风围管突然爆裂鼓开，将高压水总管（φ400mm）折断，大量冷却水从围管开口（1200mm×6000mm）处经吹管灌入炉缸。

经过 3 天抢修，高炉于 9 日 12：15 送风。由于当时对炉缸冻结的威胁估计不足，复风时开了 12 个风口。送风 20.5h 后未见铁口来铁，加上 13 号、15 号风口损坏漏水，结果造成 9 个风口相继灌死，17 号~19 号风口挂渣超过 1/2。高炉风量萎缩到 500m³/min，风压升高到 140kPa。此后采取了多项措施，如上移铁口通道、实施炉缸内爆破、使用穿甲炮弹等，均未能使铁口出铁。10 日 8：52，24 号风口烧穿，风口二套拉坏，紧急休风时 12 个风管和部分风口二套灌渣，导致了严重的炉缸冻结。

2.5.9.2　炉缸冻结的处理

在处理事故前研究了 3 种方案：

（1）在铁口和风口之间新开临时铁口；

（2）卸下风口二套，用特制氧枪从风口向下烧，使铁口与风口连通；

（3）采用特种氧枪，从铁口插入，在送风的状态下熔化冻结的炉缸，形成局部通道。

第一种方案危险性较大，而且严重影响高炉长寿。第二种方案武钢处理3200m³高炉炉缸冻结时用过，处理铁口耗时5天，而且当时是处理炉缸上部冻结，与鞍钢10号高炉情况不同。最后决定采用第三种方案。

10日高炉休风后首先处理灌渣的风管，主要是送风时间较长、位于3号铁口上方的14号~16号风口，同时对进水较少、1号铁口上方的1号、30号风口进行处理。处理时卸下上述风口及其二套，由风口向下烧出一定空间（见到焦炭），然后填入焦炭和铝锭。

12日7:20复风，用15号、16号两个风口工作。为配合炉前处理铁口，14:10打开1号、30号风口。炉前集中人力烧1号、3号铁口，每个铁口均烧进炉缸内4m多并继续向上翘烧，同时下挖主沟，为铁口吹氧创造条件。

13日8:40和10:40，相继将15号、16号风口堵上。在1号、3号铁口烧出一定空间后，铁口有大量煤气喷出，开始铁口吹氧操作。将特制的氧枪伸入铁口内2~2.5m（氧枪伸入长度必须大于炉墙厚度），用炮泥封住铁口通道并捣实，然后向炉缸内吹入氧气并控制流量由大到小。若氧枪直径大于氧气管道直径，可加入压缩空气，但要保证混合气体的氧含量大于50%。氧气的压力必须大于热风压力。在吹氧过程中若有渣铁在氧枪内积聚，可拔出氧枪，用氧气管把渣铁吹出后继续插入送氧。吹氧4~5h后将氧枪拔出，并将炉内熔化的渣铁排放（每次可排出1~3t渣铁）。再重复以上操作3次后，14日6:40从3号铁口流出渣铁约20t，出铁后期15号、16号风口明亮，至此铁口吹氧处理炉缸冻结过程结束。

2.5.9.3　体会

通过此次事故，得出以下体会：

（1）在处理炉缸冻结时送风风口宜少不宜多。3月9日复风时用12个风口过多，使大量渣铁滴落在风口区，难进入炉缸，导致次日24号风管烧穿。12日复风只用两个风口，恢复就顺利得多。

（2）处理炉缸冻结应集中加足净焦。这次处理炉缸冻结在出铁前集中加净焦50罐（535t），为缩短炉况恢复时间创造了条件。

（3）为加快炉况恢复进程，炉渣碱度调剂采用了"过量调剂法"。具体做法是：事故初期加入适量酸性球团矿，将炉料的入炉碱度降至1.06，待终渣碱度降至一定水平后再迅速提高，使之与入炉焦比水平相匹配，以保证生铁质量。

（4）炉况恢复期间按以下条件扩开风口：风量、风压相适应，风压加到位；下料顺畅，无崩料、滑料；渣铁流动性好，物理热充沛；炉前能及时出净渣铁。此外，还应注意扩开风口的时间间隔应不小于4h。

（5）炉况恢复期间控制好冷却强度，做到既不向炉内漏水，又不被烧坏。长时间休风时通事故水（水压 0.5MPa），软水站 4 台循环泵（两大两小）只开一大一小两台，以水温差为依据随着炉况恢复逐渐增开工作水泵台数。已确认漏水的冷却壁要全关冷却水，对有漏水迹象的冷却壁要及时查清处理。

（6）严格控制风量和风压，要与所开风口数目相适应。对 10 号高炉而言，按照增开 1 个风口提高 10kPa 风压的关系掌握。

（7）鞍钢 10 号高炉采用铁口吹氧法处理炉缸冻结是成功的，恢复炉况的速度较传统方法提高 1 倍以上，经验值得推广。

2.5.9.4　案例点评

鞍钢 10 号高炉这次炉缸冻结事故，采用铁口吹氧法处理是一个成功的范例。现代大型、巨型高炉，风口与铁口中心间距很大，又无渣口，一旦发生炉缸冻结单靠从风口向下烧通通向铁口的通道相当困难。文中介绍的这种从风口向下烧的同时用氧枪烧铁口的做法可有效地缩短事故处理的时间，值得借鉴和推广。

2.5.10　邯钢 3 号高炉炉缸冻结事故[10]

邯钢 3 号高炉有效容积 294m^3，有 1 个铁口、2 个渣口、12 个风口，于 1995 年 5 月建成投产。1998 年 5 月 1 日，由于高炉大量漏水未及时查明原因，造成风口灌渣，导致炉缸冻结。处理事故耗时 4 天，损失产量约 3500t。

2.5.10.1　事故发生

3 号高炉开炉后操作制度不合理，边缘气流发展，开炉 2 年后炉身、炉腰、炉腹冷却壁就大量破损。在发生事故前，共损坏冷却壁 68 块，占炉身、炉腰、炉腹冷却壁总数的 68.75%。由于炉型不规整，冷却壁漏水，煤气流不稳定，炉温波动大，高炉每隔两三个月就要进行一次炉身造衬以维持生产。

1998 年 4 月 30 日计划休风，主要任务是进行炉身造衬。休风料中加净焦 15 批（37.5t），并减轻焦炭负荷 11.6%。休风前铁水中硅含量为 1.29%。休风后出现大面积漏水，有 12 号、1 号、7 号、8 号、11 号等风口。因为一时找不出漏水部位，将炉身、炉腹、炉腹被怀疑漏水的冷却壁的进水关闭，并把总水量减少到最低值。这次计划休风共用 15h45min，送风后因煤气系统出现故障第二次休风 30min。

再次送风后炉况恢复困难，料柱透气性很差，坐料 4 次，加净焦 7 批（17.5t）。此后料柱透气性有所改善，工作重点转向出渣出铁。5 月 1 日夜班出铁 3 次，但铁口难开，铁口深度保持 3.0～3.5m，均用氧气烧开。因炉温大幅度下滑，渣铁流动性差，前两次只出铁水约 200kg，第三次出铁 45t，出渣 36t。8：00 查出北渣口小套和二套漏水，随即关闭冷却水，采取外部冷却措施。

由于出铁困难，又减负荷 9%，并陆续加净焦 26 批（65t）。5 月 1 日白班开铁口3次，第一次出铁约30t，出渣约26t；第二次、第三次用氧气烧铁口，均没有渣铁流出。为此决定用炸药炸铁口，从18：00开始共炸5次，最大炸药量为6管/次，但均未炸开铁口。此时风口开始灌渣，风量逐渐下降。15：15～17：15，深崩料3次，相继将2号、3号、4号风口灌死，到19：00风量减少到零，风口已不进风。19：30，6号风管烧穿，被迫休风。至此，全部风口灌死，炉缸冻结形成。

2.5.10.2 事故处理

A 从东渣口出渣铁

利用休风机会，首先将铁口上方的1号、12号风口，东渣口上方的10号、11号风口，以及烧坏的6号、7号风口处理好。处理中发现风口前端充满渣铁冷凝物，密不透气。卸下东渣口小套、二套，用氧气向里烧，用炸药炸松10号、11号风口内的冷凝物，使东渣口与其上方的10号、11号风口相通。向东渣口大套内压入炮泥，作为临时出铁口。

送风前将1号、6号、7号、12号风口堵死，5月2日12：50，用10号、11号风口送风，热风压力控制在50kPa以下。用临时出铁口出铁11次，其间隔时间为1～1.5h。前两次出铁，因放风堵风口处理不当，造成10号、11号风口灌死。此后几次出铁均较正常，每次堵口前都有喷铁口现象。为防止风口灌渣，堵口时放风不放到底。

B 从铁口出渣铁

随着临时出铁口排放渣铁量的增多，以及12号风口打开，决定炸开铁口出铁以加快炉况恢复速度。5月3日白班，将铁口泥套扣掉，用氧气向里烧入3.5m。11：10～18：00共放炮炸铁口9次，最后一次炸药量最大（60管），终于将铁口炸开。铁口正常后，炉况恢复速度加快，但出铁间隔时间仍维持1～1.5h。

C 高炉操作情况

开风口情况如图2-4所示。5月3日5：26开始装料，加净焦15批（37.5t），之后采用正分装装料制度（OO↓CC↓，料线1.5m），矿批退至6.6t，并加萤石36kg/t。

为了减少冷却水带走的热量，处理炉缸冻结期间将冷却水量控制到最小，随着炉况的逐渐恢复逐步增加水量。

2.5.10.3 经验教训

通过此次事故，得出以下经验教训：

（1）风口、渣口漏水是发生这次炉缸冻结事故的重要原因。在高炉生产过程中，应加强对各部位冷却设备工作状况的监控，有问题及时发现，及时处理。

（2）5月1日夜班和白班出铁时，应采取长时间喷铁口的措施，利用高热值煤气加热铁口区域和炉缸，避免炉缸冻结发生。5月1日铁口较深时，应及时炸

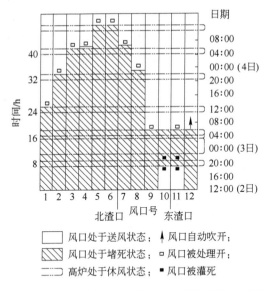

图 2-4　邯钢 3 号高炉处理炉缸冻结期间开风口进度

铁口，将炉内渣铁排出，把炉缸冻结消灭在萌芽状态。

（3）3 号高炉配备了富氧管道，在处理炉缸冻结事故时应适当富氧以加速处理进程。在高炉休风期间，没有抓紧烧热风炉，处理过程中没有发挥高风温的作用。

（4）由于没有在临时出铁口上安装炭砖套，造成每次出铁都靠放风进行人工堵口的被动局面。另外，东渣口大套砌砖太薄，导致 5 月 3 日发生了渣口大套烧穿的事故。

2.5.10.4　案例点评

邯钢 3 号高炉这次炉缸冻结的原因是冷却设备大量破损，而操作人员未及时发现。在长时间的休风过程中有大量冷却水漏入炉缸，引发出了炉缸冻结事故。得出的教训是：高炉冷却设备损坏时，一定要及时查清，采取适当措施。特别是长期休风时，必须关闭漏水的冷却器，不允许大量冷却水漏入炉内。

这次炉缸冻结的处理，采取了渣口出渣铁，并多次采用爆破法处理铁口是比较成功的，有其特点。

2.5.11　唐钢 2560m³ 高炉炉缸冻结事故[11]

唐钢 2560m³ 高炉于 1998 年 9 月 26 日开炉，投产初期生产比较顺利。1998 年 11 月 27 日中班 18：44，高炉发生悬料，21：21 减风坐料过程中塌料，产生管道行程将布料溜槽顶落，十字测温装置顶弯。煤气流严重失常，致使高炉急剧向凉。11 月 28 日夜班后期，高炉出现渣铁排放困难。29 日 29 号风口烧穿，在紧急休风处理时全部风口灌渣,造成炉缸冻结事故。经过 4 天多的处理,高炉复风,又经过 14 天恢复,高炉才转入正常生产。这次事故造成的产量损失约 5 万吨,直接损失 480 万元。

2.5.11.1 事故经过

1998 年 11 月 25 日,高炉定修后于 26 日夜班送风。送风后顺行较差,塌料一次。白班因矿石中间漏斗减速机坏而非计划休风 127min。送风后出现滑料,堵 4 个风口恢复炉况。27 日夜班炉温下行,生铁中硅含量从 1.14% 降到 0.83%。夜班出铁 3 次均未出净。白班炉温偏低,生铁中硅含量 0.48%~0.56%,铁水温度 1450℃ 左右。白班出铁 3 次也未出净。

27 日中班出铁后加风,接受能力差。18:25 加风至 4150m³/min 后炉况不接受,料尺不动,减风处理,但料不下。20:40 一炉铁的出铁过程中加风,准备坐料,压差大幅度升高,在减风坐料过程中形成管道、塌料。十字测温装置被顶弯,布料溜槽脱落。塌料后全自动赶料线,交班时风量恢复到 3000m³/min。

28 日夜班 1:25 料线 2.2m,风量加到 3400m³/min。1:50 赶上料线,逐渐加风,到 4:10 风量加到 4500m³/min。顶温偏高,时常打水。5:21 发现炉凉,减风到 3900m³/min。5:44 加焦 8 批,焦比提高到 560kg/t;接着又加焦 2 批,于 6:56 减风至 2200m³/min。此时出现风口涌渣,夜班第三次铁铁口空喷,出不来铁。白班风量由 1700m³/min 减至 1000m³/min,焦比升至 600kg/t。9:28 从 2 号铁口出渣铁约 40t,但流动性极差。此后用 2 号铁口出铁只有少量渣铁流出,而 1 号、3 号铁口打开则只空喷。中班 3 个铁口状况维持不变,风量只有 1400~1600m³/min,偏滑尺,加焦 11 批。2 号、11 号、16 号、17 号、20 号、22 号、24 号、29 号风口进渣后糊死。

29 日夜班加焦 10 批,风量维持 1200~1400m³/min。1 号、2 号铁口出铁每次烧出 3~5t 渣铁,而 3 号铁口则只空喷。5:18,29 号风口烧穿,于 5:26 紧急休风,风口全部灌渣,炉缸冻结已成定局。

2.5.11.2 事故原因分析

事故原因为:

(1) 27 日中班高炉发生悬料,悬料后处理不当。高炉悬料有以下原因:

1) 操作恢复过急。在白班渣铁出不净,炉况顺行差的条件下,本应小幅度加风,但实际操作时降顶压、提风温、连续加风,最后因加风量过大,高炉不接受引起悬料。

2) 11 月中旬起布料溜槽 α 角偏移较大(25 日定修实测比中控室显示小 6°~7°),未及时采取措施,使高炉中心负荷偏重,不接受风量。

3) 3 号高炉投产后常因配鱼雷罐紧张和水渣系统故障影响渣铁出不净,影响高炉顺行。

4）风量表不准，料尺经常出故障，影响高炉操作人员对炉况做出正确判断。

发生悬料后的处理不当，表现在以下方面：

1）悬料后未及时准确判断。料尺不动时，当时压差较低，风口活跃，操作人员误以为是料尺故障，没认识到是悬料。

2）悬料时上次铁刚堵铁口半小时，渣铁虽未完全出净，但出铁时间和见下渣时间较长，若及时坐料不会有多大风险，失去了这个机会延长了悬料时间。

3）28 日发现炉凉并有风口灌渣时，本应及时果断地加入 100t 左右的焦炭来疏松料柱，以缓解炉凉的发展。

4）悬料后期准备坐料过程中，压差控制过高，形成管道，顶落了溜槽，顶弯了十字测温装置。

（2）崩料后期未能准确判断炉况。发生崩料后处理不当，表现在以下方面：

1）在 11 月 30 日炉顶点火检查前，一直未发现十字测温装置损坏和溜槽脱落。顶温高，赶料线，使煤气流长期失常。

2）崩料后顶温较高，控制不住，全靠打水维持，是因为当时处于环形边缘管道状态。但操作人员误判为偏料，只按扇形布料处理，致使炉况急剧向凉，最后导致炉缸冻结。

通过以上分析，这次炉缸冻结事故主要是由于渣铁出不净，导致高炉悬料、崩料、管道，而操作上处理不当引起的。

2.5.11.3　经验教训

通过此次事故，得出以下经验教训：

（1）在高炉开炉投产比较顺利的情况下，忽视了影响高炉生产的外围工作，如冲水渣、配铁罐等系统的匹配，高炉经常不能出净渣铁是这次事故的主要原因。

（2）发现炉况向凉后补充热量不果断，并急于加风恢复，恶化了炉况。

（3）对溜槽脱落判断缺乏经验，加重了炉况失常，延误了处理机会。

2.5.11.4　案例点评

唐钢 2560m³ 高炉这次炉缸冻结事故，是 20 世纪 90 年代末国内大高炉上发生的最严重的一次操作事故。这次事故缘于高炉复风后在顺行不佳的情况下强行加风，压差过高，坐料后产生强烈的管道行程。管道形成后溜槽已脱落，操作人员未及时察觉，继续按常规操作。在炉料全部由中心加入的情况下，高炉运行至少 24h 以上，使边缘气流极度发展，煤气分布紊乱，严重炉凉导致炉缸冻结发生。

大高炉操作一定要控制好极限压差。国内高炉因压差过高而发生的管道行程屡见不鲜，轻者造成炉凉，重者损坏炉顶设备。本案例中，溜槽脱落后操作人员经验不足，也缺少这种意识，虽有征兆显示出变化，但操作人员没有察觉，最后酿成了炉缸冻结事故。本案例的教训是很深刻的，值得认真思考。

2.5.12 青钢2号高炉炉缸冻结事故[12]

青钢2号高炉有效容积378m³，2001年8月因高炉大凉发生了炉缸冻结事故。在80h的处理过程中没有反复，没有特高炉温，炉况恢复做到了安全、快速、经济。

2.5.12.1 事故发生的经过

2010年8月，从9日白班到10日夜班，风量从989m³/min增加到1020m³/min，风压相应地从145kPa降至142kPa，呈现向凉趋势。从9日中班到10日6:00，料速也高于正常，达到8批/h。反映到铁水温度，从1480℃降低到1349℃。从外部条件看，这段时间内焦炭水分呈增加趋势，从9日早班的8.10%到10日早班的11.85%。

10日6:00，高炉减风后风压升高到149kPa，透气性指数下降。7:40热风炉换炉后，风压出现锯齿形波动，高炉开始崩料。10:35，高炉悬料并减风坐料。高炉出铁困难，风口灌渣堵死，最后造成炉缸冻结。15:40，高炉被迫休风处理风口。

2.5.12.2 炉缸冻结的处理

这次炉缸冻结的处理采用铁口出铁的方案，处理过程如下：

（1）部分风口送风。全部处理完灌渣的风口、风管后，选择铁口两侧各开2个风口送风。将这4个风口内的渣铁扒出，尽量与铁口烧通，以便熔化的渣铁从铁口排出。

（2）集中加焦和分散加焦。从出现事故后复风开始，就采取了集中加焦和循环加焦两种方式。没有采用大量集中加焦，是考虑这次炉缸冻结不是因为大量漏水，而是由于炉凉引起的，因此认为没有必要将炉温做的很高。表2-11为加焦调剂情况。

表2-11 青钢2号高炉处理炉缸冻结加焦情况

批　次	加焦方式	加焦量/t	备　　注
1~3	净焦	1.7×4×3	球团矿10%，烧结矿82%，硅石30kg/批，矿批7500kg，装料制度CCOO，焦炭负荷2.21
4~13	循环焦	1.7×7	
14~18	净焦	1.7×4×5	
19~25	循环焦	1.85×3	第19批硅石变为100kg/批，焦炭负荷变为2.03
26~28	净焦	1.85×2 + 1.85×4×2	
19~43	循环焦	1.85×7	
44	净焦	1.85×6	
45~54	循环焦	1.85×3	

批　次	加焦方式	加焦量/t	备　　注
55～112			第 60 批加萤石洗炉，第 120 批停止
113～122			第 113 批起矿批增至 8500kg，装料制度变为 2CCOO + OOCC
123～138			第 123 批起装料制度变为 CCOO + 2OOCC
139～			第 139 批起矿批增至 9000kg，装料制度变为 OOCC

（3）采用富氧烧铁口。在高炉复风前先用氧气烧通铁口通道并安装好富氧枪，然后用富氧枪加热凉的渣铁。处理炉缸冻结耗时 64h，大体分为 3 个阶段。第一阶段为准备阶段，从 8 月 10 日 15：20 风管烧穿到 8 月 11 日 8：55 送风，共 17h35min，主要是处理风口，见到焦炭，重新堵泥。第二阶段为送风恢复，开始铁口不通气，出铁时只是空喷，或流出 2～3t 渣铁。8 月 12 日 15：25 起转入第三阶段，出铁时来大流，出渣铁约 20t。这标志"隔断层"已化开，出铁不受限制，高炉接受风量，可加速恢复。炉况恢复进程见表 2-12。

表 2-12　青钢 2 号高炉处理炉缸冻结进程

时　间		渣铁量/t	[Si]/%	[S]/%	R_2	铁水温度/℃	备　　注
8 月 12 日	15：25～15：40	20	0.51	0.160	1.11		
	17：30～17：45	5	0.76	0.129	1.07	1259	
	19：30～19：45	5	0.15	0.113	1.05	1253	
	21：50～22：10	20	0.82	0.073	1.05	1283	
	23：45～24：00	25	1.10	0.068	1.11	1349	
8 月 13 日	2：05～2：15	30	1.13	0.026	1.13	1345	增大铁口角度
	4：03～4：50	60	0.92	0.025	1.20	1340	
	6：30～6：40	20	1.07	0.022	1.23	1316	6：50 捅开 12 号风口
	7：55～8：00	15				1307	
	10：00～10：15	22	1.39	0.024	1.17	1298	8：55 捅开 3 号风口，11：45 捅开 11 号风口
	12：10～12：25	23	2.18	0.017	1.24	1352	12：55 捅开 4 号风口
	14：00～14：20	28	2.48	0.008	1.24	1371	14：00 捅开 5 号风口
	15：45～16：05	30	2.11	0.011	1.31	1342	15：40 捅开 10 号风口
	18：20～18：45	48	2.38	0.012	1.31	1389	19：05 捅开 6 号风口
	20：40～21：10	55	2.30	0.013	1.33	1429	
	23：25～24：00	56	1.93	0.016	1.24	1441	23：20, 7 号、8 号风口吹开

注：8 月 11 日 8：55 用 1 号、14 号风口送风，15：00 打开 2 号风口，12 日 5：40 打开 13 号风口。

2.5.12.3 几点体会

通过此次事故，得出以下几点体会：

(1) 高炉操作要全面判断。这次炉缸冻结事故形成以前有关参数已有征兆，但操作人员存在侥幸心理，对炉凉的趋势估计不足，未及时采取减风等措施。

(2) 在处理高炉大凉或炉缸冻结过程中，首先要找出其主要原因，是漏水、长期低炉温还是综合作用，再商定正确的对策，要做好长时间恢复的准备，切忌操之过急。

(3) 用富氧枪处理炉缸冻结或开炉恢复，是一种有效的操作手段。它具有从上而下加热炉缸的作用，热量散失少，热效率高，能快速熔化渣铁，提高炉缸温度。

(4) 处理炉缸冻结的关键是不断地出渣铁，本案例是每隔 1~1.5h 出铁一次，出铁后多喷一段时间，尽量排净炉缸内凉的渣铁。要保证渣铁温度，适当降低炉渣碱度。

(5) 炉况恢复期间应尽量少休风，开风口进度要严格控制。在凉渣铁尚未完全熔化的情况下盲目打开风口，而高炉接受风量程度差，可能引起反复，得不偿失。

(6) 要全力保护好炉前设备，严防风口烧穿时烧坏设备和电缆等。

2.5.12.4 案例点评

这是一起高炉运行中对炉况判断不准，采取的措施不果断，调剂不及时和力度不够引发的炉缸冻结事故。这次事故不算严重，延续时间也不长，损失不算大。在事故处理过程中，思路对头，措施得当，效果较好，对同类事故处理提供了有益的经验。

2.5.13 湘钢1号高炉炉凉事故[13]

湘钢 1 号高炉有效容积 1000m³，设计一代炉龄 10 年，1996 年 7 月投产，在炉役后期的 2006 年 2 月发生了一次严重的炉凉事故。

2.5.13.1 炉凉的经过

2006 年 2 月 8 日白班 13:55~14:20 休风换 9 号风口，送风后料线不动，于 15:05 放顶压坐料，料崩至不见影。中班接班后，炉体温度呈上升趋势，15.9m 的第 4 点由 107℃升至 426℃，17.8m 第 4 点由 315℃升至 471℃。炉温出现下滑，随即在第 84 批加焦 J₂，停氧赶料线。第 98~113 批的焦炭负荷由 4.66 退至 4.13。

18:10 赶上料线后风压高，多次减风后崩料到料线不见影，炉顶温度变化范围窄且数值较高，达 400℃以上。逐步回风至风量 2000m³/min 赶料线。19:55 风压突然升至 330kPa 发生了悬料。20:00 拉风坐料，风口前涌渣，坐料不下。此后风压剧烈波动，出现连续崩料，并出现管道行程。炉顶温度急剧升高，最高达到800℃，并一直偏高。20：45减风消除管道以后又一次悬料。第109批加焦J_2，21：05崩料，21：40开铁口后渣铁流不出，空喷，这时炉凉事故已经形成。

此后炉况继续恶化。22：00出铁堵口后又发生悬料，22：40拉风坐料。第112批加焦J_4，第114批将负荷调减至3.3，第116批再加焦$J_6 \times 5$（75t）。23：36~23：48出铁，包括上一次出铁共约80t，有大约200t铁和100t渣没有排放出来。第117批再加焦J_6，此间23：40悬料，拉风后未能坐下。9日0：20崩料，分别与第1、3、4、5批加焦J_6。从1：20到3：30出铁两次，分别出铁20t和10t，没有渣出来。3：50左右8号风口烧穿，于4：20休风，全部风口被炉渣灌死。

2.5.13.2　炉凉原因分析

1号高炉已处于炉役后期，发生炉凉事故有多种原因：

（1）炉型不规整。炉身中上部（10~12段）炉墙存在不同程度的结厚，布料相对紊乱，煤气流分布不合理，煤气利用率低。

（2）操作不当。白班送煤偏晚，实际补焦量比标准值低16t，造成焦炭负荷偏重。此外，低料线时间过长，复风风量偏大并富氧成为产生管道的诱发原因。中班工长对长期低料线的危害认识不足和操作不当，导致连续崩料和管道行程发生，是这次事故的主要原因。例如，加焦数量比标准低很多，处理管道的减风力度也比标准低，以及渣铁未出净，严重亏渣、亏铁等。这些因素的叠加，造成了炉况的继续恶化，最终导致炉凉严重。

（3）冷却设备缺陷。高炉处于炉役后期，冷却壁已破损60块，其中7段和8段共有4块冷却壁难以控制冷却水量，部分冷却水漏入炉内，加剧了炉凉。此外，2月6日发生了6号水站爆管，导致1号高炉水压从320kPa下降到220kPa，冷却强度降低，可能造成了渣皮脱落，也有一定影响。

（4）焦炭质量影响。事故发生在春节期间，当时外购焦到达不均匀，1号高炉使用大量含水量高、质量不稳定的落地焦（约3500t）。此间高炉经常出现小崩料、滑料，工长对此重视不够。

2.5.13.3　炉凉的处理

考虑到高炉处于炉役后期，高温区冷却壁部分漏水等情况，恢复时采用比较保守的恢复方案。将3~16号风口堵死，用铁口上方的1号、2号、17号、18号风口送风。送风前先烧铁口，用10°的角度钻进0.5m，然后平烧，使深度达到2m。2月9日11：20送风后空喷铁口，来渣后用水泥堵口。送风风量为500m³/min，风压100kPa，全风温操作（834℃）并加净焦$J_6 \times 4$（64t）。根据炉况恢复的情况逐步扩开风口加风、喷煤。到2月11日21：00，炉况基本恢复到正常水平（见表2-13）。

表2-13 湘钢1号高炉炉凉期间操作参数 (2006年2月8～11日)

时 间		风量 /m³·min⁻¹	风压 /kPa	风温 /℃	顶压 /kPa	压差 /kPa	风速 /m·s⁻¹	送风风口 /个
8日	19：00	2000	286	950	150	136	167	18
	23：00	1450	176	960	25	151	121	18
9日	3：00	1110	144	985	20	124	93	18
	12：00	576	128	834	4	124	216	4
	13：00	941	112	887	5	107	176	8
	19：00	626	84	980	5	79	189	5
	23：00	600	86	980	5	81	180	5
10日	3：00	800	113	978	10	103	200	6
	8：00	770	132	980	34	98	193	6
	11：00	800	136	1000	39	97	200	6
	14：00	710	160	1020	40	120	133	8
	18：00	1120	162	962	56	106	168	10
	23：00	1380	194	970	87	107	155	13
11日	4：00	1420	164	900	87	77	143	15
	8：00	1888	249	960	135	114	167	17
	12：00	1746	245	950	133	112	154	17
	18：00	2152	275	950	148	127	179	18

炉凉处理的基本操作情况分述如下：

(1) 集中加净焦，用萤石洗炉。9日第1～5批加净焦 $J_6 \times 5$，第16批加净焦 J_3，第21～24批加净焦 $J_6 \times 4$ (64t)，并调整炉渣碱度。11日第7批加萤石2t，第64、74、84批，加萤石1t，第98批加萤石1.1t。

(2) 堵风口恢复炉况。表2-14列出了2月9～11日期间的休风处理风口的情况。

表2-14 湘钢1号高炉炉凉期间休风情况 (2006年2月9～11日)

日期	休风时间 /min	休 风 原 因	堵风口 数/个	风量 /m³·min⁻¹	进风面 积/m²
9日	420	处理1～18号风口灌渣	14	580	0.0416
9日	75	处理1～18号风口灌渣，重堵8号、10号、12号风口	13	510	0.0588
9日	65	9号风口吹开后重堵，换17号、18号风口	13	500	0.0588
10日	84	休风烧4号、5号、6号、13号、14号风口	10	1060	0.0868
11日	95	休风换4号风口，烧开7～10号风口	3	1330	0.1659

（3）调整装料制度和焦炭负荷。在炉况恢复期间，工作风口少，进风量低，采用疏松边缘和中心的装料制度，即矿石单环布料、小料批、减小矿焦加权平均角度差等。焦炭负荷调整情况前面已提到，基本是按照全焦冶炼掌握，目的是增加软熔带区域的焦窗厚度，改善料柱透气性。装料制度和焦炭负荷的调整情况见表2-15。

表 2-15　湘钢 1 号高炉炉凉期间装料制度和焦炭负荷调整

日期及批数	矿石布料制度	焦炭布料制度	矿批/t	焦炭负荷
8 日 23 批	34 (3) 32 (6)	20 (3) 27 (2) 30 (2) 34.5 (3) 32 (2)	29.5	4.66
8 日 114 批	34 (3) 32 (6)	20 (3) 27 (2) 30 (2) 34.5 (3) 32 (2)	28	3.60
9 日 1 批	33 (9)	20 (3) 27 (2) 30 (2) 34.5 (3) 32 (2)	27	3.47
9 日 17 批	33 (9)	20 (3) 27 (2) 30 (2) 34.5 (3) 32 (2)	20	2.49
9 日 27 批	33 (9)	20 (3) 27 (2) 30 (2) 34.5 (3) 32 (2)	20	3.00
11 日 1 批	33 (9)	20 (3) 27 (2) 30 (2) 34.5 (3) 32 (2)	25	3.50
11 日 9 批	33 (9)	20 (3) 27 (2) 30 (2) 34.5 (3) 32 (2)	25	3.70
11 日 20 批	33 (9)	20 (3) 27 (2) 30 (2) 34.5 (3) 32 (2)	25	4.00
11 日 25 批	34 (5) 32 (5)	20 (3) 27 (2) 30 (2) 34.5 (3) 32 (2)	25	4.40
11 日 77 批	34 (5) 32 (5)	20 (3) 27 (2) 30 (2) 34.5 (3) 32 (2)	28	4.20

（4）控制炉温下限和炉渣碱度。在处理炉凉期间，控制生铁含硅量大于 0.8%，并维持稍高的生铁含硫量（约 0.04%），以改善铁水流动性，炉渣碱度一般控制在 1.00 左右。表 2-16 为处理炉凉期间的渣铁化学分析数据。

表 2-16　湘钢 1 号高炉炉凉期间渣铁化学成分

时　间	10 日 8：00	10 日 11：00	10 日 14：30	10 日 18：00	10 日 23：00	11 日 4：00	11 日 8：00	11 日 12：00	11 日 17：30
[Si]/%	0.29	0.81	1.67	1.12	0.88	0.75	1.12	1.15	0.65
[S]/%		0.094	0.031	0.026	0.034	0.025	0.022	0.015	0.020
R_2	0.83	1.00			1.18	1.28	1.36	1.37	1.21

（5）加强炉前工作，及时排放渣铁。恢复初期，渣铁不分离，渣铁全走铁罐。从 9 日 11：20 送风到 10 日 7：05 休风，共烧开铁口 9 次，铁口深度 1.5～2.0m，出渣铁混合物 260t。

（6）控制冷却水。高炉已进入炉役后期，高温区 6 段 32 号冷却壁处炉壳开裂打水，水量难控，造成向炉内漏水。针对铁口附近工作风口上方高温区冷却壁有损坏漏水的情况，采取 1h 通水一次，即开即停的操作方法，以保证安全并减少向炉内漏水。

2.5.13.4 教训及启示

通过此次事故，得出以下教训及启示：

（1）通过这次炉凉事故的分析和处理，对高炉低料线、崩料、管道行程的危害性加深了认识。高炉生产中应根据实际情况制定有效的生产措施和合理的操作制度，保持高炉顺行。

（2）这次炉凉的处理方案是正确有效的，只用3天炉况就基本恢复正常，仅损坏1个风口。处理炉凉采取的措施包括：加净焦并调低负荷、用萤石洗炉、维持较高炉温和较低炉渣碱度、改善渣铁流动性、堵风口恢复、出净渣铁等。

（3）对炉身中上部的炉墙结厚应尽快处理，这是高炉指标恶化的重要原因之一。

（4）9日送风后先后有4个风口自动吹开，造成反复休风，增加了处理炉凉的难度。在处理炉凉事故时，堵严风口是非常重要的。

2.5.13.5 案例点评

严格地讲，这起事故没有达到炉缸冻结的程度，只算是严重炉凉。事故的发生和处理有典型意义。

这起事故是由于操作失误引起的，主要表现在低料线作业时减风力度不够，造成连续崩料和管道，大量未还原的炉料进入高炉下部，导致炉温急剧下降。此外，前期加净焦不足、焦炭质量差以及渣皮脱落等因素也加剧了炉凉的发展。炉凉事故原因的典型性是指有的操作人员对低料线的危害性认识不足，致使这类事故频频发生，需引以为戒。

在处理炉凉方面，湘钢这次采用的方法是正确有效的，可供同行借鉴。其不足之处是：复风初期堵风口不严，造成自动吹开，造成炉况反复，这一点也有典型意义。

2.5.14 衡钢1000m³高炉炉缸冻结事故[14]

湖南衡阳钢管集团公司炼铁厂的一座1000m³高炉于2009年5月1日建成投产。该高炉有风口20个，铁口2个，无渣口。开炉后头几个月炉况顺行较好，进入9月以后，高炉炉况突然失常，崩料、悬料频繁，炉温骤降，最后发生了炉缸冻结事故。

2.5.14.1 事故发生经过

2009年9月2日开始，高炉炉况突然恶化，发生崩料、悬料，仅夜班就坐料4次，高炉处于慢风操作状态。当时对炉况判断不准，负荷调剂不够，加焦太少，致使低料线下达后渣铁物理热严重不足，流动性极差。由于炉前清渣难度极大，出铁间隔时间太长，炉内积存渣铁量增多，憋风严重，加风、减风操作频繁。23：03，1号主沟自动凝死，被迫改用2号铁口出铁。

9月3日夜班炉况进一步恶化，第三次铁中2号主沟及渣沟也自动凝死，高炉只能慢风作业。由于炉内积存大量凉渣铁，夜班有多数风口涌渣，铁口打开后只出铁不出渣，到中班时有部分风口自动灌渣。

9月4日夜班炉况没有好转，烧坏风口1个，白班又烧坏风口2个。高炉被迫于15:19休风处理风口，休风后发现风口全部灌渣。休风时间长达77h31min才处理好风口及铁口，炉缸冻结已经形成。

这次事故造成了巨大的经济损失，处理时间历时13天。在处理事故过程中采取的措施尚属得当，所以恢复过程比较顺利。

2.5.14.2　事故原因分析

总的来看，这次事故是在原燃料质量出现大的波动时经验不足，对炉况判断不准确，调剂处理不当引起的。具体表现在以下方面：

（1）原燃料质量急剧恶化。进入9月以后，在高炉操作人员没有准备的情况下，烧结矿强度大大降低，入炉粉末增多，小于5mm部分从4.37%升高到8.94%，碱度波动幅度较大（1.61~2.02）。与此同时，焦炭多项质量指标变差。与8月25日相比，9月1日焦炭灰分从原来的12.64%升高到13.48%，M_{40}由85.65%降至83.61%，特别是水分从11.40%升至13.04%。在炉料质量变差时判断和调剂幅度不准，是发生这次事故的最根本原因。

（2）炉内操作不当。从9月2日夜班到9月4日白班，在炉况严重失常，悬料、大崩料不断，炉温急剧向凉，渣铁温度很低的情况下，没有及时采取大量减负荷、加净焦等措施，有的班还反向采取了加负荷、停煤和不调负荷的错误操作，不仅未提升炉温，反而加剧了炉凉。

（3）炉前工作经验不足，处理不力。在渣铁温度很低、流动性极差、排放困难的情况下，炉前未将渣铁沟用河砂等材料垫起来，致使主沟全部凝死，增加了清理难度，延长了出铁间隔时间，使炉内凉渣铁越积越多，加剧了炉凉，延误高炉炉况恢复时间，增大了事故的危害程度。

（4）在炉前渣铁沟凝死，长时间不能出铁的情况下，仍坚持长期慢风操作，致使炉内凉渣铁越积越多，导致风口大灌渣。在休风时决定处理全部风口，耗时3天多，导致了炉缸冻结发生。

2.5.14.3　事故处理方案的制订

高炉休风后，衡钢和湘钢的炼铁技术人员共同召开了专题会，结合实际情况制订了事故处理方案，要点如下：

（1）出铁方式的选择。处理炉缸冻结一般有从风口、渣口和铁口三种方案。研究后认为，这次事故主要是炉缸热量不足引起的，冻结程度不是特别严重。由于衡钢高炉没有渣口，决定采用风口出铁，等铁口烧开后立即转为铁口出铁的方案。

（2）增加热源，迅速提高炉缸温度。集中加净焦 30 批，每批 6t，共 180t；空料 40 批，焦炭 240t；最后全焦冶炼，正常料焦炭负荷 2.2。装料制度的选择要保证两道气流的稳定，为炉况恢复创造条件。

（3）尽快打通风口与铁口的通道，排出凉渣铁，扩大炉缸空间，加快恢复炉况进度。堵住大部分风口，用铁口周围的 2 个风口送风，标准风速维持 120 ~ 180m/s，全风温操作。严格控制开风口的条件和节奏：

1）炉况稳定顺行，渣铁物理热充沛，流动性良好，铁水温度 1480℃ 以上；

2）开风口前期要慢，间隔时间 4h 以上；后期可稍快，间隔 2h 左右，间隔铁口向两边开；

3）防止风口大面积烧坏，减少非计划休风。

2.5.14.4 事故处理过程

A 送风前的准备工作

9 月 4 日 15：19 休风后处理灌渣的风口、风管和围管，要求风口烧到见红焦为止，烧开后用炮泥堵死。将全部风口烧开用了近 3 天时间，直到 9 月 7 日 14：26 才完成清理工作。与此同时，集中力量烧铁口。9 月 6 日 14：40，烧开 1 号铁口后出来约 20t 渣铁，大量渣铁将主沟和砂口凝死。9 月 7 日 8：10 开始安装临时铁口和临时渣铁沟，17：03 完成。19：00 左右，1 号铁口主沟内凝死的渣铁处理完毕，开始烧铁口。20：10，泥套和临时渣铁沟烘烤达到要求，临时堵口用的圆杉木准备到位，高炉具备了复风条件。

B 炉况恢复

炉况恢复过程为：

（1）前期采用全风温，用铁口上方的 2 个风口送风，严格控制好压差，保证炉况顺行。

9 月 7 日 20：50，用 2 号、20 号风口送风，风量 250m³/min，风压低于 30kPa。风口明亮，21：45 用 1 号风口出铁，出渣铁 0.5t，流动性较好。22：06 出第二次铁，渣铁流动性较好。23：00 发现 2 号风口涌渣，23：08 打开临时铁口后涌渣消除。

9 月 8 日 0：05，铁口烧通，流出渣铁 20t。0：08 临时铁口打开后流出渣铁 0.3t，煤气火很大，说明铁口、风口已烧通，准备转为用铁口出铁。但考虑到铁口渣铁清理可能有影响，暂时仍保留临时铁口工作。夜班和白班炉况顺行，渣铁流动性良好，排放正常，16：00 风量加到 300m³/min。16：52 休风取消临时铁口，20：38 用 3 个风口送风，23：40 加风到 450m³/min。

9 月 9 日 11：00 净焦下达后炉温向热，炉况难行，减风 100m³/min。1：40 联系送煤气，5：00 布袋除尘投运。8：10 和 10：42，分别捅开 3 号和 19 号风口。16：35 加风至 600m³/min。随后净焦下达，炉温急剧升高，生铁中硅含量为

5.5%，铁水流动性差。23：00 炉况再次难行，风压升至 98kPa，随即减风调剂，并采用适当发展边缘的装料制度。

9 月 10 日夜班，风量维持在 600m³/min 左右。白班 9：16 休风处理风口，在随后几个小时内有 16 号、18 号、6 号风口自动吹开，并捅开 4 号风口。工作风口增至 9 个，风量约 850 ~ 900m³/min。为防止开风口太快造成炉凉，16：52 补回 20 批空焦。

9 月 11 日夜班，正常料下达，生铁中硅含量在 4.0% 左右，铁水流动性良好。1：30 加风至 1000m³/min，风温退至 950℃。大量空焦下达后出现铁水硅高、炉渣碱度高的情况，渣铁流动性差，影响加风。空焦过后渣铁排放改善，14：37 捅开 5 号风口，20：38 风量增加到 1200m³/min。

9 月 12 日夜班，随着风量增大，生铁中硅含量由 4.75% 降至 2.0% 左右。6：50 改冲水渣。第四次铁中硅含量为 1.65%，铁水温度 1420℃。见铁水温度低，8：50 加净焦 48t。16：43 捅开 7 号风口，风量逐步增至 1400m³/min，顺行较好。17：42 喷煤，喷煤量为 2t/h。20：04 捅开 15 号风口，风量加至 1500m³/min。

9 月 13 日 1：17 捅开 8 号风口，加风至 1560m³/min。从夜班到白班，打开 4 个风口，14：28 风量达到 1950m³/min，炉温充沛，生铁中硅含量为 2.0%，铁水温度 1485℃。中班风量稳定在 2000m³/min 左右。

9 月 14 日夜班捅开 10 号、12 号风口，风量增至 2200m³/min。14：20，TRT 投入运行。16：20 捅开 11 号风口，全部风口送风，炉况逐渐正常。

（2）采用集中加焦和分散加焦的方式来增加炉缸热量。9 月 7 日送风后就按要求加净焦 30 批，9 月 8 日因工作失误，加完空焦 21 批后就加正常料，比计划少加空焦 19 批。9 月 10 日，考虑开风口节奏比正常快，炉温下行幅度较大，铁水温度偏低，于 16：52 补回空焦 15 批。整个恢复期间，根据实际情况对装料制度进行适当调整，保证两股气流的稳定，为风量恢复创造了条件。为防止炉况出现反复，在焦炭负荷的调剂上采取前期慢、后期快的原则，为后期炉况快速恢复奠定了良好的基础。

（3）炉前采用高压、大流量吹氧、强行烧开铁口与风口之间的通道，扩大炉缸空间，烧通渣铁隔断层。从 9 月 7 日 20：50 复风后就开始烧铁口，用时 298min，出渣铁约 20t。此后，炉前增加出铁次数，把出铁时间间隔控制在 50min 以内，为高炉快速恢复创造了良好条件。

2.5.14.5　案例点评

这是近几年在中型高炉上发生的一次比较严重的炉缸冻结事故。事故的起因并不复杂，主要是原燃料质量变差，导致高炉顺行较差，炉温下降。如果前期能围绕"改善顺行、提高炉温"的原则操作，加入足够的焦炭，保持较低负荷全焦冶炼，将风量降至高炉能接受的水平，也许不要很长时间炉况就能恢复正常。

由此案例看出，在炉况变差时操作思想不明确，常在炉况略有好转时就急于加风、恢复负荷，造成炉凉和顺行的基本状况没有改变，反而因炉内积存凉渣铁过多，引起风口灌渣，加上炉前工作被动，最终酿成了炉缸冻结事故，带来严重损失。

这次事故处理总的指导思想是明确的，符合该厂的实际情况。虽然处理过程中出现了风口未堵严过早吹开、延长恢复时间等不足，但处理过程中采用的只开铁口上方两个风口送风，以及先用风口出铁，并尽快转为铁口出铁的措施是有效的。这些经验对没有渣口的现代高炉处理炉缸冻结事故有重要的参考价值。

2.5.15　铁本高炉使用高碱焦炭造成的死炉事故[15]

江苏铁本钢铁公司炼铁厂有 3 座 450m³ 高炉，因该公司没有自建焦炉，高炉所用焦炭全靠外购。因资源不稳定，一般情况下焦炭有 6~8 种，有时达 10 种以上。此外，该公司没有检验手段，对所购焦炭很少进行检验。特别是对于碱金属等有害元素，缺乏控制手段。2009 年 11 月，2 号、3 号两座高炉使用碱金属含量高的焦炭，焦丁和焦末充斥高炉下部，堵塞炉缸，高炉不接受风量，均造成了"死炉"事故。本节以 2 号高炉为例介绍有关情况。

2.5.15.1　2 号高炉炉况失常过程

2009 年 11 月 10 日前半天，2 号高炉全部使用恒昌焦炭，虽然其碱金属含量较高（Na_2O 1.38%，K_2O 0.73%），炉况还算基本正常。当天白班后期开始使用 1/3 碱金属含量更高的微山湖焦炭，中班 19:00 左右出现滑尺，风量、风压关系不相适应。11 日炉况继续变差，滑尺频繁，酌情加净焦补充热量，同时缩小布料角度和调整矿焦布料角度差（从 28°/28°调节到 24°/27°），以疏导边缘气流。为控制冶炼强度，将风压控制在 180kPa，还缩小了矿批。白班后期微山湖焦炭用量减至 1/6，仍有滑尺发生。12 日夜班停用微山湖焦炭，全用恒昌焦炭，风量、风压关系略有好转，随即适当缩小矿焦角度差（从 24°/27°调节到 24°/26°），并扩大矿批至 12.5t。此后风压升至 210kPa，仍有小滑尺。

13 日白班起焦炭供应又开始紧张，高炉使用一部分无锡焦炭，每批料加 400kg。14 日夜班，无锡焦炭增至 600kg/批。白班根据炉况决定加洗炉料（焦炭 70t，萤石 10t），并缩小矿批到 11t。休风后更换了 3 号、10 号风口小套，堵 4 个风口恢复，炉况尚可。中班以后先后打开 2 个风口。

15 日洗炉料下达后炉况变差，15~20 日几天，高炉基本处于坏风口、休风和集中加焦的过程。考虑到焦炭质量不好，集中加焦太多对炉内透气性可能更不利，决定从 20 日中班起采用定焦比、补足底焦，再视情况零星加焦炭 1~2 车。此后炉况有所好转。

22 日全部改用碱金属含量高的荣信焦炭（Na_2O 1.5%，K_2O 0.65%），24 日13：01，11 号风口大套烧坏，休风后炉况日益恶化，风量很少，产量低，消耗高。在此情况下，公司决定 11 月 25 日 2 号高炉停炉、扒炉。

停炉后观察，从风口区扒出的焦炭中，小于 5mm 焦粉和 5～10mm 焦丁大约各占 50%。由此推断，在焦炭碱金属含量高的情况下，碱金属对焦炭的劣化作用明显，这是造成铁本高炉料柱透气性恶化，引起炉况失常最后"死炉"的主要原因。

2.5.15.2　碱金属对高炉炉况影响的分析

众所周知，碱金属对焦炭、烧结矿、球团矿质量，特别是它们的强度指标有很不利的影响，碱金属还影响高炉耐火材料的寿命。因此，对高炉原燃料的碱金属含量的控制应引起足够重视。

因铁本公司检验手段不全，只能根据有限的原燃料试样检验数据进行粗略分析。

表 2-17 为 2 号高炉 12 月上旬主要原燃料及风口焦试样的碱金属含量，表2-18 为推算的 2 号高炉 11 月中下旬的碱负荷。可以看出，从 11 月 14 日起，2号高炉的碱负荷升高，而 15～22 日期间升至 20kg/t，其中 16～19 日达到峰值，21日以后炉料碱负荷才逐渐降低到 20kg/t 以下。对应看炉况的变化，14～15 日加净焦洗炉后，出现了烧坏风口的情况，此后一直到 20 日高炉处于烧坏风口、休风、加净焦、又烧坏风口的恶性循环中。

在意识到碱金属含量高的焦炭集中使用可能危害更大之后，从 20 日中班起改为定焦比、不集中加焦，并酌情加散焦 1～2 车的操作方法，炉况确有好转。另外从风口焦试样分析数据看出，所用焦炭的 $Na_2O + K_2O$ 含量高达 6.28%，这些情况证实焦炭碱金属含量高导致炉况失常的判断是正确的。

表 2-17　铁本高炉炉料及风口焦碱金属含量

类　别	Na_2O 含量/%	K_2O 含量/%	取 样 时 间
荣信焦炭	1.50	0.65	2009 年 12 月 5 日
恒昌焦炭	1.38	0.73	2009 年 12 月 5 日
煤　粉	1.21	0.776	2009 年 12 月 6 日
俄罗斯球团	0.225	0.256	2009 年 12 月 6 日
繁昌球团	1.25	0.136	2009 年 12 月 6 日
繁昌球团（港口样）	1.02	0.18	2009 年 12 月 10 日
杂　矿	0.49	0.17	2009 年 12 月 5 日
巴西块矿		0.023	2009 年 12 月 5 日
2 号高炉风口焦	2.43	3.85	2009 年 12 月 3 日

表 2-18 铁本高炉炉料碱负荷（2009 年 11 月）

日　期	碱负荷/kg·t^{-1}	渣比/kg·t^{-1}	炉渣碱度 R_2
13 日	13.62	350	1.11
14 日	16.38	372	1.15
15 日	21.98	411	1.09
16 日	25.69	450	1.08
17 日	29.69	476	1.13
18 日	26.55	427	1.20
19 日	24.89	457	1.10
20 日	20.98	415	1.11
21 日	21.72	415	1.04
22 日	21.24	400	1.49
23 日	19.07	357	1.67
24 日	17.85	377	1.40

2.5.15.3 小结

铁本高炉因焦炭等原燃料碱金属含量高，炉料碱负荷大，引起炉况失常，最后"死炉"。从这个案例得到以下认识：

（1）对高炉入炉原燃料应掌握其碱金属含量，并将此作为配焦、配矿和确定高炉操作制度的依据。

（2）在炉料碱负荷过高时，应调整配料，特别是应该停用碱金属含量高的焦炭，并采取排碱的操作措施。

2.5.15.4 案例点评

此案例不属于炉缸冻结事故，列入本章是因为铁本高炉发生的这类事故在国内几乎是唯一的，历史上也没有发生过。由于焦炭碱金属含量过高，严重破坏焦炭强度，风口焦几乎全部呈粉状，高炉不能接受即使是最低的风量，最后导致高炉"死炉"。本章编者 2009 年在该厂咨询时发现了这个案例，认为有典型意义，并请当时担任该厂厂长的陈济全同志撰写了此文。

2.5.16　沙钢 5800m^3 高炉成功处理长期事故休风造成的急剧炉凉[16]

当今世界最大、有效容积 5800m^3 的沙钢高炉，于 2009 年 10 月 20 日点火开炉。这座高炉有 40 个风口，3 个铁口；采用矮胖炉型、薄内衬和先进的炉缸、炉底结构，联合全软水密闭循环冷却系统；焦丁和小矿回收、新型并罐无钟炉顶等节能环保新技术；一包到底的铁水运输方式、环保型炉渣处理；3 座 PW-DME 外燃式热风炉、高效旋风除尘器、比肖夫洗涤塔、TRT；余尾气自循环混合喷煤系统；脱湿鼓风、专家系统、完善的检测和先进的控制系统等。该高炉设计指标先进：焦比不大于 300kg/t，最高煤比 250kg/t，最高顶压 280kPa，最高风温 1310℃。

该高炉点火的次日，即 2009 年 10 月 21 日，高炉顺利流出第一炉铁水。投产后高炉运行基本顺利，2010 年 1 月下旬日产已达 12500t 左右，最高日产 12800t，入炉焦比接近 320kg/t，燃料比接近 500kg/t。

正在高炉各项指标逐步提升的过程中，2010 年 2 月 11 日热风总管进入围管前的一段断裂，高炉断风。经制作安装临时管道，在休风 229h 后高炉复风。由于休风突然，焦炭负荷很重，复风后高炉炉况剧冷。由于采取的措施得当，高炉在较短的时间内得到恢复，相对损失较小。本节对此事故的处理经验进行介绍。

2.5.16.1 事故概况

A 事故前炉况

事故发生前一段时间，炉况稳定顺行，炉缸热量充沛，圆周工作均匀。事故前的 2010 年 2 月 10 日，高炉各项操作参数如下：

（1）主要指标：日产量 12744t，焦比 323kg/t，焦丁比 34kg/t，煤比 146 kg/t，燃料比 503kg/t；

（2）送风制度：风量 7212m³/min，风温 1260℃，风压 428kPa，顶压 250kPa，富氧率 7.35%；

（3）造渣制度：炉渣碱度 $R_2$1.121，$R_3$1.377；

（4）热制度：全天平均生铁中硅含量 0.518%，生铁中硫含量 0.023%，铁水温度不小于 1500℃，3 个铁口温度均匀；

（5）装料制度：矿批 136t，负荷 4.95，料线 1.2m，布料矩阵 $C_{3322222}^{1234567}{}_{4}^{12}$ O_{14443}^{23456}，炉顶煤气利用率 48.57%（略低于当时的平均水平）。

B 事故发生时的炉况

2010 年 2 月 11 日 7:39，热风总管堵头盲板脱落，随后在总管进入围管前约 10m 处，热风总管断裂，落下约 27.8m，高炉断风。当时顶压 250kPa，炉内倒灌煤气引起的大火和坠落的管道烧坏和砸毁了位于炉顶、炉前和看水工值班室等处的设备电缆。这一切发生在 2~3s 的瞬间，所幸的是，在高炉断风的极短时间内，工长打开了炉顶放散阀，卸掉了部分顶压，减轻了炉内煤气倒灌的力度。断风时，3 号铁口正处于出铁末期，炉内积存渣铁不多，40 个风口无一灌渣。3 号铁口因泥炮电缆烧断凝死。断风时炉内炉料是满的，大约有矿石 6000t，焦炭 1200t，焦炭负荷为 4.95。

2.5.16.2 休风后的保温措施

高炉紧急休风后，最大限度地采取了保温措施：（1）将风口密封严实。（2）休风 2 天后，只保持 1 个炉顶放散阀处于开启状态，减少炉顶的抽力。（3）休风后逐步减少冷却水，2 天后停泵，高炉软水在及时补水的前提下保持自循环状态。只开中压泵维持风口中套和热风阀冷却，风口小套改用工业水维持自流状态。这些措施很有效，在休风的 9 天多时间内料面只有少许下降。

2.5.16.3 高炉复风操作

复风操作总的技术指导思想是安全稳妥第一，按照炉缸冻结事故处理。

在休风 229h24min 后，高炉于 2 月 20 日 14∶03 送风。虽然采取了保温措施，毕竟高炉休风时间过长，炉内充满重负荷冷料，炉缸温度明显下降。2 月 10 日炉底中心温度（热电偶位于陶瓷杯与炭砖之间）498.9℃，到 2 月 20 日此温度降至 467.9℃，10 天降低了 31℃。高炉复风后此温度继续下降，到 2 月 28 日降至 443.9℃，共降低 55℃，此后回升。2 月 10 日～3 月 21 日期间的炉底中心温度变化如图 2-5 所示。

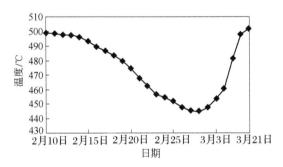

图 2-5　沙钢 5800m³ 高炉炉底中心温度变化

A　复风料安排

（1）首先加入净焦 692t 作为底焦，体积 1306m³，是炉缸容积的 1.183 倍。净焦中分散加入萤石共 16t，净焦的作用是集中加热炉缸，提高炉缸底温。

（2）考虑到炉内有大约 7200t 重负荷冷炉料，并经过近 10 天的冷却、熔化、还原，单靠 692t 净焦是远远不够的。因此，在净焦后面又连续加了（5 批正常料 +3 批净焦）×15 组、（10 批正常料 +3 批净焦）×2 组、（10 批正常料 +2 批净焦）×1 组。正常料的矿批为 80t（烧结矿 47t + 球团矿 30t + 锰矿 3t），萤石 1.2t，硅石 0.6t，菱镁石 1t，焦批 32t。净焦焦批 32t，萤石 1t，正常料负荷为 2.50。

（3）按以上方法，后续料中的净焦共加入 66 批，2112t（加上底焦共计 2804t）。伴随净焦共加入正常料 220 批，共计矿石 17600t、焦炭 7040t。

（4）正常料的装料制度采用中心气流和边缘气流都比较强的矩阵，基本是 $C^{1234567\ 12}_{43322222\ 4}O^{23456}_{12332}$，料线 2.5m。在高炉采用部分风口送风的情况下，高炉偏行严重，布料矩阵调剂的意义不大。

（5）正常料 CaO/SiO_2 为 0.95。

B 复风风口的选择

考虑到炉缸已经很冷，而且炉内还有负荷重（4.95）的冷炉料约7200t，决定高炉恢复按照炉缸冻结处理。复风时选用位于2号铁口上方的6个风口送风，铁口两侧各3个，其余34个风口全部堵死。图2-6所示为沙钢5800m³高炉的铁口和风口布置图。

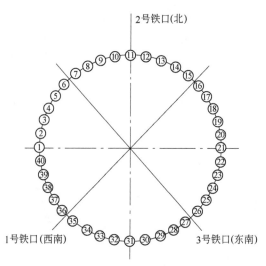

图 2-6 沙钢 5800m³ 高炉的铁口和风口布置

C 出铁安排

2号铁口位于正北方，它有1套水冲渣设施和干渣坑。2号铁口与1号铁口和3号铁口的夹角均为139°，1号铁口与3号铁口的夹角为82°。2号铁口与3号铁口共用1套渣处理，并有1套"底滤池"冲水渣系统。考虑到复风初期的冷渣可能不宜冲制水渣，而2号铁口有干渣坑设施，所以复风初期选用2号铁口。

规定复风后立即打开2号铁口，若能流出渣铁或有煤气喷出，则说明此铁口与其上方的风口相通，继续喷铁口20~30min，以求保持加热铁口与风口的通道。待通风风口依次扩展到1号铁口和3号铁口上方后，打开相应的铁口出铁。

D 复风风量控制

复风后风量控制的原则是：复风的单风口风量与休风前的单风口风量大体相当，实际风速保持在250m/s左右。以后随着开风口数目增多，按以上原则加风。

E 捅风口原则

规定在2号铁口出铁正常，送风风口两旁的风口明亮、活跃以后，每次捅开与送风风口相邻的风口各1个，不相隔捅风口。

F 冷却控制

根据各部位冷却水温情况恢复冷却强度，严密监视风口情况，严禁向炉内大量漏水。

2.5.16.4 高炉恢复进程

A 二次堵风口

复风操作用 8~13 号共 6 个风口送风。由于一些风口未堵严，14：21~15：44 相继有 2 号、5 号、16 号、34 号、38 号共 5 个风口自动吹开。考虑到刚送风不久，净焦距风口区还很远，不宜让冷料过早进入炉缸，决定在 17：14~18：13 休风重堵吹开的风口、增堵 8 号风口，并加固了其他风口的堵泥。19：35 和 21：10，5 号和 8 号风口又相继吹开，未再处理。

B 开铁口情况

送风后于 16：40 烧开 2 号铁口，立即有煤气喷出。空喷 20min 后，有少量渣流出，于 17：00 堵口。2 号铁口烧通，初步解除了对炉缸冻结的担心。

20：10，再次烧 2 号铁口，虽然渣铁冷、流量小，但能流动。在 2.5h 内共出铁 70t，铁水温度 1302℃，生铁中硅含量 0.30%，硫含量 0.06%，于 22：49 堵口。以后每隔 2h 打开铁口，在 2 月 21~23 日每天出铁 8 次，24 日出铁 9 次。在此期间，生铁中硅含量逐渐升高，铁水温度也升高，但生铁中硫含量一直偏高，而 R_2 较低。表 2-19 列出了 2 月 12~24 日期间出铁情况。

表 2-19 沙钢 5800m³ 高炉处理炉缸冻结期间出铁情况

日期	铁次	[Si]/%	[S]/%	[Mn]/%	T_m/℃	R_2	出铁量/t
2 月 12 日	10446	0.36	0.11	0.21	1303	0.92	126.7
	10447	1.16	0.05	0.23	1308	0.95	12.4
	10448	1.65	0.05	0.21	1303	0.98	35.4
	10449	0.64	0.13	0.17	1313	0.87	199.9
	10450	0.33	0.13	0.15	1307	0.93	116.7
	10451	0.24	0.21	0.16	1291	0.87	199.9
	10452	0.69	0.14	0.23	1331	0.81	398.4
	10453	0.09	0.21	0.12	1287	0.96	168.2
2 月 22 日	10454	1.54	0.05	0.65	1376	0.97	162.7
	10455	1.94	0.08	0.64	1411	1.05	208.5
	10456	1.46	0.11	0.62	1411	0.98	143.8
	10457	1.20	0.14	0.54	1416	0.92	195.8
	10458	0.80	0.16	0.54	1398	0.87	161.8
	10459	0.55	0.18	0.44	1391	0.86	256.7
	10460	0.50	0.20	0.44	1402	0.99	121.7
	10461	0.46	0.19	0.43	1386	0.87	291.7

日期	铁次	[Si]/%	[S]/%	[Mn]/%	T_m/℃	R_2	出铁量/t
	10462	0.52	0.18	0.53	1352	0.81	170.5
	10463	0.97	0.11	0.73	1425	0.80	248.4
	10464	0.95	0.10	0.64	1444	0.94	334.6
2月23日	10465	1.62	0.05	0.74	1432	0.98	351.3
	10466	1.74	0.06	0.80	1464	1.00	294.7
	10467	1.47	0.06	0.78	1452	1.05	339.2
	10468	2.60	0.02	0.47	1235		121.7
	10469	2.95	0.03	0.80	1484	1.12	521.3
	10470	1.90	0.08	0.77	1479	1.08	216.5
	10471						10.2
	10472	4.00	0.01	0.94	1491	1.29	266.3
	10473	4.17	0.01	1.02	1482	1.03	175.2
2月24日	10474	3.42	0.01	0.87	1454	1.28	486.7
	10475	4.85	0.01	1.01	1557	1.38	401.5
	10476	2.78	0.02	0.84	1464	1.23	633.0
	10477	2.27	0.04	0.89	1512	1.18	465.0
	10478	1.64	0.02	0.86	1465	1.13	880.6

2 月 23 日打开 1 号铁口 (铁次 10468)，[Si] 2.60%，[S] 0.02%，只是铁水温度较低 (1235℃)。此前铁口两侧的 33~37 号风口、1 号和 2 号铁口之间的 7~39 号风口均已打开，只有 1 号、36 号和 38 号风口处于封闭状态。2 月 25 日 23：30，3 号铁口被打开，[Si] 1.96%，[S] 0.025%，铁水温度 1463℃，出铁量 970t。出铁量多表明 3 个铁口间的沟通情况还很差。在 3 个铁口轮流正常出铁以后，高炉基本恢复到正常运行，炉凉处理才告一段落。

C 生铁中硅含量和铁水温度的变化

随着净焦和轻负荷炉料到达炉缸，生铁中硅含量和铁水温度逐步提高。其特点是：(1) 生铁中硅含量呈周期性升降，即捅开风口后较多冷料被熔化，炉温随即下降。捅开风口集中时，炉温下降较快。如 10453 次铁就属于这种情况，刚出铁时生铁中硅含量曾低至 0.01%，全炉平均生铁中硅含量也只有 0.09%，铁水温度 1287℃ (见表 2-19)。(2) 炉温转换期内，同一铁次前后炉温变化很大。如铁次 10452，出铁前期、中期和末期，生铁中硅含量分别为 0.73%、1.81% 和 0.05%。(3) 整体而言，铁水温度在冷料熔化期间较低，而且随着生铁中硅含量同方向变化。(4) 生铁中硫含量在冷料熔化期间一直较高，而且随着生铁中硅含量和铁水温度变化。例如，有几次铁的铁样中硅含量小于 0.1%，硫含量都在 0.20% 以上，最高的达到 0.303% (硅含量 0.02%)。在处理炉凉过程中生铁中硫含量偏高，与炉渣碱度较低有关。尽管如此，在生铁中硅含量和铁水温度很低的情况下，从第 1 炉铁开始渣铁流动性就较好，这与伴随净焦加入萤石、炉渣碱度较低有关。正常料中加入锰矿，也改善了渣铁的流动性。

炉温的低下和波动基本在 2 月 23 日结束，虽然风口尚未全部打开，但炉内积存的冷料已大部分熔化。其判断标志是：（1）冷料中含铁约 3700t，20~23 日已出铁 5188t。（2）24 日第 2 炉铁中硅含量突然从 1.9% 升高到 4.0%，而且保持一段时间较高的炉温，此时炉温与正常料的负荷是相对应的。

D 捅风口进程

捅风口的进程严格按计划进行。2 月 20 日 17:14~18:13 休风重堵吹开的风口后，用 5 个风口送风。此后 5 号、8 号风口被吹开，送风风口达到 7 个，一直保持了 9h49min。其间 2 号铁口已打开过 5 次，出铁 244t，生铁中硅含量升至 1.61%，硫含量降至 0.05%，铁水温度 1303℃。与此同时，已捅开的风口活跃、明亮，具备了扩开风口的条件。

21 日 6:59 捅开 7 个风口，随后分别在 8:23 和 10:50 捅开 6 号、14 号风口。连续捅开 3 个风口后，炉温下行较快，如 23:25 的第 10453 次铁中硅含量曾低至 0.09%。为此放慢了开风口的速度。在 14h 之后才继续扩开风口，并参照炉温变化控制开风口的频率。在捅风口方向上，因选择 1 号铁口出铁先于 3 号铁口，增开风口是逆时针方向向 1 号铁口靠拢，并在 23 日 20:26 打开 1 号铁口顺利出铁。

从 2 月 20 日到 24 日一共开了 35 个风口，剩余 5 个风口前面有冷凝渣铁屡捅不开，直到 2 月 28 日~3 月 2 日才全部捅开。这几个风口不开，对炉况恢复没有多大影响。

在 3 号铁口打开之前，炉缸周围工作还不均匀，中心料柱温度较低，表现在炉底中心处温度一直在下降，直到 28 日才止住下降。因此，这次事故处理的终点选择 25 日 23:30 打开 3 号铁口，总的处理时间为 129h27min。

2.5.16.5 小结

沙钢 5800m³ 高炉这次炉缸剧冷事故，是在突发设备事故，炉内积存负荷重达 4.95 的炉料约 7200t 的情况下，高炉无计划休风 229h24min 造成的。处理事故采取的措施比较得当，仅用 5 天多就处理完毕，具备了转入正常生产的条件，整个过程是成功的。

（1）考虑炉内积存大量重负荷炉料，复风之初加入了足够的焦炭（692t 净焦，焦炭体积为炉缸容积的 1.183 倍）。

（2）净焦中加萤石，保证在恢复初期炉温较低时炉渣有较好的流动性。

（3）后续料中加入的净焦和选用的正常料负荷，在数量和时机上是合适的。

（4）复风初期尽量少开风口，本次用 6 个风口送风，占风口总数的 15%。

这可控制炉内冷料熔化的速度，缓解处理过程发生剧冷甚至冻结的可能性，同时容易应对万一开铁口不顺利时的被动局面。此外，送风初期重堵自动吹开的风口也是一条正确的措施。

（5）后续捅风口坚持"连续"的原则很重要，这次事故处理中基本没有风口破损与此有关（只有 24 日 39 号风口漏水，休风后更换）。

（6）这次无计划休风虽然时间较长，但送风后开铁口非常顺利，是这次事故处理成功的一个重要的有利因素。这得益于设备事故发生后休风以前出铁较净，炉缸残存的渣铁很少。

（7）高炉休风期间对冷却水的处理也是成功的。

参 考 文 献

[1]　徐矩良，刘琦. 高炉事故处理一百例 [M]. 北京：冶金工业出版社，1986：26～30.

[2]　徐矩良，刘琦. 高炉事故处理一百例 [M]. 北京：冶金工业出版社，1986：63～67.

[3]　徐矩良，刘琦. 高炉事故处理一百例 [M]. 北京：冶金工业出版社，1986：53～58.

[4]　徐矩良，刘琦. 高炉事故处理一百例 [M]. 北京：冶金工业出版社，1986：22～25.

[5]　徐矩良，刘琦. 高炉事故处理一百例 [M]. 北京：冶金工业出版社，1986：1～7.

[6]　刘学文. 重钢 1200m³ 高炉炉缸冻结事故 [J]. 炼铁，1990，(3).

[7]　刘裕信. 炉缸冻结事故处理 [J]. 炼铁，1996，(2).

[8]　况百梁. 新余 6 号高炉炉缸冻结分析（内部资料）.

[9]　孙金铎，黄晓煜. 鞍钢 10 号高炉炉缸冻结及处理 [J]. 炼铁，1998，(4).

[10]　张有德，李如怀. 邯钢 3 号高炉炉缸冻结事故的发生及处理 [J]. 炼铁，2000，(3).

[11]　常久铸. 唐钢 2560m³ 高炉炉缸冻结形成原因及教训（内部资料）.

[12]　刘泉兴. 青钢 2 号高炉炉缸冻结处理实践 [J]. 炼铁，2002，(4).

[13]　文俊雄. 湘钢 1 号高炉炉凉的处理与分析 [J]. 炼铁，2006，(6).

[14]　安波，白明丽. 衡钢高炉炉缸冻结事故的处理 [J]. 炼铁，2011，(3).

[15]　陈济全. 铁本高炉使用高碱焦炭造成的死炉事故（内部资料）.

[16]　刘琦. 沙钢 5800m³ 高炉成功处理长期事故休风实绩 [J]. 炼铁，2010，(3).

3 炉缸堆积

高炉炉缸是高炉生产的"发动机"，焦炭及喷吹的燃料在炉缸的风口区域燃烧，生成还原气体上升，将含铁矿物还原成金属；而风口区内燃烧产生的空间，则为炉料下降创造了条件。炉缸工作对高炉生产非常重要，一旦炉缸失常，将对高炉生产带来严重的影响。

在高炉日常生产过程中，最常见的炉缸失常是炉缸堆积。炉缸堆积初期，对生产造成的影响较小，往往容易被忽略；一旦炉缸堆积比较严重，如再延误必将对高炉生产带来严重损失，我国很多炼铁厂曾有过惨痛的教训[1~12]。

3.1 炉缸堆积的征兆

3.1.1 风压、风量及料速的变化

炉缸堆积首先从风量、风压的变化上反映出来：出铁堵口后，风量逐渐降低，风压逐渐升高；打开铁口后，风量逐渐增加，风压逐渐下降。如此周而复始，形成周期性的波动。在风量、风压变化的同时，下料速度也同步发生变化，出铁时料速加快，堵口后料速渐慢。高炉越小，表现越明显。

发生炉缸堆积时，高炉憋风、憋压是共同特征。沙钢1号高炉（380m³）表现为：出铁前发生憋压现象，下料较慢；出铁后风压下降，下料加快[1]。马钢新1号高炉（2500m³）表现为：出铁前风压易突然升高，如1995年10月中下旬，在炉缸工作正常时，风量为4000m³/min，出铁间隔80min，风压不上升；而发生炉缸堆积时，出铁间隔大于50min，出现了憋风或风压先下行后陡升的现象[2]。

3.1.2 铁水及炉渣特点

在出现炉缸中心堆积时，出铁过程中铁水温度逐渐降低；炉缸边缘堆积的炉况则相反，随着出铁过程的进行，铁水温度逐渐升高。但是，只要是发生炉缸堆积，不论中心堆积还是边缘堆积，铁水中硅含量和硫含量的波动均将超过正常水平，而且铁水中硫含量偏高。

炉缸堆积时，除渣铁化学成分波动外，铁水、炉渣均变黏稠，炉渣带铁较多，放渣时易烧坏渣口。在边缘堆积时，很少放出上渣，而中心堆积时则容易放出上渣。大型高炉，由于铁水温度经常在1500℃左右，铁水流动性一般影响较

小。沙钢 1 号高炉发生炉缸堆积时，同一炉铁前后温差增大，渣铁流动性变差，渣口放渣易带铁，渣口小套和渣槽易烧坏，炉缸安全容铁量变小。1999 年 12 月 5 日中班第一炉铁，因打开铁口稍迟，17∶25 渣口中套、大套之间跑渣铁，烧坏大套，造成休风 16h，造成了很大的损失。

3.1.3 炉底、炉缸温度下降

炉缸堆积的另一个特征是炉底温度不断下降。如属于炉缸边缘堆积，除炉底温度下降外，炉缸边缘温度、炉缸冷却壁水温差及热流强度也同时降低。

马钢新 1 号高炉，最初因炉身下部局部结厚、炉缸边缘堆积，崩料、坐料频繁，炉芯温度下降。炉芯 4 层温度从 1995 年 10 月上旬的 545℃ 下降至 11 月 4 日的 501℃，如图 3-1 所示。

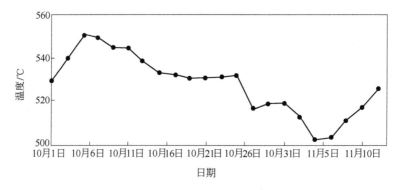

图 3-1 马钢新 1 号高炉炉底炭砖第 4 层温度变化趋势（1995 年）

沙钢 1 号高炉正常生产时炉缸砖衬上层温度分别为 584℃、506℃、461℃ 和 489℃，失常后下降到 541℃、483℃、421℃ 和 433℃；炉缸下层温度则由正常时的 414℃、475℃、444℃ 和 345℃ 下降到 402℃、456℃、395℃ 和 319℃[1]。

3.1.4 煤气分布特点

中心堆积时边缘煤气流发展，即边缘煤气 CO_2 含量很低或边缘煤气温度很高；边缘堆积则相反，边缘煤气温度较低，中心煤气温度较高。

3.1.5 风口工作及风口破损

炉缸堆积时，风口圆周工作不均匀，部分风口有"生降"现象，能看到未充分加热的黑焦炭从局部风口前通过。边缘堆积时风口前很少涌渣，中心堆积时风口前易涌渣，严重时常因灌渣而烧坏吹管。

2002 年 1 月，邯钢 7 号高炉（2000m³）出现炉缸堆积，24 日以后风口大量

破损，至 30 日高炉坏风口达到 17 个[3]。水钢 2 号高炉（1200m³）曾因炉缸堆积引起风口频繁烧坏，最终造成炉况严重失常。恢复炉况共用 44 天时间，恢复期间共损坏风口 158 个，风口二套 18 个，风口大套 1 个。这座高炉炉况恢复的艰难程度及风口、冷却设备损坏之多，在全国大、中型高炉炉况失常恢复处理事例中是少见的[4]。另外，1990 年 1～3 月，本钢 5 号高炉炉缸堆积期间，风口大量破损，共损坏风口 222 个[5]。

3.1.6 高炉顺行较差

炉缸堆积时高炉顺行变差，情况严重时管道、崩料不断，渣皮脱落、悬料等时有发生。因为崩料、悬料，亏尺加料经常出现；高炉顺行不好，在中心堆积时高炉不可能维持全风操作。

上面所列炉缸堆积现象，在发生初期并不明显，即使炉缸堆积已较严重，也不是所有特点均充分明显表现，这也是炉缸堆积难以及时发现的原因。当风口频繁烧坏时，已经处于炉缸严重堆积状态，必须坚决处理。

炉缸堆积，多半发生在高炉中心部位，特别是由于慢风引起的堆积更是如此。有的高炉炉料条件较好，特别是焦炭强度好，这时的堆积一般发生在炉缸边缘。在炉缸堆积初期，高炉透气性及透液性都好，高炉风量容易保持正常全风水平。因此，很多炉缸堆积的常见特征，特别是与风量有关的现象很不明显。但是，这种情况下必定有几项堆积特点表现出来，如炉底温度降低、渣中带铁及风口破损等。

大高炉每天出铁时间接近或多于 1440min，即随时有一个或两个铁口出铁。在此情况下，高炉产生的铁水和铁口排出的铁水大体上保持平衡，从风量与风压的关系以及料速等参数，看不到出铁的影响，或者出铁的影响很小。但炉缸堆积的特点还是能从出渣铁情况反映出来：当各铁口排出的渣铁比例不同，有时一个铁口出铁很多，而另一铁口打开就排渣，说明炉缸工作不均匀。如上述情况经常出现，就是大高炉炉缸堆积初期的重要表现，必须及时处理。

3.2 炉缸堆积的主要原因

3.2.1 炉芯带的特点

高炉解剖研究表明，炉内软熔带以下主要由固体焦炭和滴落的渣铁组成，因主要处于炉缸中心区，通常称为炉芯带或滴落带。图 3-2 是炉缸工作的示意图。风口前端是回旋区，焦炭及喷吹燃料在这里燃烧，大量焦炭从回旋区上方进入，补充燃烧的焦炭；而中部的焦炭，长期以来人们认为它是不动的，习惯于称它为"死料柱"[13]。通过多年的研究，已经明白中部的焦炭从风口以下到炉底，缓缓地进入回旋区，有机械运动，也有化学反应，对反应进程，目前尚未完全清楚。"走"完这段路程，大约需要一周到一个月，虽然从炉底到风口氧化区最远不过几米。近年日本高炉解体调查表明，"死料柱"在炉缸的铁水熔池内是漂浮的，"死料柱"内的焦炭颗粒很细，"死料柱"内铁水"有效的"流动区域非常小，仅位于铁口水平面附近[14]。软熔带以下是炉芯带，炉芯带充满固体焦炭，这部分焦炭称为炉芯焦。炉芯带的空隙度大约在43%～50%之间。炉芯带的空隙中有部分滴落的铁和渣，向下流动。风口区燃烧生成的煤气，穿过炉芯焦向上运动。铁水和炉渣在下边汇聚，一部分铁水沉到炉底，将炉芯带的焦炭浮起来；另一部分下降的铁水和炉渣，存于炉芯焦中，在出铁或放渣时穿过炉芯焦流出。随着铁水流出炉缸，炉芯焦下沉，因此炉芯焦受出铁影响不断升降。铁水和炉渣能顺利地穿过炉芯焦，是铁渣流出炉缸的保证。

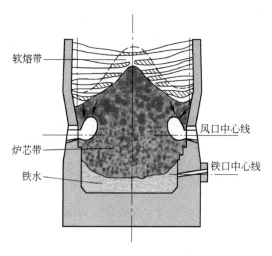

图 3-2　炉缸工作示意图

3.2.2　炉缸堆积的本质

高炉解剖证明，矿石在900℃左右开始软化，1000℃左右开始软熔，1400～1500℃开始滴下（见图3-3）[13]。由于矿石成分不同，滴下温度也不相同，1400℃左右是滴下温度的下限。在风口区以下，焦炭和喷吹燃料燃烧后的灰分进入炉渣，炉渣成分改变，引起熔化温度的变化。根据高炉终渣性能研究，风口区以下的炉芯焦温度低于1400℃时，炉渣难以在炉芯焦中自由流动。在这种情况下，炉渣或铁水不断地滞留在炉芯焦中，使后续滴落的铁渣不能顺利穿过和滴落，这个区域是炉缸的不活跃区。由于渣铁只能在温度较高的区域正常通过，此时的炉缸透液性较差。如透液性较差区域扩大，就会形成炉缸堆积。因此，炉缸堆积与炉凉不同，与炉缸冻结也是两回事。

炉缸堆积，是炉缸局部透液性变差的结果，透液性不好时煤气较难穿过。日本一座高炉通过风口测温、取样，在炉缸不活跃或堆积的情况下，得到图 3-4 和图 3-5 的结果[16]。

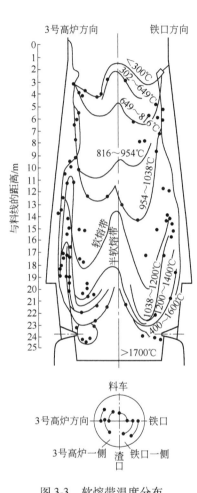

图 3-3　软熔带温度分布

（用测温片测定）[15]

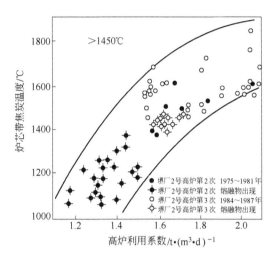

图 3-4　高炉利用系数与炉芯带焦炭温度的关系

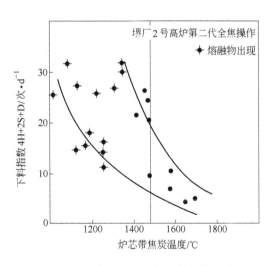

图 3-5　炉芯带焦炭温度与下料指数的关系

从图 3-4 看出，当炉芯焦温度低于 1450℃时，高炉利用系数下降，所取试样中有黏稠的熔融物出现，表明炉芯带的透气性及透液性遭到了破坏[16]。

3.2.3　炉缸堆积形成的原因

炉缸堆积属于比较严重的一种失常炉况，其形成有多种情况，现分述如下。

3.2.3.1　焦炭质量影响

实践证明，高炉炉缸堆积，大多是因焦炭质量变坏引起的。质量低劣的焦炭，特别是强度差的焦炭，进入炉缸后产生大量粉末，使炉芯带的透气性变差，鼓风很难深入炉缸。这使炉缸中心部分温度降低，渣铁黏稠，形成"堵塞"。如杭钢 3 号高炉，因外购焦炭质量波动大，粉末多，粒度偏小（小于 25mm 的达 40%），导致发生严重的炉缸堆积[6]。广钢 4 号高炉，焦炭反应性（CRI）34.15% ~36.95%，焦炭反应后强度（CSR）53.35% ~50%，与国家标准相差甚远[7]。柳钢 300m³ 高炉，M_{40} 为 68% ~72%，M_{10} 高达 12%，灰分达 16% ~17%，再加上大量地使用地装焦，炉缸严重堆积[8]。水钢 2 号高炉，1996 年 1 月，由于公司资金紧张，焦化小窑煤用量增加，使焦炭强度恶化，最低时 M_{40} 为 72.4%，M_{10} 为 11.8%。焦炭质量变坏后，高炉逐渐形成炉缸堆积，风口频繁报坏，最终造成炉缸严重堆积，炉况严重失常。而风口频繁损坏，又进一步加剧了炉缸堆积[4]。

3.2.3.2　长期慢风操作

高炉长期慢风，又不采取技术措施，很容易造成炉缸中心堆积，高炉容积越大越容易发生。慢风的结果是风速降低，向炉芯带中部渗透的风量减少，引起炉芯带中部温度降低。设备故障，则往往是高炉慢风操作的直接原因。特别是一些炉役末期的高炉，水箱或冷却壁大量漏水，漏水后降低部分区域的温度，也会导致炉缸堆积。

1990 年 1~3 月，本钢 5 号高炉面临的生产形势极为严峻。由于断水、慢风等原因造成的炉缸严重堆积，迫使 5 号高炉的正常冶炼秩序濒于崩溃[5]。太钢 2 号高炉，2004 年 7 月以后，炉缸侧壁 3 号热电偶一度达到其历史纪录 681℃，高炉被迫限产，风量由正常时的 800m³/min 降到 750m³/min。由于没有及时调整送风制度，高炉事实上处于长期慢风状态，结果造成了炉缸堆积[9]。

马钢新 1 号高炉（2500m³），1994 年 4 月 23 日点火开炉。因烧结矿供应不足、质量欠佳，高炉本身设备、电气问题多，高炉长期处于慢风状态。开炉一年半以后，炉况顺行还未完全过关，例如 1995 年 9 月就发生炉凉 4 次。10 月下旬至 11 月初，因炉身下部局部结厚，炉缸边缘堆积，崩料、坐料频繁[2]。杭钢 3 号高炉，1991 年 9~11 月扩容大修后，炉容由 255m³ 扩大到 302m³，炉缸直径由 4200mm 增大到 4700mm，但风机仍用 750m³/min（铭牌风量），鼓风系数降到 1.85，实际长期慢风[6]。广钢 4 号高炉，从 2004 年 5 月开始，上料设备接连不断出现故障，还受许多外围因素的影响，不得不减风甚至休风处理，加上焦炭质量变差，长时间的累积，造成炉缸堆积[7]。

3.2.3.3　煤气分布不合理

煤气分布不合理，边缘或中心过分轻（发展）或过分重（堵塞），都可能引起炉缸堆积。边缘过轻，煤气向炉缸中心渗透的少，炉芯带中部温度低；反之，中心过轻，边缘煤气量少，边缘炉料得不到充分加热、还原，下降到炉缸，引起炉缸边缘温度低。杭钢3号高炉顺行时，煤气分布是两条通路，基本是双峰曲线。由于慢风，中心气流不足，未及时调整装料，导致炉缸中心堆积。炉缸堆积及时消除后，煤气 CO_2 曲线变化明显，图3-6所示为杭钢3号高炉炉缸堆积前后煤气分布的变化。煤气中心过重，是该高炉发生炉缸中心堆积的重要特征。

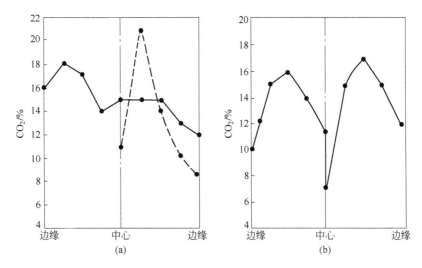

图3-6 杭钢3号高炉炉缸堆积前后煤气分布的变化

(a) 炉缸中心堆积；(b) 中心堆积消除后

梅山2号高炉炉缸中心堆积前后也有类似表现，堆积前煤气两条通路，堆积后煤气中心重（见图3-7）[10]。

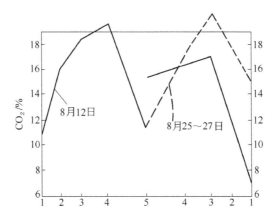

图3-7 梅山2号高炉炉缸堆积前后煤气曲线对比（1987年）

高炉顺行不好，或经常发生崩料、渣皮脱落，造成炉料下降不稳定，或未能充分加热及还原就进入炉缸，破坏了炉缸热状态的稳定性，最后导致炉缸堆积。更严重的情况是高炉结瘤，高炉顺行严重破坏，风量锐减，在此情况下，炉缸堆积很容易发生。

前面已经提到，马钢 2500m³ 高炉开炉一年半以后顺行还未过关，炉身下部局部结厚，炉缸边缘堆积，崩料、坐料频繁。安钢 5 号高炉 2007 年一次炉况失常，由于亏料线时间长，料面深，布料混乱，煤气流分布被打乱，炉况很难稳定。某日 12∶25 悬料，料线 800mm，放风坐料后，风压 50kPa，料线不明；后逐渐加风、放料，至 14∶10 再次悬料前料线一直不明。第二次坐料后，炉况已严重恶化：每次出铁仅 20～30t，下渣 10t 左右，料线不明，风口呆滞，风量小，顶温低，透气性差，压差高，风压、风量仅能维持在较低水平。频繁的悬料、坐料，使料柱透气性很差，风压加不上，风量小，鼓风动能低，边缘气流不足，中心气流打不开，造成炉缸堆积[11]。

柳钢 3 号高炉，1996 年不顾原燃料条件的变化，片面地靠大风量追求产量，增加正装比例，导致管道行程频繁，悬料、塌料多，亏料线作业，最终炉况严重失常，高炉北部方位发生炉缸堆积和炉墙结瘤[8]。

3.2.3.4 炉渣成分与炉缸温度不匹配

炉渣成分与炉缸温度不匹配，或因炉渣成分超限波动，造成炉渣黏稠，导致炉缸堆积。柳钢 3 号高炉，由于烧结矿碱度波动大，难以调剂，为保证生铁的成分、质量，只好维持较高的炉渣碱度。高碱度炉渣熔点较高，由于炉料质量变坏等原因引起炉缸温度较低时，该炉渣的难熔性导致并加重了炉缸堆积[8]。梅山 2 号高炉，因连续休风和慢风，风量难以加上去，造成炼钢铁炼成铸造铁，炉温高（[Si] 0.9%～1.5%），炉渣碱度高（1.15～1.20），铁水低硫（0.010%～0.013%），高炉温、高碱度，渣铁黏稠，造成炉缸黏结和堆积[10]。

3.3 炉缸堆积的处理原则和方法

炉缸堆积是炉芯带焦炭透液性及透气性恶化的结果。导致透液性及透气性恶化的原因，或者是焦炭质量太差，恶化了炉芯带的透气性；或者是炉芯带温度降低，导致进入炉芯带的渣铁黏稠，不能顺利地滴落。炉芯带焦炭强度及温度，是处理炉缸堆积的决定性因素。处理炉缸堆积，首先要分析其产生原因，再针对性地进行处理。

3.3.1 提高焦炭质量

焦炭是高炉料柱的"骨架"，虽然它不是炉芯带唯一的固体物料，却是影响炉芯带透液性和透气性最关键的物料。焦炭的空隙度，在很大程度上取决于焦炭质量，特别是焦炭的热强度。实践证明，很多炉缸堆积，特别是炉缸中心堆积，是由焦炭质量恶化引起的。预防炉缸堆积和处理炉缸堆积，使用优质焦炭非常必要。有些厂对焦炭质量的重要性认识不够，在处理炉缸堆积以后，为降低生产成本再次使用劣质焦炭，往往使已处理好的炉况重新恶化，炉缸堆积再次发生。水钢2号高炉炉况恢复期间，焦炭质量差，风口到铁口区间被焦末填充，每次高炉休风卸下破损风口便有大量碎焦末滑下。从风口、南渣口、铁口所取焦炭样筛分，小于10mm的粉末占62.5%~72.9%。风口带以下的焦炭破碎到这种程度，在该厂高炉30年的生产历史中从未有过。正是由于焦炭质量太差，才导致炉缸严重堆积。在高炉恢复前期，未充分认识到炉缸堆积的严重程度，认为只要有炉温基础，炉况恢复就可加快。结果导致风口打开又坏，换后又坏的恶性循环。风口破损后，不可避免地向炉缸漏水，加剧炉缸的堆积，更增加了炉况恢复的难度。处理因焦炭质量差导致的炉缸堆积，主要措施是尽快改善焦炭质量，停用强度差的焦炭，用强度好的焦炭置换炉缸堆积的碎焦炭，以形成新的炉缸焦炭料柱，逐步提高焦炭层的透气性和透液性，避免风口的频繁破损，逐步扩大送风面积。

3.3.2 利用上下部调剂，处理炉缸堆积

炉缸堆积初期，如煤气分布已显示出边缘或中心过轻（发展）或过重（堵塞），应通过分析查明原因，用上下部调剂进行处理。判断炉缸堆积处于初期的征兆主要有：（1）风口未出现连续烧坏；（2）炉底温度未出现大幅度下降；（3）顺行未严重恶化，崩料、管道不频繁。

炉缸堆积初期的处理过程如下：

（1）第一步：将风口实际风速与其正常值比较，看是否在正常波动范围内。如实际风速与正常值相差不大，可不动风口；如风速过低，而风量水平接近正常水平，可缩小风口；如风量水平低于正常水平很多，应临时堵风口，以提高风速。

（2）第二步：执行第一步后，如不动风口，应立即采取布料调剂。按边缘、中心煤气分布的实际状况，做出全面的分析，准确决定煤气分布的真实支配因素，通过煤气分布（现在拥有煤气径向分布测定的高炉很少）、十字测温（炉喉径向温度分布）、炉顶温度、炉喉温度、炉喉红外成像等显示手段，各风口"生降"的实际分布以及炉身温度分布（热电偶测量结果、冷却壁水温差分布或冷却器水温差分布）参数，进行综合判断，慎重得出处理决定，再调整装料制度。上部调剂时，对扩大矿石批重要十分慎重，中心堆积决不能扩大批重，边缘堆积，在风量水平较低时，也不宜扩大批重，因为大批重情况下加风非常困难。如对风口采取措施（第一步有动作），则应观察2~3个班（16~24h）后再进行上

部调剂。布料改变后，如顺行尚可，可观察 2～3 个班；如顺行严重恶化，应立即改回原状态或适应当时状态应变。

　　如果上部调剂一天以后炉况未向好的方向发展，则应采取其他措施，不要失去炉缸堆积初期处理的宝贵时机。梅山 2 号高炉处理炉缸堆积时，集中（偏）堵风口（2～10 号）9 个，缩小进风面积50%，由 0.2865m² 缩至 0.143m²。针对当时炉缸工作从北到西部位黏结比较严重、坏风口较集中的情况，决定堵死该部位的风口[10]。太钢 2 号高炉处理炉缸堆积时，针对风口面积过大造成的鼓风动能不足，将 2 号高炉风口面积由 0.101m² 缩小到 0.097m²，以维持足够的鼓风动能，吹透中心[9]。马钢新 1 号高炉处理炉缸堆积，采取上部疏松边缘，下部捅开堵死的风口，改变溜槽角度，疏松边缘等措施。具体调节过程如下：

11 月 2 日 10：00　　11 月 4 日 1：10　　11 月 5 日 9：00　　11 月 6 日 19：10

$$C_{32221}^{87651}O_{2332}^{9876} \rightarrow C_{133221}^{987651}O_{2332}^{9876} \rightarrow C_{133211}^{987651}O_{1432}^{9876} \rightarrow C_{232211}^{987651}O_{1432}^{9876}$$

11 月 7 日 16：00　　11 月 8 日 0：20

$$\rightarrow C_{133211}^{987651}O_{1432}^{9876} \rightarrow C_{133221}^{987651}O_{2332}^{9876} \rightarrow C_{33311}^{87651}O_{2332}^{9876}$$

　　由于判明马钢新 1 号高炉炉缸堆积为边缘堆积，故洗炉前和洗炉期间把堵死的风口捅开。11 月 1 日把 4 号、26 号风口捅开，11 月 6 日把堵死的 12 号风口捅开[2]。梅山 2 号高炉，矿批从 15t 渐次扩大到 23t，溜槽角度由复风初期的 29°/28°（矿/焦），逐次平移到 33°/33°。从煤气分布曲线看出，边缘和中心逐步提高，9 月 5 日边缘和中心的 CO_2 分别为 16.5% 和 4.9%，接近正常的煤气分布[10]。

3.3.3　减少慢风、停风及漏水

　　前面已经论述慢风会导致炉缸堆积，慢风的原因各不相同，主要包括：

　　（1）高炉炉役末期，设备失修，故障频繁，经常伴随冷却系统大量漏水。

　　（2）匆忙投产的新高炉，设备试车不充分，遗留设备缺陷较多。

　　（3）高炉存在重大设备隐患，如高炉有烧穿威胁，上料系统缺陷，供料速度不足等。

　　（4）生产系统有缺陷，如铁水处理能力不够，或炼钢能力不足，炉料因天气或其他原因供应不足等。

　　（5）炉况失常，高炉不接受风量。如顺行很差，经常慢风，高炉结瘤，各类操作因素限制高炉全风操作。

　　（6）炉料质量差，不论是烧结矿或焦炭，一旦炉料质量恶化，都会迫使高炉慢风。

　　不管存在哪类缺陷，都应及时解决。一时解决不了的，应采取相应措施，预

防炉缸堆积。不能全风操作的高炉,应保持足够的风速,预防高炉炉芯带中心温度过低。漏水会加重炉缸堆积,必须坚决杜绝。要加强风口监视,一旦发现风口损坏,立即减水,同时组织人员更换。操作问题应充分研究,果断处理。风量是高炉生产的生命,是高炉生产的第一要素,失去风量,就失去了生产的主动权。维持全风,是高炉操作的头等大事。

3.3.4 严重堆积时用锰矿洗炉

出现连续烧坏风口,必须洗炉。首钢1号高炉20世纪70年代,由于炉料质量差,风口大量烧坏,严重时每月烧坏40多个。采用锰矿洗炉后效果很好,表3-1所列为当时处理炉缸堆积时的铁水成分。

表3-1 首钢1号高炉处理炉缸堆积的铁水成分 (1977年10月)

日期	铁水	01:00	03:15	05:33	08:07	10:32	13:05	15:25	17:46	20:20	22:36
27日	[Si]/%	0.3	0.4	0.34	0.54	0.94	1.11	1.06	1.28	1.28	1.17
	[Mn]/%	—	—	—	1.22	1.38	0.63	—	1.96	—	—
28日	[Si]/%	0.91	0.84	0.72	0.77	0.78	0.72	0.72	0.64	0.51	0.66
	[Mn]/%	—	—	1.73	—	1.44	—	—	—	—	—

首钢高炉用锰矿洗炉经过多年改进,基本操作要点如下:

(1)控制铁水中锰含量为1.0%~1.5%。

(2)铁水中硅含量在0.8%左右,小于1.0%。铁水中硅含量过高,比较黏稠,不利于处理炉缸堆积;硅含量太低,锰的回收率太低。当铁水中硅含量在0.8%左右,锰的回收率大约为50%或稍高。锰的回收率可取50%,计算加入的锰矿量。渣中含锰取决于渣量,如渣量为500kg/t,渣中含锰约2%~3%。根据本钢的经验,加锰矿洗炉,适当地把握铁水中硅含量很重要。如果不适当地提高铁水中硅含量,有可能使炉缸发生黏结而加剧风口破损[5]。

(3)洗炉期间,及时放渣,以减少高锰炉渣对炉缸内衬的侵蚀。

(4)当风口不再损坏,高炉风量自动增加,或透气性指数自动提高到正常水平时,可停加锰矿。

国内其他炼铁厂也有一些使用锰矿或萤石洗炉的经验。马钢新1号高炉,1995年11月4~7日,锰矿加入量为1.13t/批(矿批50t),铁水中锰含量为0.75%。炉渣二元碱度CaO/SiO₂降至1.03左右,三元碱度(CaO+MgO)/SiO₂降至1.29左右,铁水中硫含量为0.024%,平均硅含量为1.20%[5]。

邯钢7号高炉,2002年1月24日后出现炉缸堆积,风口大量破损。至1月30日,高炉堵风口达17个,其余11个送风,风量仅1600m³/min。为尽快恢复炉况,首先用锰矿洗炉。2月1日中班锰矿下达,炉况改善,风量增加,风口逐渐捅开。28 日风口全开，风量到 3200m³/min，随即取消了锰矿。这次洗炉比较成功，铁水中硅、锰含量均为 0.8% ~ 1.0%，炉渣 CaO/SiO₂ 为 1.0 ~ 1.05，见表 3-2。2002 年邯钢曾 3 次用锰矿洗炉，控制 [Si] 0.7% ~ 0.9%，[Mn] 0.8% ~ 1.0%，CaO/SiO₂ 1.1 ~ 1.15。每次锰矿下达后，风口破损逐渐消除，渣铁流动性明显改善，铁水温度基本维持在 1450℃ 以上，炉缸工作状况改善，均取得了满意的效果[3]。

表 3-2　邯钢 7 号高炉处理炉缸堆积期间渣铁分析

日　　期	[Si]/%	[Mn]/%	CaO/SiO₂	铁水温度/℃
2002-01-31	1.68	0.15	1.05	1418
2002-02-01	1.33	0.37	0.96	1385
2002-02-02	1.75	0.68	1.00	1436
2002-02-03	0.86	0.95	1.03	1459
2002-02-04	0.82	1.30	1.04	1447
2002-02-05	0.70	1.02	1.02	1477
2002-02-06	0.83	1.12	1.06	1468
2002-02-07	0.73	1.29	1.05	1484
2002-02-08	0.72	0.83	1.03	1491
2002-02-09	0.47	0.17	1.07	1480

广钢 4 号高炉曾用萤石洗炉处理炉缸堆积。从 2004 年 7 月 23 日开始，每批炉料（矿石批重 8500kg）加入 100kg 萤石，洗炉一直持续到 10 月中旬。萤石洗炉取得一定效果，11 月和 12 月风口破损数量和悬料次数都明显减少。炉渣流动性很好，甚至连续几炉铁可以不用清理下渣；风量增加，达到了全风水平。在此情况下，决定停用萤石洗炉。但从 2005 年 1 月开始，炉况出现反复，风口破损数量和悬料次数又大幅度上升，不得已再次使用每批料加 100 ~ 200kg 萤石洗炉。这次炉缸堆积主要是由焦炭粉化引起的。萤石洗炉虽然对消除边缘黏结有利，大量萤石入炉并未根本解决炉缸堆积问题，反而由于加洗炉料，容易造成风口烧坏[7]。

锰矿洗炉的效果优于萤石，因为锰矿中的金属锰部分进入铁水，降低铁水黏度，另一部分进入炉渣，降低炉渣黏度。特别是含锰铁水能穿过炉芯带，使滞留其中的渣铁被稀释，而萤石仅能稀释炉渣，对铁水没有直接作用。含有 CaF₂ 的炉渣一般浮在铁水表面，不可能穿透炉芯带下部，其稀释作用远不如 MnO。

由于 CaF₂ 对炉缸的侵蚀与破坏远高于 MnO，从这个角度来看，萤石在处理炉缸堆积中的作用不如锰矿"平和"。但从洗炉效果看，萤石在处理严重炉缸堆积时的作用是不容忽视的。

3.3.5　改善渣铁流动性

炉缸堆积要严防高硅铁、高碱度渣操作，因为高硅时铁水黏稠，炉渣碱度高时炉渣黏稠，渣铁同时黏稠必然加重炉缸堆积。

杭钢 3 号高炉，曾因硫负荷升高，迫使炉渣碱度升高，炉渣 CaO/SiO_2 1.32，$(CaO + MgO)/SiO_2$ 1.56，渣流动性变差，导致炉缸堆积[6]。本钢 5 号高炉曾分析其长期炉缸堆积时期的生产数据，总结出铁水含硅量与风口破损存在明显的关系，见表 3-3[5]。

表 3-3　本钢 5 号高炉铁水含硅量与风口破损的关系

日　期	[Si]/%	风口破损/个	渣口破损/个
2 月 1~10 日	1.002	38	14
2 月 11~20 日	1.032	32	17
2 月 21~28 日	1.241	41	11
3 月 1~10 日	1.031	38	11
3 月 11~20 日	0.724	20	19
3 月 21~31 日	0.644	7	11

3.4　炉缸堆积典型案例剖析

3.4.1　宣钢 8 号高炉炉缸堆积事故[12]

宣钢炼铁厂 8 号高炉容积 $1260m^3$，1989 年 12 月 8 日开炉。该高炉是宣钢第一座 $1000m^3$ 以上的高炉，采用双罐并列式无钟炉顶和皮带上料，N-90 自动化控制以及软水闭路循环冷却等先进设备和工艺。开炉初期虽然实现了安全生产，但炉况长期不顺，崩料、悬料较多，影响了高炉的强化冶炼（见图 3-8）。

3.4.1.1　事故经过

开炉初期，由于开炉焦比偏高，操作调剂过慢，铁水高硅和高碱度渣使渣铁黏稠，造成铁罐严重黏结，被迫长时间慢风作业，导致炉缸堆积。经采取降炉温、提高生铁含锰和萤石洗炉等措施，从 1990 年 2 月起，生产情况开始好转。随着高炉冶炼强度逐月提高，生产又出现了新的矛盾，原燃料供不应求和质量差，入炉料粉末增加。特别是进入 1990 年冬季，因焦炭水分含量高、波动大，部分筛孔冻堵，使入炉焦粉量增加（见表 3-4），造成高炉崩料、悬料频繁。加之长期固定堵 3 个风口操作，使炉缸堆积更趋严重。

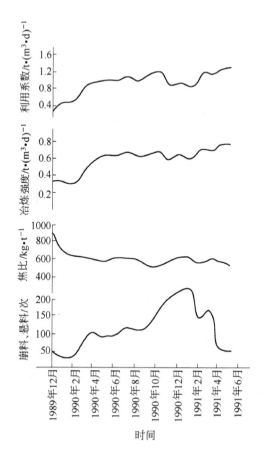

图 3-8　宣钢 8 号高炉开炉初期的操作指标演变

表 3-4　宣钢 8 号高炉炉料质量变化

炉料	指标	1990 年				1991 年				
		9 月	10 月	11 月	12 月	1 月	2 月	3 月	4 月	5 月
焦炭	转鼓指数/%	81.56	80.93	80.57	81.27	80.92	80.66	78.80	78.28	79.16
	水分/%	6.11	7.43	7.08	9.09	9.29	8.44	8.82	7.18	6.20
	<25mm 比例/%	—	—	6.5	—	—	—	—	5.81	5.99
烧结矿	<5mm 比例/%	—	7.60	8.01	—	5.22	5.68	7.44	7.11	3.57

　　在炉料质量变坏的条件下，不顾高炉顺行恶化，强制加风，不仅使炉缸堆积进一步加重，还造成炉身下部局部结瘤（见图 3-9）。由于炉缸堆积，铁水黏稠，铁水罐结盖、粘罐严重，不仅铁水损失，而且铁水罐寿命很短，维修量很大，以致铁水罐周转不灵，出铁时间被迫推迟，经常为此减风。由于以上不利因素共同作用，8 号高炉产量、燃料比等指标明显变差。

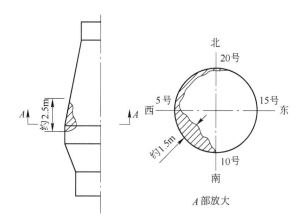

图 3-9　宣钢 8 号高炉炉瘤形状（1991 年 3 月 25 日观测）

3.4.1.2　事故原因分析

宣钢 8 号高炉投产后因炉料供应不足，被迫长期慢风，加上操作经验不足，在慢风条件下未采取措施，导致炉缸中心堆积。另外，在入炉烧结矿和焦炭质量变差时，本应退负荷或控制风量，却强制加风，使高炉严重失常，导致高炉结瘤。结瘤进一步破坏高炉顺行，更加重了炉缸堆积，如此高炉炉况进入恶性循环。

3.4.1.3　事故处理经过

为了稳定炉况，消除炉缸堆积和炉瘤，操作上长期配加锰矿和增加萤石洗炉次数，并且控制偏高的炉温。为防止萤石对炉衬过度侵蚀，加萤石基本是"细水长流"方式（萤石单耗一般为 10～20kg/t）。从 1990 年 2 月至 1991 年 3 月，每月都有 1～2 次萤石处理过程，每次洗炉时间一般为 5～10 天。采取洗炉措施后炉缸工作有一定好转，但效果仍不理想，炉况仍不能稳定顺行，高炉难于强化，燃料消耗高，经济效益低。

1991 年 4 月，对 8 号高炉的原燃料、设备工艺、冶炼操作及生产管理详细地进行分析，提出以炉况稳定、顺行、减少消耗、降低成本和提高经济效益为目标，采取了以下措施：

（1）增配锰矿洗炉，活跃炉缸（使生铁含锰达到 1.5% 左右），用熔点低和流动性好的高锰渣、铁消除炉缸堆积。

（2）适当发展中心气流，维持炉况稳定、顺行。

（3）保持炉况顺行，自然消除或减少炉瘤体积。

（4）在炉况稳定顺行后，减少锰矿和萤石等洗炉剂消耗，降低成本，提高经济效益。

4 月 9 日，利用定修机会，将堵的风口全开，并调整了风口直径（见表 3-5），对具体的洗炉步骤做出了以下规定：

（1）定修复风后，等到风口全开、炉况转入正常时加洗炉锰矿。

（2）洗炉期间，控制［Mn］1.5%±0.2%；［Si］0.7%~1.1%，不低于0.7%。炉渣二元碱度 CaO/SiO$_2$ 1.04±0.02，三元碱度（CaO+MgO）/SiO$_2$ 1.25±0.02。洗炉后炉况恢复应达到以下标准：

1）洗炉期间，渣中 FeO 含量会升高；洗炉完成后，渣中 FeO 含量应降到0.5%以下。

2）出铁前后，料速基本稳定，风量、风压基本稳定。

3）中心煤气流增强，十字测温中心点温度升高。

4）透气性指数提高，风量自动增加。高炉接受风量能力提高。

5）铁水流动性改善，不再粘铁水罐。

（3）炉况恢复到上述标准时停加锰矿。

表 3-5　宣钢 8 号高炉风口直径调整情况　　　　　（mm）

风口状态	1 号	2 号	3 号	4 号	5 号	6 号	7 号	8 号	9 号	10 号
调整前	130	120	100	120	130	120	120	120	堵	130
调整后	100	120	100	120	130	120	120	120	120	100
风口状态	11 号	12 号	13 号	14 号	15 号	16 号	17 号	18 号	19 号	20 号
调整前	120	120	120	120	130	120	120	堵	120	100
调整后	120	120	120	120	100	120	120	120	120	100

从 4 月 9 日中班起增配锰矿洗炉，洗炉 2 天后炉况开始好转，表现为中心气流自然疏通，渣铁流动性改善，在同样风压下的风量明显提高，且风压、风量关系和料速趋于稳定，风压和风量及透气性指数的班标准偏差逐班减小，趋于稳定，煤气利用改善（见图 3-10 和表 3-6）。因此，13 日中班停止洗炉，减少了锰矿配比；15 日中班全部去掉锰矿，结束了长期配加锰矿的操作。

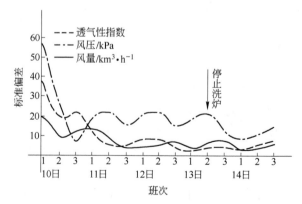

图 3-10　洗炉前后宣钢 8 号高炉鼓风参数变化（班标准偏差）

表3-6 宣钢8号高炉洗炉期间的参数变化（1991年4月）

日期	班次	风压/kPa	风量/km³·h⁻¹	透气性指数	[Si]/%	[Mn]/%	炉渣 CaO/SiO₂	CO₂/%	崩料/次	悬料/次
10日	1班	191	110	214	1.29	1.08	1.08	17.3	4	1
	2班	171	109	209						
	3班	214	113	213						
11日	1班	213	118	221	1.11	1.65	1.05	17.3	1	0
	2班	219	128	231						
	3班	224	132	238						
12日	1班	220	127	232	0.60	1.50	1.04	17.2	0	0
	2班	228	128	223						
	3班	216	130	244						
13日	1班	217	127	232	0.74	0.88	1.03	17.6	1	0
	2班	217	127	241						
	3班	211	118	238						
14日	1班	220	129	238	0.65	0.48	1.05	18.1	1	0
	2班	217	132	251						
	3班	216	131	250						

3.4.1.4 案例评述

（1）集中加锰矿洗炉，处理宣钢8号高炉的炉瘤和炉缸堆积事故是成功的，主要表现在：结束了长期堵风口操作，实现了全风口作业；炉况基本稳定，崩料和悬料明显减少；送风制度和装料制度得到改善；生铁含硅量降低；煤气利用和风温提高；高炉产量增加，燃料消耗降低。

（2）由于炉况稳定顺行，实现了炉瘤自动消除。这次虽然未对炉瘤采取发展边缘等直接处理措施，但因为消除了炉缸堆积，炉况顺行，使炉瘤逐渐磨蚀缩小，乃至自行脱落。这从炉身下部温度和炉腰温度的变化得到了证实（见图3-11）。

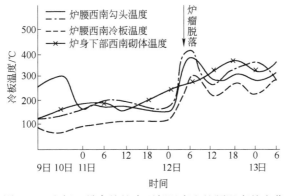

图3-11 宣钢8号高炉炉身下部温度和炉腰温度的变化

（3）集中加锰矿洗炉处理后，炉缸活跃稳定顺行，生产指标改善，经济效益显著提高。从图 3-8 和表 3-7 中可以看出，同长期配加锰矿期间指标较好的1990 年 9 月和 1991 年 2 月相比，1991 年 5 月锰矿单耗分别降低了 56.5kg/t 和57kg/t，日产量分别增加 24.1t 和 103t，月崩料、悬料次数分别减少 71 次和94 次。

3.4.1.5　预防炉况失常的措施

预防炉况失常的措施有：

（1）保证炉料质量，特别是焦炭的热强度；加强原燃料的槽下筛分，减少粉末入炉。

（2）尽量全开风口，维持全风量操作。如因外部不可避免的原因而慢风，要分析可能的慢风时间，如时间过长，应采取措施，保持应有的风速。

（3）保持高炉稳定顺行，做到炉料质量与风量水平相适应，高炉操作中把顺行放在首位。

（4）加强对炉身下部和炉腰温度的监测，防止结瘤。对炉底温度和炉缸状态加强观察，若有炉缸堆积应果断处理。加强操作管理，提高技术水平，特别注意保持高炉热制度的稳定。

（5）强化设备维修，全力减少非计划休风。严防向炉内漏水，发现风口破损应及时更换，若不能及时更换，也应采取控水措施。

3.4.2　马钢新 1 号高炉炉缸堆积事故[2]

马钢新 1 号高炉炉内容积 2500m³，30 个风口，3 个铁口（无渣口），炉顶采用 PW 型串罐无料钟设备，于 1994 年 4 月 23 日点火开炉。开炉初期，因烧结矿供应不足、质量欠佳和高炉本身设备、电气问题多，高炉长期处于慢风状态。到开炉 1 年半时该高炉还未完全过顺行关，如 1995 年 9 月炉凉 4 次，10 月下旬至11 月初因炉身下部局部结厚和炉缸边缘堆积，崩料、坐料频繁。

3.4.2.1　事故经过

1995 年 10 月，马钢新 1 号高炉不接受风量，崩料、滑料、管道、坐料次数增多。10 月全月共崩料 56 次，坐料 25 次，其中 24 ~ 30 日崩料 19 次，坐料 8次。10 月 23 日，因处理炉腰 6 号冷却板漏水非计划休风 6h13min，导致炉身内衬 3 层 D 点、G 点（2 号、3 号铁口方向）温度于 24 日大幅度下降。D 点温度从168℃降至 45℃，G 点温度从 357℃降至 199℃，如图 3-12 所示。

与此同时，炉喉温度降低。正常情况下炉喉温度为 400℃ ±50℃，10 月平均为 251℃，D 点、G 点（2 号、3 号铁口方向）平均为 159℃和 214℃。10 月 15日，炉顶温度 4 点合为一股窄线上下波动（见图 3-13）。铁口深度易增长，10 月深铁口（ >3.2m）次数明显增加。

表 3-7 两个锰矿洗炉时期鞍钢 8 号高炉参数和指标的比较

阶段	时间	装料制度			送风制度			生 产 指 标							
		矿批/t	$\alpha_{焦角}$/(°)	$\alpha_{矿角}$/(°)	工作风口/个	风口面积/m²	利用系数/(t·(m³·d)⁻¹)	风温/℃	[Si]/%	[Mn]/%	CO_2/%	锰矿单耗/(kg·t⁻¹)	萤石单耗/(kg·t⁻¹)	崩料悬料/(次)	休风率/%
长期配锰矿	1990 年 9 月	19~20	27~28	30~31	17	0.2178	1.189	923	1.10	0.94	16.78	84.5	3.0	126	3.00
	1991 年 2 月	19	27	30	16	0.1950	1.277	926	1.11	0.88	17.00	85	0	149	2.20
集中用锰矿	1991 年 4 月	24~28	28~29	31~32	20	0.2080	1.295	961	0.84	0.51	17.27	46	0	66	4.20
	1991 年 5 月	26~28	29~31	32~35	20	0.2179	1.333	933	0.93	0.42	16.96	28	0	55	3.71
	1991 年 5 月与 1990 年 9 月比较				+10	+0.144	+10	-0.17	-0.52	+0.18	-56.5	-3.0	-71	0.71	+0.144
	1991 年 5 月与 1991 年 2 月比较				+7	+0.056	+7	-0.18	-0.46	-0.04	-57	0	-94	1.51	+0.056

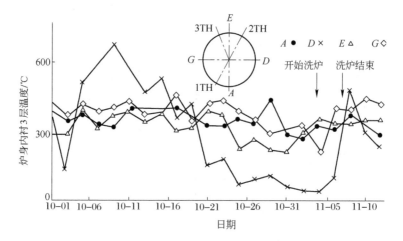

图 3-12 马钢新 1 号高炉炉身内衬温度变化趋势（1995 年 10～11 月）

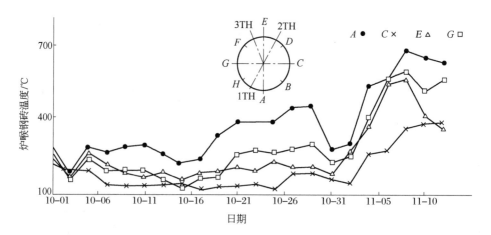

图 3-13 马钢新 1 号高炉炉喉钢砖温度变化趋势（1995 年 10～11 月）

炉芯温度下降，4 层温度从 10 月中旬开始逐步往下降，从 10 月上旬的 545℃下降至 11 月 4 日的 501℃（见图 3-1）。该温度反映铁水在炉缸内的流动和传热状态，未采取护炉措施而在一段时期内此温度下行，说明炉缸实际容积变小。马钢新 1 号高炉开炉 1 年多以后，生产一直处于低水平，未能发挥大高炉应起的作用。

3.4.2.2 事故原因分析

马钢新 1 号高炉投产 1 年半以后发生的炉况严重失常，有以下原因：

（1）高炉投产后长期处于慢风状态。例如 1995 年 10 月非计划休风 5 次，共达 12h。特别是 10 月 23 日，因处理炉腰 6 号冷却板的非计划休风，导致炉身下部 2 号铁口方向结厚。

（2）原料质量差，入炉粉末多。如 1995 年 10 月，入炉烧结矿中小于 5mm 的含量达 16.4%。

（3）装料制度影响。由于入炉炉料粉末多，高炉不得不长期采取发展中心、压抑边缘的装料制度，如 $C_{32222}^{87651} O_{2332}^{9876}$（矿焦角度差7°）。10月，十字测温边缘4点平均温度为168℃（正常为100℃±20℃），炉喉钢砖平均温度为251℃。

（4）喷煤沿圆周方向不均匀。该高炉从1994年10月开始喷煤起，就存在喷煤周向不均匀的问题，因为喷煤操作习惯于"减煤减枪"。1995年9月以来，2号铁口上方周围喷煤枪数多，1号铁口上方周围喷煤枪数少或根本没有喷煤，导致1号铁口方向边缘较发展，而2号铁口方向边缘很重。这从10月31日定修观察炉顶料面火焰分布及料面分布情况得到了证实（见图3-14）。

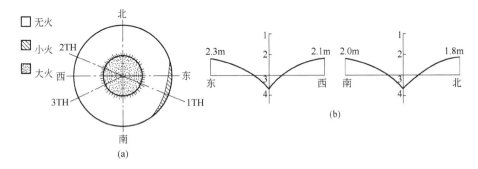

图3-14 马钢新1号高炉定修炉顶观察图示

（a）料面火焰分布；（b）料面分布

（5）炉温波动大，崩料、滑料及低料线次数多，仅1995年10月就发生低料线25次，其中，大于4m的低料线有9次。10月炉温波动很大，$\sigma_{Si} = 0.21$。对高炉进程缺少认真分析，操作不规范。

以上各因素的叠加作用，会造成软熔带频繁移动和煤气流紊乱，从而导致炉墙结厚。

3.4.2.3 案例评述

马钢新1号高炉1995年10~11月炉况失常的处理，有一些好经验，小结如下：

（1）上部疏松边缘，下部捅开堵死的风口。对于无钟炉顶高炉，改变溜槽角度是疏松边缘的一项有效措施。由于判明炉缸堆积为边缘堆积，故洗炉前和洗炉期间把堵死的风口捅开，11月1日把4号、26号风口捅开，11月6日把堵死的12号风口捅开，取得了预期的效果。

（2）减轻焦炭负荷和减少入炉焦炭的含粉率。11月4~7日洗炉期间，焦炭负荷减至2.94~3.18，煤比减至45kg/t，铁水温度为1492~1500℃。11月29日起，加强焦炭筛网清理，有效地控制了入炉焦炭的含粉率，为洗炉期间炉况顺行、维持较高风量提供了基本保证。

（3）加锰矿洗炉，降低炉渣碱度，暂停使用含钒钛较高的烧结矿。11月4~7日，锰矿加入量为1.13t/批（矿批50t），铁水中锰含量为0.75%。炉渣二元碱

度 CaO/SiO_2 降至 1.03 左右，炉渣三元碱度（$CaO + MgO$）/SiO_2 降至 1.29 左右，铁水中硫含量 0.024% 。

（4）通过这次失常炉况处理，采取了以下预防措施：

1）加强炉体各部位温度监测，保持适当的煤气流分布。大高炉除保证中心气流外，还应适当兼顾边缘气流，这是改善炉况、防止炉墙结厚和炉缸边缘堆积的有效措施。在马钢新 1 号高炉条件下，合适的十字测温曲线应是中心温度 600℃ ±50℃，边缘温度 100℃ ±20℃，炉喉钢砖温度 400℃ ±50℃。喷煤应做到均匀喷吹，以保证周向气流分布均匀。

2）稳定热制度，减少崩料、滑料和低料线及非计划休风的次数，以避免软熔带位置频繁移动造成炉墙结厚。处理炉身下部结厚和炉缸边缘堆积的总原则是确保炉况顺行，下部吹活中心，改善渣铁的流动性。

3）保证入炉料质量的稳定。

参 考 文 献

[1] 余城德. 沙钢 1 号高炉（380m³）炉缸堆积处理 [J]. 江苏冶金，2001，（2）：22 ~23.
[2] 王平，薛朝云. 马钢 2500m³ 高炉炉墙结厚与炉缸堆积的处理 [J]. 炼铁，1996，（3）：17 ~20.
[3] 杨春生. 邯钢 2000m³ 高炉炉缸堆积的处理 [J]. 炼铁，2008，（1）：35 ~37.
[4] 王琳松，吴福云. 水钢 2 号高炉炉缸严重堆积的处理 [J]. 炼铁，1997，（4）：18 ~22.
[5] 范春和，金东元. 5 号高炉炉缸堆积的成因及对策 [J]. 本钢技术，1992，（1）：16 ~20.
[6] 潘一凡. 杭钢 3 号高炉炉缸堆积原因分析 [J]. 钢铁，1994，（2）：8 ~11.
[7] 曹希荣，蒋胜雄. 处理广钢 4 号高炉炉缸堆积的实践 [J]. 冶金丛刊，2005，（1）：19 ~21.
[8] 莫朝兴. 柳钢 300m³ 高炉炉墙结瘤和炉缸堆积的处理 [J]. 重庆钢铁高等专科学校学报，1997，（2）：11 ~14.
[9] 靳正平. 太钢 2 号高炉炉缸堆积原因分析及处理 [J]. 山西冶金，2006，（2）：58 ~60.
[10] 刘加庥. 梅山 2 号高炉处理炉缸堆积的操作实践 [J]. 梅钢科技，1990，（2）：7 ~13.
[11] 吴昊. 安钢 5 号高炉炉墙黏结及炉缸堆积的处理 [J]. 冶金设备管理与维修，2007，25：9 ~11.
[12] 张聪山. 宣钢 8 号高炉长期炉况不顺的处理 [J]. 宣钢科技，1991，（3）：17 ~21.
[13] 神原健二郎，等. 高炉解体调查と炉内状况 [J]. 鉄と鋼，1976，（5）：535 ~546.
[14] Nakano K, et al. The 5th International Congress on the Science and Technology of Ironmaking（ICSTI'09）. Oct. 20 ~22, Shanghai, 2009：1156 ~1160.
[15] 神原健二郎，等. 高炉の解体调查 [J]. 制铁研究，1976，288：37 ~45.
[16] 芝池秀治，等. 新日铁 2 号高炉第 3 代长期高效率操作 [J]. 制铁研究，1989，333：57 ~68.

4 炉缸炉底烧穿事故

4.1 炉缸炉底烧穿事故的危害性

炉缸、炉底烧穿是高炉炼铁生产中最严重的安全事故，会给企业带来重大的生命财产损失，甚至会终止高炉一代炉役的生产。炉缸、炉底烧穿事故不同于风口以上部位炉体烧穿或其他设备事故，上部炉体烧穿事故可通过短期检修恢复生产，而且能够做到修旧如新，高炉总体产能不会降低。而一旦发生炉缸、炉底烧穿事故，有的情况下会诱发重大的爆炸事故，毁坏一座生产车间；有的情况下高炉不能继续生产，只能大修或另建。即使有的高炉烧坏不太严重或可以抢修，其抢修、复产、新一代炉役大修的代价也极大。

高炉炉缸、炉底烧穿的原因是多方面的，要认真进行分析并区别对待处理。提高高炉寿命是一项庞大的系统工程，要从设计、设备及材料选择、制造、施工、生产操作及维护、管理等方面采取综合措施，才能达到高炉长寿的预期目标。

国内高炉寿命近年不断提高，出现了一批寿命达到 15 年以上的长寿高炉，国外有的高炉寿命甚至超过 25 年。高炉一代炉役不中修连续生产 20 年，单位炉容产铁 15000t 以上，应成为我国大型高炉长寿的目标[1]。近年来，随着高炉原燃料条件改善，铜冷却壁、软水密闭循环等先进冷却技术的应用，高炉炉腹以上冷却壁寿命大幅度提高。值得重视的是，迄今我国有些高炉炉缸、炉底寿命还存在不少问题，炉缸、炉底烧穿事故时有发生。例如仅在 2010 年 8 月，国内就有 2 座 1250m³ 高炉、1 座 2500m³ 高炉发生了炉缸烧穿事故，造成了重大损失。因此，要很好地分析高炉炉缸、炉底烧穿的原因，从中吸取经验教训，不断改进创新，进一步提高炉缸、炉底寿命，并提高预防、应变、处理此类事故的能力。

4.2 国内外高炉炉缸烧穿事故概况

4.2.1 国内情况

我国炼铁行业一贯十分重视高炉炉缸、炉底寿命，这可追溯到 20 世纪的 60 年代。1964 年 11 月在鞍山召开的全国炼铁、烧结、焦化联合年会上，冶金部高炉、热风炉寿命调查小组提出了一份当时国内高炉炉缸、炉底问题的调研报告。报告指出，从 1949 年到 1964 年的 15 年间，国内 300m³ 以上高炉大修的 29 个炉代中，因炉缸烧穿的有 9 个，约占 1/3；如包括炉底烧穿后修补后继续生产的高炉，则共有 15 次之多。由此可见，20 世纪 60 年代我国高炉炉缸、炉底寿命问题是非常严重的。以上所有炉缸烧穿事故，全部发生在黏土砖或高铝砖炉缸、炉底的高炉，而炭素材料炉缸、炉底的高炉则无一座发生过炉缸烧穿事故。此外，炉缸烧穿部位均在铁口水平的炉底部分冷却壁接缝处，说明炉缸砌筑材料和冷却设备结构存在缺陷是当时炉缸烧穿的主要因素。

20 世纪 70 年代，因受"文化大革命"影响，我国钢铁工业发展经历了"十年徘徊"期。进入 80 年代以后，我国钢铁工业发展才进入稳定增长期，1996 年我国钢年产量首次突破 1 亿吨，成为世界第一钢铁大国。在近十几年我国钢铁工业飞速发展的过程中，高炉大型化成为一个很显著的特征。

虽然我国高炉寿命的总体水平不断进步，但炉缸、炉底烧穿事故仍未绝迹，表 4-1 列出了 1980 年以来国内部分高炉发生的炉缸、炉底烧穿事故。

表 4-1 1980 年以来国内部分高炉炉缸、炉底烧穿事故

高炉	炉容/m³	开炉时间	烧穿时间	烧穿部位	处理方法	备注
L 钢 2 号	255	1980-05-20	1980-08-10	铁口下 100~160mm，烧坏电缆	挖补	1983-06-15，第 2 次烧穿
Z 钢 2 号		1983-10-01	1984-10-14	炉缸烧穿爆炸	处理 51h	
S 钢 4 号	1200	1983-06-04	1986-03-05	烧坏 3 块冷却壁，烧出 1020mm×400mm 孔，跑铁 110t	休风 4820min	
B 钢 2 号	330	1982-08-24	1986-07-19	渣口下冷却壁间	中修	1988-02-18 第 3 次烧穿
W 钢 2 号	185		1987-05-22	铁口下方		
D 钢	112		1988-06-09	铁口下 800mm，铁口平台炸坏，伤 1 人	休风 1345min	
L 钢 4 号	300	1985 年 8 月	1989-09-13	炉缸出渣铁约 30t	休风 930min	
S 钢 3 号	1200		1989-12-26			
T 铁 5 号	300		1991 年 11 月	炉底中心	休风 12 天	
T 钢 3 号	100		1993-08-11	炉底中心		
DFSK4 号	1576	1986 年	1994-05-05	铁口下 250mm 处，引发大火	停产 33h	
H 钢 1 号	342	1988-06-28	1994-10-25	铁口下 450mm 左 800mm 处，跑铁 70t	休风 131h	
H 钢 5 号		1991 年 7 月	1995 年 4 月	炉缸烧穿	临时修补	年底大修
L 钢 1 号	323	1993 年	1997-03-01	炉底排铅孔烧穿，跑铁 30t	修理 5h	
H 钢 1 号	300		1997-08-17	炉底排铅孔烧穿，跑铁约 100t	休风 68.5h	

高炉	炉容/m³	开炉时间	烧穿时间	烧穿部位	处理方法	备注
Sh 钢 2 号	1200		1998-03-23	炉缸烧穿	大修 96 天	
BY3 号	350	1995 年	2000-06-16	炉底烧穿，5 根风冷管流铁	扒炉大修	
X 钢 7 号	600	1993-09-28	2002-02-06	低渣口下，1250mm×500mm 孔	休风 7 天	2003-09-04 第 2 次烧穿
X 钢 6 号	600	1997-02-04	2003-03-03	炉缸冷却壁烧穿	抢修 1596min	6 月大修
M 钢 4 号	300	2000 年 8 月	2003-11-05	铁口下 0.5m，750mm×550mm 孔	休风 24 天	
T 钢 2 号	314		2004-04-03	渣口大套下沿	休风 1470min	
SX	108	2004 年 12 月	2005-02-09	铁口下 400mm 烧穿爆炸	易地大修	死 10 人，伤 5 人
SGB8 号		1994-07-28	2006-07-31	炉缸冷却壁烧穿	休风 1596min	
L 钢 1 号	380	2005 年 9 月	2007-07-08	炉缸冷却壁烧穿	休风 4 天	
N 钢	380	2005 年 9 月	2007-07-08	炉缸热电偶孔流铁 80t		
A 钢 3 号	3200	2005-12-28	2008-08-23	铁口下 2.2m，500mm×2000mm 孔渣铁炉料超 2000t	挖补，休风 12 天	2010 年 3 月炉缸大修
T 钢 1 号	2000	2005-03-28	2008-12-01	换炉缸热电偶孔，渗铁 70t		2009 年大修
FN	1280	2008 年	2008 年	开炉 4 个月渗铁 20t		
XF	450	2005 年 10 月	2009 年 2 月	铁口下		
S 钢 7 号	520	2004 年	2009 年 6 月	炉缸	大修	
J 钢 7 号	500	2007 年 5 月	2009 年 7 月	炉底烧穿	大修	
XB	450	2009 年 8 月	2009 年 8 月	铁口左 500mm		
D 冶 2 号	400	2009 年 4 月	2010 年 3 月	铁口区烧穿	重新浇铸	
Y 春 1 号	1250	2009-12-25	2010-08-07	1-2 号冷却壁界面温度高，渗铁 70t	挖补	发现及时，未烧穿
C 钢	1260	2001 年 2 月	2010-08-18	1-2 号冷却壁界面处	永久停炉	易地建新厂
S 钢 1 号	2500	2004-03-16	2010-08-20	1-2 号冷却壁界面，500mm×700mm 孔，大火	挖补，11 天	2011-01-10 大修后开炉
FN	450	2005 年	2010 年 9 月	炉缸烧穿		
Sh 钢	1080	2009 年	2010 年 11 月	炉缸烧穿		
T 钢	580	2007 年	2010 年 12 月			
DL7 号	600	2007 年	2011 年 1 月	炉缸渗渣铁超 100t	大修	

对表 4-1 所列炉缸、炉底烧穿事故案例进行分析，归纳说明如下：

（1）烧穿的高炉大多没有事前征兆，事故突发。有些水温差高、炭砖温度高的高炉，企业发现及时，迅速采取措施或提前进行了大修，这些案例没有统计在内。

（2）有的高炉开炉只有 2~4 个月就发生烧穿事故，而大多数烧穿时间为开炉后的 1~4 年，说明这些高炉设计、耐火材料、施工质量、配套设施等方面存在严重缺陷。

（3）烧穿的高炉几乎全部为炭砖炉缸、炉底结构，炉底大多采用了水冷或风冷。烧穿部位多在炉缸环墙炭砖铁口及以下区域，偶有炉底烧穿案例，烧穿的炉底多为自焙炭砖和黏土砖或高铝砖结构。

（4）我国高炉烧穿事故近年频发，据 2010 年的不完全统计就有 8 座高炉。其中，大型高炉烧穿的案例增加较多，这与近年我国高炉大型化加速，不同容积高炉的比例变化有关，因为有些小高炉案例几乎无法搜集。

（5）近年烧穿的高炉其冶炼强度远大于 20 世纪 80 年代以前的高炉，开炉达产速度也快得多。

（6）近年有些炉缸炭砖温度和水温差高的高炉采用压浆方式护炉，有的取得一定效果。但 2010 年有 3 座高炉，采用的压浆方法不佳，在发生炉缸烧穿事故中起了推波助澜的作用，应引起重视。

4.2.2　国外情况

表 4-2 列出了近年国外 10 余座高炉（炉缸直径 9m 以上）炉缸烧穿事故的简况。

表 4-2　近年国外部分高炉炉缸侧壁烧穿事故

工　厂	炉　号	炉缸直径/m	发生时间
Mittal Vanderbijlpark	C	10.0	2004 年 2 月
Arcelia-Gijon，Spain	A	12.5	2004 年 8 月
Carsid Marcinelle，Belgium	E	10.0	2006 年 7 月
HKM-Germany	A	10.3	2006 年 7 月
Azovztal，Ukraine	3	9.4	2006 年 8 月
TKS Schwelgen	1	13.6	2006 年 11 月
Corus Port Talbot	4	11.5	2006 年 11 月
Sadauha	Corex		2007 年 2 月
Arcelor Mittal-Sicatsa	1	9.0	2007 年 6 月
US Steel Gary	14	12.0	2009 年 4 月
Salzgitter	B	11.2	
Dillingen	5	12.0	

注：表中高炉炉缸烧穿事故信息由宝钢姜华提供。

4.3 炉缸炉底侵蚀机理分析

一座高炉从建成投产到一代炉役结束，炉缸、炉底都是浸泡在液态渣铁中，长期处于高温、高压冶炼过程。炉缸、炉底内衬的侵蚀非常复杂，有多种因素作用，对有些侵蚀机理的认识目前尚未完全统一，比较一致的看法大体可归结为两大类型，即机械侵蚀和化学侵蚀[2]。

4.3.1 机械侵蚀

4.3.1.1 热应力

炉缸耐火材料热面接触的液态渣铁，温度一般高于1350℃，其冷面接触的冷却壁的冷却水温度为25～45℃，冷却壁的外端为炉壳，其温度接近大气温度。因此，炉缸径向温差可能高达1300℃，会产生很大的热应力。厚度1m左右的炉缸炉衬耐火材料，在高温、高压和温差很大的条件下进行热量传输，经受多种物理化学反应，热胀冷缩、断裂、粉碎等现象都可能发生。炉缸、炉底内的应力分布十分复杂，属于多学科的研究内容，目前的研究还很不够。

4.3.1.2 机械摩擦和冲刷

炉缸内铁水环流、渣铁液面的涨落，都会对炉衬耐火材料的热面产生摩擦和冲刷。在高温下，耐火材料的耐磨强度会降低，影响其使用寿命；与渣铁接触面形成的内衬保护层（渣皮）也会时长时掉，渣皮一旦脱落，炉衬耐火材料又将经受机械摩擦和冲刷作用。

4.3.1.3 静压力和剪切作用

液态铁水的密度约为7.6t/m³，炉缸内铁水深度加上死铁层深度，聚集的液态铁水的深度高达数米。此外，炉内热风压力很高，以上因素叠加使炉底耐火材料承受的静压力高达若干兆帕。对处于炉缸、炉底交界面处的炭砖，上述静压力起着剪切作用。炭砖的常温抗压强度一般为20～40MPa，而常温抗折强度仅7～15MPa。在高温下，耐火材料强度低于其常温强度，它所承受压力与其本身承受能力接近，容易受压碎裂。一旦耐火材料破碎或产生裂纹，高温、高压的液态铁水就可能侵入砖缝或耐火材料孔隙。随着铁水侵入耐火材料，铁水与耐火材料的接触面迅速扩大，碳质颗粒会被铁水包围，使其熔入铁水的速度加快。炉衬耐火材料的上述侵蚀即为铁水的渗透侵蚀。为了减少铁水对炉底的渗透侵蚀，采用热导率高、微孔结构、抗铁水熔蚀性高的炭砖，精磨加工在砌筑时严格控制砖缝尺寸是十分重要的。

4.3.1.4 上浮力

炉底耐火材料除了经受很大的静压力和剪切作用外，还受到铁水上浮力的作用。耐火材料的体积密度一般为1.5～3.0t/m³，只有铁水密度的几分之一，耐火材料比较容易浮于铁水之上。炉底靠炉壳附近一般有一定收径,依靠砖体结构的挤压、摩擦来防止耐火材料上浮。这种力作用于砖衬,使耐火材料易碎、易变形,只要某部位或一小处受侵蚀,就可能造成大量的耐火材料漂浮、损坏。

4.3.2　化学侵蚀

4.3.2.1　铁水渗碳熔解侵蚀

现代高炉条件下炼钢生铁的含碳量大致在 4.5% ~ 5.4% 之间[3],最高能达到多少尚缺少数据。生铁含碳量与高炉容积、压力、冶炼强度等因素有关。生铁是铁碳熔体含碳的不饱和溶液,只要在炉缸内有铁水,渗碳反应就不会停止。渗碳反应的碳可来自焦炭、煤粉和炭砖。炭砖中的石墨化炭砖、半石墨化炭砖,一旦与铁水接触,其渗碳反应进行很快,即炭砖在炉缸中的熔损很快。

4.3.2.2　氧化还原侵蚀

炉缸内的氧化反应有多种类型,比较复杂。例如,风口等冷却设备漏水引起的水煤气反应,会使炭砖因氧化而失碳、粉化、产生裂缝,最终导致强度下降。钾、钠、铅、锌等元素在高炉下部进行氧化还原反应,则是炭砖中常见的疏松带或环形裂缝的主要成因。对炭砖受各种氧化作用侵蚀而破坏,人们的认识是比较一致的。

上述机械侵蚀和化学侵蚀同时作用于炉缸、炉底,很难分清哪个因素在先,哪个因素在后,孰重孰轻。只能说在某一条件下一种侵蚀为主,而另一种侵蚀为辅,可根据具体条件加以控制。

4.4　炉缸炉底烧穿原因简析及改进探讨

为什么有的高炉能做到高效、长寿生产 15 年以上,有的还达到 20 ~ 25 年,而有的高炉则只生产几个月或 2 ~ 4 年就发生烧穿事故呢?对此,高炉工作者应冷静思考、仔细分析,并努力改进和提高。本节列出了近期烧穿的国内部分高炉的实例以及部分破损调查结果。虽然这些烧穿事故各有其具体原因,不尽一致,也有一些共同的因素。下面进行一些分析和讨论,并提出一些预防烧穿事故发生的措施和提高寿命的建议。总的来看,炉缸、炉底出现安全隐患甚至发生烧穿的高炉存在的问题介绍如下。

4.4.1　先天性的设计缺陷

4.4.1.1　炉缸冷却强度不够,与炭砖的导热能力和冶炼强度水平不匹配

某炼铁厂一座 3200m³ 高炉采用陶瓷杯结构。炉缸 2 段采用铸铁冷却壁,铸铁热导率为 34W/(m·K),冷却水量为 960 ~ 1248m³/h。陶瓷杯壁耐火材料的热导率最低,为 4 ~ 6W/(m·K)。相邻的两种小块模压炭砖热导率都很高,NMD

炭砖为 $40 \sim 80W/(m \cdot K)$，NMA 炭砖为 $20W/(m \cdot K)$。炭捣层厚度 60mm，热导率为 $6 \sim 10W/(m \cdot K)$。这种结构的炉缸，一旦陶瓷杯侵蚀掉或陶瓷杯壁有裂缝，铁水会直接接触炭砖，热导率较低的炭捣层和冷却能力不够的冷却壁将成为"热阻层"。这是因为，NMD 炭砖的热导率比铸铁材质高一倍，而且冷却壁水量偏低，炉缸径向热量传输会形成阻碍。炭砖热面温度与铁水相等，难以形成渣铁保护层，而 NMD 炭砖和 NMA 炭砖都不是微孔砖，很容易被铁水侵蚀。特别是NMD 炭砖，其主要成分是电极石墨，石墨很容易渗入含碳不饱和的铁碳熔体。石墨质的炭砖不易挂住渣铁保护层，难以抵御铁水的渗透侵蚀，很可能在某一部位发生烧穿。

针对以上分析，炉缸采用的炭砖其热导率和微孔结构要同时兼顾，冷却壁的导热能力和冷却水量都要提高与炭砖导热匹配，炭捣层的热导率应与炭砖相近，避免使它成为"热阻层"。新建高炉的炉底结构，应采用微孔结构，抗铁水熔蚀性能好的炭砖，并做到从炭砖热面（与铁水接触面）至炉底水冷管，传热能力逐渐升高，不形成热阻层，使热量顺利传出。具备以上特点的高炉，在破损调查时发现一代炉役后炉底耐火材料几乎未受侵蚀。

近年我国高炉的冶炼强度（或利用系数）比 20 世纪 80 年代有大幅度提高，高炉炉墙单位面积、单位时间的热负荷也大幅度增加，如果操作理念仍停留在过去低冷却水量或对炉壳喷水冷却是不正确的。水量低、管径小的冷却壁，低的冷却比表面积，已不适合当前高强度冶炼的高炉。从传热、系统阻损和防止气塞等方面分析，冷却壁内水速应在 2.0m/s 以上。冷却水管断面积与冷却壁面积之比应大于 1.0。炉缸每段冷却壁水温差应严格控制在 0.5℃ 以下。我国一些高炉的操作经验是：使用大块炭砖（热导率 $20 \sim 25W/(m \cdot K)$）的炉缸采用冷却壁冷却时热流强度应控制在 $10000W/m^2$ 以下，当热流强度达到 $12000W/m^2$ 时应发出红色报警，热流强度一旦达到 $18000 \sim 21000W/m^2$，炉缸烧穿将难以避免。美国Gary 厂 14 号高炉炉缸采用夹克式冷却器，冷却能力不够，发生了炉缸烧穿事故，烧穿前检测到的热流强度约为 $12880W/m^2$。

4.4.1.2 检测手段缺乏

炉缸砖衬温度测量点少，冷却壁水温差、水流量、热流强度等参数检测手段缺乏，往往导致不能及时发现炉缸、炉底的异常，并采取相应措施。其结果有时造成高炉烧穿的突发事故，甚至使事故进一步扩大。本章案例中检测手段稍好的两座高炉，因事故前有征兆，处理比较及时，没有发展到烧穿，只是出现渗铁，事故没有扩大。

4.4.1.3 炭砖选用不当

阳春炼铁厂 $1250m^3$ 高炉，开炉后仅 15 天炉缸环墙炭砖温度就上升到 600℃以上，生产 8 个月后渗铁达到 70 余吨，所幸的是管理措施得当才没造成烧穿。

割开冷却壁观察，两块炭砖之间的缝隙有 30 ~ 70mm，说明炭砖受热后变形收缩。炭砖缝隙过大的原因，可能是所用炭砖焙烧温度不够，也可能是砌筑质量不高所致。

上面的例子说明炉缸、炉底选用合适的炭砖十分重要。在选用炭砖时要注意以下几点：

（1）与铁水接触的部位，或一代炉役末期要接触铁水的部位，不能选用石墨质和半石墨质的炭砖。石墨含量高的炭砖易发生渗碳反应，即炭砖容易发生熔损。

（2）石墨砖与渣铁的亲和力很差，不易粘挂渣皮，而炉缸部位总希望粘挂一层渣皮来保护炉衬。国外高炉将石墨质炭砖用于炉身下部，往往间隔使用碳化硅砌筑，因为后者相对容易粘挂渣皮。另一个实例，所有炉渣黏度测试的坩埚都采用石墨材料，就是利用石墨材料不挂渣的特性。

（3）对于炭砖不仅要重视其热导率，更要重视其微气孔指标和抗铁水熔蚀性能。有的炭砖生产厂家为了追求高的热导率，在生产炭砖时加入大量石墨，其结果是降低了炭砖的抗铁水熔蚀性能，炉缸使用这种炭砖其安全性受到威胁。

4.4.1.4　铁口布置不当

有的高炉两个铁口呈 90°夹角布置，除了高炉生产时易产生偏行以外，还会加剧炉缸内铁水的环流侵蚀，威胁炉缸的安全。有的高炉铁口区烧穿，是因为渣沟长度相差大，在开炉、停炉、休风、送风处理事故时多从短渣沟对应的铁口出铁，加速了该铁口区的炉缸侵蚀。

4.4.2　冷却壁制造和安装施工存在不足

冷却壁的制造和安装质量对炉缸寿命十分重要，万一冷却壁漏水将可能造成重大事故。冷却壁的制造和安装应注意以下几点：

（1）炉缸耐火材料砌筑前应对冷却系统通水、试漏，在试压合格后方能砌砖。

（2）目前较多采用钻孔加工的轧铜冷却壁，这种制造工艺因进出水管和加工工艺孔都要焊接、焊堵，若在安装过程及生产中开焊漏水，会造成炭砖氧化破损，易引发事故。近年日本和国内某些高炉，炉缸采用了铸铜冷却壁，消除了以上缺点。

（3）随着炭砖机加工精度提高，不论使用大块炭砖还是小块炭砖，均应将砌筑砖缝控制在 0.5mm 之内，建议砌筑标准适当提高。

（4）改进铁口区冷却和窜气结构设计，改进炉缸冷却壁与炉壳间填料选用，防止高炉出铁时铁口喷溅和维持铁口有足够的深度。

（5）炭砖与冷却壁之间的炭捣料，热导率应与炭砖相当，达到 15 ~ 20W/m²。

4.4.3 投产后操作维护存在不足

4.4.3.1 严格控制有害元素的入炉量

钾、钠、铅、锌等有害元素对炉体的危害作用已有很多研究，从一些高炉破损调查也得到了证实。我国高炉工艺设计规范要求，入炉料中 $K + Na < 3.0kg/t$，$Zn < 0.15kg/t$。这些有害元素在炉内循环富积，不仅破坏高炉的稳定顺行，降低焦炭强度，而且能与耐火材料形成化合物，使其体积膨胀，有的高达50%，造成炉缸砖衬快速损坏。因此，应严格控制以上有害元素的入炉量，并注意定期排除，对那些入炉原燃料检验手段缺乏的企业尤其要引起重视。

4.4.3.2 搞好顺行，防止冷却设备漏水

风口小套漏水，上部冷却器漏水，都会顺着炉壳渗到炉缸，引起炭砖氧化、粉化，这是炉缸炭砖损坏的重要原因。发现漏水设备后应及时处理，不能继续漏水。有的高炉为了抢产量，风口坏了不及时更换，而是积累多了一起换，这样做得不偿失。

4.4.3.3 维持经济的冶炼强度和利用系数

每座高炉，在给定的冶炼条件下，都有其较佳的冶炼强度和较佳的燃料比。如果不顾条件盲目提高冶炼强度，燃料比会升高。这样操作高炉，效益不能最大化，而且对炉体损害很大。分析一些寿命达到 15~25 年的高炉，一代炉役利用系数平均不超过 $2.3t/(m^3 \cdot d)$，其生产稳定、能源消耗低，符合低碳冶炼要求，综合成本也较低。

4.4.3.4 关于钒钛矿护炉

炭砖温度高时最先采用的措施通常是加入钒钛矿护炉，它能取得较好的效果。但有两点值得注意：一是钒钛矿加入量通常应控制生铁中钛含量在0.10%以上，硅含量适当高一点，可在0.5%以上；二是建议提前采取预防措施，可在开炉半年后就开始用一周左右的时间加钒钛矿护炉，此后每年进行一次。

4.4.3.5 提高炉缸压浆的技术水平

近年来，高炉出现炭砖温度高时，有的在炉壳开孔（两块冷却壁之间的缝隙处），将无水碳质泥浆压入到炭砖与冷却壁之间，起堵缝和消除此处热阻层的作用，有一定效果。这种方法特别适合于投产时间不长、施工质量欠佳、捣料层不密实、捣打料挥发分高并受热后收缩的高炉。这种方法也有不足，如果压浆方法不当，压浆压力过高，泥浆的材质不好，反而可能将已经很薄的砖衬压碎，挥发物高的泥浆压到炉内与铁水接触，还可能产生体积膨胀引起炉内放炮。2010 年国内有 3 座高炉发生了压浆时炉缸放炮，烧伤员工，进而诱发炉缸烧穿及渗铁事故，这应引起足够重视。因此，要慎重采用压浆处理，努力提高压浆水平。最好的办法是严格控制筑炉质量，争取实现一代炉役不压浆。

4.4.3.6 长期保持铁口有足够深度

仔细分析炉缸烧穿的实例，大多数发生在铁口或铁口附近。这是因为铁口区工作环境恶劣，受侵蚀严重。因此，高炉生产应该做到长期保持铁口有足够深度，铁口深度不够，铁水易从铁口通道进入砖缝，加速炭砖的侵蚀。

4.5 炉缸炉底烧穿事故的处理和预防

4.5.1 炉底烧穿处理

炉底烧穿是十分危险的生产安全事故，它会诱发爆炸事故而造成巨大灾难，尤其是水冷炉底。历史上出现过的炉底烧穿事故都发生在容积较小、炉底无冷却或炉底风冷的高炉。炉底烧穿时铁水从风冷管流出，因炉基周围无积水，没有诱发更严重的爆炸事故。对于水冷炉底的高炉，应时刻提高警惕，一旦水冷管上面的炭砖温度超标，应尽快停炉大修，防止炉底烧穿。炉底烧穿后没有别的方法，只能在凉炉后大修。

4.5.2 炉缸烧穿的处理

炉缸烧穿后的处理应首先确认烧穿部位是否在炉底满铺炭砖以上，如果烧穿位置很低，在炉底炭砖 1 ~ 2 层砖之上，抢修就没有意义。炉缸烧穿部位在满铺炭砖平面以上时，要判断炉缸是否还存有液态铁水，防止开炉壳取冷却壁时残铁流出造成安全事故。如果高炉已生产多年，临近大修期，抢修恢复生产不经济，最好快速拆炉进行大修。

炉缸烧穿抢修一般采用挖补的方法。在确认开孔时无液态铁流出的条件下（如有液态铁应先出残铁），准备好炭砖（微孔小炭砖最佳）和新冷却壁，割开炉壳和损坏的冷却壁，支撑住烧穿口上方的炭砖，清除残物并找出原始砖面，砌筑新砖，安装好新冷却壁，焊好炉壳，压碳质泥浆，冷却壁通水试漏。如还有其他受损部位也要抢修好，然后复风生产。复风操作可按炉缸冻结事故的处理方式，烧穿部位上方的风口可根据情况较长时间堵住，并辅以其他护炉措施，逐渐恢复生产。复产后的冶炼强度应比事故前的生产水平低，同时应该抓紧做下一代炉役大修的准备。

4.5.3 炉缸炉底烧穿的预防

预防炉缸炉底烧穿事故发生是一个涉及面很广的系统工程。在高炉一代炉役中，从高炉设计方案选定、设计、制造、施工、开炉、操作、生产管理、维护、配套工程等，一系列的环节均应做到先进可靠，才能实现真正的长寿。其中任何环节达不到要求，都可能造成整个系统的失败，最后表现为达不到长寿目标。

应尽早发现炉缸危险的蛛丝马迹，采取相应的措施，以阻止炉缸炉底烧穿。高炉出现险情都会有先兆，如果没有迹象，可能是因为缺少检测手段、检测手段失灵、出现过危险信号而被忽视。在高炉投产后一代炉役生产期间，要时刻注意仔细观察，保持警惕，下面举一实例说明。某企业有两座 4000m³ 级高炉，大修投产后生产 3~4 年，于 2008 年 5 月炉底炭砖温度高达 600℃，立即采取了以下应急措施：

（1）降低冶炼强度，短期内降低 20%~30%；

（2）采用钒钛矿护炉；

（3）增加炉缸冷却水量，由 2700m³/h 增加到 4700m³/h；

（4）加强铁口维护，保持铁口有足够的深度；

（5）炉缸局部进行压浆处理。

采取这些措施后，经过约两年半时间反复护炉，2010 年 9 月至今该厂高炉基本做到了稳定生产。

以下要求对于新投产不久的高炉长寿尤其重要：

（1）新投产高炉不应过分强调达产速度，用 10~20 天冶炼铸造铁为宜。这可使炉缸一开始就生成一层石墨碳以封堵部分砖缝，对延长炉缸寿命有益。

（2）在保证足够冷却水量的同时，应密切注意有无冷却设备漏水现象，特别是风口和冷却壁的漏水。

（3）建议新高炉开炉后半年进行一次钒钛矿护炉，其后每年护炉一次，以确保高炉炭砖温度及水温差在受控范围以内。

（4）坚持一代炉役内入炉原燃料所含有害元素在规范规定的要求之内，禁止超标入炉，对循环富积的有害元素，定期采取排除措施。

（5）必须长期保证铁口有足够深度。

4.6 炉缸炉底烧穿典型事故案例

4.6.1 鞍钢新 3 号高炉炉缸烧穿事故[4]

鞍钢新 3 号高炉有效容积为 3200m³，是鞍钢西区 500 万吨生产线配套工程，于 2005 年 12 月 28 日建成投产。投产后高炉生产平稳顺行，主要经济技术指标均达到了设计要求。2008 年 8 月 25 日，生产中的新 3 号高炉，在没有任何异常迹象的情况下突然发生了炉缸烧穿事故。

4.6.1.1 事故经过

2008 年 8 月 25 日 20：30 左右，新 3 号高炉在正常生产，炉内各操作参数均正常，炉前 2 号铁口出铁作业接近末期。突然，在 4 号铁口台下方炉缸区域发出异常响声并伴有火光，出铁场平台上下四处起火。值班工长立即组织现场人员撤离，并迅速减风到零（休风），同时通知火警及上报事故。

20 余辆消防车辆到达后立即对起火区域灭火，由于现场火势较大，于次日 5：40 左右才将明火扑灭。此时确认，4 号铁口下方炉缸烧穿，有大量渣铁和炽热的炉料（焦炭、矿石）喷出。两座高炉共用电缆隧道途经 4 号铁口区域路段的全部电缆（包括新 3 号高炉本体电缆、煤粉喷吹总线电缆、新 2 号高炉电源电缆、净水循环泵站供电线缆、两座高炉闭路循环冷却水泵站电源电缆、计量仪表电缆等）全部烧毁。出铁场天棚、4 号炉前泥炮、开口机、东场及北场炉前吊车、炉前休息室、电梯等烧损。净水循环泵站断电，供水降压，造成新 2 号、新 3 号高炉鼓风机停风，新 2 号高炉大面积灌渣停产。两座高炉冷却水全部停供，新 3 号高炉炉体供水环管在 4 号铁口区域的部分全部烧损。

烧穿部位在 4 号铁口正下方，距铁中心线下 2.2m（高炉死铁层是 2.8m）炉缸 2 段冷却壁 32 ~ 33 号冷却壁处，如图 4-1 和图 4-2 所示。

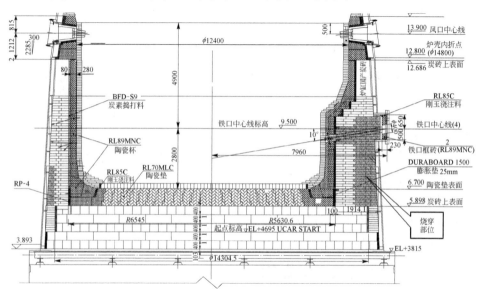

图 4-1　鞍钢新 3 号高炉炉缸砌砖图（烧穿部位）

图 4-2　鞍钢新 3 号高炉烧穿的冷却壁

事后统计，炉缸烧穿后跑出渣铁约 900t，炉料约 2500t，清净渣铁后烧穿部位尺寸为 500mm×2000mm，所幸未造成人员伤亡。

4.6.1.2 应急抢救工作

应急抢救工作介绍如下：

（1）灭火。由消防部门负责，在事故发生的次日 5：40 将火全部扑灭。

（2）恢复供水。净环泵启动应急柴油泵恢复风口、鼓风机冷却供水；迅速从烧结变电所引电缆供电，调用柴油发电机等供高炉闭路循环泵站供电，恢复高炉冷却供水；迅速恢复新 2 号高炉冷却供水；新 3 号高炉冷却水环管烧坏，闭路循环无法运行，改用工业水，炉顶回水环管用于进水，以烧坏的环管为排水口，以直排方式冷却。

（3）恢复新 2 号高炉生产。组织更换灌渣的风口，处理 6h 后复风生产。

（4）制定新 3 号高炉抢修方案，清理现场后决定采用挖补方法修复。

4.6.1.3 新 3 号高炉修复经过

新 3 号高炉的修复经过如下：

（1）现场积料清理（8 月 25 日 20：30 ~ 28 日 7：00，合计 58.5h）。

（2）烧损部位清理（8 月 28 日 7：00 ~ 30 日 16：00，合计 57h）。割除烧穿区域 5 块冷却壁（实际烧坏 3 块），清理烧穿部位的残渣、炉料，抠除部分烧损的炭砖，露出砌筑接口。

（3）损坏部位砌筑修复（8 月 30 日 16：00 ~ 9 月 2 日 15：00，合计 71h）。利用工程剩余的美国 UCAR 公司 NMA 小块炭砖砌筑，部分炭砖在现场加工外形，缝隙用碳质泥浆填充。总计砌筑 11 层，用 449 块 NMA 小块炭砖。

（4）烧损部位冷却壁安装、试水（9 月 2 日 15：00 ~ 9 月 6 日 15：00，合计 96h）。按图纸重新制作 5 块铸铁冷却壁，焊接安装，外连水管焊接，试压，压浆，通水。

（5）高炉装料及送风前的准备（9 月 6 日 15：00 ~ 9 月 7 日 4：00，合计 13h）。按恢复计划高炉装料，各部位单体试车、联合试车，各部位送电、送水、送气。

高炉 9 月 7 日复风生产，经过 10 天左右的调整，利用系数达到 $2.0t/(m^3 \cdot d)$。其后一直保持在这一冶炼强度水平，直到 2010 年 3 月 12 日停炉进行炉缸大修。

4.6.1.4 恢复生产后采取的改进措施

恢复生产后采取的改进措施有：

（1）提高炉缸部位的冷却强度。由于原设计冷却强度偏低，为维护炉缸安全，采取了以下措施提高炉缸冷却强度：

1）原设计除盐水闭路循环水泵为 2 工作 2 备用，先期改为 3 工作 1 备用，炉缸冷却水量由 1200m³/h 增加到 1500m³/h。

2）在线生产期间对闭路水泵、炉缸供水管线增容改造。水泵流量由 2700m³/h 增容到 3200m³/h，并新增 2 条炉缸供水管线，使炉缸冷却水量增加到 2900～3000m³/h 左右。

3）对铁口下方热流强度较高的冷却壁预留高压工业水支管（1.6MPa）。每单根水管由软水改为高压工业水，单管水流量增加 15m³/h，水温差下降 0.3～0.5℃。

4）铁口区域下方炉壳喷水冷却。

（2）利用检修机会压入碳质泥浆。由于炭砖砌筑和高炉生产过程中存在热膨胀现象，在炉壳与冷却壁之间以及冷却壁与炉缸炭砖之间会产生气塞。尤其是冷却壁与炭砖之间的气塞，会严重降低冷却效率，使炭砖熔蚀加快。只有消除气塞，冷却系统才能充分发挥作用，将热量传递出去，有利于炉缸部位形成渣皮，维护炉缸安全。利用检修停炉机会，在炉缸区域冷却壁之间炉壳开孔（φ15～20mm，孔深到达炭砖面），用压浆机将碳质泥浆压入。在压浆时注意以下几点：

1）压浆机压力应控制在 2.0MPa 以下，否则容易造成炭砖内移或冷却壁变形破损。

2）开孔不宜过密集，否则易造成炉壳强度下降。

3）旧孔在下一次检修过程中可重复使用。

（3）采用钒钛矿护炉。采用钒钛矿护炉主要是生成高熔点的 TiC 和 TiN，沉积在炉缸区域，进而保护炭砖，减少侵蚀。鞍钢主要采用天然钒钛矿、钒钛球团、冷固结钒钛球团三种原料，对其理化指标的要求见表 4-3。护炉时具体使用哪些品种视资源和价格因素综合考虑，加入量要保证铁水中钛含量在 0.08%～0.20% 之间，结合炉缸水温差及炭砖温度确定。

表 4-3　鞍钢采用的含钛护炉矿

种　类	Fe 含量/%	TiO$_2$ 含量/%	SiO$_2$ 含量/%	抗压强度/N·个$^{-1}$
天然钒钛矿	>40	>12		
钒钛球团	>53	>9	<16	>2200
冷固结钒钛球团	>27	>26	<18	>2500

（4）加强炉缸的检测工作。炭砖温度和炉缸各部位水温差的检测，对判断炉缸状况非常重要。新 3 号高炉原设计炭砖环墙测温点极少，关键区域 2 段和 3 段冷却壁部位炭砖只有 24 点，无冷却水水温差测量手段。为改变这种状况，在高炉抢修的同时在炉缸炭砖环墙增设 68 点双支电偶测温，插入炭砖深度 50～150mm，还增加炉缸水温差测量点 136 点，实现了炭砖温度和炉缸水温差热流强度的在线测量。

（5）对新 3 号高炉进行超声波回波检测，检测每一点的剩余耐火材料厚度，推算出炉缸内衬轮廓。检测显示该区域没有进一步的异常情况，说明修复工作是成功的。

（6）制订安全生产预案，认真贯彻执行。为了实现高炉安全生产，制订了抢修复产后高炉生产参数的控制范围（见表4-4）。严密监视炉缸部位冷却壁的水量、水温差以及炭砖温度、壁体温度的变化，出现异常要及时掌握，逐级汇报，并采取相应的措施。

表4-4　抢修复产后鞍钢新3号高炉的生产参数控制范围

操作参数	炭砖深点温度/℃	单段水温差/℃	风压/kPa	顶压/kPa	焦比/kg·t⁻¹	富氧/m³·h⁻¹	[Ti]/%
正常状态	<490	<1.00	395~405	215~225	300~310	13000~15000	
控制状态	490~500	1.00~1.15	385~395	205~215	305~315	10000~13000	0.08~0.10
	500~510	1.15~1.35	375~385	195~205	315~325	8000~10000	0.10~0.15
	510~520	1.35~1.50	365~375	185~195	335~345	5000~8000	0.15~0.20
	>520	>1.50	休风凉炉（压浆、长期堵高温部位风口等）				

4.6.1.5　新3号高炉炉缸烧穿原因简析

鞍钢新3号高炉2005年12月投产，生产不到3年时间，就在2008年8月发生炉缸烧穿事故，主要有以下原因：

（1）炉缸冷却强度不够。对于这座3200m³大型高炉，设计的炉缸冷却循环水量1248m³/h偏低。相比之下，鞍钢设计院设计的老区新建2580m³高炉（7号、新4号、新5号）炉缸冷却水量都大于3700m³/h。新3号高炉由于炉缸冷却水量少，冷却强度低，不能将炉缸内渣铁熔体的热量及时传递出去。在生产中发现，2段冷却壁的水温差经常在1.5℃左右，对应的热流强度高达24000W/m²。另一方面，炭砖环墙采用高热导率的UCAR公司小炭砖，更加显现出冷却水量不足、炉内传递出来的大量热量无法传出的弊端。

（2）炉缸部位温度检测点设置太少，操作人员无法据此判断炉衬异常侵蚀情况。炉缸6段冷却壁未设计水温差检测装置，导致局部热流强度过大时高炉操作人员无法掌握。炉缸炭砖环墙区域只设计了7层温度检测点，在2段这一关键部位只在4个方向安装了8点温度检测，而且都不在侵蚀最严重的铁口下方，无法准确、及时地掌握该部位的侵蚀情况，导致炭砖侵蚀殆尽并最终烧穿。

（3）炉缸炭砖环墙选用高热导率、非微孔的电极石墨质小炭砖，与低的冷却强度结构不匹配。高热导率小炭砖配置的铸铁冷却壁，其热导率（34~35W/(m·K)）低于NMD小炭砖（53W/(m·K)），加之冷却水量少，热量传不出来。陶瓷杯被侵蚀后，炭砖热面不能形成保护性渣皮，直接接触铁水，不是微孔结构的石墨炭易渗入铁水，加速了炭砖的熔损。高炉投产后这种现象最先发生在"象脚"区域和铁口区域,最后导致炉缸烧穿事故发生。

4.6.2　沙钢宏发炼铁厂2500m³高炉炉缸烧穿事故[5]

沙钢集团宏发炼铁厂 1 号高炉,有效容积 2500m³,是购自德国蒂森克虏伯的二手设备,于 2004 年 3 月 16 日投产,2010 年 8 月 20 日发生了炉缸烧穿事故。

4.6.2.1　高炉基本情况

该高炉炉缸直径 10.9m,有东、西 2 个出铁口,28 个风口。炉体采用冷却壁冷却,共 13 段,冷却系统采用软水密闭循环。1 层(40 块)、2 层和 3 层(38块)为低铬铸铁冷却壁,风口带为球墨铸铁光面冷却壁,5~8 层为使用过修复的铜冷却壁,9~12 层为球墨铸铁镶砖冷却壁,13 层为球墨铸铁倒扣型光面冷却壁,炉底为水冷结构。

高炉炉缸、炉底采用陶瓷杯结构。炉缸满铺炭砖以上环砌 11 层炭砖,包括炉底满铺 3 层共 14 层。1~4 层为日本产超微孔炭砖,5~9 层为日本产微孔炭砖,满铺炭砖以上的 10~11 层为国产炭砖炉缸。炉底靠近水冷管立砌 2 层国产炭砖,下层为半石墨质(600mm),上层为石墨质(600mm);其上第 3 层平砌日本产 NDK 微孔炭砖(400mm);最上面为法国陶瓷垫两层,各 400mm。炉底总厚度为 2400mm。

4.6.2.2　发生事故前生产概况

A　生产指标水平较高

该高炉 2010 年 8 月 20 日发生炉缸烧穿事故,此前强化冶炼水平较高,顺行状况良好。以 7 月为例,利用系数 2.48t/(m³·d),焦比 336.6kg/t,煤比162.5kg/t,焦丁比 36.9kg/t,风温 1189℃,富氧率 5.93%,顶压 202kPa。

B　采取了护炉措施

这座高炉从 2009 年 12 月起采取了护炉措施,因为根据同年 8 月对该高炉进行的无损检测,其炉缸炭砖侵蚀最薄处已减到 653mm(原始厚度为 1104mm)。主要的护炉措施包括:

(1)适当控制冶炼强度,日产量从此前的 6400t 降到 6100~6200t。

(2)2010 年 2 月起加强铁口维护,铁口深度从 2.8m 增加到 3.5m。

(3)钛球团矿入炉,控制生铁中钛含量为 0.1%~0.15%,硅含量从 0.3%~0.35%提高到 0.4%~0.45%,硫含量不大于 0.03%。

(4)软水进水温度从 40℃降到 36℃。

(5)2010 年 5 月安装在线水温监测仪,自动监测 1~3 段冷却壁水温差。

(6)2010 年 8 月 16 日西北部炉缸温度偏高,休风堵 17 号风口,并缩小 20号风口直径。

(7)2010 年 8 月 16~20 日向冷却壁热面压浆。

C　水温差控制

2009 年 8 月起，炉底炉缸 1～3 段水温差有上升趋势，采取多项护炉措施后基本恢复到正常值。2010 年 7 月中旬，2 段 22 号冷却壁水温差升至 0.7℃，8 月初 23 号冷却壁水温差上升至 1℃，24～26 号冷却壁的水温差也上升到 0.8℃。根据该厂规定，热流强度 0.7℃ 为警戒值，0.9℃ 为警告值，1.2℃ 为事故值，炉缸这一区域冷却壁的水温差已经处于"警告值"左右，炉缸安全状况较差。

4.6.2.3　事故经过

2010 年 8 月 20 日 20：08，沙钢宏发炼铁厂 1 号高炉发生了炉缸烧穿事故。烧穿的圆周位置在 19 号风口的正下方（西铁口正上方是 15 号风口），与西铁口夹角 51.43°；高度位置在铁口中心线下方 1.6m，在 1 段和 2 段冷却壁之间。最终烧坏的冷却壁有 1 段的 25 号、26 号和 2 段的 23～25 号。烧穿处孔洞呈椭圆形，横向约 700mm，纵向约 500mm。炉缸烧穿前仪表记录到 2 段 22 号冷却壁水温差的急剧变化，18：44 其水温差为 1.98℃，烧穿时刻 20：08 猛增至 5.8℃。

烧穿后当即休风，从炉内流出渣铁约 350t，并喷出焦炭。喷出物在炉台引起大火，烧坏电缆等设备，幸无人员受伤。

4.6.2.4　事故处理

事故处理过程如下：

（1）休风后拆下 1 段 25 号、26 号和 2 段 23～26 号共 6 块冷却壁及相应的炉壳。

（2）扒出烧穿口内侧的炉料，力求清出残存炭砖平面，以便砌筑新砖。清理时发现，残破口处有大量未熔化但已熔结在一起的烧结矿和球团矿，说明有软熔带以上的炉料下落到死铁层。

（3）在 2 段 23 号、22 号冷却壁内侧沿高炉径向 500～150mm 处发现有大块凝结物，并向西铁口方向延伸，极难清理。该物质熔点极高，氧气和乙炔都不能熔化，经 X 射线衍射检验为护炉产生的高钛物质。

（4）炉缸烧穿部位上下各 300mm 的范围内已基本没有炭砖，将残存炭砖和炭捣料清理干净。

（5）在拆出的缺口内补砌炭砖。补砌的炭砖为长度 460mm 的国产小块炭砖，实砌厚度根据炉内炉壁侵蚀情况和补砌处残存炭砖情况而定。据观测，侵蚀最薄的部位剩余炭砖厚度不足 100mm。

（6）在补砌炭砖完成后，恢复 6 块冷却壁和相应炉壳，在新砌炭砖与冷却壁之间压入炭素泥浆，准备恢复生产。

事故处理共用 13 天 23h，高炉于 9 月 3 日 17：16 复风。

4.6.2.5　复风操作

为了做好复风工作，对有利因素和不利因素进行了具体分析。不利因素有：

（1）复风时，炉内料线 10m，保有热量低；（2）破损处有一巨大缺口，炉内进入大量冷风；（3）炉底积铁大量流出，局部冷料下至炉缸和铁口以下，加剧下部炉凉的程度；（4）休风时间很长。

但是也有一些有利因素：（1）炉缸和炉底的部分积铁已流出，复风后开铁口估计不会太难；（2）料线已深到 10m，空焦下到的风口时间将比较短。

总的看法是，高炉炉凉因素多，决定复风按严重炉缸冻结处理。

A 装料

考虑炉凉程度较深，炉身上部填充的焦炭在复风初期只有少部分能沿送风风口上方狭窄通道到达风口带，故所加底焦较多。共加空焦（每批焦炭 14.8t + 萤石 0.4t）35 组 518t，体积 850.3m³（压缩率取 13%），为炉缸容积的 1.92 倍。

随后加入 5 批正常料和 3 批空焦为 1 组的循环料 15 组。正常料矿批 37t，焦批 14.8t，焦炭负荷 2.5，每批料萤石 0.4t，炉渣碱度 0.9。10 批正常料和 3 批空焦 2 组，10 批正常料和 2 批空焦 7 组，10 批正常料和 1 批空焦 1 组，中间插入空焦 5 批。以上合计循环料中净焦 71 批，1050.6t。焦炭装入总量为 1568.8t。

B 复风

a 开风口情况

9 月 3 日 17：16，用东铁口上方的 4 个风口（1 号、2 号、27 号、28 号）复风。新开风口的原则是：渣铁有一定的流动性，风口明亮、活跃时可新开风口，但每次最多左右各开 1 个。复风初期炉温低，开风口速度较慢：9 月 4 日 2 个，9 月 5 日 3 个。以后逐渐加快：9 月 6 日 8 个，9 月 7 日 4 个，至 9 月 7 日已开风口 21 个。本来不准备增开风口，但 9 月 8 日 16：00，22 号风口自动吹开。至此，共开风口 22 个，剩下 6 个风口（16~21 号）均位于烧穿口的上方，拟根据该处新装的冷却壁热面温度变化情况决定风口是否打开。

b 送风制度

送风初始风量为 600m³/min，捅风口后按每个风口风量 150m³/min 加风，保持标准风速 210~230m/s（与休风前水平相当）。风温原则上用到热风炉能达到的最高风温。初期因风量小，实际风温较低，9 月 3 日 24：00 风温为 650℃。

c 出铁和炉温

复风后铁口好开，复风后即开铁口空喷，至 9 月 4 日 0：50 堵口。此后每隔 1~1.5h 开铁口 1 次，每次有少量冷铁流出，空喷后堵口，共 6 次，至 4 日 16：30 出铁 45t。以后虽然铁水温度仍低，但已开始见渣，风口也较明亮，因此在 4 日 16：48 捅开 1 个风口，并在 21：35 捅开第 2 个风口。从 9 月 5 日夜班开始，炉温下行，最低生铁中硅含量降到 0.49%，硫含量剧升，最高达到 0.264%（一般在 0.2% 左右）。

出铁选用与烧穿口距离较远的东铁口，制作临时撇渣器。因渣沟太长，渣铁都流进铁罐，送到炼钢厂处理。

铁水低温、高硫状态一直持续到9月6日中午才告结束。9月6日14：16出铁，生铁中硅含量从1.67%突升至4.41%，硫含量则从0.15%～0.20%降到0.03%。此后进入高炉温状态，生铁中硅含量为3%～4%，硫含量为0.02%～0.03%，持续约48h。随着净焦过完，并稍增负荷，到9月8日21：00以后，生铁中硅含量才到2.0%以下，并在9月9日21：00降到1.0%～1.2%，达到控制目标。在恢复过程中，低炉温持续70h，高炉温持续约80h。

在恢复过程中重点是考虑炉缸的安全，较长时间的高炉温冶炼对维护炉缸有利，所以未采取强力的降炉温措施。

4.6.2.6　基本恢复后的操作方针

总的指导思想是安全第一，一切根据炉缸状态采取进一步的措施。在抢修过程中22号冷却壁热端新砌炭砖加捣料层厚度不足150mm，西铁口方向的炭砖情况也不很清楚，在复风后能否依靠补炉安全生产，是复产初期面临的敏感问题。因此，复风后采取的方针是：

（1）9月7日起加钒钛球团矿，TiO_2 负荷随生铁中硅含量下降而增加，目标是钛含量为0.25%～0.30%。

（2）保留烧穿口上方6个风口不开，直至此方位冷却壁热面温度和冷却壁水温差降下来并稳定后再考虑。初期限定风量3100m^3/min（休风前4700m^3/min），顶压160～180kPa（休风前202kPa）。暂不喷煤，不富氧。

（3）炉底、炉缸、炉壳喷水冷却。

到9月10日，高炉在低强度冶炼情况下炉况比较平稳，风口仍堵6个，风量3100m^3/min，风温1000℃，风压264kPa，顶压153kPa，日产量2700t，生铁中硅含量1.0%左右，钛含量0.25%～0.30%。烧穿区域冷却壁热面最高温度从送风后的272℃降到200℃以下，冷却壁水温差0.4～0.5℃，表明护炉有一定的效果。

9月17日，高炉日产量达到3000t以上，9月30日产能达4000t以上，10月中旬产能恢复至正常状态的80%（即日产5000t左右，停炉前最高日产曾达到5700t），炉缸状况一直保持了稳定。高炉抢修后继续维持生产128天，生产生铁56.76万吨，为大修准备赢得了宝贵时间。

4.6.2.7　炉缸烧穿原因分析

沙钢宏发炼铁厂1号高炉设计寿命15年，实际使用6年5个月就发生炉缸烧穿，既有远因也有近因。

A　远因分析

远因主要有：

（1）1号高炉是沙钢第一座大型高炉，投产初期缺乏经验，炉况不顺，事故频繁，经常用锰矿洗炉。加上炼钢事故多发，高炉频繁休风，2004～2005 年休风率高达 5%～9%。

（2）2004～2008 年期间，由于焦炭质量低下、操作制度不佳等原因，风口大量破损。2005 年 3 月最为严重，一个班坏风口 14 个；2008 年因焦炭质量下降，3 座高炉共坏风口 400 多个。风口大量漏水流入炉缸，对炭砖的破坏作用严重。

（3）入炉锌负荷、碱负荷较高。2008 年前（含 2008 年）高炉锌负荷 2.0～2.5kg/t，改善后仍达到 1.3kg/t 左右，曾出现炉衬上涨现象。此外，入炉碱负荷也偏高，在 3.8kg/t 以上。锌负荷、碱负荷高对炭砖寿命极为不利。

（4）两个铁口的出渣铁量严重不均衡，由于东铁口的渣沟长达 70 余米，炉前出渣铁困难，西铁口的出铁量比东铁口一般多出 10% 以上。尤其是开炉、停炉、长期休风、事故休风的复风都是从西铁口出铁，这造成西铁口区域铁水环流侵蚀加剧。

（5）较长时间内焦炭质量不佳，炉缸中心焦柱透液性低，加剧铁水环流对炉衬炭砖的侵蚀。

（6）长期以来铁口深度不够，对铁口两旁 30°～60° 范围内的炭砖寿命存在不利影响。

（7）冷却水量不足。设计水量 3750m³/h，扣除炉底冷却用水，炉体冷却用水量只有 3500m³/h 左右，低于国内同类高炉。

（8）3 座高炉的设计年产量 630 万吨，2009 年实际产量 680 万吨，特别是 2010 年在护炉的情况下冶炼强度也未降低，对炉缸安全带来了风险。

B　近因分析

近因主要有：

（1）对炉缸炭砖侵蚀的严重程度估计不足。根据 2009 年 8 月对高炉进行无损检测，其炉缸炭砖侵蚀最薄处为 653mm，这一判断与炉内实际情况相差较远。据此制定的生产方针、护炉力度、压浆等决策都有一定问题。

（2）在炭砖过薄的情况下，热面压浆压力过高，疑将残砖推向炉内，可能是引起本次炉缸烧穿的导火索。压浆后 7 个风口全黑（估计所压浆料沿残砖内侧上到风口），在风口发黑后 9h 烧穿，以及烧穿口内大面积已无残存炭砖可以证明。

4.6.2.8　结论

通过此次事故，得出以下结论：

（1）宏发炼铁厂 1 号高炉生产 6 年 5 个月就发生炉缸烧穿被迫大修，寿命远未达到预期的 15 年目标，炉缸烧穿的原因有设计方面的，如耐火材料选择欠佳、冷却能力不足等；有生产条件方面的，如焦炭质量差、入炉原料锌负荷高；有生产组织和操作方面的，如初期炉况不顺、休风率高、风口破损多、铁口深度不足、护炉情况下冶炼强度偏高等。这些教训应在以后的高炉建设和生产中引以为戒。

（2）在该炉炉缸烧穿问题上，炉壁厚度测量结果不准起了误导作用，冷却壁热面压浆则起了"催生"作用。在炉缸砖衬较薄时，此两项技术应该慎用。

（3）在高炉抢修过程中，烧穿口周围衬砌厚度较薄（只有 50~100mm），在复风后依靠强有力的护炉措施确保了安全生产，并在稍后的时间里维持了接近于正常生产水平 80% 左右的产量。这说明在修复炉缸烧穿时，烧穿口补砖薄一些，依靠强有力的护炉措施恢复生产是可行的。

（4）本次炉缸烧穿事故，复风按严重炉缸冻结处理是成功的。

4.6.3　首钢 4 号高炉炉缸烧穿事故[6]

首钢 4 号高炉，有效容积 1200m³，第 2 代大修后于 1983 年 6 月 4 日投产，在生产 2 年 9 个月后，于 1986 年 3 月 5 日发生了炉缸烧穿事故。

4.6.3.1　高炉炉缸炉底结构简介

炉缸渣口以下砌 4 层环形炭砖，炉底环墙为 800mm 与 600mm 相间的 6 层炭砖，中间砌筑十字形高铝砖。炭砖与高铝砖间的犬牙缝及炭砖与水箱之间的缝隙用炭捣料填充。炉底最下层为满铺 2 层炭砖。炉缸区域采用铸铁冷却壁，沿圆周36 块，冷却水管为双进双出。

4.6.3.2　炉缸烧穿前生产情况

A　主要指标水平

通过多年的生产实践，首钢逐步确立了"大批重、正分装、重边缘、重负荷、高风速、大喷吹"的技术操作方针，高炉生产技术指标达到较高水平。表 4-5 为 4号高炉第 3 代（1983 年 6 月投产到 1986 年 3 月炉缸烧穿）的生产技术指标。

表 4-5　首钢 4 号第 3 代生产技术指标

年 份	工作天数/d	日产/t·d⁻¹	利用系数/t·(m³·d)⁻¹	综合强度/t·(m³·d)⁻¹	焦比/kg·t⁻¹	综合焦比/kg·t⁻¹	炉顶压力/kPa
1983	210	2461	2.051	1.109	419	522	110
1984	360	2781	2.318	1.191	385	506	120
1985	365	2733	2.278	1.170	381	509	120
1986	64	2679	2.233	1.135	382	501	120
累计平均	999	2691	2.241	1.164	389	509	120

B　炉缸 2 段水温差变化

1983 年 6 月 4 号高炉投产后先冶炼 10 天铸造生铁，随后炼制钢生铁。1984

年 4 月 20 日, 因铁口浅, 铁口两侧冷却壁 1 号-2、2 号-2 的水温差超出 0.9℃ 的规定值, 改通高压水。2 段其他冷却壁水温差也升高, 个别冷却壁的水温差达到控制高限。据 1984 年 7 月统计, 2 段冷却壁水温差达到和超过 1.0℃ 的占 67%, 其中 6 块达到 1.1℃, 改通 1.05 ~ 1.20MPa 的高压水冷却。为此, 将原用的短斜风口 (长 380mm, 倾斜 5°) 改为直长风口 (长 400mm, 无斜角), 起了很好的作用, 2 段冷却壁水温差保持了相对稳定, 在规定的 0.9℃ 以内。

1985 年 4 月初, 靠近西渣口的 6 块冷却壁用常压水时的水温差超过 1.0℃, 改通高压水后水温差仍有 0.8℃, 热流强度升高。当即采取紧急措施, 停止用西渣口放渣, 并适当控制冶炼强度, 降低产量水平。为加强监控, 每隔 20min 测量一次重点冷却壁水温差的变化, 当水温差达到 1.1℃ 时堵死该冷却壁上方的风口。采取以上措施后重点冷却壁水温差再未上升。7 月休风检修 12h, 此后 2 段冷却壁水温差普遍降低, 重点冷却壁的水温差降到 0.6 ~ 0.8℃。

1985 年 10 月 ~ 1986 年 1 月这段时间, 炉缸 2 段冷却壁水温差随着生产水平的高低波动而起伏。应对冷却壁水温差升高除了通高压水、降低炉顶压力、堵风口外, 还采取了以下措施: (1) 加入含钛炉料护炉, 按生铁中钛含量为 0.10% ~ 0.13% 控制, 使用 3 ~ 5 天后降到 0.08%; (2) 通过调整烧结矿配比, 使生铁中锰含量降到 0.3% 以下; (3) 堵死 14 号风口; (4) 适当提高炉渣碱度, 杜绝生铁中硅含量 0.3%, 硫含量控制在 0.025% 左右; (5) 西渣口基本上不放渣; (6) 加强炉缸检测, 重点冷却壁水温差每 10min 测量 1 次。

以上措施中, 含钛炉料入炉量受到了资源限制, 未能充分实施, 当时只使用了 199t 钒钛矿, 历时 35h, 生铁中钛最高含量为 0.17%。

4.6.3.3　炉缸烧穿经过

尽管采取了上述护炉措施, 炉缸状况并未根本改善。1986 年 2 月, 大力提高制钢生铁一级品率, 生产水平没有明显降低。3 月 5 日, 炉缸 2 段 32 号冷却壁烧穿。从发现水管 32 号-2、32 号-1 水温差上升到冷却壁烧穿, 前后只间隔 2h35min。事故当天 2 段部分炉缸冷却壁的冷却参数见表 4-6。

表 4-6　首钢 4 号高炉炉缸烧穿前部分冷却壁参数变化 (1986 年 3 月 5 日)

时　间	32 号-1		32 号-2		说　明
	水温差 /℃	热负荷 /10^3kcal · h^{-1}①	水温差 /℃	热负荷 /10^3kcal · h^{-1}①	
8:00	0.9	16.19	1.0	17.99	
9:00	1.2	21.59	1.1	19.79	
9:30	2	35.98			
9:40	2.3	41.38			向工长汇报
9:50	2.5	44.98			停止西渣口放渣, 组织出铁

时间	32 号-1		32 号-2		说　明
	水温差 /℃	热负荷 /10^3kcal·h^{-1}①	水温差 /℃	热负荷 /10^3kcal·h^{-1}①	
10：00	2.8	50.37	1.2	21.59	
10：10	3.0	53.97			10：17 打开铁口
10：20	3.3	59.37			
10：30	3.8	68.36			
10：40	4.0	71.96			
11：00	3.7	76.8	1.8	32.38	
11：15	3.6	74.76	2.5	44.98	11：20 停风，堵 16 号、17 号风口；
11：20	3.2	66.45	2.8	50.37	11：25 堵铁口，出铁 317.8t，渣
11：49	16.2	336.42	12.4	223.08	120t
11：55		烧穿			

① 1kcal = 4.186kJ。

冷却壁烧穿是在出净铁停风后发生的，残留铁水流速较缓，没有引起冷却壁爆炸而危及人身和设备安全。流出的残铁约有 110t，并有少量炉渣，烧坏了 31号、32 号、33 号冷却壁，炉壳烧穿的孔洞长 1020mm，高 400mm。拉下烧穿的冷却壁后，除从烧穿部位看到红焦炭外，残存炭砖长度约为 400~600mm。

4.6.3.4　高炉抢修和恢复生产

A　炉缸抢修工作

生产修复方案确定更换 2 段烧坏的 3 块冷却壁，挖补烧穿空洞后重新砌砖，并增加炉壳外部喷水冷却。

由于当时没有 4 号高炉备用的冷却壁，为缩短抢修时间用了 2 号高炉备用的尺寸稍小的 3 块冷却壁，在 4 号高炉原冷却壁位置补加了横竖两块楔形的小水箱。先将待更换冷却壁部位的原炭捣料全部拆除，再把烧穿部位用高铝砖自下而上楔入，楔入深度约 400mm。砖与砖的缝隙，30 号、34 号冷却壁两侧，用泥浆及硬耐火泥堵死。最后在整个立面上糊 40~100mm 厚耐热混凝土可塑料，安装装配好的整体冷却壁及围板组合件，焊好围板接缝，接通冷却水。冷却壁及砌体更换完工后，在围板外增加两层强冷却喷水，整个挖补抢修即告完工。上述炉缸抢修工作耗时 80h20min。

B　恢复生产

恢复生产初期用 17 天时间冶炼铸造生铁，目的是通过减产（比正常生产水平低 20%）和有利于石墨碳析出以保护修补的炉衬。为了保护炉缸，还采取了以下措施：

（1）新更换的冷却壁和原来水温差高的冷却壁（共计 18 块），仍沿用 1.11~

1.70MPa 高压水冷却。

（2）堵死烧穿口上方的 15～17 号风口。

（3）停止西渣口放渣。

（4）降顶压到 0.09MPa，控制生产水平。

恢复生产后第 10 天将全部风口捅开，稍稍提高风量和顶压，5 天后发现 32 号-2 水温差由 0.4℃很快升到 1.0℃，相邻冷却壁水温差也开始升高，随即迅速决定出铁后休风，把 15～17 号风口重新堵死。

经 17 天铸造生铁冶炼后改炼制钢生铁，生产转入正常，炉缸维护的措施是：

（1）加入含钛炉料，使生铁中钛含量保持在 0.08%～0.10%。

（2）生铁中硅含量保持在 0.5%～0.8%，硫含量小于 0.03%的比率大于 90%。

（3）炉顶压力 0.1MPa。

（4）16 号、17 号风口保持全堵死状态。

（5）西渣口不放渣。

在以后的生产中，根据个别冷却壁水温差升高情况临时采取措施，主要是控制冶炼强度，在产量水平偏高时增加生铁中钛含量达到其上限。恢复生产后两个月，基本调整了生产秩序，保持 16 号风口堵死，西渣口不放渣，生产水平保持在利用系数 2.0t/(m³·d)，生铁中硅含量 0.4%左右，钛含量为 0.08%～0.10%维持一年。采取以上措施，4 号高炉做到了安全生产，一直到停炉大修。表 4-7 列出了首钢 4 号高炉 1986 年 3～7 月的主要操作指标。

表 4-7　首钢 4 号高炉 1986 年 3～7 月主要操作指标

时期	日产量/t	利用系数/t·(m³·d)⁻¹	焦比/kg·t⁻¹	综合焦比/kg·t⁻¹	生铁成分/%				钛料加量/kg·t⁻¹	
					Si	S	Mn	Ti	钛渣	钛矿
3 月 27～31 日	1793	1.496	422	506	0.60	0.022	0.29	0.103	30	
4 月 1～14 日	2239	1.861	400	501	0.44	0.019	0.15	0.10	38	
4 月 17～29 日	2425	2.015	381	502	0.36	0.022	0.10	0.16	42.3	
5 月 2～26 日	2434	2.019	384	504	0.41	0.021	0.10	0.086		44
6 月 1～11 日	2450	2.042	389	500	0.41	0.024	0.13	0.093		46
6 月 12～16 日	2628	2.19	389	500	0.36	0.020	0.13	0.085	37.5	
6 月 17 日～7 月 20 日	2400	2.0			0.41	0.022	0.13	0.098	49	

4.6.3.5 事故处理总结体会

从首钢 4 号高炉第 3 代炉缸烧穿事故，联想到炉缸、炉底寿命存在的问题，提出以下延长高炉寿命应采取的措施：

（1）炉缸、炉底不安全已成为影响一代高炉寿命的重要课题。从高炉炉缸、炉底结构设计和耐火材料选择分析，存在一些不利于高炉长寿的因素，例如：

1）炭砖材质下降，不适应高炉强化冶炼要求。4 号高炉 1983 年大修使用的炭砖灰分高达 12%，含碳量低，导热性差，抗渣铁侵蚀性不好。这样的炭砖砌筑在炉缸 2 段重要部位，在高温、高压、高度强化冶炼条件下，易被铁水熔蚀。因此，提高炭砖材质性能迫在眉睫。

2）采用深死铁层后，综合炉底的设计砌砖结构未相应改进。炉缸加深死铁层后，炉缸炉底侧壁砖墙负荷加重，国外的设计通常是采取加厚炉缸炉底侧墙炭砖厚度的办法，即从炉缸炭砖上部第 3 层开始，逐层增加炭砖长度 100～300mm，直到全铺炭砖层。而 4 号高炉则仍沿用原砌筑炭砖结构，以致把炉底炉缸薄弱点大面积裸露，使渣铁侵蚀更加严重。1986 年以后的设计才做了改进。

3）综合炉底中心高铝砖与外围炭砖交接的犬牙缝 30～70mm 不等，用炭素捣料接合，有很大的弱点。首先，缝隙犬牙交错，不规则，施工困难，炭素捣料很难捣实。捣料本身存在松散性，加上它与高铝砖的热膨胀系数不同，更会使炭素捣料体松散，给铁水侵入造成空隙，直接对炉底环形炭砖造成威胁。

（2）备用高压水泵应纳入设计。当个别冷却壁水温差升高时改通高压水，增加冷却强度是维护炉缸、炉底的一项有效措施。4 号高炉从 1983 年 4 月炉缸 2 段水温差超标就用高压水，曾起到积极作用。1985 年 12 月 31 日的 27 号-2 和 28 号-1 冷却壁没有烧穿也是提高水压起的作用。

（3）用含钛炉料作为高炉常备炉料，是一项维护炉缸的有效措施。首钢高炉生产实践表明，含钛炉料加入量可根据高炉生产强化水平和炉缸水温差高低掌握，生铁中钛含量在 0.06%～0.10% 范围内可起到护炉作用。高炉投产后 6 个月左右就应开始使用，并纳入工艺技术规程。

（4）采用热流强度监控炉缸炉体状况的管理办法应当推广，并应制定相应的管理制度，强化对重点部位冷却壁水温差的监测。4 号高炉炉缸烧穿没有造成爆炸事故，与在当时条件下强化监测、及时发现征兆、果断采取措施有关。

（5）炉缸一旦烧穿，进行修复是很棘手的问题。由于现场修复条件很差，修复质量很难达到要求，因而修复后生产的安全性较低。但是，在一段时间内采取补炉措施，控制生产水平，稍作减产，还是可以生产的。重要的是，在维持生产的同时，必须抓紧进行大修的准备工作。

4.6.4 北台炼铁厂 2 号高炉炉底烧穿事故[7]

北台钢铁集团炼铁厂 2 号高炉有效容积 350m³，是一座料钟式高炉。第 2 代炉役 1995 年大修，炉底采用自焙炭砖加陶瓷垫结构，炉底自然风冷封板上砌筑 4 层 370mm 国产自焙炭砖，加 2 层复合棕玉砖陶瓷垫。2000 年 6 月 16 日，该高炉发生了炉底烧穿事故。

4.6.4.1 炉底烧穿经过

北台炼铁厂 2 号高炉第 2 代炉役 1995 年大修投产后，炉底温度持续升高，最底层中心温度逐渐升至近 800℃，炉底风冷管曾出现串火苗现象。为了防止发生炉底烧穿事故，高炉采取了一系列护炉措施，包括降低冶炼强度、加钒钛矿、改炼铸造生铁以及炉底自然风冷改鼓风冷却等。2000 年 5 月，炉底最底层中心温度上升的势头得到扼制，但高炉炉况顺行受到极大影响，出现了严重的炉缸堆积。为改善炉况顺行，高炉被迫采取洗炉措施，至 6 月初炉缸堆积得以消除，炉况顺行逐渐恢复。

2000 年 6 月 16 日 23 时左右，高炉刚出完铁，值班室人员通过炉底摄像监控发现，炉底靠渣线侧出现渣铁红光，风冷管部位有小股铁水流出，并伴有铁水遇水产生的爆炸声，据此判定发生了炉底烧穿事故。此后，2 号高炉被迫停炉大修。

4.6.4.2 高炉扒炉调查

高炉扒炉调查发现，炉底 2 层陶瓷垫及最上层炭砖已被完全侵蚀掉。第 3 层炭砖环墙冷却壁以内 650mm 处炭砖保持完好，炉底中心炭砖侵蚀直径 1200mm，约有 9 块炭砖产生整体漂浮。炉底中心剩余的炭砖棱角分明，裂缝内完全侵入了铁水。靠炉底下端第 1 层、第 2 层炭砖保持完好，但靠近中心处炭砖侵蚀出约 30mm×50mm 的三角形裂缝，一直延伸至炉底风冷管处，导致铁水自上而下渗漏，最终从炉底风冷管处烧出。扒炉调查中发现，侵蚀炭砖缝隙中存在相当数量的碱金属和铅、锌等有害元素。

4.6.4.3 炉底烧穿原因分析

北台炼铁厂 2 号高炉发生炉底烧穿事故后，立即组织有关专家通过高炉扒炉调查，结合高炉炉底耐火材料结构、冷却以及日常操作维护，对发生炉底烧穿事故的原因做了全面分析，得出以下认识：

（1）炉底耐火材料结构设计不合理是导致该高炉发生炉底烧穿事故最主要的原因。炉底和炉缸耐火材料寿命对高炉一代寿命起决定性作用。国内很长一段时间，中小高炉使用电煅烧无烟煤制成的优质自焙炭块砌筑的炉底取得了长寿的效果。但炉缸、炉底改为陶瓷杯结构后，就不应再用自焙炭块，而应该用焙烧炭块。因为陶瓷杯结构的高铝质耐火材料的隔热性使自焙炭砖失去了自焙条件，不能使自焙炭砖形成整体，导致高炉发生炉底烧穿。由此认为，北台 2 号高炉采用的自焙炭砖加 2 层复合棕玉砖陶瓷垫设计不合理，这是导致该高炉发生炉底烧穿事故最主要的原因。

（2）高炉炉底冷却设计不合理是导致发生炉底烧穿事故的又一主要原因。现代高炉长寿的设计理念特别强调冷却的重要性，一般是设计大水量的炉底水冷系统带走高热导率炭砖传出的热量，使高炉炉底1150℃等温线稳定，使炉底炭砖表面凝结保护层稳定存在，从而达到长寿的目的。北台2号高炉采用的炉底冷却结构为自然风冷，加上自焙炭砖加复合棕玉砖陶瓷垫的不合理设计，高炉内传出的热量无法顺利带走，使高炉炉底耐火材料长期处于高温作用之下，炉底温度持续升高，以致发生炉底烧穿。

（3）碱金属等有害元素的侵蚀作用也是该高炉发生炉底烧穿的重要因素。扒炉调查发现，侵蚀炭砖缝隙中存有相当数量的碱金属和铅、锌等有害元素。碱金属等有害元素会侵蚀炭砖，使炭砖开裂、疏松，进而脱落、浮起而被侵蚀。

（4）监测手段落后也是导致发生炉底烧穿事故的原因之一。该高炉出现炉底中心温度持续升高趋势后，采取了一系列措施，炉底中心温度上升势头得到扼制并出现下降趋势。那么，为什么还是发生了炉底烧穿事故？通过高炉扒炉调查发现，烧穿部位恰好位于4支炉底热电偶检测不到的盲区，误导了高炉操作者，误认为高炉炉底温度已出现下降趋势，不会发生炉底烧穿事故。因此可以说监测手段落后是导致该高炉发生炉底烧穿事故的原因之一。

4.6.5　阳春炼铁厂2号高炉炉缸渗铁事故[8]

广东阳春炼铁厂2号高炉，有效容积1250m³，设计一代炉龄为15年。该高炉2009年12月25日投产，投产后不久就发现炉底温度升高，虽然采取了铁口区域灌浆措施，但仍然在2010年8月发生了炉缸冷却壁烧穿漏铁事故。

4.6.5.1　高炉设计和生产概况

2号高炉采用全冷却壁冷却结构，水冷系统采用联合软水密闭循环系统。炉缸为4段光面铸铁冷却壁，冷却水流量为3168m³/h。炉底、炉缸部位采用半石墨炭块－陶瓷砌体复合炉衬结合的水冷炭砖薄炉底结构。炉底下部砌筑3层400mm高热导率半石墨化炭砖，上部砌筑2层400mm国产微孔炭砖，最上部立砌两层刚玉莫来石砖。炉缸部位外侧环砌微孔炭砖，炉缸内侧砌刚玉莫来石砖，外侧环砌微孔炭砖与风口组合砖之间砌筑2层国产微孔炭砖，在炉缸、炉底交接处采用加厚陶瓷质耐火材料和微孔炭砖砌筑。

高炉开炉初期由于受炼钢未投产的影响，高炉产量一直保持在较低水平。炼钢投产后，从2010年3月中旬开始，高炉日产水平逐步稳定在3000t左右（利用系数2.4t/(m³·d)）。5月开始，受原燃料质量水平下降、外围设备（多次风机停机）影响，高炉产量水平逐步下滑，5～7月高炉月平均利用系数基本保持在2.1～2.3t/(m³·d)。

高炉投产后不久即发现炭砖温度升高。2号高炉炉缸、炉底、炉基部位共设测温点 108 个，投产后不久，炉缸部位各测温点温度逐步上升，开炉仅 15 天部分环墙炭砖内的温度就上升至 600 ~ 700℃，个别测温点的温度达 1000℃ 以上，明显超出标准（见图 4-3 和图 4-4）。为确保炉缸安全，5 月 11 日利用计划检修机会对炉缸铁口区域实施灌浆处理，处理后，炭砖温度略有下降，但 6 月、7 月又开始逐步上升。

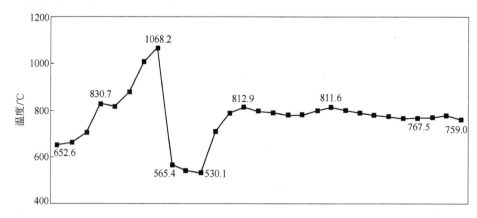

图 4-3　阳春 2 号高炉炉缸环墙炭砖温度变化（2010 年 1 ~ 9 月）
（测温点位于炉缸环墙炭砖标高 9.59m 处内侧）

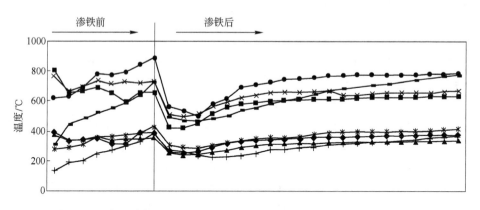

图 4-4　阳春 2 号高炉炉缸环墙炭砖各层平均温度变化（2010 年 1 ~ 9 月）

4.6.5.2　炉缸渗铁经过

2010 年 8 月 4 日，高炉计划检修，再次对炉缸实施灌浆处理。在炉缸 2 段、3 段冷却壁位置开灌浆孔 13 个。17：00 ~ 19：00 完成 10 个孔的灌浆作业，共计压入灌浆料 2.5t。20：00 开始再次实施灌浆作业，20：50 在 1 号铁口右下侧 2 段 5 号冷却壁右侧实施灌浆作业时，炉内放炮突起大火，着火时间持续约 10s，火焰从高炉各风口（已堵泥严实）向外喷，同时喷出部分红焦，且炉顶人孔处、倒流休风阀也有大量火苗蹿出。立即停止所有作业，处理好现场后于 8 月 5 日 3：18

高炉复风，复风前将所有灌浆孔短管上阀门全部关闭。

炉内放炮后炉缸2段5号冷却壁28号水管的水温差从0.4℃突升到0.7℃，8月5日复风后加强了对炉缸炭砖温度和炉体各部位水温差的监控，要求值班室每半小时打印一次存档，炉缸炉壳温度每班测量一次并进行记录。至8月6日白班，炉缸炭砖温度、炉体各部位水温差及炉缸炉壳温度基本稳定，炉缸2段5号冷却壁28号水管的水温差降至0.5℃。

8月7日7:40炉缸2段5号冷却壁28号水管水温差再次出现异常，最高达到2.5℃，立即组织测量炉缸炉壳温度。当测量至1号铁口右侧时，发现1号铁口右下方炉壳有发红迹象，测温最高值达到500℃，马上组织对发红区域紧急实施外部打水降温冷却。9:58高炉出完铁后紧急休风，休风凉炉一段时间后将2段5号冷却壁左侧灌浆短管带阀门一起切割下来检查。检查后发现灌浆短管阀门处已凝固的铁水。炼铁厂厂长立即向公司汇报情况并联系安排对该处冷却壁割除，并做好放残铁作业准备。将发红炉壳实施切割后，用氧气管烧冷却壁作残铁口，刚将冷却壁烧出一个小眼就有铁水流出，铁水一直流到自动凝结，共计流出铁水约70余吨。

4.6.5.3 抢修与恢复生产

事故处理后随即组织订购小块炭砖和冷却壁，做抢修的准备。挖补砌筑小块炭砖后，安装冷却壁和炉壳，并在冷却壁与炭砖之间压浆处理，8月16日1:01高炉复风生产。复风后采取的安全措施包括加大冷却水量、适当降低冶炼强度、钒钛矿护炉、长期堵住渗铁部位上方的风口等。

4.6.5.4 炉缸渗铁原因分析

阳春2号高炉投产不到一年就发生炉缸渗铁事故，既有炭砖质量问题，也有原燃料质量和操作维护问题，现归纳如下：

（1）炭砖的质量、性能存在缺陷。残铁流完后取出冷却壁，检查炭砖发现1号铁口右侧9-57和9-58炭砖之间缝隙达到70mm。发红炉壳内的9-55、9-56、9-57、9-58这4块炭砖后部约900mm处碎裂，9-55砖后部向左侧偏移100mm左右，另一条缝隙也达到30mm左右。这些现象与炭砖质量有直接关系。炭砖在高温下严重收缩，造成砖缝变大，导致陶瓷杯侵蚀后铁水直接渗透到达冷却壁后部，是导致阳春2号高炉发生炉缸渗铁事故的主要原因。休风处理过程中对清理出的破损炭砖取样分析，灰分高达30%以上。与同类型炉缸结构的高炉相比，阳春2号高炉自投产后炉缸温度普遍偏高近200℃，这可能与炭砖、炭捣料导热性能不好，或施工质量不好，造成炭砖与冷却壁之间形成了热阻层，炉缸传热出现问题，导致炉缸局部侵蚀过快有关。

（2）灌浆操作不当。在对炉缸实施压浆处理时灌浆压力控制欠佳，灌浆料穿过缝隙与炉缸内高温铁水直接接触，产生大量可燃性气体，在炉缸内部聚集后瞬间释放，导致炉内放炮，使该处缝隙扩大，是导致该区域大量渗铁的直接原因。

（3）原燃料质量水平与高炉精料要求差距较大。阳春 2 号高炉所用焦炭强度差（热强度只有 50% 左右），炉缸死焦堆大，渣铁环流造成铁口区域及两铁口间的砖衬侵蚀严重。此外，入炉钾、钠、铅、锌等有害元素含量大大超过控制标准要求，例如铅、锌的入炉量达到 1.3kg/t，钾、钠入炉量达到 4.0kg/t 以上。尤其是铅，容易渗入砖缝，导致炉缸侵蚀加快。

（4）操作维护经验不足。对新建高炉炉缸维护的经验不足，特别是新高炉刚开炉炭砖温度就偏高缺乏类似的处理经验。对炉缸温度高的危害性和严重性认识不足，认为通过炉缸压入灌浆就可以解决炉缸温度高的问题。2010 年 5 月 11 日进行炉缸压入灌浆后砖衬温度下降较多，过分信赖灌浆的作用，没有果断地采取降低冶炼强度和添加钒钛矿护炉等措施。

4.6.5.5　炉缸渗铁事故后采取的措施

炉缸渗铁事故后采取的措施有：

（1）加入钒钛矿护炉。在烧结矿中配加钒钛精矿并使用钒钛球护炉，以获得良好的护炉效果。控制铁水温度 1480℃ 以上，铁水中硅含量 0.60% ~ 0.80%，钛含量 0.08% ~ 0.10% 以上，在炉缸炭砖温度升高幅度快时提高到 0.12% 以上，待炉缸冷却壁水温差和热流强度降至规定范围内再逐步退回到 0.08% ~ 0.10%。钒钛矿采用连续加入的方式，保证炉内有足够的底钛。炉温和炉渣碱度按上限控制，一方面是提高钛的利用率，另一方面可以降低炉渣中的 TiO_2 含量，保证炉渣具有良好的流动性。生产中坚决杜绝铁水低硅高硫现象，以减少铁水对炉缸的冲刷作用。

（2）搞好上下部调剂，维持炉况稳定顺行。上部调剂方面，坚持以中心气流为主气流，适当兼顾边缘气流。下部调剂方面，在降低冶炼强度的同时，适当缩小风口面积（改小风口或堵部分风口），在炉缸热流强度高的区域改用长风口和小风口，以达到发展中心煤气流，抑制边缘气流的目的，减少渣铁环流，维护好炉缸。

（3）加强对冷却系统的监控和管理：

1）与软水站密切配合，确保软水的水压、水温、水质、水量稳定。

2）在炉缸热流强度高的部位外部打水，强化冷却。

3）加强对冷却设备的检查，及时发现损坏的冷却设备并及时更换，防止漏水进入炉缸，杜绝因漏水造成炉缸炭砖氧化而失去强度和粉化。

4）密切监视炉缸热流强度的变化趋势，做好数据的基础管理工作。每次铁后都对重点部位测量其热流强度，并绘成曲线图。每个月对炉缸状况进行一次普查，掌握整个炉缸的热流强度变化趋势。

5）建立炉缸监测模型，对炉缸的工作状况时刻进行监测。主要是建立保存炉缸温度、炉底水冷管温度和炉缸热流强度的数据档案，对炉缸的工作状况进行评价。同时对热流强度高和热电偶温度高的部位炉壳温度测量每班不少于3次。

（4）利用休风机会对炉缸进行灌浆处理。通过压力灌浆，灌入导热性好的炭素料填充空隙加强导热，可有效地降低炉缸温度。但是，压力灌浆方法和灌浆压力应严格掌握，才能达到预期的效果。

（5）加强炉前工作。加强炉前铁次及出铁合格率的考核和铁口的维护，铁口深度提高到3.2~3.6m并保持稳定。与耐火厂密切配合，调整无水炮泥配方，以改善炮泥质量，提高炮泥强度，确保铁口深度。规范打泥量，维护好泥套，防止冒泥，杜绝潮铁口和浅铁口出铁现象发生。每周对铁口角度和铁口中心线进行一次校正。稳定铁口深度，搞好出铁正点率和出铁均匀性工作，出铁时间占作业时间比例不低于70%。

（6）适当降低冶炼强度。根据炉缸实际状况，适当降低冶炼强度，风量由原来的 2600m³/min 降低到 2450m³/min，用氧量由原来的 4000m³/h 降低到 2000m³/h。在降低冶炼强度的同时，顶压由原来的175kPa降低到155kPa。

（7）采用风口喂线。在风口中喂入钛线，提高生铁中钛含量，保护炉缸炉底。

（8）适当降低炉渣碱度，加强排出碱金属。炉渣碱度降低到 1.05~1.10，这可改善炉渣流动性，在确保生铁质量的前提下，尽可能多排出碱金属。

（9）从采购源头控制入炉有害元素含量，特别是碱金属和铅、锌，以减少其对炉缸的破坏。

4.6.5.6 护炉效果

通过近 3 个月来的护炉，炉缸炭砖温度基本平稳且呈下降之势，炉缸炭砖各层平均温度除标高8.095m测量点内侧外，其余各点温度均降至700℃以下水平，如图4-5所示。

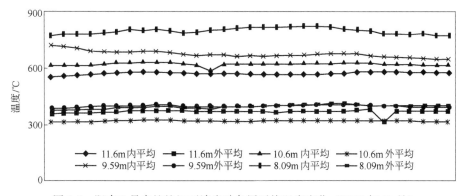

图4-5 阳春2号高炉炉缸环墙炭砖各层平均温度变化（2010年10月）

4.6.5.7　小结

从阳春 2 号高炉炉缸渗铁事故，我们得到以下经验教训：

（1）新建高炉耐火材料的选择一定要严把质量关，价廉质次的耐火材料对高炉的危害无法用价格来弥补。

（2）严格控制有害元素的入炉负荷，最大限度地减少有害元素对炉缸、炉底砖衬的侵蚀。

（3）严把施工质量关，努力避免炭砖与冷却壁之间产生热阻层，要科学严格掌握压灌浆方法。

（4）加强炉体状况在线监控管理。这次炉缸渗铁事故能及时妥善处理，防止了炉缸烧穿重大事故发生。

参 考 文 献

[1] 张寿荣，于仲洁，等. 武钢高炉长寿技术 [M]. 北京：冶金工业出版社，2009：227～231.

[2] 项钟庸，王筱留，等. 高炉设计——炼铁工艺设计理论与实践 [M]. 北京：冶金工业出版社，2007：199～211.

[3] 王筱留. 钢铁冶金学（炼铁部分）[M]. 北京：冶金工业出版社，2005：139.

[4] 汤清华，王宝海. 新 3 号高炉炉缸烧穿事故介绍（鞍钢炼铁总厂资料）.

[5] 刘琦. 沙钢宏发炼铁厂 1 号高炉炉缸烧穿修复和复产（内部资料）.

[6] 李连仲. 首钢 4 号高炉炉缸烧穿修复和生产（内部资料）.

[7] 孙立伟，蒋海冰，夏意. 北台 2 号高炉炉底烧穿事故原因分析（内部资料）.

[8] 樊尧桂，胡四新，刘志勇. 阳春炼铁厂 2 号高炉炉缸渗铁的经过、原因及采取的措施（内部资料）.

5 炉墙结厚与结瘤

5.1 概念界定

炉墙结厚与结瘤很难明确地予以界定，因为两者均为高炉炉墙内侧耐火材料或冷却壁上的黏附物的厚度超出一定范围，且粘接较牢固，不易脱落，结果是破坏高炉正常的煤气流和热负荷分布与炉型。炉墙结厚与结瘤影响煤气流分布与正常下料，造成高炉不接受风量，并频繁出现管道行程、滑料或悬料等。高炉结瘤可理解为严重的炉墙结厚。结厚的高炉可以通过采用控制煤气流、控制炉温及添加洗炉剂等热洗方式进行清洗，而炉瘤一般需要采取非常手段才能清除，尤其是上部炉瘤，必须通过炸瘤等办法才能进行较彻底的清除。现代高炉由于原燃料质量改善、精料水平提高加上监测元器件的灵敏度增加、可靠性提升等原因，一般不易出现炉墙结瘤现象。

5.2 炉墙结厚或结瘤的征兆

5.2.1 高炉炉况特征

高炉出现不顺，稳定性差；风量偏少且不接受加风，下料变差，管道行程增多，滑料、崩料较频繁，容易出现悬料且坐料难以坐干净，往往恢复过程中会出现多次悬料，甚至出现顽固悬料。风压偏高且容易爬坡，风压波动大。透气指数偏小且波动大，风压风量不匹配；铁水温度及生铁含硅波动大。结厚高炉的炉尘吹出量普遍升高。

5.2.2 炉体热状态

炉体热状态为：

（1）炉体砖衬温度、冷却壁壁体温度与结厚部位的炉壳温度明显低于正常水平，也低于不结厚区域且结厚（结瘤）部位温度变化迟钝。其中砖衬温度降幅大于150℃，铸铁冷却壁温度降幅达 30～100℃，铜冷却壁温度降幅达 5～20℃，炉壳温度下降 3～10℃。结瘤部位下部的炉壁温度高于同一高度的其他部位。

（2）高炉冷却壁水温差明显降低，软水冷却的高炉在结厚部位区域的出进水温差，由正常时 4～10℃降为 2℃以下。对开路工业净化水冷却的高炉，结厚段的冷却壁进出水温差大幅降低，如在炉身中下部区由正常的 10℃ 左右，降为 4℃ 以下。

（3）结厚部位的热流强度明显降低。

5.2.3 结厚（结瘤）的个别特性

由于高炉类型、原燃料、高炉操作等的多样性，决定了高炉结厚或结瘤也具有不同特征，其个别特性见表 5-1。

表 5-1 结厚、结瘤的个别特性[1]

项 目	结瘤部位		炉瘤形状	
	高炉上部	高炉下部	环形	局部
炉顶温度	结瘤一侧偏低	结瘤一侧高	4 个方向温度接近，且偏高	4 个方向温差大，波动偏大，一般大于 100℃
炉喉径向温度	结瘤一侧边缘温度低		中心温度偏高	
炉喉煤气分布	不规则，有时边缘出现转折点	边缘自动加重，改变装料制度作用很小	边缘重，中心轻	结瘤一侧煤气分布失常，CO_2 低
煤气利用率	低	低，有时波动		
料尺	料尺深度不齐，波动大			上部结瘤，结瘤一侧料面高，料尺浅
料速	料速不稳，常有滑尺			料速慢
风口状态	结瘤部位风口明亮	结瘤部位风口暗、凉。"生降"不断，易涌渣、灌渣	风口工作状态较均匀	风口工作差别很大，亮、暗差异明显
悬料	悬料频繁	悬料后，处理困难		
管道			中心管道多	边缘管道多
塌料	塌料多且大部分为浅塌料	塌料较少，悬料处理塌料后料线很深	塌料后，透气性急剧下降，风量明显减少	塌料后，透气性下降较少

5.3 炉墙结厚、结瘤的起因

5.3.1 入炉原燃料问题

入炉原燃料存在以下问题：

（1）入炉原燃料质量差。原燃料强度差、冶金性能差，尤其烧结矿碱度频繁波动及入炉粉焦量增加时更容易出现边缘黏结。

（2）高炉入炉料的碱负荷与锌负荷偏高时，碱金属化合物沉积在固体物料的表面，生成一些低熔点的化合物，引起炉料过早烧结软化，导致在炉温波动时粘接在炉墙上，形成结厚或结瘤。

另外，碱金属也会被黏土质耐火砖吸收，生成钾霞石和白榴石等矿物，促使结厚或结瘤。炉料锌负荷高时，由于锌的挥发温度低，气态的锌在上升过程中遇到粉焦或粉矿并降温后变为 ZnO 并黏附于炉墙上，容易形成高炉上部或中上部结厚与结瘤。

5.3.2 高炉操作不当引起

高炉操作不当也会引起炉墙结厚与结瘤，具体介绍如下：

（1）经常性的管道行程。高炉出现管道后高温煤气未经过充分的热交换就到达高炉上部区域，将部分没有还原的矿石熔化，软熔炉料将凝固，如果管道出在边缘区域，就会形成粘接或结厚。

（2）连续悬料、崩料。坐料或崩料使大量的未经充分还原的矿石落入高温区，易引起初渣黏稠而容易导致高炉下部结厚。

（3）长期低料线操作或长期偏料得不到纠正。这使高炉上部区域温度升高或波动，容易引起高炉上部黏结。

（4）炉温剧烈波动。这会导致气流不稳与软熔带的根部上下移动，容易形成黏结。高 Al_2O_3 炉渣冶炼，当炉温控制偏低时，易引起炉渣黏稠，造成炉缸不活或堆积，使风量萎缩，也会引起高炉结厚。

（5）大量熔剂布在炉墙附近，形成高碱度的炉渣流动性差且不稳定，很容易黏附在炉墙上。

（6）长期休风，尤其是无计划休风，炉墙温度降低，已熔物料易黏结在炉墙上。

（7）长期慢风作业，边缘发展，尤其是低风温、高焦比，使软熔带上升，更易结瘤。

（8）装料制度选择欠合理。在原燃料质量较差且波动频繁时边缘过重，而中心气流又未有效打开，易形成炉缸边缘堆积，烧坏风口小套，导致炉况不顺。在炉况不顺的情况下仍然抑制边缘，结果造成连续崩料、悬料，久而久之容易结瘤。

（9）风口布局欠合理或局部堵风口时间偏长。

5.3.3 设备故障引起

炉顶布料设备工作失常而未被及时发现，如炉喉钢砖严重变形，布料器失灵等；另外风口进风不均，炉役后期炉型不规整等，容易造成炉料分布不合理，甚至偏行，引起黏结。

5.3.4 冷却设备问题

冷却设备问题有：

（1）冷却设备漏水。冷却器损坏小未及时发现，或发现后采取措施较晚，造成长时间向炉内漏水。

（2）炉体局部冷却强度过大，超出正常范围较多，且维持时间较长。

（3）冷却设备布置不合理。

5.4 炉瘤位置的判定

5.4.1 炉身探孔法

在炉体砌砖时于炉墙上留孔。正常生产时定期打开这些孔，用钢钎等探测炉衬厚度，探后用泥枪将孔堵上。一般按风口分布设探孔位置，从炉腰开始到炉身上部。在现代大高炉上，探孔方法依然是观察炉墙厚度变化的基本方法。

5.4.2 降料面观察法

降料面观察法也是通常用来确定炉瘤位置的方法。利用检修机会降料面，直接观察炉瘤位置和分布。此方法虽简单，但由于降料面颇费时间，损失较大。

5.4.3 传热计算法

用传热计算方法确定炉瘤位置也是可行的，但必须测量炉体有关部位的热流强度。

日本君津 2 号高炉在炉衬内同一水平面装 2 层热电偶，利用 2 层热电偶的温差，推算出此处的热流强度：

$$q = \frac{\lambda}{\delta}(t_2 - t_1) \tag{5-1}$$

式中　q——热流强度，W/m^2；

　　　λ——炉衬热导率，$W/(m \cdot \text{℃})$；

　　　δ——炉衬厚度，m。

如果采用全冷却壁炉体结构，每块冷却壁都可以测出热负荷，则可以建立起炉体热负荷监测系统，及时掌握炉内气流变化，而无需任何其他探测设施。

利用稳态多层传热公式可推算炉瘤厚度。假定炉瘤厚度为 l_a，炉瘤的热导率 $\lambda_1 = 7.6 W/(m \cdot \text{℃})$，衬砖的热导率 $\lambda_2 = 7.8 W/(m \cdot \text{℃})$，炉瘤内表面温度 t_{w0} 依炉内位置假定，计算用多层传热公式：

$$q = (t_{w0} - t_1)/(l_a/7.6 + \delta/7.8) \tag{5-2}$$

由于热流强度 q 已知，用式（5-2）可计算出 l_a。用式（5-1）与式（5-2）计算，虽然误差较大，但在已知热流强度的高炉上，仍是一种判断结瘤位置的方法。

5.5 处理原则与方法

处理炉墙结厚与结瘤的原则为：结厚或结瘤一旦成为事实，就要设法消除，需要查明结厚的部位及结厚的大小与厚度，首先要实施热洗炉，在热洗炉无效的情况下，再考虑进行炸瘤处理。

处理炉墙结厚或结瘤的具体方法如下：

（1）热洗法：

1）集中加一定量的净焦，并适当调轻焦炭负荷，提高高炉整体热状态水平。发现是上部结厚或结瘤时，应在加净焦与适当调轻焦炭负荷的同时，适当降低使用风温，促使高炉的高温区上移，以达到洗炉效果。

2）调整布料，尽可能地发展边缘与中心两股气流，维持高炉尽量多的风量，以便让更多的热气流冲刷、熔化结厚物，同时根据洗炉效果，加部分净焦来熔化洗下来的炉墙黏结物。

3）避免净焦下达时因炉温过高而使用加湿，因为加湿容易造成热洗炉失败。

4）可在高炉边缘适当配加萤石、均热炉渣、锰矿等洗炉剂进行洗炉。

5）提高炉顶压力，降低料柱全压差，降低煤气流速，延长煤气在炉内与矿石接触的时间，这有利于减少管道行程，对改善煤气分布、稳定气流和炉况都有好处。

6）在高炉中部，通过控制冷却水水量降低冷却强度，在结厚严重的部位实行短期的减水作业。

7）高炉下部调剂风口布局，扩大结厚部位的风口进风面积以增强该区域煤气流，同时减小非结瘤区域的进风面积，以稳定高炉有一定风量。

8）保持炉缸热储备充足，维持良好的渣铁流动性。减少炉温波动，以确保炉缸有充沛的热量基础；控制偏低的炉渣碱度以降低炉渣黏度，这样可改善高炉下部的透气性和透液性。

9）增加出铁和放渣次数，尽量出尽渣铁。

10）加强对原燃料管理，努力将入炉粉末控制在最小值。

（2）高炉炸瘤。当结瘤位置高或结瘤很牢固，在热洗炉无效的情况下即应实施炸瘤操作。一般采用空料线炸瘤，空料线到瘤根全部露出，空料线前应该加适量的净焦，以保证掉下的炉瘤落到净焦上，补充熔化炉瘤所需的热量。

5.6 结厚（结瘤）的预防措施

结厚（结瘤）的预防措施有：

（1）搞好精料工作。尽可能提高入炉熟料率，根据资源情况选定高炉相对合理的炉料结构，如高碱度烧结矿加适量的球团矿与少量的块矿。稳定原燃料的成分和冶金性能。总之，要严格按精料方针的要求来保证入炉料的质量，尤其应该设法减少入炉粉料。对使用外购焦的企业，建议建立室内储焦场，以减少焦炭含水波动。

（2）端正操作思想，树立以稳定顺行为主，兼顾强化的思路。在日常操作中，稳定各种操作制度，减少炉温波动，防止低料线作业，维持合适的送风制度与装料制度，调节炉况要准确及时。

（3）尽量减少无计划休风，休风后送风要清洗炉墙。

（4）避免将石灰石等熔剂布在炉墙附近。

（5）及时消除设备缺陷。

（6）冷却制度要合理，冷却强度要合适，长期休风和慢风，要降低冷却强度，加强热负荷测定，把圆周热负荷数据与其他信息结合起来，正确分析炉型情况和煤气流分布。指导水工调节各部水量，漏水设备及时处理。

（7）一旦发现结厚，应及时采取有效措施，不能让其发展为高炉结瘤。

（8）树立均衡生产的思想。高炉技术经济指标是受客观条件限制的，我们可以不断改善客观条件与提高操作水平来提高利用系数，应杜绝超冶强、超低硅操作，因为这样会破坏炉型的完整，久而久之，极有可能导致高炉结瘤。因此，必须强调保持相对均衡，相对稳定的生产格局。

5.7　高炉结厚（结瘤）案例

5.7.1　包钢1号高炉炉墙结厚与处理[2]

5.7.1.1　概况

包钢1号高炉2001年扩容大修，炉容由1513m³扩大到2200m³，并于当年11月1日投产。这一代炉役炉顶设备采用包钢自行开发的BⅢ型无钟炉顶布料器；炉缸采用法国陶瓷杯，炉型属于深炉缸矮胖型；炉身采用薄炉衬和板壁结合的冷却方式，从6～12段采用竖排、双层冷却的镶砖冷却壁，冷却强度较大。

5.7.1.2　高炉炉墙黏结经过及原因

2004年8月13日，夜班和白班两次悬料，此后高炉下料变差，经常出现探尺打横及崩料现象，而且高炉接受风量能力下降。高炉由炉况不稳定转化为失常状态。此后经过恢复，于8月18～22日，9月7～16日期间，高炉风量增加，达到4300～4400m³/min，冶炼强度达到1.139t/(m³·d)，下料有所好转。虽然热风压力（0.285～0.290MPa）略低于正常水平，高炉已呈现出好转的趋势。但9月18日中班又发生悬料，高炉顺行状态再次变差。高炉表现出不接受风量，有时虽然能加风，但不太适应，更严重的是下料不好，处理稍不及时就很可能悬料。北尺有经常性打横现象，炉身8～16段从8月13日夜班悬料后水温差下降，冷却壁温度均低于100℃，虽有个别点（第8点）有时超过100℃，但波动也比较大。9月18～30日水温差两次下降，冷却壁温度都降到100℃以下，平均在50～60℃水平（见图5-1和图5-2）。另外从8月10日～9月30日风量变化来看，与水温差变化均有一定的对应关系（见图5-3），尤其9月18～30日期间，水温差下降后，对应的风量不仅水平低，而且波动较大，风量稳不住。炉壳温度也较低，西北方向十字测温边缘温度低，北铁口温度低，打泥量减少，综合以上现象，分析判断高炉已出现炉墙黏结。

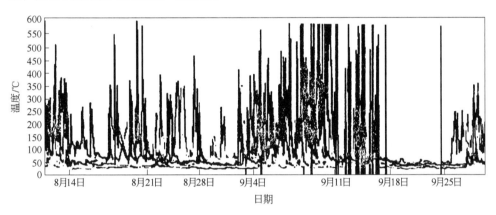

图5-1　包钢1号高炉8月10日～9月30日炉身九段冷却壁温度变化趋势图

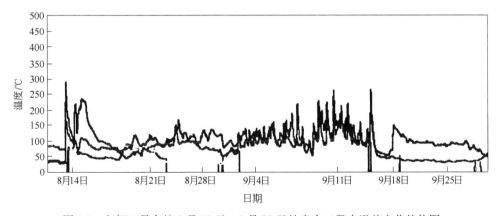

图5-2　包钢1号高炉8月10日～9月30日炉身十三段水温差变化趋势图

这次炉墙黏结主要是冷却设备漏水所致，因为煤气中 H_2 含量较高，由正常时期的1.0%左右升高到2.0%～2.7%。漏水的原因有以下三个方面：

（1）1号高炉长期养护大量损毁的冷却壁，在炉况波动时漏水量可能增加。在炉况失常前，1号高炉共养护炉身6～12段冷却壁的64个水头（共有180个水头）。养护的冷却壁在炉况稳定时，向炉内漏水量是稳定的，不会有大的波动。1

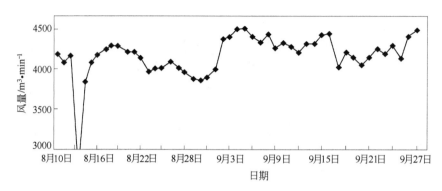

图 5-3 包钢 1 号高炉 8 月 10 日 ~ 9 月 30 日风量变化趋势图

号高炉从 8 月 4 日以后进行球团矿变碱度工业试验以后,因试验初期球团矿质量不稳定、强度差,高炉适应能力差,高炉稳定性也随之降低。主要表现在压力、压差不稳,伴随有小的崩料,崩料之后必然造成煤气流分布的变化,往往导致某些养护的冷却壁渣皮脱落,进而损坏加剧,向炉内漏水增多。

(2)在短时间内将损毁的冷却壁分开很困难。由于高炉休风机会少,休风时间有限,再加上处理冷却壁的空间狭窄,因此不易及时地将损毁的冷却壁分开并掐死。

(3)因损坏的冷却壁不易及时分开并掐死,只能减水量处理,导致漏水现象不能完全避免,而且还会使该通路中好的冷却壁损毁,使漏水更为严重。

5.7.1.3 高炉炉况恢复

针对 1 号高炉炉况失常起因于炉墙黏结,在形成一致意见的基础上,采取了相应的恢复措施,取得明显效果。但在恢复过程中受到其他因素影响,恢复速度未达到预期的目标。炉况恢复可分为两个阶段,第一阶段为 8 月 13 日 ~ 10 月 2 日,第二阶段为 10 月 2 日 ~ 11 月 10 日。

A 第一阶段炉况恢复

a 处理措施

(1)下部调剂。下部调剂采用了缩小进风面积、降低风温、适当减少富氧量等操作措施,具体调整见表 5-2。

表 5-2 包钢 1 号高炉 9 月下部调整

项 目	时 间	调 整	参数变化
进风面积/m²	9 月 9 日	事故休风后堵 8 号、20 号、21 号	0.319→0.283
风温/℃	8 月 15 日	撤风温	1150→1100
	9 月 25 日	撤风温	1100→950
富氧量/m³·h⁻¹	9 月 1 日	固定氧量	2000
	9 月 24 日	固定氧量	2000

（2）上部调剂。上部调剂采取了调整布料矩阵疏松边缘，缩小批重发展两道煤气流；增加烧结配比及球团过筛优化炉料结构；降低焦炭负荷改善炉料透气性；实施布料器倒转制度均衡边缘煤气流分布等综合措施。具体调整见表5-3。

表5-3　包钢1号高炉装料制度调整

项　目	时　间	调　整					
布料矩阵	9月3日	α 41°	38.5°	35°	28°	22°	16.5°
		α_j 2	2	2	2	2	end
		α_k 1	4	4-end			
	9月17日	α 41°	38.5°	35°	28°	20°	16.5°
		α_j 2	2	2	2	1	1-end
		α_k 1	4	4-end			
	9月27日	a 41°	38.5°	35°	28°	20°	16.5°
		a_j 3	2	2	2	1	1-end
		a_k 1	4	4-end			
批　重	9月1日	扩批重 32.0t→34.0t					
	9月3日	扩批重 35.0t→36.0t					
	9月9~19日	缩批重 36.0t→32.0t					
	9月23~28日	扩批重 32.0t→35.0t					
炉料结构	9月	65∶25∶10→70∶20∶10→75∶20∶5					
球　团	9月1~24日	球团过筛，减少入炉粉末					
布料器倒转	8月30日~9月6日 9月24日~10月2日	10正+10反→10正+20反					

（3）中部调剂。掐死养护状态下损坏严重的冷却壁，尽可能减少冷却设备向炉内漏水，炉身减水降低冷却强度，并与其他措施配合处理炉墙结厚。9月20日炉身13段以上冷却设备减水1/4；9月24日炉身6~12段常压冷却水减少1000t/h，水量由过去6000m³/h减到5000m³/h。

（4）操作参数及热制度调整。采用低顶压、高压差措施，实现中心畅通。严格控制铁水温度（≥1460℃），以保证炉顶温度充足。

　　b　8~9月的处理效果

　　8月中下旬采用的下部吹透中心、上部疏松边缘措施，实现了增加风量的目的，高炉的稳定性见好，风量增加，强度上升。8月18~22日，9月7~16日期间，高炉风量达到4300~4400m³/min，炉身温度某些点开始出现回升，炉缸温度充足，十字测温西北边缘的温度回升，煤气分布趋于合理。9月1日西北方向风口区出现掉大块堵死4个风口、烧坏3个风口的现象，说明该方向的黏结物已脱落，炉墙黏结得到初步的治理，炉况开始向好的方向发展，只是炉况抗干扰能力相对偏弱。9 月 9 日由于上料故障造成紧急休风，休风开倒流阀时 26 个风管来渣，休风 208min。这次事故休风对已逐渐恢复起来的炉况产生了极大的影响，接着又发生了单罐上料低料线（9 月 11 日减风 432min）和铁罐紧张（9 月 12 日减风 305min）减风，炉况稳定性再次变差，延缓了炉况恢复的速度。

　　9 月下旬对前一段炉况处理进行了认真分析和总结，认为目前炉况恢复较慢，固然与一些耽误有关，但前段处理中也发现了一些问题。例如，大面积来渣说明冷却壁漏水仍然存在，从休风后的恢复来看高炉稳定局势依然不好，由此怀疑局部炉墙又有重新黏结的可能。针对炉况的变化，决定对炉况进行深度处理，力度较大的措施是将风温由 1050℃ 撤到 950℃，同时加大力度治理水患，掐死养护的冷却壁，炉身减水；上部调整装料制度，17 日增加中心布焦量，16.5°焦炭增加 1 环，27 日进一步疏松边缘，41°焦炭增加 1 环；继续坚持顶压低于压差的操作方针，顶压控制在 0.136 ~ 0.139MPa 之间，压差控制在 0.140 ~ 0.142MPa 之间；继续加强炉温控制等。这些措施实施后，炉况发生了根本性的变化，炉况稳定性变好，下料状况好转，炉况恢复速度明显加快。

　　B　第二阶段炉况恢复

　　1 号高炉继 9 月 25 日炉况调整之后，炉况恢复比较顺利，稳定性好，下料改善。进入 10 月以来，上旬恢复较好，但中旬和下旬又出现反复，不得不重新恢复炉况。

　　9 月 12 日中班炉况变差，发生悬料，于 13 日、14 日中班又相继出现悬料，炉身温度又一次大幅下滑，炉况恢复困难。

　　10 月 14 日白班对炉况进行分析，并进行了调整。其一是调整装料制度，缩批重、减轻焦炭负荷、去掉最外环矿石，矿石环带向中心靠拢松边，同时捅开 15 号风口，扩大进风面积。采取措施后，高炉仍表现为接受风量能力差，在相同压力下，比悬料前风量小 200m³/min。17 日调轻负荷，由 3.21t/t 变为 3.15t/t。但下料没有明显改善，炉身温度变化很小，炉况的稳定性不好。19 日夜班悬料 3 次，炉况再度变差。19 日白班料尺打横，减风。23 日白班下料仍未改善，两次打横。23 日白班缩了批重，调整了配比，矿石结束角向中心靠拢。14 ~ 23 日炉况一直处于波动之中，而且日趋变差，炉况恢复很不理想。

　　10 月 24 日开始，针对炉况的变化，采取了进一步松边和热洗炉墙的处理。24 日中班将 38.5°矿石环带缩小 0.5°。10 月 25 日集中加净焦和分批加净焦处理，中班风温由 900℃ 撤到 860℃。26 日将 1 环 28°焦炭放到 38.5°上。采取以上措施后，高炉的透气性改善，逐渐开始接受风量。截止 10 月 31 日，风量上到 4440m³/min，顶压 0.121MPa，热风压力达到 0.252MPa，下料变好，稳定性增强，炉身温度逐渐回升，炉况向好的方向发展。10 月上旬调整情况及冷却设备处理情况见表 5-4 与表 5-5。

表 5-4　包钢 1 号高炉 10 月上旬进风面积、批重、炉身冷却水量及布料制度调整

项　目	调整时间	调整前	调整后	措　施
进风面积/m²	10 月 9 日	0.319	0.306	休风堵 10 号、23 号风口，15：45 捅开 10 号风口
批重/t	10 月 1 日	35.0	36.0	调负荷，扩批重
	10 月 11 日	36.0	35	调负荷，缩批重
炉料配比	10 月 10 日	70：20：10	75：20：5	增加烧结配比，减少澳矿配比
水量/t·h⁻¹	10 月 11 日			炉身减水至 5000
布料制度	10 月 8 日	矿石结束角 33°	矿石结束角 34°	矿石结束角向外移 1°

表 5-5　包钢 1 号高炉 10 月上旬冷却设备的处理

时　间	处　理
10 月 2 日	6~12 段 49 号水头坏，掐 10-13-1，11-12-3，12-13-1
10 月 8 日	6~12 段 129 号水头坏，掐 10-43-1，11-43-3，11-44-4，11-44-2
10 月 8 日	11 段 24 块第 4 根掐
10 月 8 日	第 2 层冷却板，掐 49 号、50 号、51 号
	6~12 段 161 号水头坏，掐 10-41-1，11-40-3，11-20-2，11-44-2

　　10 月初定风温、定富氧操作起到了很好的效果，炉身温度上升，下料变好，接受风量能力增强。但 10 月 9 日夜班悬料之后，高炉风量受到影响。12 日中班悬料，13 日夜班悬料。这段时期恢复主要表现为随着风温和富氧的提高，高炉的风量呈下降趋势，炉身温度从 11 日开始出现下行趋势，说明炉身结厚进一步发展。

　　从 10 月 12 日炉况变差后，高炉相继做了调整，见表 5-6 和表 5-7。25 日开始采取强烈疏松边缘、全开风口、大撤风温、停止富氧和集中加净焦以及隔批加净焦等措施（其中 25 日 58~62 回集中加 5 批净焦，73 回和 74 回集中加两批，之后每隔 10 批加 1 批净焦，截至 10 月 31 日共附加 99 批净焦，焦炭负荷为 2.76~2.65t）。

表 5-6　包钢 1 号高炉 10 月 13~26 日操作制度调整

项　目	调整时间	调整前	调整后	措　施
进风面积/m²	10 月 19 日	0.306	0.290	19 日休风堵 4 号、23 号风口
	10 月 23 日	0.290	0.306	23 日 4 号风口吹开
	10 月 25 日	0.306	0.319	25 日捅开 25 号风口
风温/℃	10 月 25 日	1000	850	
批重/t	10 月 23 日	34.0	32	调负荷，缩批重

项　目	调整时间	调整前	调整后	措　施
减水	10 月 13 日			炉身减水至 4500t/h
布料制度	10 月 13 日	矿石结束角 34°	矿石结束角 35°	矿石结束角向外移 1°
	10 月 14 日	41°矿石 1 环	41°矿石去掉	矿石变为两环，5　4　– end

项　目	调整时间	调整前	调整后
布料矩阵	10 月 24 日	α_C 41°　38.5°　35°　28° 　　2　　3　　4　　end	α_C 38°　35°　34° 　　5　　4　　end
	10 月 25 日	α_C 38°　35°　34° 　　5　　4　　end	α_C 38°　35° 　　5　　4-end
	10 月 26 日	α_K 41°　38.5°　35°　28°　20°　16.5° 　　3　2　　2　2　1　end	α_K 41°　38.5°　35°　28°　20°　16.5° 　　3　2　　3　2　1　end

表 5-7　包钢 1 号高炉 10 月 13 ~ 26 日冷却设备的处理

时　间	处　理
10 月 13 日	6 ~ 12 段掐 10-30-1，11-29-3，11-32-2
10 月 18 日	6 ~ 12 段掐 11-4-2，10-33-1，11-32-3，12-33-1

11 月 24 日以后开始逐渐采用强烈疏松边缘、全开风口、大撤风温、停止富氧和减轻焦炭负荷等措施，十字测温边缘温度上升到 500℃ 以上，中心温度在 400 ~ 500℃，高炉接受风量能力增强，顺行状态明显改善。尤其 25 日集中加净焦后，料柱透气性增加，高炉已能保持顺行状态。截至 10 月 31 日，风量达到 4441m³/min，炉身温度明显回升，下料改善。进入 11 月上旬以来，炉况稳定性明显好转，强度迅速上升，炉况趋于正常。从 8 月 13 日炉况失常至 11 月 9 日恢复正常，历时近 3 个月。炉况失常前后的生产技术指标见表 5-8。

表 5-8　炉况失常前和恢复正常时期的生产技术指标

项　目	7 月	8 月 1 ~ 10 日	8 月 18 ~ 22 日	9 月 7 ~ 15 日	9 月 16 ~ 30 日	10 月	11 月
产量/t·d⁻¹	4400.2	4297.8	4358.8	4296.9	3724.8	3471.2	4184
利用系数/t·(m³·d)⁻¹	2.000	1.953	1.981	1.953	1.693	1.578	1.902
综合冶炼强度/t·(m³·d)⁻¹	1.172	1.150	1.139	1.133	1.026	0.968	1.184
焦比/kg·t⁻¹	438.3	447.0	457	459.0	478.0	515.0	485.0
煤比/kg·t⁻¹	133.7	139.5	112.7	130.14	113.5	89.3	127.7
富氧率/%	1.65	1.55	1.77	1.44	0.94	0.89	1.53
灰比/kg·t⁻¹	12.3	16.4	13.2	12.4	17.9	14.2	15.2
风量/m³·min⁻¹	4230	4156	4213	432.4	4194	4187	4474
风速/m·s⁻¹	221	217	220	226	219	227	233

5.7.1.4 包钢1号高炉炉墙黏结与处理小结

（1）针对炉墙黏结造成的炉况失常，首要问题是彻底治理漏水，这是后续处理的基础。

（2）处理炉墙黏结要坚持发展两道煤气流，在保证中心畅通的前提下再强烈疏松边缘，这是高炉增加风量的首要条件。

（3）装料制度调整和大撤风温操作是处理结厚问题的有效手段，本次装料制度调整上增加了中心环带和边缘环带的布焦量，在大风量的基础上撤风温才处理好炉墙黏结问题。

（4）在炉缸工作正常情况下，长期堵风口措施不利于处理炉墙黏结，它会引起中心过吹和边缘加重。

（5）处理炉墙结厚过程中，应该控制较高的炉温水平。

（6）炉况恢复除了操作要稳定以外，要尽量杜绝其他耽误。

5.7.2 承钢新4号高炉消除下部炉墙结厚实践[3]

河北钢铁集团承钢公司炼铁二厂4号高炉有效容积2500m³，于2008年9月16日送风投产。该高炉主要冶炼钒钛矿，投产初期冶炼普通矿，9月22日产量达到5964.63t，利用系数达到2.39t/（m³·d），6天实现达产。达产后炉况良好，下料均匀、出铁顺畅、炉温充沛稳定。9月29日由冶炼普通铁转为冶炼钒钛矿后，炉况平稳过渡，利用系数仍然保持在2.15t/（m³·d）以上。但由于外围条件、原燃料及操作等方面的原因，高炉一直未能达到最佳状态，至11月下旬，高炉出现炉墙结厚及炉缸堆积征兆，炉况波动，频繁出现悬料、崩料现象，炉前出渣出铁困难，风量减少，加风困难，产量大幅下降，焦比明显升高，各项技术经济指标迅速恶化。虽然采取了调整风口、按比例配加普通机烧矿、热洗炉等措施，但效果不明显。为恢复炉况，减少经济损失，决定进行普通铁冶炼，以恢复正常的高炉操作炉型。

5.7.2.1 炉墙结厚的征兆

（1）在操作制度未做大的调整的情况下，高炉频繁发生管道、悬料、崩料等炉况恶化现象。

（2）风量较少，高炉透气性由原来的32降低到21，加风困难，且加风容易悬料。

（3）炉温波动较大，不容易控制。

（4）炉前出渣出铁困难，渣铁出不净，铁口易来渣。

（5）炉腹、炉腰冷却壁温度降低，在水量不变的情况下热负荷降低，说明边缘过重，造成边缘炉腹部位出现结厚现象。

（6）煤气利用率明显降低，炉喉煤气CO_2曲线紊乱，未维持正常生产时的边缘、中心气流。

（7）炉顶4点温度偏差增大。

（8）铁水出现高硅和钛含量及高硫含量现象。

5.7.2.2 炉墙结厚的原因

A 原燃料方面

原燃料方面的原因有：

（1）机烧矿的转鼓指数降低，粒度大于10mm的比例减少，小于10mm的比例超过了30%，粒度组成中小粒级偏多且波动大，影响了炉料的透气性。

（2）炉况波动前，天福球团配加黑山钒粉，渣中 TiO_2 从此前的8%~9%上升到12%~14%，Al_2O_3 最高达到16%左右，二者合计达到28%~30%，严重影响了炉渣的黏度和热稳定性。

（3）球团矿的抗压强度明显降低，影响了炉料的透气性。

（4）受焦炭市场资源紧缺的影响，焦炭抗碎强度和耐磨强度都比炉况波动前的焦炭差，造成焦炭的料柱骨架作用减弱，影响了炉况的顺行，进而造成高炉炉腹结厚。

B 操作制度方面

操作制度方面的原因有：

（1）新4号高炉从10月9日开始由于鱼雷罐粘罐较严重，产量受到限制，一直没有达到理想状态。

（2）慢风时间较长，不能保证全风作业，风量偏低造成高炉煤气流不稳定。

（3）冷却水进水温度低，炉墙热负荷控制偏低。

（4）操作制度未与原燃料条件相适应，过分追求高煤气利用率，导致边缘偏重。

（5）长期慢风，造成炉缸工作状态较差，炉缸不活跃，炉温波动较大，且恢复炉况过程中煤气流分布不稳定，导致风口小套被频繁烧漏，加剧了炉墙结厚。

（6）在炉身下部形成结厚层初期，未能采取积极有效的措施，使该部位炉料的透气性变差，气流在此积聚，形成流化空间。透气性越差，空间就会越大，空间随时消失而形成崩料，崩料的直接后果是加剧了炉墙下部的结厚。

5.7.2.3 炉墙结厚的处理

本次处理炉墙结厚时间较长，造成的损失较大，根据处理过程可将其分为两个阶段，第一阶段炉况发生波动时没有意识到炉况的严重性，只采取了常规的恢复炉况的方法，再加上外围条件的影响，操作制度调整频繁，导致炉况长时间波动。第二阶段对原燃料结构和操作制度进行了大幅度的调整，炉墙结厚现象彻底消除，炉况得以迅速稳定。两个阶段采取的具体措施如下。

A 第一阶段

a 原燃料方面

将开炉时生产的落地普通机烧矿经过筛分后，按比例配用，降低天福球团入炉比例，入炉球团矿比例为天福球团和信通球团各50%。

b 操作制度方面

（1）送风制度方面，休风堵5个风口，将风口面积由0.3481m²调整为0.282m²，根据加风进度逐渐捅开被堵风口，以提高鼓风动能，活跃炉缸。

（2）将进水温度上调2℃，提高炉腹、炉腰部位的热负荷以降低其冷却强度，使结厚部位的渣皮与炉墙的结合部软化。

（3）在上部装料制度上，采取了大幅度疏松边缘的装料制度，焦炭布料角度由36°（2）33.5°（2）31°（2）28°（2）25°（2）调整为37°（3）34.5°（2）32°（2）29°（2）26°（2）18°（1），矿石角度由34°（3）32°（4）29°（3）调整为33°（3）31°（4）29°（3），后又调整为32°（3）30°（4）27°（3），发展边缘煤气流，降低边缘负荷，以利于煤气流对结厚部位起冲刷作用。与此同时降低焦炭负荷，提高炉料的透气性，维持炉况基本顺行，保证一定的风量，稳定煤气流，消除炉腹、炉腰部位的结厚。第一阶段恢复炉况的操作参数调整见表5-9。

表5-9 第一阶段恢复炉况的操作参数调整

日期	钒烧/%	普烧/%	风量/m³·min⁻¹	透气性指数	鼓风动能/kg·m·s⁻¹	进水温度/℃	热负荷/kcal·(m²·h)⁻¹[①]	工作风口个数	风口面积/m²
11月21日	100	0	4539	30	10643	41	22576	30	0.3481
11月22日	100	0	4756	32	11898	40.7	21772	30	0.3481
11月23日	100	0	4256	28	8520	40.7	20083	30	0.3481
11月24日	100	0	4436	30	11108	40.8	18013	28	0.315
11月25日	100	0	4569	30	11078	42.5	17407	28	0.315
11月26日	100	0	4436	28	9978	40.6	17012	28	0.315
11月27日	100	0	2792	21	3159	42.5	17407	28	0.315
11月28日	100	0	3523	27	7201	42.8	14083	28	0.315
11月29日	100	0	3041	22	6190	40.5	14410	28	0.315
11月30日	100	0	2176	23	3495	39.6	10195	28	0.315
12月1日	100	0	3688	26	9430	41.9	13099	25	0.282
12月2日	100	0	3126	25	6463	42.5	11375	25	0.282
12月3日	100	0	3603	25	7209	41.3	15251	25	0.282
12月4日	100	0	3344	24	6642	42.8	11620	25	0.282
12月5日	100	0	3522	26	7546	43.4	14280	26	0.294

续表 5-9

日期	钒烧/%	普烧/%	风量/m³·min⁻¹	透气性指数	鼓风动能/kg·m·s⁻¹	进水温度/℃	热负荷/kcal·(m²·h)⁻¹①	工作风口个数	风口面积/m²
12 月 6 日	100	0	4085	27	9230	41.7	17096	26	0.294
12 月 7 日	82	18	4218	28	9437	41.8	17214	27	0.305
12 月 8 日	70	30	4162	28	9521	43.2	17011	27	0.305
12 月 9 日	85	15	3758	26	7854	42.6	11672	27	0.305
12 月 10 日	85	15	2822	22	4667	42.3	12440	25	0.278
12 月 11 日	85	15	4370	26	8382	41.6	18517	29	0.346
12 月 12 日	85	15	4251	28	10023	42	15788	29	0.316
12 月 13 日	85	15	4152	27	9247	42.8	15317	30	0.32
12 月 14 日	90	10	4013	26	8338	42.6	14049	30	0.32
12 月 15 日	85	15	3752	28	7302	43.3	13246	30	0.32
12 月 16 日	86	14	2700	21	3894	38.6	7603	30	0.32

① 1kcal = 4.18kJ。

此阶段从发生炉墙下部结厚到采取措施恢复，共耗费 20 天时间，采取以上措施后，炉况有所好转，能维持基本的顺行，入炉焦比由 600kg/t 以上降低到 500kg/t 左右，利用系数由炉况最差时的 0.9t/(m³·d) 提高到 1.69t/(m³·d) 左右，但由于普通烧结矿配加比例较小，储存时间过长导致其强度降低。在恢复过程中，由于外围条件、设备故障及风口小套漏水频繁，造成高炉休风、慢风率较高，影响了炉况的稳定。上部装料制度调整过于频繁，导致煤气流分布紊乱，炉料透气性较差，平均风量在 4000m³/min 以下，由于风量较低且不稳定（见图 5-4），造成煤气流不稳定，炉温波动较大，影响了恢复效果，没有从根本上消除炉腹、炉腰部位的结厚（高炉热负荷变化见图 5-5）；各项技术经济指标波动较大，高炉难以强化。

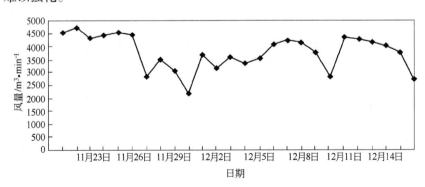

图 5-4 第一阶段风量的变化

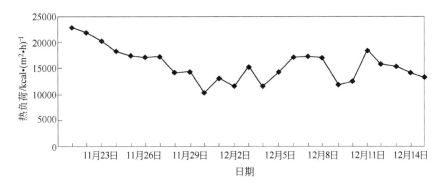

图 5-5 第一阶段恢复炉况热负荷的控制
(1kcal = 4.18kJ)

B 第二阶段

为彻底消除炉腹结厚和炉缸中心堆积，恢复高炉正常的操作炉型，恢复高炉炉况，强化各项技术经济指标，决定进行 100% 普通矿冶炼，以活跃炉缸工作状态，为进一步强化高炉奠定基础。第二阶段的具体操作情况如下。

a 原燃料方面

12 月 16 日开始组织烧结机生产普通烧结矿入仓，并加大普通烧结矿入炉比例，至 22 日高炉完全置换为普通机烧矿冶炼；同时外购普通球团矿入炉，实现了 100% 普通矿冶炼（见表 5-10）。利用普通矿冶炼渣铁黏度低、流动性好的特点，对炉墙下部进行冲刷，同时可提高软熔带的透气性和透液性，稳定炉况，活跃炉缸工作状态，为增加风量和调整煤气流分布起到积极的作用。

表 5-10 第二阶段恢复炉况操作制度的调整

日 期	钒烧/%	普烧/%	风量/m³·min⁻¹	透气性指数	鼓风动能/kg·m·s⁻¹	进水温度/℃	热负荷/kcal·(m²·h)⁻¹①	工作风口个数	风口面积/m²
12 月 17 日	30	70	3305	28	6667	41.8	17524	29	0.3112
12 月 18 日	30	70	994	28	9082	42.5	19821	29	0.3112
12 月 19 日	8	92	4078	28	10188	41.8	27682	28	0.3086
12 月 20 日	16	84	4597	30	11559	41.7	28269	30	0.3265
12 月 21 日	7	93	4621	29	10321	38.5	27145	30	0.3265
12 月 22 日	0	100	4184	28	8128	41.1	21464	30	0.3265
12 月 23 日	0	100	4468	29	10386	42.2	17854	30	0.3265
12 月 24 日	0	100	4369	31	10532	41.9	29109	30	0.2631
12 月 25 日	0	100	3052	26	8171	41.2	12738	24	0.2848
12 月 26 日	0	100	4207	29	11542	44.1	14881	27	0.306

续表5-10

日　　期	钒烧 /%	普烧 /%	风量 /m³·min⁻¹	透气性 指数	鼓风动能 /kg·m·s⁻¹	进水温度 /℃	热负荷 /kcal·(m²·h)⁻¹①	工作风 口个数	风口面 积/m²
12 月 27 日	0	100	4526	29	12740	43.7	12647	28	0.306
12 月 28 日	0	100	4617	30	13132	44.3	15677	28	0.306
12 月 29 日	0	100	4604	30	14136	43.9	18861	28	0.306
12 月 30 日	0	100	4621	30	14294	43.9	22147	28	0.306
12 月 31 日	0	100	4568	28	13420	45.2	20447	28	0.306

① 1kcal=4.18kJ。

b　操作制度方面

（1）在送风制度方面，休风调整风口，将风口面积由 $0.3265m^2$ 减少到 $0.2631m^2$，提高风速，以活跃炉缸工作状态，并随加风进度逐渐捅开被堵风口，保持合理的鼓风动能，避免炉缸中心形成堆积，延缓恢复过程。

（2）装料制度方面，制定统一的操作思路，采取了稳定焦角、调整矿角、以增加风量为基准的操作思路，增加了矿石的布料环数，将矿石布料角度32°（3）30°（4）27°（3）逐步调整为 35.5°（2）33.5°（3）31.5°（3）29.5°（2），尽量使矿石在炉内平铺。适当降低煤气利用率，提高高炉透气性，稳定边缘煤气流，以消除炉内频繁出现的崩料、悬料及定向气流，保证下料均匀顺畅，同时在炉况基本顺行的基础上加大鼓风量，利用边缘强盛的煤气流对炉腹、炉腰部位进行冲刷，以消除其结厚层。

（3）冷却制度方面，降低炉腹、炉腰部位冷却壁的水量，进一步提高冷却水进水温度，将进水温度由41℃左右提高到43℃左右（见表5-10），以降低冷却强度，提高热负荷（见图5-6），减小结厚部位渣皮与炉墙的结合力。

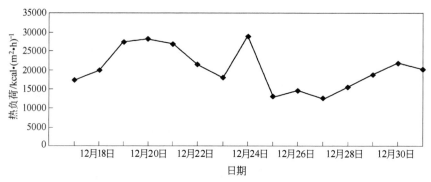

图5-6　第二阶段高炉热负荷的变化

（1kcal=4.18kJ）

（4）热制度方面，采用分批集中加净焦的方式提高炉缸热量，适当提高铁水中硅和钛含量均值至0.6%，铁水温度控制在1440~1460℃之间，稳定炉温控制，杜绝炉温偏低现象，既保证铁水充足的温度，又避免炉温过高造成的钒钛渣铁黏度增加。同时增加萤石的入炉量，使渣中CaF_2达到5%以上，进一步降低炉渣黏度，提高软熔带炉料的透气性和透液性，为增加风量创造条件，配合普通铁水彻底消除高炉炉身下部、炉腰部位的结厚。

C　外部条件方面

有计划地安排一次检修，彻底消除外部条件及设备故障隐患，避免了炉况恢复期间因设备事故引起的休慢风；同时加强炉前组织，增加铁次，保每日出15次以上，及时出净渣铁，为大风量操作奠定基础。

采取以上措施，利用10天时间，彻底消除了炉身下部结厚，炉况迅速好转并逐渐稳定，产量持续提高，达到5000t以上，利用系数达到2.0t/（m³·d）以上，入炉焦比降低至400kg/t左右，各项消耗指标均大幅降低。在2009年1月初成功置换为钒钛矿冶炼后，通过调整操作制度，适当抑制边缘气流，形成边缘和中心两股稳定的煤气流，既保证顺行与气流稳定，又提高煤气利用率，使高炉得到了进一步的强化。

5.7.3　马钢2500m³高炉炉墙结厚的处理[4]

5.7.3.1　概述

马钢2500m³高炉有30个风口、3个铁口，无渣口，采用PW型串罐式无料钟炉顶布料设备，于1994年4月25日点火开炉。开炉初期烧结矿供应不足且质量欠佳，加上高炉本身的设备和电器问题多，该高炉长期处于慢风状态。开炉一年半之后，虽然对高炉生产的组织和操作有了较多认识，但顺行关还未完全通过。1995年9月炉凉4次，10月下旬至11月初又出现炉身下部局部炉墙结厚、炉缸边缘堆积，崩料、坐料频繁。

5.7.3.2　炉墙结厚的征兆

炉墙结厚有以下征兆：

（1）高炉不接受风量，崩滑料、管道、坐料的次数显著增加，10月共崩料56次、坐料25次，其中10月24~30日崩料和坐料就分别达19次和8次之多。

（2）10月23日因处理炉腰6号冷板漏水，非计划休风6h13min，导致炉身内衬第3层（高度22751mm）D、G点（2号、3号铁口方向）温度于24日大幅度降低，D点从168℃降至45℃，G点从357℃降至199℃。

（3）炉喉（高度38480mm）温度降低，10月平均为251℃（正常为400℃±50℃），C、G点（2号、3号铁口方向）平均为159℃和214℃。10月下旬起，炉顶温度4点合为一股窄线上下波动。

5.7.3.3　原因分析

炉墙结厚的原因主要有：

(1) 入炉料粉末多，长期采取压边缘的装料制度。高炉投产以来长期处于慢风状态，入炉粉末多，如 1995 年 10 月入炉烧结矿中小于 5mm 的粉末含量达 16.4%。为打开中心，长期采取发展中心压边缘的装料制度，如 $C^{87641}_{32222} O^{9876}_{2332}$（矿焦角差 7.02°）。10 月十字测温边缘 4 点平均温度为 68℃（正常为 100℃ ± 20℃），炉喉钢砖平均温度为 251℃。

(2) 喷煤周向不均匀。该高炉 1994 年 10 月开始喷煤，一直存在喷煤周向不均匀的问题，喷煤操作习惯于减枪减煤。特别是 1995 年 9 月之后，2 号铁口上方周围喷煤枪数多、1 号铁口上方喷煤枪数少或根本没喷煤，结果 1 号铁口方向边缘较发展，而 2 号铁口方向较重。这从 10 月 31 日定修时观察到的炉顶料面火焰分布及料面分布情况得以证实。

(3) 非计划休风多。10 月非计划休风 5 次，时间共达 12h1min，特别是 10 月 23 日因处理炉腰 6 号冷却板的非计划休风导致炉身下部 2 号铁口方向结厚。

(4) 炉温波动大，崩料及低料线次数多。10 月炉温波动大，[Si] 有时达 0.21%，低料线 25 次，其中大于 4m 的低料线就有 9 次之多，导致软熔带频繁移动和煤气流紊乱，进而造成炉墙结厚。

5.7.3.4　处理措施

炉身下部炉墙结厚的处理原则是：疏松边缘、减轻负荷，让携带足够热量的高温煤气流对结厚的炉墙进行热冲刷。同时提高炉温，配加锰矿，降低炉渣碱度，暂停使用 V、Ti 含量高的二烧烧结矿，以提高渣铁流动性来维持较活跃的炉缸。

(1) 上部疏松边缘、下部捅开堵死的风口。对于无钟炉顶布料，增大 α_C，减少 α_0 及 $\Delta\alpha$ 是疏松边缘的有效措施，具体调节是：$C^{87651}_{32222} O^{9876}_{2332} \rightarrow$（11 月 2 日，10：00）$C^{987651}_{133221} O^{9876}_{2332} \rightarrow$（11 月 4 日，1：18）$C^{987651}_{133211} O^{9876}_{1432} \rightarrow$（11 月 5 日，9：00）$C^{987651}_{232211} O^{9876}_{1432} \rightarrow$（11 月 6 日，19：10）$C^{987651}_{133211} O^{9876}_{1432} \rightarrow$（11 月 7 日，16：08）$C^{987651}_{133211} O^{9876}_{2332} \rightarrow$（11 月 8 日，9：20）$C^{87651}_{33311} O^{9876}_{2332}$。

此次处理炉墙结厚期间，因兼顾处理炉缸不活，故将堵死的风口捅开：11 月 1 日把 4 号、26 号风口捅开，11 月 6 日把 12 号风口捅开。

(2) 减轻负荷、减少入炉料含粉率。11 月 4~7 日洗炉期间，矿焦比降至 2.94~3.18，风温降至 850℃，煤比减至 45kg/t，[Si] 提高至 1.10%~1.43%，铁水温度升至 1492~1503℃。11 月 2 日起，加强了焦炭筛网的清理，2 日把 4 个焦炭筛网全部清理了一遍，之后每天清理一个；加强焦、矿 T/H 值（每小时的成品筛出物量）调节，保持烧结矿 T/H 值在 180t/h 以下，焦炭在 150t/h 左右，有效地控制了入炉粉末。

（3）改善渣铁流动性。11 月 4 ~ 7 日配加锰矿入炉，加入量为 1.13t/批（矿批 50t），[Mn] 增至 0.75%。降低炉渣碱度，实际二元碱度降至 1.03 左右，三元碱度降至 1.29 左右，[S] 为 0.024%。暂停使用 V、Ti 含量高的二烧烧结矿。洗炉前通常配用 10% 二烧烧结矿，相应的 [Ti] 在 0.200% 左右。洗炉期间停止使用二烧烧结矿，4 ~ 7 日 [Si] 平均为 1.2%，[Ti] 为 0.153%。

这次炉况处理效果明显，处理后高炉易接受风量，崩料、滑料及出现管道的次数大为减少。炉喉钢砖温度、炉身内衬第 3 层温度和炉缸炭砖第 4 层温度基本回升至正常范围。炉墙结厚现象消除。

5.7.3.5　小结

（1）应加强炉体各部位温度监测，保持适当的煤气流分布。大高炉除保证中心气流外，还应适当兼顾边缘气流，这是改善炉况、防止炉墙结厚和炉缸边缘堆积的有效措施。合适的十字测温曲线应是：中心温度为 600℃ ±50℃，边缘温度为 100℃ ±20℃。

（2）喷煤应广喷、匀喷，以保证周向气流分布均匀。

（3）稳定热制度，减少崩、滑料和低料线及非计划休风的次数，以避免软熔带位置频繁移动造成炉墙结厚。

（4）处理炉身下部结厚总原则是：确保炉况顺行，提高炉内热量水平，提高软熔带位置；上部疏松边缘，下部吹透中心；改善渣铁流动性。

5.7.4　梅山 2 号高炉炉身结厚及处理[5]

5.7.4.1　概况

梅山 2 号高炉有效容积为 1250m³，设有 18 个风口，1994 年 12 月 27 日已生产 8 年未修，单位炉容产铁达 5380t/m³。高炉炉身内衬材质为黏土砖，冷却结构为冷却板加 U 形管和冷却板加方水箱，冷却高度为炉身高度的 52% 左右。在炉身不同的高度埋设有 4 层热电偶，每层按东、南、西、北方向布置。1993 ~ 1995 年期间，每年的 1 月底至 2 月初均出现过严重的炉墙结厚与炉况失常现象，并且一次比一次严重，处理难度大，给生产造成了较大损失。下面以 1995 年 1 月底 2 月初炉墙结厚与炉况失常为主进行分析和总结。

5.7.4.2　炉身结厚与炉况失常经过

1995 年 1 月以来，由于原燃料质量差，喷煤量减少（受煤源影响）和经常减风操作，高炉煤气分布发生较大变化。炉况较差，高炉接受风量困难，1 月 8 日夜班及 13 日中班发生了悬料。1 月 28 日，因主卷扬中速轴断裂，被迫于 11：00 ~ 21：35 非计划休风 10h35min。高炉复风后，风压上升，风量减小，风量一直徘徊在 2100m³/min 左右（正常风量约 2400m³/min），并接连发生悬料。采取各种调剂措施后，直到 2 月 8 日炉况才基本好转。这次炉况失常前后共损失产量约 8000t。

5.7.4.3　结厚部位的判别

从炉身自上而下各层的温度分布特点看,炉身第 1 层、第 3 层的温度变化不大,第 4 层稍有变化。温度降低幅度较大的是在炉身第 2 层,且以代表东、南、西方向的第 1、2、3 点温度降低更为突出,第 1 点从 500℃ 降至 70℃ 左右,第 2 点从 700℃ 降至 80℃ 左右,第 3 点从 300℃ 降至 20℃ 左右,相应部位方水箱的水温差逐步由 7 ~ 8℃ 降至 2 ~ 3℃。

根据各层温度的变化及分布特点判定,结厚部位是在较高部位的炉身第 2 层热电偶处,即在炉身高度 1/2 的部位,并且东、南、西 3 个方向黏结层较厚,北面有较轻微的黏结,也就是说,在炉身中部形成了一个近似环形的结厚区。

5.7.4.4　结厚原因分析

炉身结厚的原因有:

(1) 原燃料质量差。3 次结厚都表明,原燃料质量差是产生炉身结厚与炉况失常的重要原因。1995 年 1 月初焦炭质量每况愈下,强度下降,黑头焦多,如 1 月 5 日 M_{40} 降低到 72% (正常为 76% 左右), M_{10} 升高到 8.9% (一般为 8% 左右)。因受原料配比影响,烧结矿粒度细化,小粒级比例增加,5 ~ 10mm 粒级的比例有时高达 40% 以上,粗粒度的烧结矿减少。加之 1 月中旬烧结厂设备故障多,2 号高炉的槽存烧结矿减少到 1000t 左右,槽下筛分不能很好发挥作用,因而高炉料柱透气性恶化,气流分布紊乱。

(2) 有严重的边缘管道行程。严重的边缘管道行程会导致高温区上移,促使炉身黏结。产生管道行程后如果不及时减风,也将对炉况产生极为不利的影响。例如 1 月 13 日中班 17:00 左右,炉喉第一点温度升高 180 ~ 200℃,达到900℃ 以上;1 月 14 日夜班、16 日中班、17 日早班和 18 日夜班均发生过管道行程,炉身第 2 层的 1、2、3 点的温度均发生了剧烈波动。

(3) 频繁休风。在高炉多次出现管道行程后,频繁休风特别是较长时间的无计划休风,将会使熔结物在与炉墙接触处长时间保持静止,并因温度下降而牢牢黏结在炉墙上。如 1 月 28 日非计划休风 10h35min 后复风时,过快地增加矿焦的布料倾角与矿批,过早地捅开 9 号和 4 号风口,致使 29 日夜班顺行不好,早班发生悬料,加剧了炉身第 2 层温度降低的趋势。

(4) 连续悬料、坐料。在无计划休风过去 11h 之后,1 月 29 日早班、30 日早班、2 月 1 日夜班、2 日中班、5 日中班、7 日夜班接连发生悬料和坐料,使第 2 层各点温度近半个月没有回升。

(5) 频繁低料线操作与长时间慢风作业。由于各种原因高炉经常低料线操作,1 月就有 6 次较严重的低料线作业。另外,减风作业较多,特别是 2 月 1 ~ 4 日炉况不好,风量只有 1900m³/min 左右,风速降至 110m/s。由于风量不足,煤气分布不合理，炉内热量水平降低，炉身结厚加剧。

（6）冷却设备漏水。由于冷却设备漏水，1月封掉6块冷却设备，其中1块U形管，5块冷却板，炉身中部点两块。炉身冷却设备向炉内漏水，促使炉墙熔化物凝结。

（7）停炼铸造铁和添加V-Ti物料护炉。为了定期热洗炉墙，防止发生结厚，过去每月或每两月按生产计划冶炼一次铸造铁。1993年开始停炼铸造铁，热洗炉次数减少。另外，由于炉缸热流强度升高，从1990年5月开始加入V-Ti物料护炉，1992年4月后，连续使用大剂量TiO_2（TiO_2加入量为10kg/t）护炉，致使高炉易发生炉墙结厚。

（8）冷却强度过大。2号高炉连续3年在冬季发生炉墙结厚，冷却强度过大是重要原因之一。这是因为：

1）高炉炉役后期，炉墙较薄，冬天气温较低时易发生炉墙结厚。

2）炉形较矮胖，横向尺寸大，炉身表面积大，加之冬季气温低，散热多。

3）冬季进水温度低，实际冷却强度增大。

4）高炉炉身冷却结构本身具有较高的冷却强度。因此，为了防止炉墙结厚发生，对于炉役后期长期使用含钒钛物料护炉的高炉，进入冬季要适当降低冷却水压。

5.7.4.5　炉身结厚的处理

炉身结厚的部位越高，通过升高温度使黏结物熔化的难度越大，因此炉身中部结厚的处理难于炉身下部。总的处理原则是下部吹透，上部放开，通过具有足够热流强度的煤气热洗结厚物，使其熔化消失。具体介绍如下：

（1）下部吹透。当炉身中部有环形结厚时，若煤气在边缘、中心均无通路，便会产生管道行程或悬料。2月1~4日，连续几天风量偏低，风速仅110m/s（正常风速应在145m/s以上），炉缸不活，每当风量加到2100m³/min时，高炉就发生悬料。到2月5日16∶11~16∶26，休风堵7号、15号风口，后又于7日16∶00~16∶30休风捅开7号、15号风口，另堵4号、9号、13号3个风口，才使炉子中心吹活。炉缸比较活跃后，提高风量和整个高炉的热量水平，利用煤气冲刷边缘结厚物。

（2）上部放开。在下部堵风口吹活中心的同时，上部必须放开，以避免压差过高以及发展边缘气流来熔化炉墙结厚物。

1）缩小矿焦布料倾角$\alpha_矿$、$\alpha_焦$及角差$\Delta\alpha$。对于无钟炉顶高炉，缩小$\alpha_矿$、$\alpha_焦$及$\Delta\alpha$是疏松边缘最有效的措施。在处理2号高炉结厚的过程中，$\alpha_矿$从35.8°逐步降至29°，$\alpha_焦$从32°逐步降至25.6°，$\Delta\alpha$从3.8°降至3°。角度与角差的缩小为发展边缘气流创造了条件。

2）缩小矿批。缩小矿批既可发展中心又可疏松边缘，有利于消除结厚。在

2 号高炉处理结厚过程中，对这个问题开始缺乏认识，调剂出现好几次反复，结果都由于炉况不顺而被迫放弃，后来才逐步将矿批从 22 ~ 23t 降到 19t，最后降到 16t。

（3）降低结厚部位的水压。降低结厚部位的冷却强度是处理炉身结厚的一个辅助手段，尤其在炉役后期，炉墙较薄，降低水压的效果更为明显。基于这一点，将 2 号高炉炉身各层冷却设备的水压维持在较低的水平，并于 2 月 7 日早班将相应结厚部位方水箱的相对水压进一步由 0.1MPa 降至 0.08MPa，取得了较好的效果。

（4）维持较高的炉温及热量水平。要使炉墙结厚物熔化脱落，除了使高炉接受较多风量，维持较高的煤气量外，还必须使高炉有较高的热量水平。在处理炉身结厚过程中，焦炭负荷减小到 3.21 左右，生铁中硅含量维持在 0.6% ~ 0.8%，这样既加速了结厚物的熔化，又为不断增加风量、加速恢复炉况创造了条件。值得说明的是，当时如能适当采取集中加焦的方法，将会收到更好的效果。

（5）正确把握处理时机。处理炉身结厚一定要遵循客观规律，正确把握时机，条件不成熟不可强攻。1 月 29 日 ~ 2 月 2 日，在炉身第 2 层各点温度无上升迹象，即结厚无任何缓解的情况下，采取加大风量的措施，结果每天都发生悬料。

通过堵风口、缩角度、角差及矿批，到 2 月 7 日夜班，炉身各层温度逐步上升。到中班 18：35，结厚较严重部位炉身第 2 层第 2 点的温度逐步上升到 280℃，19：20 上升到 550℃。随后出现崩料，崩料后该点温度上升到 500 ~ 700℃，2 月 8 日夜班，从各风口看到不停地有大块黏结物降落，这些都是结厚物熔化脱落、炉况逐步好转的征兆，高炉调剂具备了加风的条件。为此，正确把握了时机，及时采取调剂措施，于 2 月 8 日中班、9 日中班与 10 日夜班分别捅开 9 号、4 号及 13 号 3 个风口，并在增加风量的同时，不断扩大矿批、角度和角差，此后高炉逐步恢复正常。

实践表明，结厚较严重部位温度上升时，炉况便开始好转。此时，不仅要观察炉顶、炉喉温度变化，而且还要密切注视结厚部位的温度变化，并把它作为高炉调剂的主要依据。

5.7.4.6　小结

（1）引起炉身结厚最根本的原因是原燃料质量变差。

（2）对于炉役寿命较长和长期使用大剂量 TiO_2 护炉的高炉，进入冬天寒冷季节，极易发生结厚，要密切注视炉身各层温度的变化。

（3）应采取定期发展边缘煤气流热洗炉墙和进入寒冷季节时提前降低冷却强度（如降水压）等措施来预防炉身结厚。

（4）应根据各层温度变化情况，准确判断结厚所在的纵向及周向位置，以便有的放矢地采取措施。

（5）处理炉身结厚应该遵循的总原则是：下部吹透，上部放开，提高炉内的热量水平。

（6）结厚物开始熔化脱落，相应部位的温度曲线大幅度上升时，方可采取调剂措施。

5.7.5 酒钢2号高炉（1513m³）炸瘤生产实践[6]

5.7.5.1 结瘤原因

结瘤原因有：

（1）为避免炉缸水温差过高，采取了风口喂线，使用小风口，以及提高[Si]、[Ti]等措施，高炉操作炉型逐渐变得不合理。

（2）入炉原燃料质量变差，透气性恶化，风量萎缩，煤气分布失常。

（3）高炉管道行程与崩料增加，多次悬料，如2008年1~2月悬料3次，3月悬料4次。

（4）炉身上部冷却壁水温控制偏低，冷却壁温度下降100℃以上未引起足够重视。

（5）炉喉钢砖背部灌浆物渗出到炉身上部区域，形成了瘤根。

（6）炉料中锌和碱金属的含量偏高。

5.7.5.2 炉身上部结瘤的判断

2008年6月5日进行炉身中部喷补作业，在休风降料线到8m时，发现炉身上部结厚严重，正南与正东钢砖下0.5m处有不规则黏结物，最厚处有1.5m，最低离钢砖下沿3.5m，结厚物表面参差不齐。7月14日再次休风降料线时发现，结厚部位已进一步发展成环形分布的炉瘤。此后高炉采取强烈发展边缘气流并大幅度降低炉身上部冷却壁水量等措施以期消除结瘤物，但效果很差。

5.7.5.3 炉瘤的处理

从2008年8月6日开始休风2590min进行炸瘤处理。

A 休风降料线过程

2008年8月6日0:30，焦炭负荷调整为2.72。4:30开始降料线，在降料线过程共放料2批，最后2批料采用6车焦、6车矿的顺序放料，防止因休风后炉内火大而大量压水渣使恢复难度增加。6:56预计料线降到10m（休风点火后用软探尺测量实际料线9.2m）后休风。为防止开人孔过早产生爆震，休风半小时后才打开炉喉人孔点火。点火过程顺利，火点着后因为火大料面压2批焦炭（共18.6t）、水渣12.76t盖火降温。此后测量最终料线为8.4m。

B 炉壳打眼

炉顶煤气处理完毕后，用软探尺从人孔对结瘤具体部位进行测量，确定爆破孔最终位置。爆破孔是利用 14 段的 4 个探瘤孔，在探瘤孔上部 300mm 位置 14 段冷却壁之间均匀地开了 8 个 ϕ100mm 孔，在炉喉钢砖下沿 2.2m 位置（无冷区）开了 7 个 ϕ100mm 孔。至 8 月 7 日 9：30 左右完成打眼工作（原计划钢砖下沿打11 个孔，但有 4 个孔打开后又被漏下的炉料堵塞）。

　　C　实施爆破

　　炮眼打好后，通过对炮眼进行打水冷却，用测温枪实测温度为 45 ~ 65℃（要求 80℃以下），具备了放入炸药的条件。专业爆破人员在 14 段 12 个孔及无冷区 7 个孔共 19 个孔中每个孔塞入炸药各 500g，实施爆破。8 月 7 日 10：28，爆破结束。通过从炉喉人孔观察，爆破成功消除了炉身上部结瘤，炉墙较光滑，爆破取得成功。

　　D　结瘤物取样化验结果及结瘤原因分析

　　为了对结瘤原因进行分析，做好今后预防结瘤工作，对结瘤物的成分进行取样化验。预计料线深，取样难度大，事先制订了几种取样方案。用前端焊锥形取样头的钢管伸入炉内，共取样 2 次，取出 1 号、2 号样。爆破前从炉喉人孔放下4 个取样桶，但爆破后被炸下的瘤体埋住，用炉顶天车起吊时将钢丝绳拽断，此计划失败。后用炉顶天车将炉前用的抓斗吊入炉内抓取，取出 3 号、4 号样。爆破孔开好后，从爆破孔取 5 号、6 号样。结瘤物取样化验结果见表 5-11。

表 5-11　酒钢 2 号高炉炉喉结瘤物全分析　　　　　　　（%）

样号	取样位置	TFe	FeO	SiO$_2$	Al$_2$O$_3$	CaO	MgO	S
1	结瘤（正西面）	18.44	17.72	8.44	9.65	5.12	1.12	0.270
2	结瘤（正南面）	29.56	21.73	10.01	8.61	7.04	1.62	0.380
3	炉墙黏结物（外层）			29.34	64.05	0.39	0.37	0.092
4	炉墙黏结物（里层）			31.53	65.80	0.34	0.34	0.014
5	14 段探瘤孔取样	1.53	1.32	16.79	61.15	0.47	0.25	0.017
6	钢砖下 2.2m爆破孔取样	2.09	0.96	21.21	67.50	1.20	0.40	0.027
7	喷涂料			28.45	68.30	0.58	0.93	
8	自流料			10.8	73.80	4.52	3.11	

样号	取样位置	P	K₂O	Na₂O	TiO₂	C	ZnO	Fe₂O₃
1	结瘤（正西面）	0.03	1.110	0.149	0.849	37.590	11.300	
2	结瘤（正南面）	0.03	1.030	0.197	1.250	24.860	4.870	
3	炉墙黏结物（外层）	0.02	0.870	0.238	2.180	0.082	2.220	1.72
4	炉墙黏结物（里层）	0.06	0.371	0.200	2.190	0.076	0.489	1.52
5	14 段探瘤孔取样	0.05	0.750	0.250	2.420	18.800	0.085	0.72
6	钢砖下 2.2m 爆破孔取样	0.03	0.923	0.155	2.560	0.550	5.430	1.92
7	喷涂料							1.68
8	自流料							1.98

通过对取样结果分析可以看出，此次结瘤主要是 3 月 4 日计划检修钢砖背面灌自流料时，自流料顺砖缝漏入炉内产生瘤根。由于护炉需要，采用的下部送风制度长期不合理，长期维持高 [Si]、高 [Ti] 冶炼，炉内透气性差，冶炼强度和炉内透气性不相适应，造成过吹，崩、悬料及管道行程频繁，导致结瘤发展。低沸点的锌在被还原后，形成锌蒸气，随煤气上升到炉身上部，冷凝后与炉料中的粉末相互作用是造成结瘤发展的次要原因。对 13、14 段水温差低没有引起足够重视，冷却强度控制过高是造成结瘤的管理原因。

E　炉身喷涂及钢砖背面灌自流料

爆破完毕后，对钢砖下沿 2m 范围及爆破后炉墙上出现的凹点进行喷补，并在钢砖背面灌自流料封堵煤气通道。为不影响工期，喷补时先喷补钢砖下沿，然后在钢砖背面灌自流料。此次喷补共用喷涂料 43t，自流料 4t。

5.7.5.4　炉况恢复

A　送风制度调整

高炉休风后，对下部送风制度做出调整，将 2 号、5 号、7 号、8 号、12 号、17 号风口由 φ120mm×430mm 调整为 φ120mm×500mm，16 号风口由 φ120mm×500mm 调整为 φ120mm×520mm，1 号、18 号风口由直风口调整为斜风口，进风面积由 0.200m² 缩小为 0.197m²，送风前堵 3 号、4 号、6 号、7 号、14 号、15 号风口。

B　炉况恢复情况

8月8日2：06，高炉送风。送风后，加3.97t萤石以活跃炉缸，另加10批净焦（共计93t）补充热量，防止炉凉。8月8日11：50开6号风口，13：30开7号风口，16：00开3号风口，18：05开4号风口，8月9日开14号风口，8月11日实现全开风口。批重由23.9t逐步扩至28.8t，焦炭负荷由2.72上调至4.15，煤气分布渐趋合理，炉身上部炉墙温度活跃，炉况稳定性增强。炉内操作转向摸索合适的装料制度，在确保炉缸水温差稳定的同时稳步强化高炉生产。

（1）炸瘤前后炉内风压、风量关系及料尺工作情况对比。结瘤处理之前，料尺工作呆滞，管道、崩料频繁，下料不畅，料尺"划台阶"现象明显，风压、风量关系不稳，小减风次数多，炉况顺行较差。处理之后，料尺工作好转，偏尺现象基本消失，炉况稳定性增强。

（2）炉喉煤气样 CO_2 对比。结瘤处理前，炉喉煤气 CO_2 分布极不规则，第1点始终高于第2点，严重时甚至高于第3点。处理后，炉喉煤气 CO_2 第1点低于第2点，最高点向4、5点转移，煤气分布较为合理。

（3）十字测温对比。炸瘤前，十字测温显示炉内煤气分布紊乱，中心重，十字测温4个方向边缘温度差别大，煤气利用差。处理后，十字测温分布趋于规则，煤气利用好转。

（4）炉身上部5、6段温度对比。处理之前，炉身上部炉墙温度偏低，尤其是5段1、2点及炉身6段1、2、3点。处理后，边缘气流较旺盛，炉身5、6段温度均大幅度上升（见表5-12）。

表5-12　酒钢2号高炉炉身上部炉墙温度　　　　　　　　　　（℃）

项　目	炉身5段				炉身6段			
	1	2	3	4	1	2	3	4
炸瘤前	228	229	520	492	184	171	124	366
炸瘤后	510	542	626	626	760	741	582	810

5.7.5.5　结瘤处理的经验及教训

成功之处：

（1）本次炸瘤对炉身上部砖衬无损坏，一次爆破就成功处理掉结瘤，使炉墙圆滑规整，为炉况的恢复打下了坚实的基础。

（2）炸瘤后的炉况恢复基本顺利，没有造成炉凉或出现大的波动。

不足之处：

（1）对开孔困难预计不足，导致个别爆破孔打开后又被漏下的炉料堵死。此次开孔耗时约23h，比计划多15h，主要是由于14段冷却壁较难打眼，耗时长。

（2）14 段冷却壁打眼时，由于钻头被卡住，用气焊割、氧气烧时损坏 14 段35 号冷却壁。

5.7.5.6 小结

（1）钢砖背面灌自流料时，最好先对钢砖下沿进行喷补，封堵砖衬间的缝隙，然后再灌自流料。如果不进行喷补，则必须降料线到一定位置，以便灌浆时现场观测是否往炉内漏自流料，如果漏料则必须采取间歇的方式进行。

（2）炉内透气性差时，应适当控制冶炼强度，防止过吹造成的崩、悬料及管道行程。

（3）针对原燃料变化制订合理的操作制度，稳定煤气流分布，对风量缩小、料柱透气性变差、炉墙温度降低等异常现象要及时采取措施。

（4）加强炉体监控，维持合理的冷却强度，及时掌握炉墙各部位水温差变化情况，同时加大冷却壁漏水的检查力度。

（5）定期组织排碱，防止碱金属循环富集造成的黏结。

参 考 文 献

[1] 刘云彩. 高炉结瘤的征兆与位置判断 [J]. 炼铁，1995，(2)：43～46.

[2] 渠世平，马祥，等. 包钢 1 号高炉炉况失常分析与处理实践 [C]. 第六届全国大高炉炼铁学术会议论文集，包头，2008：126～133.

[3] 张国伟. 承钢新 4 号高炉消除下部炉墙结厚实践 [C]. 第 10 届全国大高炉炼铁学术会议论文集，太原，2009：369～371.

[4] 王平，薛朝云. 马钢 2500m³ 高炉炉墙结厚与炉缸堆积处理 [J]. 炼铁，1996，(3)：17～20.

[5] 欧阳雄. 梅山 2 号高炉炉身结厚处理 [J]. 炼铁，1995，(5)：25～28.

[6] 寇俊光，白兴泉，等. 酒钢 2 号高炉炸瘤生产实践 [J]. 炼铁，2009，(4)：50～52.

6 炉前事故

炉前操作是高炉生产的一个重要环节，发生炉前事故会对炉内作业带来不利影响，有时甚至破坏高炉炉况的顺行。炉前事故较多较杂，按区域可划分为风口区域事故、铁口区域事故、出铁场区域事故等。风口区域事故包含：风管、风口小套、风口中套等的损坏与烧穿等。铁口区域事故包含：出铁喷溅、铁水偏离铁口通道烧坏铁口区冷却壁、铁口保护板烧坏等。出铁场区域事故包含主沟烧穿、砂口凝死或过渣、铁水罐烧穿、铁水下地等。

6.1 风口区域事故

6.1.1 风口大量烧穿事故

本节首先分析高炉风口大量烧坏的某些共性因素，然后介绍具体的事故案例。

6.1.1.1 高炉风口烧坏的共性因素

A 影响风口使用寿命的因素

（1）风口本身的属性：

1）从有利于导热要求，制作风口的基底金属铜（含微量的磷）的含量越高越好；

2）模铸风口的使用寿命一般较锻造风口寿命长；

3）内部表面质量越好，风口寿命越长；

4）炉缸直径大于9m的大高炉，使用较长的倾斜风口有利于延长使用寿命；

5）加厚风口壁，尤其是增加风口前端壁厚，有利于延长风口寿命；

6）延长风口长度一般有利于延长风口寿命；

7）风口前端涂敷保护层有利于延长风口寿命，用金属陶瓷及合金涂料效果更佳，但涂层要薄，不宜用耐火材料作涂层基质；

8）一般来说，提高冷却效果（改进水循环）对延长风口寿命有良好效果；

9）应重视对风口的检查，及时更换损坏的风口。

（2）高炉冶炼状况：

1）炉料质量降低（焦炭强度差、烧结矿中粉末多），炉渣碱度提高，对风口寿命极为不利；

2）渣量小，使用优质矿石和焦炭有利于延长风口寿命；

3）渣皮落到风口下，对风口寿命很不利；炉况异常，如悬料、崩料等也将缩短风口寿命；

4）较深死铁层对延长风口寿命有利；

5）喷吹燃料对风口寿命不利；

6）过高的鼓风动能对风口寿命不利；

7）碱金属、锌、铅等有害元素的循环富集不利于延长风口寿命。

（3）供水：

1）增大冷却水流量，降低冷却水的硬度、温度，有利于延长风口寿命；采用软水密闭循环冷却系统可大幅延长风口寿命；

2）尽量提高风口前端的水速对延长风口寿命有利。

B　风口损坏的原因

风口损坏的起因较多，诸如渣铁未出尽，炉缸不活，高炉崩料，矿石还原性差，喷吹煤粉磨坏，风口冷却能力不够，风口材质或制作工艺差等。

C　风口损坏的征兆

在高炉生产中，风口刚损坏时破损范围不大，风口冷却水漏入炉内不多。若高炉配管工及时发现风口损坏，并采取适当的处理措施，可减少风口冷却水漏入炉内的量，控制破损范围不再扩大，不会给高炉生产带来太大的影响，休风后更换风口也比较容易。反之，风口损坏后如发现较晚，漏水较多，破损扩大，则会给高炉生产带来直接影响，造成严重后果。

风口损坏的征兆可分为以下4种情况：

（1）风口损坏较小。风口损坏较小时，风口仅有少量水痕，减水时排水口出水无"喘气"现象，出水正常，风口工作状况无明显异常，这种情况下难于发现风口损坏，但反复观察分析能够发现风口损坏。

（2）风口损坏较大。风口损坏较大时，经减水控制，出水带"白花"甚至有激烈的"喘气"现象，主要是由于风口前高炉煤气间断地从破损处混入冷却水中，到达排水口时产生的一种现象。

（3）风口破损严重。风口破损严重时常常出现排水口出水很少或断水现象。

（4）风口烧穿。风口突然烧穿、爆炸，常常是由于风口损坏后没有及时发现，风口损坏恶化所致。事故发生时，有炽热的碎焦炭从烧穿处伴随着高温煤气喷射而出，声音尖锐刺耳。

D　风口损坏的判断方法

在高炉生产中风口经常损坏，因此高炉配管工必须掌握风口损坏的最佳判断方法，及时、准确判断风口是否损坏，判断方法大致如下：

（1）观察法。高炉配管工用眼睛直接观察风口外表现象。风口损坏时通常表现为：风口外部可见水痕（洇水）或蒸汽，风口冷却水顺着风口二套、大套之间流出：观察风口内部工作状况，风眼不明亮、发红发暗、风口前端有水汽、挂渣、结渣、风眼全黑等现象；最后观察风口水管的出水情况，如风口排水口出水水量突然减小可直接判断风口损坏。

（2）减水法。高炉配管工使用工具减少风口进水口的水量。风口损坏现象表现为：当水量减小到一定程度，即炉内压力略大于出水压力时，排水会出现"喘气"现象。实际工作中一般称为"减水出水带花"，如发现出水有"花"或开大阀门时白"花"加重，说明风口确实破损。

（3）反复减水观察法。此方法用于风口破损较小、风口损坏状况不明显时检查风口使用。当配管工发现减水无"花"无"喘气"现象，风眼不挂渣，风眼明亮，但风口外部有少量洇水渐干，立即将水量恢复正常状态，看洇水是否再次出现。若洇水再次出现，配管工再次反复减水观察洇水情况，如情况依然如此，即可判断该风口损坏。

E　风口事故处理

风口破损严重时，高炉配管工应采取的处理方法如下：

（1）立即适量控制好该风口水压和进水量，也可以将出水改直排，以确保风口的冷却，使风口不被二次烧坏（必须以保持风眼明亮为准）。减水控制要合适，水压控制必须高于炉内压力 0.1MPa，如果减水量低于炉内压力，会引起焦炭或矿石进入进出水管内，引起水管断水，造成烧穿事故。高炉配管工要加强巡检，重点部位要设专人看护，防止发生烧穿事故。

（2）立即架设好高压打水管及喷水管，设专人负责，同时立即向工长汇报，尽量及时处理和更换破损的风口，确保高炉正常生产。

（3）如果需要更换，要准备好合格的风口备件，并试水试压。

（4）当高炉减风时，高炉配管工应随风压减水，确保风眼明亮，必要时当风压减到 0.05MPa 以下时，可将该风口出水管断开，防止向炉内漏水，造成风口拉不下来。

（5）高炉回压时将该风口进水关死，确保正常更换，当高炉炉前工拉风口时，配管工应少量开进水，以冷却风口，配合炉前工顺利将风口拉下，更换新的风口。

（6）风口突然烧穿时的处理方法为：如遇到风口突然烧出，高炉配管工必须冷静对待，立即向烧出位置打水，同时向工长汇报，要求改常压，工长组织出铁，停风处理。对于风口烧穿事故，高炉配管工应加强巡检，做到以预防为主。

1）高炉配管工在日常工作中必须加强巡检，对风口、中套跑风的，吹管发红的，风眼大、小盖跑风发红的，鹅颈管发红的，应及时发现并超前采取措施。尽量杜绝跑风，吹管发红的，风眼大、小盖跑风发红的，鹅颈管发红的，可加风管冷却；若跑风、发红严重，应出铁后停风处理。

2）若炉况不好，出现风口窝渣、涌渣、灌渣，就应对风口、吹管架设好打水管,做到巡检不断线,并设专人看护。

3)出现上述情况,该风口必须停止喷煤。

4)风口破损严重时,必须将风口上、下加两根高压打水管及时喷水,减水后加强检查,设专人看护,防止发生断水烧穿事故。

5)风口突然断水,要立即在外加打水管及喷水冷却,设专人看护,并停止风口喷煤,组织高炉配管工反送水,处理过程中不能断水,给水时并减小水量,炉内酌情改常压,放风,防止烧穿,待出铁后组织更换。

F 强化高炉配管工的日常管理,防止事故扩大

(1)要精心维护高炉风口及其他冷却设备,要确保风口及冷却设备有足够的水压、水量。

(2)判断风口各套漏水及时、准确、不误判、不漏判,减水控制合适,必要时将出水改直排,确保风眼明亮,防止烧出事故。

(3)要准备好合格的备件及打水管、喷水管,防止发生各类事故。

(4)按规定巡检,并做到巡检不断线,及时发现问题,及时处理和汇报,将事故消灭在萌芽状态,保证高炉稳定顺行。

6.1.1.2 武钢7号高炉风口二套烧穿事故(武钢 迟建生)

武钢7号高炉有效容积3200m³,32个风口、4个铁口,2006年投产。2007年6～9月期间,武钢7号高炉炉渣中 Al_2O_3 含量明显升高,导致高炉炉况失常。进入12月,高炉又出现渣铁排放不畅、炉缸欠活、风量萎缩的情况。12月24日,通过检查风口小套与二套的进出水量变化,检查各风口二套、三套的补水曲线,综合判断2号风口二套烧坏,随即倒换工业水实施开路养护。当天下午16:00左右,补水再次加快,检查发现3号风口二套也烧坏,同样倒换为工业净化水开路养护。随后2号、3号风口大套与二套之间有大量水蒸气喷出,排水头出现较明显的喘气现象,风口前端不耀眼,呈暗红色,出现渣铁凝结和挂渣现象。由于没有定修计划,厂部要求配管工守住这两个风口二套,待有休风机会后一起更换。17:30左右,配管工在风口平台检查时,发现3号风口二套排水口断流,接着听到该区域内部发生放炮异响,随即发生了3号风口二套烧穿事故,高炉操作人员立即减风降压并实施紧急休风。由于高炉刚出完铁,未造成风口大量灌渣,这次事故休风共计7.5h。

此次7号高炉风口二套密集烧坏并最终导致二套烧穿事故发生的主要原因是高炉炉渣 Al_2O_3 含量高(达到18%左右),炉缸长期不活,渣铁不能有效排尽。加上当时高炉炉温不很高,为减少损坏风口二套向炉缸漏水量,要求配管工关水量太多,最终导致冷却强度不够而烧穿风口二套。

6.1.1.3 武钢6号高炉风口烧穿事故(武钢 迟建生)

武钢6号高炉有效容积3200m³,32个风口、4个铁口,2004年投产。

2008年1月9日，白班接班后配管工检查发现2号风口损坏，于是倒工业净化水开炉养护冷却，并控制水头流量。到中午12：18，2号风口突然放炮烧穿，红焦冲出，高炉实施紧急休风以防从风口喷出的红焦及渣铁烧坏泥炮及开口机。此次2号风口烧穿过程中，还将2号风口大套及二套烧坏，同时烧断3号风口的进水管；高炉非计划休风16h，损失较大。

事后调查发现，事故发生的主要原因是供水厂水站外网的净化水管网停水，从水站原始记录发现：上午11：00净化水的压力为0.7MPa，流量为96m³/h，到12：00，其压力降到0.18MPa，最低时只有0.08MPa，大大低于正常值，因而造成事故扩大。

6.1.1.4　首钢2号高炉风口烧穿事故[1]

2005年4月26日，首钢2号高炉进行12h检修，22：00检修完毕后送风。因炉况不顺，造成高炉悬料，27日0：20，21号风口突然烧穿跑火，高炉配管工立即加3根高压打水管，将其打回，同时向工长汇报要求处理。0：30~1：30停风处理，更换风口、二套和直吹管，此次事故造成风口、风口二套、吹管全部烧坏。

6.1.1.5　某厂2号高炉风口烧穿事故

A　事故经过与采取的措施

1999年9月8日12：08，炉前人员发现4号铁口上方漏风，立即通知高炉工长，配管人员当即奔向风口平台，发现30号风口处正向外喷出大量渣铁。炉前工协助配管人员用高压水枪打水，防止事故扩大；炉内紧急减风降压至常压，停氧、停煤。风口外部强行打水后，30号风口处渣铁外喷得到有效控制，经检查确认是风口扭曲损坏变形所致。12：28回风，在加风提压过程中并无漏风与渣铁再喷出，14：30左右各种操作参数恢复到位，同时查出30号风口二套损坏，关水30%养护。由于采取应对措施迅速有效，加上事故发生时3号铁口正处在出铁的后期，大大地降低了损失，这次事故共损失生铁400t左右。

B　事故原因

早班炉墙渣皮不稳，黏结物大块脱落砸到风口上，导致风口变形扭曲，形成漏风与渣铁跑出。风口上部砖衬脱落，造成渣铁可以直接滴落到风口二套上，导致二套烧坏。

C　小结与启示

高炉炉前发现及时，操作人员与配管人员反应迅速，炉前高压打水设施齐全，配管工与炉前工配合默契有效，炉内渣铁排尽等促使事故处理有效得当，避免了事故扩大与二次事故发生，并将事故损失降到最小。

6.1.1.6　涟钢2200m³高炉风口频繁磨损的原因与对策[2]

涟钢2200m³高炉于2003年12月4日开炉，12月29日开始利用300m³级小高炉喷煤系统中的5、6两个系列喷煤。从2004年5月12日开始，使用新喷煤系统进行喷煤。至2004年8月26日，高炉累计更换风口98个，月平均更换风口10.9个。从更换原因来看，其中磨损风口73个，占74.49%；烧损风口11个，占11.22%；炸坏风口1个，占1.02%；其他在未磨穿条件下因安装及布局调整非正常更换的13个，占13.27%。这一时期风口磨损频繁成为制约该高炉生产的一个重要因素。

A 风口磨损频繁原因分析

a 送风装置的影响

该高炉开炉初期，在喷煤方面送风装置主要存在以下问题：

（1）喷枪套管位置设计不当。直吹管喷枪插入角度设计为11°，基本处于水平状态，喷枪离开直吹管前端134mm即与风口中心线相交。这与高炉使用长度583.5mm、斜5°风口的情况不相适应，造成煤粉不可避免地磨损风口的左上方。自2003年12月29日喷煤至2004年1月13日，在喷煤量仅50~60kg/t的情况下就磨坏7个风口。

（2）喷枪插拔与调节不便。内衬捣制及有关构件不规范，有相当部分的直吹管喷枪在冷态下都无法插入，更多地在送风状态下无法插入。喷枪插拔时弹子阀及喷枪套管易发红、变形、烧损，当需要再次插拔时往往发生困难，这些因素造成作业人员无法调节喷枪。开炉后相继订制了2套备品送风装置，虽然生产厂家相应做了一些改动，仍有许多地方未达到要求。

（3）送风装置安装不当带来不利影响。如风管长度与实际要求不符，这会使喷枪的实际角度偏离设计水平，送风装置在左右方向的偏转也会造成喷枪与风口的实际夹角发生变化。通过观察还发现，送风装置尾部（即弯头）往左偏较有利于喷煤，而往右偏则不利于喷煤。因此，在装弯头拉杆时，先把左边的拉杆打紧就会有利一些。

b 煤粉的影响

（1）煤粉粒度过粗。涟钢2200m³高炉的煤粉由喷煤车间1台30t的中速磨供给，它同时还要向几座小高炉供粉。喷煤车间主要采用降低煤粉粒度的方法来满足产能的需要。喷煤车间2004年3月1~17日期间小于0.074mm（200目）煤粉的比例见表6-1。由于煤粉粒度过大，风速又高，对风口磨损较大。

表6-1 涟钢2200m³高炉2004年3月1~17日期间小于0.074mm（200目）煤粉的比例 （%）

班次	1	2	3	4	5	6	7	8	9	10	11	12	13	14	15	16	17
夜	53	56		54	58	55	45	55	56	56	55			53	54	55	53
白	55	53		56	54	58	54	58		59			55	55	60	57	54
中	54	52	52	55	54		53		54	53				54	56	54	52

（2）煤粉灰分较高。刚开始喷煤时煤粉灰分通常为 16% ~ 17%，煤灰分中的 SiO_2 颗粒对风口的磨蚀作用较强。3 月掺加部分洗精煤后煤的灰分才降至 12% ~ 14%。

（3）输煤用的二次风量较大。由于大高炉当时的炉温控制不稳定，而工长把喷煤量作为一个重要的调剂手段来使用，使喷煤量经常性地大起大落。当喷煤量降低时，输煤用的二次风量相应加大，煤粉离开喷枪时的初始速度相对较高，煤粉更容易磨损风口。

（4）煤粉中杂物多，对风口磨损带来相当大的影响。

c　风口设计与制造的影响

涟钢 $2200m^3$ 高炉采用的是贯流式风口，这些风口主要存在以下不利于喷煤的问题：

（1）焊缝离风口前沿过近。一方面，这些焊缝突出，是应力较为集中的地方，也是风口最薄弱的部位，有些风口在磨蚀深度不到 2mm 时即漏水，甚至整个焊缝开裂。另一方面，由于焊接后的铜体晶粒粗大，强度与韧性都较差，该焊缝也就成为最易被煤粉磨蚀后漏水的部位。

（2）风口内壁厚度前后一致，这与前端易接触煤粉而磨蚀的状况不相适应。

d　喷煤管路的影响

涟钢 $2200m^3$ 高炉最初的简易喷煤系统有 2 个喷煤分配器，布置在 25.4m 平台，分别向单号风口供煤，各风口的喷吹支管从该平台再引至围管平台，管路布置极不合理。

e　风口布局的影响

（1）进风面积偏大。涟钢 $2200m^3$ 高炉开炉后选用的风口直径偏大，造成标准风速长期处于较低的水平。开炉时风口选用的是 120mm × 12 + 130mm × 16，当时还堵了 2 ~ 4 个风口。喷煤后不久，风口就已全部捅开。2004 年 1 月 19 日，对多数送风装置进行更换后采用的风口是 120mm × 10 + 130mm × 18，2 月 1 日休风检修后采用的是 120mm × 8 + 130mm × 20。2004 年 3 月 11 日再次更换部分送风装置，此后一直采用的是 120mm × 14 + 130mm × 14。目前的进风面积是 0.344m^2，而此前高炉的最大风量也不过是 $4300m^3/min$，高炉通常的作业风量在 3900 ~ $4000m^3/min$，高炉的标准风速实际上很少超过 200m/s。而国内 $2000m^3$ 级高炉的标准风速远远超出这一数值，如武钢 $2000m^3$ 级高炉的标准风速在 230m/s 以上，攀钢 $1200m^3$ 级高炉的标准风速也已接近 250m/s。由于涟钢 $2200m^3$ 高炉进风面积偏大，鼓风的标准风速偏低，使得鼓风对进入风口内的煤粉的夹带作用过小，对其运动轨迹的改变太小，致使煤粉较易磨损喷枪对面的风口内壁。

（2）风口布置不合理。涟钢 $2200m^3$ 高炉由于受场地限制，热风主管共有 2 个拐角。在离热风围管 9m 附近设计有一个 102.9° 的拐角，按 $4500m^3/min$ 的风量（标态）计算，管内风速（标态）为 33.04m/s，在 1200℃ 的风温下实际风速约为 132m/s。相对于热风主管 1.7m 的内径（外径 2.6m）和这样高的风速来说，9m 的距离难以消除拐角的影响，即在围管与热风主管的接口位置难以实现均匀的气流分布，从而对高炉各风口实际进风量不均带来影响。武汉科技大学依据涟钢 2200m³ 高炉供风管道所做的模型试验研究表明：正偏析最严重的区域多半集中在叉形管左右两侧的 19～28 号风口，更倾向于左侧的 23～26 号风口；负偏析比较严重的区域在叉形管对面的 4～13 号风口，更倾向于左侧的 10～13 号风口。在使用小风口时曾出现过超过 ±10% 的负偏析，位置在对面的 5～15 号风口，特别是 5～10 号风口。在风口直径较小时，叉形管右侧的 21 号和 22 号风口风量的负偏析也比较严重。这些现象与人们通常的感觉刚好相反，值得引起重视。负偏析比较严重的区域集中在与叉形管中心线垂直的两侧风口，分别为 1 号和 2 号风口、26～28 号风口和 12～16 号风口。涟钢 2200m³ 高炉 2004 年 3 月的风口布置见表 6-2。

表 6-2　涟钢 2200m³ 高炉 2004 年 3 月各风口直径

风口号	1	2	3	4	5	6	7	8	9	10	11	12	13	14
直径/mm	130	120	120	120	130	130	120	120	130	130	120	120	130	120
风口号	15	16	17	18	19	20	21	22	23	24	25	26	27	28
直径/mm	130	130	120	120	130	130	120	120	130	120	130	120	130	130

从表 6-2 看出，涟钢 2200m³ 高炉在风口风量正偏析较大的区域采用了较多的 130mm 风口，而在风口风量负偏析较大的区域采用了较多的 120mm 风口，这与该高炉的供风特性严重不符，这从风口的磨损情况也可得到反映。从开炉至 2004 年 3 月尚未损坏的风口号是 7、8、11、16、17、18、19、20、24、26，其中 7 号和 8 号风口喷煤支管路径最长，拐弯最多，实际喷煤量较少；未损坏风口多集中在风量正偏析较大的区域，而易损风口多集中在风量负偏析较大同时喷煤支管管路阻损较小的区域。

f　操作的影响

喷枪位置的调节，一方面是调节偏少，由于操作经验不足及职工情绪波动等原因导致了配管作业人员对喷枪疏于调节；另一方面是调节不当，没有具体研究大高炉的实际情况，而是根据通常及习惯的思维将喷枪调至中心位置，这看似正确的调节实际上造成了煤粉更易磨损风口。由于大高炉风口较长而风速又偏低，喷枪位置略浅更有利于保护风口。

B　解决风口磨损频繁的对策

针对涟钢 2200m³ 高炉风口磨损频繁的状况，很多人认为只要把直吹管内的喷枪位置调好就能解决问题，把问题的关键定格在高炉配管这个岗位。但是，这仅仅是问题的一个方面，该高炉风口的频繁磨损是一个系统性的问题，不是简单地依靠解决某一个局部问题就能大功告成。这就需要冷静的思考，建立起一个全局的、系统的、长远的观念，必须多管齐下采取综合措施。

（1）对高炉送风装置要进行全过程的严格监控。首先，要把握好各风口送风装置实际需要的风管长度与相关尺寸，量体裁衣。其次，送风装置在制作过程中要比照风口尺寸设计特定的模具，以确保喷枪的准确定位，对制作过程要派人进行严密的全过程监制，必须确保喷枪在风口内能够处于合适的位置。最后，在安装过程中要特别注意风口与弯头的偏向。对弯头与直吹管要焊制永久性编号，建立相应的档案，对其使用与维护过程进行全程跟踪。

（2）利用休风机会对风口布局进行调整。一方面要尽可能地消除高炉各风口的风量偏析，确保各风口实际风速均匀；另一方面要确保高炉的标准风速达到230m/s以上。风口安装时对其周向位置要进行准确定位，严禁随意装配。

（3）改进喷枪结构。针对喷枪位置不好的风口，将喷枪前段适度弯曲，或在前端斜焊较小口径的不锈钢管，以能通过喷枪套管为限尽可能地改善喷吹角度与方向。先后试用了陶瓷喷枪、陶瓷弯煤枪等。

（4）改进风口结构：

1）将内前端焊缝移位，使焊缝避开煤粉流的直接冲击。

2）要求厂家在风口焊好后将风口整体加热至一定温度（800℃左右），并将风口前半部分骤冷，以消除焊接应力及焊接造成的强度不均。

3）风口内壁铸造厚度改为前端厚后端薄的形式，前端厚度由15mm加厚至18~20mm，以适应风口前端易被煤粉磨蚀的状况。

4）在风口内壁加装保护内套，最先试用了浇注的保护内套，后又相继试验了几种定形的保护套，在取得一些成功经验的基础上正在逐步推广使用。

（5）对引进的新喷煤系统进行改进。自行研究与开发出了喷枪堵塞自动监控系统。该系统能周期性地自动对喷枪进行吹扫，对无法吹通的喷枪高炉作业人员能及时准确掌握堵塞状况及枪号。与此同时，在喷煤车间的下粉管上加装了煤粉筛，尽可能地减少不能喷煤的风口及因喷枪大面积堵塞后对喷煤风口的急剧磨损。

（6）加强对操作人员的培训。改变一些习惯性的操作思路，并建立有效的激励与考核机制。对喷煤枪维护与风口磨损实施分片包干、责任到人的办法，并实行尾数淘汰机制。当炉温向热时，可以停一段时间的煤，再按较大的煤量进行喷吹，强化了工长对炉温的控制，尽可能地避免需要大幅度降低风量来调节炉温的情况，当风量小于3500m³/min时，坚决停煤等。

C　效果

涟钢2200m³高炉风口损坏情况见表6-3。

表 6-3 涟钢 2200m³ 高炉风口更换情况

时 间	损坏风口个数/个	平均使用寿命/d
2003 年 12 月	6	12.8
2004 年 1 月	12	27.8
2004 年 2 月	10	53.0
2004 年 3 月	23	50.5
2004 年 4 月	5	46.2
2004 年 5 月	6	43.7
2004 年 6 月	17	76.6
2004 年 7 月	8	80.8
2004 年 8 月	2	152.5

从表 6-3 可以看出，自 2003 年 12 月 29 日高炉开始喷煤后，由于当初的送风装置及临时喷吹系统的缺陷，高炉风口磨损频繁。至 3 月底送风装置基本改装完毕，经过一段时间的摸索，喷枪调节逐步取得经验，风口结构也不断改进，在多种努力下风口寿命逐月提高。更换风口的平均使用寿命最初 2 个月分别为 12.8 天和 27.8 天，到 2004 年 6 月和 7 月分别提高到了 76.6 天和 80.8 天。而随着风口保护套的推广和使用，风口平均使用寿命有望大幅提高。

6.1.1.7 首钢 2 号高炉风口频繁损坏及其治理[1]

首钢 2 号高炉有效容积 1780m³，24 个风口。2007 年 4 月，由于焦炭高温冶金性能指标下滑及炉渣 Al_2O_3 含量升高，高炉生产指标变差，伴随着风口频繁损坏。炉内、炉前操作人员经过一年的摸索，到 2008 年 4 月，2 号高炉风口频繁损坏现象被遏制，生产指标逐步回升。下面总结炉况治理、恢复过程中高炉配管工对风口损坏的最佳判断方法以及配合炉内采取的治理风口频繁损坏的措施。

A 风口损坏情况

a 风口损坏的持续时间

2007 年 4 月，2 号高炉炉内压量关系不匹配，料尺工作状况变差，煤气流不稳定，风口频繁损坏。经过 1 年时间的治理、恢复，到 2008 年 4 月，基本遏制了风口频繁损坏现象，2007 年 4 月~2008 年 3 月，共损坏风口 139 个（见图 6-1）。

b 损坏风口的圆周分布

2007 年 4 月~2008 年 3 月，2 号高炉损坏风口主要集中在西南（48 个），其次在东南（36 个）、东北（30 个），损坏风口最少的区域在西北（25 个）。损坏风口的分布既有圆周方向的普遍性，又有西南方向的集中性（见图 6-2）。

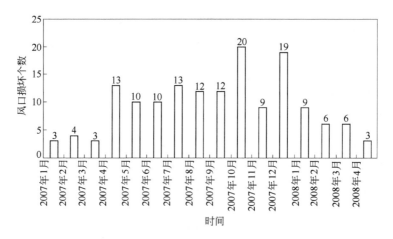

图 6-1　首钢 2 号高炉 2007 年 1 月 ~ 2008 年 4 月风口损坏数量

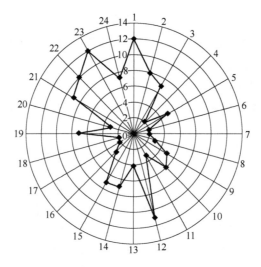

图 6-2　2007 年 4 月 ~ 2008 年 3 月损坏风口的圆周分布

B　风口损坏的原因

风口损坏从外表特征分析，可分为熔损、破损和磨损 3 大类。

（1）风口熔损。是由于受热增加，散热恶化，风口壁热量积累，导致温度升高所造成的。当温度高于铜开始强烈氧化的温度 900℃，甚至达到熔点 1083℃时，风口便被烧坏。

（2）风口破损。由于风口本身结构与材质引起。风口前的高温气体和高温熔体、炉墙温度、冷却水温度之间温差悬殊，这是造成风口热应力的外因；而风口水室壁厚不均、风口材质不纯、表面粗糙、晶粒粗大、组织疏松、存在气孔夹杂等铸造缺陷是造成热应力的内因。风口破损外表特征常常表现为焊口开裂、龟裂、砂眼等。2007 年 4 月，4 号风口的损坏就是由于左上外口的 15mm 长的裂纹造成的。

（3）风口磨损。由于焦块和熔融物料在下降时从风口周围滑落所致。铜质风口壁表面的氧化皮极易在渣铁流冲击下和巨大热负荷作用下剥落，而风口内部冷却水的不均匀分布，直至汽膜层的作用，是决定磨损部位的重要因素。生产中不及时调整喷枪位置，还会造成喷枪压缩空气和煤粉磨坏风口。

C　风口频繁损坏的对策

针对风口频繁损坏的局面，采取加锰矿洗炉以改善渣铁流动性，清洗炉缸边缘结厚部位；炉内调整装料制度，采用档位布料，以改善煤气分布的稳定性。炉外配合炉内，还采取了以下措施：

（1）提高风口冷却强度。将风口冷却水水压由 1.5MPa 提高至 1.7MPa，提高风口内部的冷却能力。

（2）对损坏的风口不过分减水。原来将坏风口的水减至无花，但结果是风口守不住，2008 年开始将坏风口的水改直排，保持水流量，取得了很好的效果。

（3）及时更换损坏的风口。对损坏的风口采取及时更换措施，在送风时该风口前端堵泥，待炉缸热度充足，南、北场铁水物理热上升至 1500℃ 后再捅开。

（4）风口和二套角度的调整。对 24 个二套上翘角度测量后发现，12 个二套上翘角度超过 5°，且上翘角度超过 5° 的二套所对应的风口在 2007 年 4 月 ~2008 年 3 月损坏 99 次，占 2007 年 4 月 ~2008 年 3 月损坏风口总数 139 次的 71.22%。2007 年 12 月 26 日开始，逐步对上翘角度超过 5° 的二套进行更换或安装下斜（3°）风口，二套风口调整后，风口损坏次数减少，共损坏 5 次，为同期风口损坏总数的 23.81%（见表 6-4）。

表 6-4　风口和二套角度调整情况

风口号	上翘角度 /(°)	2007 年 4 月 ~2008 年 3 月风口损坏次数	调　　整		调整后风口损坏次数/次
			二　套	斜风口	
1	9	12	2007-12-26		1
2	7	8	2008-01-03		1
3	7	7		2008-03-21	0
10	6	6		2007-12-26	1
11	5	3		2008-01-30	0
12	11	11	2008-01-03		0
14	7	7	2008-01-03		0
15	6	7			
19	5	7		2007-12-26	0

风口号	上翘角度 /(°)	2007 年 4 月 ~ 2008 年 3 月风口损坏次数	调整		调整后风口 损坏次数/次
			二 套	斜风口	
21	5	9	2008-01-03		1
22	6	10		2007-12-28	1
23	10	12	2007-12-26		0

  D 效果

经过 10 个月的治理，首钢 2 号高炉大量损坏风口的现象得到了有效控制，每月风口损坏数量又降低到 3 个左右的正常水平。

6.1.1.8 武钢 2 号高炉风口频繁损坏及其处理[3]

武钢 2 号高炉有效容积 1536m³，于 1998 年 11 月 13 日完成第四代改造性大修后送风开炉。这一代大修后风口由第三代的 24 个调整为 20 个，铁口由 1 个增为 2 个（夹角 36°），取消了放上渣，由双钟炉顶改为无钟炉顶。该高炉开炉半年没有损坏一个风口，炉况较稳定。但从 2003 年下半年开始，炉身冷却壁尤其是钩头部位大量损坏，高炉开炉到 2002 年底只损坏冷却壁 2 块，钩头 21 个，而 2003 年损坏冷却壁 12 块，钩头 63 个。随着冷却设备损坏数量的增加，加上高炉取消放上渣后风口布局较难顺利调剂到位，导致 2003 ~ 2004 年风口频繁损坏。2004 年 2 月，通过采取有效措施才扭转了高炉生产被动的局面。

  A 风口损坏情况

2003 年 1 ~ 10 月，2 号高炉每月损坏风口 2 ~ 4 个，但 11 月和 12 月损坏风口数分别高达 22 个和 20 个。2004 年 1 月，2 号高炉损坏风口 23 个，风口损坏势头较猛，有时风口连续几天损坏，有时 1 天损坏风口多达 3 个，有时同一个风口损坏多次，比如 4 号风口就损坏了 4 次。风口大量损坏不仅给高炉操作带来困难，而且给高炉生产带来隐患。2004 年 1 月非计划休风 5 次，休风率 2.34%，慢风率 3.05%。2004 年 1 月 2 号高炉风口损坏情况见表 6-5。

表 6-5 武钢 2 号高炉 2004 年 1 月风口损坏情况

日期	2	3	5	10	11	12	13	14	16	18	20	24	25	26	27	28	29	31
风口号	3	7	10	4	1, 17	16	18	3, 6	7	12	14	14	16	4	3, 15	15	4	4, 9, 20

绝大多数风口损坏属于烧坏。从风口损坏部位看，13 个前端下部烧坏，占 57.5%；7 个侧面烧坏，占 30.5%；1 个（7 号）上部烧坏，占 4%；1 个（15 号）磨坏，占 4%；1 个（12 号）前端完全烧掉，占 4%。

由于 2 号高炉风口大量损坏，造成频繁休风。12 日换了 6 个风口，送风后 16 号风口又坏。15 日换 4 个风口。17 日换 7 号风口（烧开），送风后 12 号风口又坏。21 日换 12 号和 14 号风口（烧开）。27 日换 5 个风口。30 日换 4 号和 15 号风口，均为烧开。

B　风口损坏原因分析

风口损坏原因有：

（1）入炉焦炭质量较差。2002 年下半年以来，2 号高炉主要靠用外购焦，往往是来什么焦炭用什么焦炭，而外购焦质量有越来越差之势。高炉用了这些质量差的外购焦后，料柱的透气性、透液性明显变差，炉缸不活，损坏风口增加。

（2）风口布局不合理。2 号高炉风口基本布局见表6-6。从表中可见，2003 年 1 月损坏的 23 个风口中有 16 个是 $\phi120mm$ 的小风口，占 69.5%，紧靠小风口旁边的有 4 个风口损坏，占 17.4%。据此认为，小风口过多或者局部小风口过于密集，引起鼓风动能偏大，风速偏高，鼓风穿透力增加，可能容易形成液泛，同时可能导致边缘气流局部不足，边缘气流不足又使边缘渣铁流动不畅，大量渣铁呆滞在风口下部区域，烧坏风口。

表 6-6　2 号高炉 2003 年 1 月风口布局情况

风口号	1	2	3	4	5	6	7	8	9	10	11	12	13	14	15	16	17	18	19	20
风口直径/mm			120	120						120		120		120		120	120	120		120
状　态															加长	加长	加长	加长	加长	加长

注：未注明的风口直径为 130mm、长度为 590mm，加长风口长度为 643mm。

（3）长风口使用不当。2003 年 12 月末，在煤气流局部过旺的东北方向换上 5 个加长风口，并堵了 17 号风口。这 5 个加长风口与原有的 1 个加长风口构成了长风口群，它正好位于小风口过于密集的区域，导致风口回旋区向炉缸纵深方向发展，从而导致中心气流增强，边缘气流减弱。

（4）上下部操作制度搭配调剂不及时。2004 年 1 月上旬，布料矩阵沿用上月的 $C^{8765}_{122224}O^{8765}_{2331}$。1 月中旬，由于高炉风机存在一些问题，顶压退至 0.150MPa，布料矩阵变为 $C^{8765}_{122224}O^{8765}_{2331}$，实际上以上两种措施都是以发展中心气流为主。由于中心气流较发展，边缘气流不足，边缘局部区域可能存在一定堆积，引起风口破损增加，破损部位多在风口外侧偏下方。损坏风口向炉内漏水，加上频繁休风，加剧了风口区的不活跃，导致频繁损坏风口。

（5）炉身中下部冷却壁及冷却壁钩头的水管大量烧坏。2 号高炉大修后仍采用传统的工业水开路冷却，经 6 年多的运行，冷却壁内结垢严重，冷却强度下降，导致冷却壁损坏加剧。冷却壁及钩头损坏后向炉内漏水，造成风口损坏增加。

C　应对措施

（1）2 月初，针对高炉运行情况进行分析，确定继续堵 17 号风口，9 号风口

由 $\phi130\text{mm}$ 改为 $\phi140\text{mm}$，14 号风口由 $\phi120\text{mm}$ 改为 $\phi130\text{mm}$，进风面积由 0.2364m^2 变为 0.2406m^2，利用休风机会予以实施。调整的思路是适当扩大渣口区域的风口进风面积，增加边缘气流，使整个炉缸的周向气流趋于均匀。通过这次调整，大量坏风口的势头得到遏制，但坏风口仍时有发生，4 日坏 16 号风口，7 日坏 14 号风口。

（2）2 月 10 日，经讨论决定继续扩大风口进风面积，将 12 号、16 号风口分别由 $\phi120\text{mm}$ 扩至 $\phi130\text{mm}$，进风面积由 0.2406m^2 扩至 0.2445m^2，顶压由 0.150MPa 提高到 0.160MPa，这些措施都对发展边缘气流有利。为了避免从一个极端走向另一个极端，从装料制度上又适当抑制边缘，矩阵变为 $C^{987651}_{222215} O^{98765}_{33221}$。

（3）对损坏频度较高的风口，在更换时将风口前端的渣铁凝聚物烧干净，加海盐并适当填充一些休风泥，防止送风后风口马上又被烧坏。

（4）日常操作中适当提高炉温水平，下调碱度，增强炉缸排碱能力，并加用锰矿以改善渣铁的流动性。在现阶段，考虑到武钢高炉的原燃料供应条件，潮焦入炉不可避免，潮焦携带大量的碎焦粉末会使高炉透气性、透液性变差。另外，入炉的碱金属也会降低焦炭的反应后强度。针对这些不利因素，在操作中应控制好压差，减少崩料、滑料次数，以减少风口前端上部损坏。同时应尽可能采用高风温和较高富氧率操作，提高风口前理论燃烧温度，使风口前残存的煤粉和碎焦粉末燃烧得更加充分。

（5）加强查水力度，减少或尽量避免冷却壁损坏而未及时发现，减少向炉缸炉区域漏水。

D　调剂效果

（1）2 月上旬，2 号高炉两次休风对风口布局进行了调整。调剂期的 2 月 3 ~ 10 日，只损坏 2 个风口。2 月共坏 7 个风口，其中调剂前的 2 月 1 ~ 2 日已坏 4 个风口，因此调剂后的 2 月的 29 天中只坏了 3 个风口，比 1 月的 23 个风口大大减少。风口大量损坏的预势得到遏制，说明调剂方向是对的，收到了一定成效。

（2）1 月炉底温度有几个点长期超过 $800℃$，月平均炉底温度分别为：20 号点，$860℃$；26 号点，$842℃$；29 号点，$852℃$；35 号点，$864℃$；36 号点，$856℃$。2 月平均炉底温度没有一个点超过 $800℃$，说明炉况更趋顺行。

（3）2 号高炉 2 月坏风口较 1 月大量减少，休风率大大降低，技术经济指标有明显改善，见表 6-7。

表 6-7　武钢 2 号高炉风口频繁损坏调剂前后主要技术经济指标

月　份	平均日产/t·d^{-1}	焦比/kg·t^{-1}	煤比/kg·t^{-1}
1	2812.9	415.9	110.9
2	2953.5	405.3	114.2

E 小结

2 号高炉大量使用质量差的外购焦引起炉缸不活,风口损坏增多。加上冷却壁钩头损坏过多,风口布局调整欠合理等因素,更加速了风口损坏的速度。由于采取了适时调整进风面积和风口布局等措施,快速扭转了风口频繁破损的被动局面,取得了良好的效果。

6.1.1.9 鞍钢7号高炉风口损坏大幅增加原因及对策[4]

A 风口损坏情况

鞍钢7号高炉2004年9月11日大修开炉,进入2009年后风口破损增加。主要表现在2009年2~4月,平均每月损坏风口15个以上,而正常情况下每月只损坏3个左右。

B 风口频繁损坏的原因

根据分析,这一时期风口破损的主要原因是风口二套上翘(见表6-8),因为二套上翘对初始煤气流分布有很大影响。初始煤气流从风口进去后向上而不是向下,吹不透炉缸的结果是导致炉缸边缘不活,容易烧坏风口。另外二套上翘但其风管角度固定,导致煤枪插枪不在风口正中心而是偏下,在高炉大量喷煤的情况下极易磨坏风口。这双重因素作用的结果导致了风口损坏大幅增加。

表 6-8 鞍钢 7 号高炉风口二套上翘程度

二套号	1	2	3	4	5	6	7	8	9	10	11	12	13	14	15
上翘高度/mm	60	40	50	40	50	60	20	20	60	30	20	30	20	40	40
二套号	16	17	18	19	20	21	22	23	24	25	26	27	28	29	30
上翘高度/mm	40	60	50	60	70	70	70	70	90	70	0	60	70	60	70

而引起风口二套上翘的主要原因则与高炉内锌的富集有关。鞍钢各高炉目前锌负荷数据与国内其他高炉的对比情况见表6-9。目前7号高炉的锌负荷超过技术标准吨铁0.15kg的3倍以上。鞍钢高炉锌的主要来源为烧结矿,烧结矿中的锌则主要来自瓦斯泥、瓦斯灰、转炉泥等杂料部分。可以看出,锌的循环富集过程已很严重,而富含锌的转炉泥不断加入,更加剧了高炉锌的循环富集。

表 6-9 部分国内外高炉锌负荷的对比

高 炉	鞍钢7号	鞍钢11号	鞍钢1号	鞍钢2号	宝钢2号	霍戈文	Schwelgern
锌负荷/g·t^{-1}	506	122	227	255	130	140	100

C 处理措施及效果

高炉利用休风机会换掉了大部分上翘的二套,特别是利用年修机会降料面到风口以下,清理炉缸区域沉积的锌以后,炉缸煤气流的初始分布有了很大的改善。初始煤气流从风口进去向下吹，活跃了风口区域，有效地减少了风口与炉内铁水接触的机会，避免了风口烧坏。此后，鞍钢各高炉月均损坏风口的数量重新回到了正常水平。

6.1.1.10 昆钢2000m³高炉风口上翘原因分析及治理[5]

昆钢6号高炉（2000m³）采用了无料钟炉顶、纯水密闭循环冷却系统、密集式铜冷却板等多项先进炼铁技术。高炉炉缸炉底采用了改进型"半石墨化低气孔率自焙炭块＋复合棕刚玉砖"的陶瓷杯结构，一代炉龄设计为10年。6号高炉1998年12月25日点火开炉，经过3个月顺利达产，此后一直保持较高的生产水平。但从2001年下半年以来，6号高炉相继出现炉缸炉底砖衬上涨和风口上翘的异常情况，给高炉继续组织高水平的生产造成了较大威胁。为此，公司安排开展专项调查，要求查清风口上翘原因并提出相应的解决办法。项目组通过对6号高炉砖衬上涨及风口上翘情况进行长期跟踪实测，对从高炉风口中取出的风口组合砖、耐火填料、风口焦、金属及异常物等进行检测，以及对炉缸炉底砖衬热电偶温度进行综合分析，认为以锌为主的有害元素对风口组合砖的侵蚀是造成风口上翘的主要原因，并结合昆钢实际提出了相应的解决办法，高炉继续保持了安全稳定生产。

A 风口上翘原因分析

a 风口焦取样分析

利用高炉检修机会采集不同方向的4个风口焦样，进行了化学成分分析、反应性及反应后强度试验。入炉焦与风口焦试样的对比结果列于表6-10。从表6-10中可以看出：

（1）风口焦中K₂O、Na₂O、Pb、Zn的富集相当严重，最高富集倍率分别为6.6倍、3.1倍、大于122倍、大于1183倍，其中Zn的富集程度最高；

（2）与入炉焦炭相比，风口焦的反应性上升8.3%～15.8%，反应后强度下降12.55%～17.28%。

表6-10 昆钢6号高炉风口焦试样检测结果 （%）

项 目	挥发分	灰分	硫分	固定碳	Pb	Zn	K_2O	Na_2O	CRI	CSR
入炉焦	0.95	13.72	0.39	85.04	<0.01	<0.01	0.178	0.048	29.20	64.55
1号风口	1.10	38.10	0.20	60.37	0.94	3.74	0.93	0.11	41.50	51.28
2号风口	2.18	46.76	0.22	50.70	1.22	11.83	1.17	0.13	38.50	50.00
3号风口	0.50	30.21	0.14	69.02	0.82	0.41	0.31	0.088	45.00	47.27
4号风口	0.87	35.89	0.24	62.88	1.01	0.24	0.59	0.15	37.50	52.00

b 风口组合砖取样分析

采集了高炉4个方向的风口组合砖样进行化学成分分析，结果见表6-11。从表中可以看出：

（1）所取试样 Al_2O_3 含量高达 65.31% ~ 76.51% ，含碳量却很低，说明砖样确为风口棕刚玉组合砖；

（2）不同砖样均含相当量的 Fe、Pb、Zn、K_2O、Na_2O 等成分，说明风口组合砖已不同程度地受到上述组分的侵蚀。

表 6-11　昆钢 6 号高炉风口组合砖成分分析 （%）

风　口	Fe	Pb	Zn	K_2O	Na_2O	C	Ti	Al_2O_3
5 号	1.33	8.24	2.04	3.63	0.32	1.27	0.63	65.31
6 号	1.51	1.58	0.97	0.14	0.066	3.01	0.94	76.51
7 号	1.38	2.02	0.41	0.33	0.12	2.60	0.87	76.28
8 号	1.38	3.04	1.31	4.28	0.28	2.13	0.77	69.68

c　风口异常物取样分析

高炉检修时发现的风口异常物主要有从砖缝中流出的液态金属、风口堆积物、风口异常燃烧物等。风口异常物的分析结果见表 6-12。

表 6-12　昆钢 6 号高炉风口异常物成分分析 （%）

风　口	Fe	SO_2	Pb	Zn	K_2O	Na_2O	CaO	MgO	Al_2O_3	FeO	MFe
9 号	10.44	16.98	6.99	20.49	2.96	0.25	5.03	1.09	6.65	8.62	6.70
10 号	20.43	8.70	10.37	22.98	3.23	0.19	7.12	1.37	3.72	20.34	4.61
11 号	0.13		98.90		<0.01	<0.01					
12 号	0.42		49.86	24.08		14.07（Bi）				0.703（As）	

从表 6-12 中数据可以看出：

（1）风口砖缝中渗出的液态金属以 Pb、Zn 为主；

（2）部分异常物能在风口前端燃烧，产生蓝白色火焰，冷却后有较多黄白色粉末状物体析出，从成分上看 Zn 含量高达 20.49% ~ 24.08% ，分析认为这是 Zn 燃烧生成 ZnO 发生的现象；

（3）部分风口异常物中 Al_2O_3 含量较高，Al_2O_3/SiO_2 远远超出正常炉渣的范围，说明风口周围的棕刚玉砖已受到侵蚀，Al_2O_3 开始进入渣铁堆积物中。

d　风口砖样电镜扫描结果

根据砖样化学成分分析结果，选择部分有代表性的风口组合砖样进行了扫描电镜分析。侵蚀严重的砖样疏松膨胀，形成了肿瘤状的侵蚀体，侵蚀体的核心部分主要是 Zn 单质及 ZnO，而 K、Na、Pb 等有害元素含量不高。

e　综合分析

通过综合调查分析，项目组认为造成昆钢 6 号高炉风口上翘的原因既有物理作用也有化学作用。物理作用是指金属 Pb、Zn 在风口中套周围析出，起了"金属衬垫"的作用；化学作用主要是指 K、Na、Zn、Pb 等有害元素对风口组合砖的侵蚀破坏作用。从昆钢 6 号高炉风口区砖衬的实际侵蚀情况看，化学作用为主，物理作用为辅，而化学作用当中又以 Zn 的危害为主，K、Na、Zn、Pb 的综合侵蚀和叠加效应为辅。

  B 风口上翘的治理措施

  风口上翘的治理措施有：

  (1) 定期校正风口中套。首先，对高炉风口中套安装尺寸进行动态跟踪测量，利用高炉计划检修的时机定期有针对性地校正风口。校正风口就是将风口中套拉出来，把中套下边突起的填料和砖衬削平，再重新安装好。平均每次校正 6 ~ 8 个风口中套，3 ~ 4 次就可以把所有风口中套校正一遍。无论什么原因造成的风口上翘，这一措施都很有效。每一次大规模校正风口之后都会带来高炉产量的提升，相反若较长时间不进行校正风口，则会引起高炉产量的逐渐萎缩。

  (2) 调整高炉送风制度。昆钢 6 号高炉炉型设计的主要特点之一是炉缸深，炉缸高度达到 4.4m，比国内 2500m³ 高炉的炉缸还深，而与 3200m³ 高炉的接近。这个特点比较适合昆明高原气象特征和入炉品位偏低、渣量较大的情况。较深的炉缸要求风口有一定的倾角，并且鼓风动能充足，炉缸工作才能活跃。而风口上翘的直接危害就是分散了鼓风动能，导致中心煤气流不足，炉缸边缘容易黏结，严重时还会导致风口上缘磨损，频繁休风。所以，风口上翘的高炉要维持炉况稳定顺行必须对送风制度进行调整。首先，要缩小风口直径，提高鼓风动能；其次，要适当加大风口倾角。通过较长时间的摸索调整，昆钢 6 号高炉的风口进风面积从 0.350m² 逐步缩小到 0.295m²，炉况顺行好转以后又逐步恢复到 0.306m²，风口角度逐步从 0°增加到 5°，然后又调整为 7°，取得了较好的效果。

  (3) 强化主动护炉工作。通过对 6 号高炉炉缸炉底的温度场进行调查分析发现，总体上看炉缸炉底温度比较正常，表明炉缸炉底砖衬并未受到异常侵蚀。但是，进入 2001 年 3 月以后，炉缸炉底各层温度变化较大，说明在此期间炉缸炉底受到的侵蚀比较严重，这和砖衬上涨、风口上翘的时间基本吻合。因此，有必要在不影响高炉顺行的情况下，适当提高铁水中钛含量，在炉缸炉底形成含一定量 Ti（C、N）的保护层，以阻止有害元素进一步侵蚀砖衬，抑制砖衬上涨和风口上翘。项目组建议将铁水中钛含量控制在 0.08% ~ 0.12%，按此要求适当增加了含 TiO_2 的勐桥精矿在混匀料堆中的配入量，收到了较好的效果。

  (4) 降低 K、Na、Zn、Pb 等有害元素的入炉量。在昆钢条件下，要实现精料和大幅度提高入炉品位，不是一朝一夕的事。但是，自从发生 6 号高炉风口上翘之后，昆钢在降低 K、Na、Zn、Pb 等有害元素的入炉量方面做了大量工作，收到了明显成效。历年来昆钢 6 号高炉入炉有害元素量变化情况见表 6-13。

表6-13 昆钢6号高炉有害元素入炉量变化情况

年 份	碱负荷/kg·t^{-1}	铅负荷/kg·t^{-1}	锌负荷/kg·t^{-1}
1999	4.75	0.328	0.831
2000	4.58	0.345	0.748
2001	4.79	0.339	0.786
2002	4.60	0.251	0.835
2003	4.41	0.176	0.885
2004	4.36	0.156	0.764

从表6-13可以看出,经过多年的努力,昆钢6号高炉的碱金属和Pb的入炉量都得到了有效的控制,2004年和1999年相比降低幅度分别达到了8.2%和52.44%。虽然危害最大的Zn的入炉量还没有明显下降,但碱金属及Pb的入炉量降低,也会削弱K、Na、Zn、Pb几种有害元素的叠加效应,使Zn对高炉砖衬的破坏作用受到一定程度的抑制。

C 风口上翘的治理效果

将2002年1月和2004年10月项目组实测得到的昆钢6号高炉风口上翘情况进行对比,结果列于表6-14。

表6-14 昆钢6号高炉风口上翘角度 (°)

年份	1 号	2 号	3 号	4 号	5 号	6 号	7 号	8 号	9 号	10 号	11 号	12 号	13 号
2002	6.25	4.53	3.63	7.1	6.03	6.1	8.26	4.98	5.7	2.4	5.8	6.8	4.3
2004	3.78	0	0.76	1.51	0	2.27	3.02	1.51	0.76	1.13	1.51	1.51	2.27

年份	14 号	15 号	16 号	17 号	18 号	19 号	20 号	21 号	22 号	23 号	24 号	25 号	26 号
2002	6.7	5.2	7.52	7.14	7.96	6.92	3.32	4.53	5.2	5.5	7.2	5.7	5.66
2004	0	1.51	3.4	0.76	0.76	0.76	1.89	3.02	0.76	0.76	0	0	0.38

昆钢6号高炉所有26个风口2002年上翘幅度为2.4°~8.26°,平均为5.79°;2004年的上翘幅度为0°~3.78°,平均为1.31°。2004年和2002年相比,风口平均上翘角度减少了4.48°,相当于下降了77.37%,这说明6号高炉最近几年采取的治理措施是非常有效的。

D 小结

大型高炉风口普遍发生严重上翘的情况在国内外比较少见。通过综合调查分析,不但找到了造成昆钢6号高炉风口上翘的主要原因,而且结合昆钢的具体情况提出了若干有针对性的治理措施。通过近3年的综合治理,昆钢6号高炉的风口上翘情况得到了有效控制,风口上翘幅度和速度都明显降低,高炉保持了安全稳定的生产。

6.1.2 高炉直吹管烧坏与烧穿

直吹管烧穿的处理措施与风口烧穿大体相同，其烧坏或烧穿的原因大致有风管内衬耐火材料质量差、内衬浇注质量差、高炉富氧率高、安装时机械碰撞等，以下为部分案例。

6.1.2.1 武钢7号高炉直吹管烧穿风口灌渣的处理（武钢 周国钱）

A 事故经过

2010年11月26日中班20：30，打开1号铁口出第22114次铁。此时风量6300~6350m³/min，[Si] 0.403%，炉渣碱度1.15，铁水温度1497℃。21：05出铁至第3小罐，铁量约180t，下渣刚流进下渣沟时，当班工长听到有尖啸声，17号风口附近冒出火星，立即停氧、停煤、快速减风降压。21：10减风至800m³/min，改常压至30kPa，工长到现场确认，发现是17号风管烧穿，观察风口发现部分风口有涌渣现象。21：15回风至1800m³/min，此时风压125kPa，无崩料、滑料，风口已吹干净。

此时，17号风口区域仍有红渣、焦炭喷出，喷射距离不超过风口平台。该区域部分水管漏水，并有砰砰的声音发出。炉前架设两根打水管打水，因担心喷出物烧坏炉台下方泥炮导致事故扩大，21：23工长逐步拉风至零。由于大量炉渣未出净，炉内透气性变差，致使风压偏高（59kPa），检查风口发现焦炭停滞。21：26开小盖，倒流休风。21：30发现30个风口灌渣，仅16号、12号风口未灌渣，因休风后未及时打开大盖放渣，致使23个下直管灌渣。17号风口区域水管、阀门损坏，炉缸3段、4段损坏排汽阀等各种阀门共计50余台，3号液压炮油管烧损3根，休风处理时间共计750min。

B 处理经验

(1) 风管在安装前的吊运过程中必须尽量避免风管碰撞其他物体，确保其内部耐火材料完整，才能起到保温作用。

(2) 风管安装前必须仔细检查风管质量，如有异常必须更换。

(3) 风管烧穿后的减风降压过程中，应立即组织炉前人员向烧坏处大量打水，尽量减小烧坏面积，减少喷出物，保护炉前设备。在确保安全的前提下，延长减风时间，使炉内渣铁尽可能出净。

(4) 休风后，一旦风口来渣要尽快打开风口大盖放渣，打开风口大盖时人要站在风管侧边。

6.1.2.2 柳钢高炉直吹管烧穿的原因及改进[6]

随着高炉大型化和强化冶炼，高炉送风装置的工作条件更加恶化，直吹管发红与烧穿的事故时有发生，严重影响着高炉的安全生产。2008年12月6日，柳钢2号高炉有1根直吹管烧穿，1min不到整根直吹管就全部被烧毁，仅剩下弯头，风口小套烧坏并喷出红焦，幸好高炉及时放风，才避免了事故扩大。

A 直吹管烧穿的原因

a 直吹管现状调查

柳钢高炉使用的直吹管分为3类，Ⅰ类为本厂制作的直吹管，Ⅱ类和Ⅲ类分别为高炉中修时和其他送风装置一起招标进厂的直吹管。

对2009年1季度各高炉发红烧穿的直吹管进行调查发现：

(1) 380m³ 高炉，有少数直吹管，其与弯头接触部位因漏风在接触面发红，其他部位未见发红现象；

(2) 1500 ~ 2000m³ 高炉的Ⅰ类直吹管出现局部发红，但未出现烧穿现象；

(3) 1500 ~ 2000m³ 高炉的Ⅱ类和Ⅲ类直吹管发生烧穿的较多。

Ⅰ类直吹管在使用过程中发红的原因主要是直吹管内衬浇注料被吹损变薄所致，这表明本厂的直吹管内衬浇注料强度不能满足高风温、高风速的要求。Ⅱ类直吹管发红、烧毁、烧穿的原因主要是直吹管裂纹较多，尤其在枪包部位出现较多裂纹，引起直吹管内衬浇注料突然脱落，整根直吹管被烧毁（见图6-3 (a)）。Ⅲ类直吹管发红、烧毁、烧穿的原因主要是直吹管内衬浇注料质量较差，在前端头部位的耐火材料较薄，在高风温、高风速的条件下，耐火材料抗冲刷能力不足，被高速气流冲刷侵蚀、剥落，导致前端头部位发红。当该部位的煤枪磨烂后，部分煤粉在喷枪头部位聚集、结焦，达到一定量后急剧燃烧，造成该部位温度迅速上升，这是直吹管前端头烧穿的主要原因（见图6-3 (b)）。

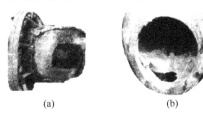

(a)　　　　　　　(b)

图6-3 被烧毁和烧穿的两类直吹管

(a) 整根直吹管烧毁；(b) 直吹管前端头烧穿

b 直吹管烧损原因分析

(1) 管内衬耐火材料质量差是导致直吹管烧损的主要原因。对Ⅰ类和Ⅲ类直吹管耐火材料进行取样化验，其结果见表6-15。

表6-15 柳钢高炉直吹管内衬浇注料的物理性能

耐火材料	耐压强度 (110℃ ×24h)/MPa	耐压强度 (1300℃ ×24h)/MPa	线变化率 (1100℃)/%	体积密度 /g·cm⁻³	导热系数(50℃) /W·(m·K)⁻¹
Ⅰ类	15	40	0.5	2.00	0.8
Ⅲ类	22.7	27.1	0.6	1.87	0.5

Ⅲ类直吹管内衬浇注料主要成分为黏土质熟料，骨料为焦宝石熟料，细粉料为高铝细粉和氧化铝粉，黏结剂为铝酸盐水泥（耐热水泥）。黏土质熟料有良好的保温性能，但超过 600℃后产生晶型转变，1100℃线变化率为 0.6%，导致直吹管内衬浇注料在使用过程中产生膨胀并剥落，同时在直吹管冷热变化时容易产生裂纹。由于Ⅲ类直吹管内衬浇注料高温耐压强度较差，在高风速、高风温的条件下，直吹管内衬浇注料磨损很大。Ⅲ类的个别直吹管使用仅 3h 就出现直吹管前端发红现象，被迫对直吹管进行打水以防止烧穿。

Ⅰ类直吹管内衬浇注料的骨料为焦宝石熟料，细粉料为铝矾土和氧化铝粉，黏结剂为高温黏结剂。由于其保温性能稍差，在高风速、高风温条件下使用 1 个月后发红，说明高温耐压强度仍然不能满足高炉送风要求，为此必须提高直吹管内衬浇注料质量。

枪包耐火材料开裂脱落导致直吹管发生烧穿、烧毁。由于Ⅱ类直吹管的枪包较小，枪包部位的耐火材料很薄，再加上煤枪的振动，易造成枪包部位的耐火材料产生较多的裂纹并脱落，在高风温、高风速的条件下枪包突然烧穿，直吹管在很短的时间内就烧毁，仅剩下直吹管后端的小半截。

（2）喷煤枪磨烂后煤粉在直吹管前端燃烧，造成直吹管前端烧穿。Ⅲ类直吹管的枪管夹角大于 12°，喷煤枪插不到风口前端的中心线，喷煤枪被迫在直吹管前端部位拐弯防止煤粉喷烂风口小套。但是由于喷煤枪采用普通的不锈钢管，耐热耐磨性能不足，喷吹烟煤时容易结焦堵煤，造成煤枪严重氧化烧烂。另外，煤粉中含有小部分的煤矸石颗粒，很容易在喷煤枪打弯处磨损并泄漏煤粉燃烧，造成直吹管前端烧穿。

B 提高直吹管寿命的措施

提高直吹管寿命的措施有：

（1）提高直吹管内衬浇注料的质量。用两种直吹管内衬浇注料（A 料、B 料）制作直吹管，在同一座高炉进行试验，试验用的直吹管内衬浇注料的物理性能见表 6-16。

表 6-16　柳钢高炉试验用直吹管内衬浇注料的物理性能

耐火材料	耐压强度 (110℃×24h)/MPa	耐压强度 (1300℃×24h)/MPa	线变化率 (1100℃)/%	体积密度 /g·cm^{-3}	导热系数(50℃) /W·(m·K)$^{-1}$
Ⅰ类	30	50	0.2	2.10	0.8
Ⅲ类	30	60	0.2	1.85	0.8

两种直吹管内衬浇注料的高温耐压强度比原来有很大提高，1100℃线变化率很低，可有效减少直吹管内衬浇注料的裂纹。在高炉试验过程中，对直吹管内钢壳的表面温度进行跟踪测量，B 料浇注直吹管的钢壳表面温度半年平均值要比 A

浇注料低17℃，表现出良好保温性能，但B料的价格昂贵且浇注施工难度比A料大，为此决定采用A料作为直吹管内衬浇注料。

（2）改进直吹管制造工艺：

1）适当加长加厚枪包，把吹管枪包移向吹管前端，使吹管枪包与吹管头间的距离保持180mm，这样吹管枪包料衬加厚20mm，并将枪套固定，以保证喷煤枪与直吹管中心线夹角小于12°（见图6-4）。

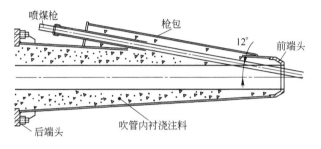

图6-4 柳钢高炉直吹管结构示意

2）在浇注过程中，将原来放在直吹管中心的铁棒改为泡沫胎膜，并使用振动棒振动，确保振动到位、结实，24h烧泡沫胎膜。这可有效防止接铁棒时直吹管内衬浇注料松散脱落。

原来的烘烤制度只烘烤24h，直吹管内衬浇注料局部水分不达标，对直吹管内衬浇注料的均匀烧结有一定影响，因而易出现局部发红。新的烘烤制度改为自然晾干3~5天后烘烤（见图6-5）。烘烤制度改变后直吹管局部发红大大减少，也保证了良好的冷态强度。

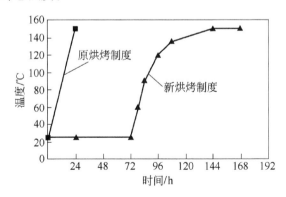

图6-5 柳钢高炉直吹管烘烤制度

（3）采用新型喷煤枪。喷煤枪是高炉风口工作条件最恶劣的部件，改进其结构和材质、提高其寿命是防止直吹管前端烧穿的有效方法。柳钢一直沿用普通不锈钢喷煤枪，高炉扩容后，随着风温和喷煤量的提高，喷吹煤含煤矸石等因素使喷煤枪（主要是弯头部分）磨蚀、烧损等问题日益突出。2009 年 1 季度，炼铁厂风口磨损 49 个，烧穿直吹管前端 3 根。为了解决喷煤枪头折弯部分的磨蚀、烧损等问题，除了对枪包进行改造外，还采用了新型喷煤枪，枪体用耐热合金钢管，喷煤枪头折弯部分用金属陶瓷枪体作为内衬。同时，严格控制喷煤枪插入直吹管的深度，要求喷煤枪插入小套 100mm。

C 效果

采用以上措施后，提高了直吹管的质量，直吹管发红和烧穿的问题得到解决，使用寿命延长。2009 年 2 季度，柳钢高炉风口磨损数量减少到 10 个，直吹管前端没有发生烧穿现象。

6.1.2.3 邯钢 7 号高炉吹管连续烧穿的分析和处理[7]

邯钢 7 号高炉有效容积 2000m³，有 28 个风口，使用的吹管由炼铁部的铸铁车间制作。该高炉 2000 年 6 月 28 日投产，投产初期冶炼强度不高，吹管没有出现大问题。进入 2002 年后，高炉通过增加风量和高富氧操作进行强化冶炼，吹管开始不适应强化冶炼的要求，使用寿命大幅下降，频繁出现吹管烧穿事故。该高炉风口大套、二套内径小，小套前端空间狭隘，受尺寸限制无法采用高效长寿的水冷吹管，高炉生产安全受到严重威胁。通过对吹管不同破损部位的破损机理和破损规律的分析，在吹管结构、钢质材料和内衬耐火材料、制作工艺等方面不断改进，在 2004 年初制造出无水冷的新型吹管，使用后效果良好，吹管寿命大幅度提高，此后再没有出现过吹管烧穿事故。

A 吹管问题的演变过程

邯钢 7 号高炉吹管使用寿命不断下降，最后形成频繁损坏、烧穿的局面，可分为以下 3 个阶段：

（1）第 1 阶段。2001 年 7 月前，7 号高炉处于缺风、少氧的状态。由于高炉扩容时没有配备与炉容匹配的风机，暂时使用的是 1 台 1260m³ 高炉备用的标牌为 3250m³/min 的日本三菱风机，入炉风量维持在 3150m³/min 左右。另外，邯钢制氧能力不足，高炉富氧量极少。热风炉蓄热面积不足，单位炉容蓄热面积只有 66.5m²/m³，风温能力偏低，平均风温不足 1080℃。这一时期高炉冶强不高，吹管没有出现明显影响生产的问题。

（2）第 2 阶段。2001 年 7 月，邯钢 2 台 8000m³/h 吸附式制氧机相继投产，7 号高炉开始逐步采用富氧鼓风，富氧量 8000m³/h，富氧率达到 3%。2001 年底，随着热风炉双预热技术的投入使用和开始配烧焦炉煤气，风温使用水平提高，最高风温可达到 1150℃。随着富氧率、风温的上升，新吹管使用不久即出现内衬脱落、钢壳发红现象，吹管烧穿时有发生。因受其他因素影响和吹管问题的制约，风温使用水平被控制在 1100℃ 的水平，吹管烧穿问题得到暂时控制，但使用寿命明显下降，从 2001 年的 5~6 个月下降到 3~4 个月，给高炉生产增加了安全隐患。

（3）第3阶段。2002年下半年，随着公司新的深冷制氧机陆续投产，高炉富氧率快速增加，富氧量增加到11500m³/h，氧前风量3170m³/min，富氧率达到4.5%。2003年7号高炉新建4900m³/min风机投入使用，风量增加到3600m³/min，风口风速提高，从加风前的175m/s增加到195m/s。此时虽然富氧率有所下降，但仍然保持4%左右的高水平。在风量、风速提高和高富氧率的作用下，吹管问题再次严重暴露，吹管使用寿命进一步缩短，平均使用寿命只有2.5个月。吹管烧穿事故频繁发生，在2002年6月到2003底的1年半时间里发生了11次，每次事故损失产量都在千吨以上。同时高炉又增加很多休风时间来更换严重发红、濒临烧穿的吹管，吹管问题已经严重威胁高炉生产的安全，制约高炉指标的改善。

从以上情况可知，风温、风量，特别是富氧率提高使原有的吹管已无法满足高炉强化冶炼的需要。在受高炉风口大套、二套内径小，小套前端空间狭隘的尺寸限制而无法采用高效长寿的水冷吹管的情况下，必须通过其他途径对吹管进行改进，才能适应高风温、高富氧、大风量的生产要求。

　　B　吹管破损、烧穿原因分析和改进措施

吹管在送风系统设备中是一个非常薄弱的环节。受吹管外形尺寸的限制而又必须满足进风面积的需要，吹管内衬耐火材料的厚度受到严格的制约。在高炉生产送风的过程中，吹管内部要持续传输高速、高温热气流，在热应力、热震性、高速气流的物理冲刷及氧化性侵蚀的作用下，吹管耐火内衬材质会逐步变质、减薄甚至脱落。在外部没有冷却措施的情况下，局部钢质材料暴露后会更易加快吹管破损，很快出现钢管发红、发白，严重时就会造成吹管突然烧穿。

2003年邯钢炼铁部组织技术人员对7号高炉吹管破损情况进行了调查研究，通过对吹管不同破损部位的破损机理进行分析，查找破损规律，在吹管的钢质材料和内衬耐火材料的选取、吹管外形结构、内衬制作工艺等方面做了相应的改进。具体介绍如下：

（1）改进吹管结构。通过调研发现，老吹管最易破损的部位是煤枪斜插管和吹管交界的部位以及吹管头部区域，主要原因是煤枪斜插管相对更细，耐火材料薄并且不易捣打均匀，容易脱落。另外，老吹管煤枪斜管和吹管的角度差异造成耐火材料内面产生一个16°的凸角（见图6-6中2所示部位），引发高温、高速的气流在此处产生旋流效应，加快耐火材料损耗、脱落，使吹管钢质内面很容易直接受到高温气流冲击而破损、烧穿。根据以上分析并通过多种方案的比较、论证，最后在新吹管的结构上做了如下改进：把吹管和煤枪插管夹角方向（见图6-6中1所示部位）的钢管割除，使二者联为一体，同时将煤枪插管加粗，耐火材料厚度增加，使耐火材料内衬能更结实地依附在钢管内侧，不易脱落，加强其保护钢管的作用。插枪前端（见图6-6中2部位）钢管突起一部分，外沿基本和吹管平行，使耐火材料内衬平滑，消除凸角造成的高速旋流，可有效减缓对耐火内衬的冲击和磨损。

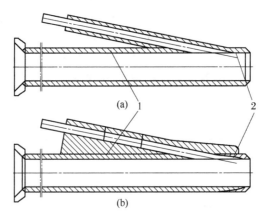

图6-6　新旧吹管的外形结构示意

(a) 老吹管；(b) 新吹管

(2) 改进吹管材质。老吹管的钢管材质为普通的Q235钢，耐热性差，高温下易变形；内衬耐火材料采用耐火水泥加砖粉混合而成，密度小、强度低，抗高温氧化性能差，易磨损。这两种材料很难抵制高温气流的化学侵蚀和物理冲刷。通过选择比较，把吹管的钢质材料改成耐热锅炉钢，制定了新型吹管耐火材料专用料，两种新材质既能满足吹管的工作要求，又有利于吹管的制作和加工。

(3) 改进吹管制作工艺。老吹管的制作工艺简单粗放，制作场地没有严格要求，在吹管的钢管内插入振动棒芯人工填充耐火材料后振动混匀，在耐火材料凝固后拔出棒芯，然后插入煤气管明火烘烤干透即可。这种制作工序弊端很大，耐火材料不易混匀，受热不均匀，容易造成耐火材料膨胀不均、热应力集中、晶格转变水分集中大量蒸发而破坏耐火衬体，整体内衬的强度和高温性能都会大幅下降。为此技术人员设计、制作了吹管填充耐火材料的专用平台，对耐火材料的粒度和混合配比、填充速度和振动时间、强度等做出了详细规定，在烘烤工艺中专门制作了烘烤箱，根据耐火材料性能制定严格、合理的烘烤曲线，保证了耐火材料干燥成形后具有良好的理化性能。

(4) 加强责任管理。在整个吹管制作工序的管理上建立一整套规章制度，在备料、加工、入库各个工序全部实行专人负责签字确认制度。每个吹管上都要打上编号，相应记录制作时间、制作过程的各项参数指标和制作人员姓名后存档，一方面可以提高监督作用，增强制作人员的责任心，另一方面吹管使用出现问题后便于逐步分析、查找原因和进行改进。

C 新型吹管的使用效果

通过以上4个方面的改进，新型吹管于2004年1月批量生产并在7号高炉投入使用。在随后一年多的生产中，在富氧率高达4%的情况下，吹管没有出现过一起烧穿，掉衬、发红现象也极少出现。新型吹管的使用寿命最高可达到1年，比过去提高1倍，消除了专为更换吹管而造成的休风。新吹管投入使用前后的使用寿命和吹管烧穿事故的比较见表6-17。

表6-17 2001~2004年间吹管使用寿命和吹管烧穿事故次数

年 份	2001	2002	2003	2004
吹管使用寿命/月	5	4	3	10
吹管烧穿次数/次	2	6	7	0

在消除吹管问题这一制约因素后，7号高炉在使用富氧、风温等手段调剂炉况时不再心存顾忌，炉况更加稳定。充分利用高富氧优势，产量提高，2005年利用系数突破并稳定在 2.5t/（m³·d）以上，在全国同级别高炉中排名首位。

D 小结

邯钢7号高炉的吹管改进非常成功。和老吹管制作工艺相比，在不采用水冷的条件下，主要是对吹管的选材、形状结构进行改进，并在制作工艺和生产管理上制定了更科学规范的控制标准，使制成的吹管更加合理和耐用，满足了高风温、高富氧、大风量的冶炼要求。

6.2 铁口区域事故

铁口区事故包括铁口泄漏煤气、铁口过浅、铁口散喷、铁口保护板烧坏、泥套缺损、铁口放炮、铁口烧穿等。处理该类事故要求果断、迅速，避免事故扩大化，以下介绍部分案例。

6.2.1 高炉铁口泄漏煤气的处理[8]

本节介绍包钢1号高炉处理铁口煤气泄漏的实践经验。包钢1号高炉经大修改造后于1985年3月26日开炉，投产后就发生了铁口泄漏煤气事故，到1986年11月又发生了铁口上方来渣事故。此后，3号和2号高炉也相继发生铁口泄漏煤气的严重问题，3座高炉被迫轮流休风处理，累计休风855min（31天），相当于1座高炉停产1个月，共损失生铁产量约9万吨以上，造成重大的经济损失。面对这样重大的技术难题，当时没有治理铁口泄漏煤气的成功先例，通过采取压力灌浆、填料捣打、强化冷却、改进材质、电炮打泥等措施，最终基本上解决了铁口泄漏煤气的问题。

6.2.1.1　铁口泄漏煤气及砖衬损坏情况

铁口泄漏煤气表现为从铁口泥套处的孔洞喷出煤气，呈蓝色或白色火焰。在高压操作条件下，火焰冲力随孔洞的扩大而愈来愈大，火焰长度逐渐增加，最长达 2.0m 以上，严重时在出铁前从孔洞中流出大量的炉渣。

1 号高炉开炉 10 个月后，从孔洞喷出煤气的火焰长度达 2.0m，并喷出最大粒度为 5mm 的炭素料。更为严重的是从泥套上方孔洞处流出炉渣 4 次；第一次流出炉渣 5t 左右，被迫减风；第三、四次流渣时，减风也无法控制。在这种情况下，用灌浆和电炮打泥及降顶压的办法维持生产，延续到 1986 年 2 月，被迫拆卸铁口两侧的Ⅲ段 1 号和 35 号冷却壁进行处理。此时发现，在铁口区域靠近冷却壁的炭砖被侵蚀成凹凸不平的坑洞，洞深约 840mm，用铁丝可插入洞内。非工作端的砖衬表面和裂缝处被炉渣覆盖填充，有的炭砖已松动，铁口异型合门砖已有孔道。铁口区炭砖被严重侵蚀，因而造成铁口喷漏煤气和冒渣。

2 号高炉 1986 年 4 月开炉前烘炉过程中曾将铁口区炭砖烘坏，用捣料做了密实处理。6 月中旬铁口出现冒煤气，孔洞深达 350mm，内有凝铁。休风处理铁口时发现，铁口合门砖及铁口两侧炭砖被烧坏，有 10mm 的三角缝漏铁渣，铁口东侧有较大宽缝，这就是铁口喷漏煤气的起因。3 号高炉 1980 年 12 月 7 日开炉后铁口区曾一度冒煤气，休风用炭素料堵住。1986 年 3 月中旬又发现铁口漏煤气，在出铁过程中铁口泥套东侧有一孔洞流铁（孔洞直径为 100mm 左右），此处的炉皮框架被铁水烧坏，在休风时发现铁口区域Ⅲ段 40 号冷却壁水冷管露出，但未被烧坏。休风后拆卸铁口区Ⅲ段 1 号、3 号、40 号冷却壁，清楚地看到炭砖侵蚀极为严重，孔洞、裂缝处很多，在 39 号、40 号冷却壁下部发现有残铁存在，可见加强维护或尽早检修已势在必行。

6.2.1.2　处理对策及效果

这 3 座高炉铁口严重失常的处理，首先采用了压力灌浆法。就是将铁口区域的炉壳开孔，在开孔处焊接钢管，用胶管与泥浆泵相连，在柱塞泵压力为 0.9807MPa（10kg/cm²）的情况下，进行大面积炉壳内灌浆，力图封住铁口区域煤气泄漏的通道。1 号高炉于 7 个月中在铁口区域及其铁口两侧的风口区域共灌浆 10 次，效果不显著，未能从根本上堵住煤气通道，铁口仍然喷射蓝色火焰。以后在冷却壁内（冷却壁与炭砖之间）灌浆，找出冷却壁间隙，进行钻孔焊管灌浆，效果较为显著。与此同时，将铁口区域冷却壁冷却水双联改为单联，并通高压水强制冷却，两侧风口大套也通高压水冷却，加强铁口区域维护，取得了较好的效果。通过采取这两项措施，使铁口失常问题暂时得到缓和，但并没有根本解决问题。

随后采取的对策是：拆卸铁口两侧的冷却壁（1 号高炉Ⅲ段的 1 号和 35 号冷却壁，3 号高炉Ⅲ段的 1 号、39 号和 40 号冷却壁），进行清残渣、残铁，填料捣打，最后从铁口用电炮打泥。送风后铁口不漏，恢复正常高顶压操作。应当指出，以前曾多次用无水炮泥、磷酸盐可塑料及有水炮泥打泥，未能制止铁口泄漏煤气的严重状况，每次只能维持10天左右。1986年2月，1号高炉拆卸3段冷却壁进行处理，冷却壁与炭砖之间用炭素料进行填料捣打（为便于上冷却壁，最外层用可塑料修平）。5月又漏煤气，用新配制的磷酸盐高铝碳化硅可塑料电炮打泥两次，有效地堵住了煤气通道，基本上解决了铁口泄漏煤气的严重问题。2号、3号高炉以同样的方法处理均获得成功（2号高炉在铁口框架处加两圈铜管通水强化冷却），使高炉恢复到正常的高压操作。所采用的可塑料具有抗渣铁、抗高温、强度高等优点，其耐火度大于1790℃，气孔率为16%～23%，常温耐压强度为91～127MPa，荷重软化性能良好，是一种较好的耐高温可塑料。

此外，强化了炉体管理工作（包括炉底、炉缸及铁口等区域的日常监视和维护工作），加强预防性措施，以防烧穿等事故发生。具体做法是：

（1）日常监视好水温差和热负荷变化，以热负荷变化大小确定其安全线或警戒线，超过峰值立即采取应急措施，如改单联并通高压水，定期清洗冷却壁等；

（2）在操作上，要稳定造渣制度和热制度，严格控制和稳定边缘气流；维护好铁口深度，出净渣铁；

（3）凡有较长的休风机会，坚持在铁口区域及热负荷高的区域进行压力灌浆，并改进灌浆材质，减少带入的水分，使其体积收缩大大减小；

（4）炉台增设高压泵，强化冷却；

（5）采用钒钛炉渣冶炼或用（将要生产的）钒钛球团矿进行护炉。

6.2.1.3　铁口泄漏煤气原因分析

包钢这3座高炉铁口泄漏煤气的原因不尽相同，现分述如下：

（1）1号高炉开炉投产就漏煤气，而且愈来愈严重，生产10个月后泥套冒渣4次。新开高炉铁口出现如此严重的问题，基本原因首先是砌筑质量差。冷却壁与炭砖之间的间隙只有30～50mm，而填料厚度高达300～400mm，填料捣打不实，压下量不足40%，填料层疏松，易使煤气穿透引起泄漏煤气。其次，铁口异型砖加工质量差。砌筑砖缝太大，超过规定的范围，加之炭砖本身质量差，气孔率高达21%～24%、含碳量低，在炉缸工作的高温、高压情况下，提供了渣铁熔蚀、侵蚀、渗透及煤气穿透的条件，导致铁口区域砖衬过早损坏。砖缝隙大，形成漏气冒渣孔道，因此造成铁口严重失常。

（2）2号高炉1986年4月投产后铁口就冒煤气，除砌筑质量不好外，关键是在开炉前烘炉时不慎烧坏了铁口合门异型砖和铁口两侧的炭砖，产生了宽10mm的三角缝，开炉前在炉内铁口区域虽经再次填料捣打也于事无补，以致开炉后铁口漏煤气严重，影响高炉正常生产。

（3）3号高炉铁口失常主要是生产时间较长（已达5年多），炭砖炉衬耗损极为严重。炭砖侵蚀的原因包括渣铁对炭砖的熔蚀、有害气体的化学作用和冷却设备漏水引起的水对炭砖的氧化作用等。

6.2.1.4　小结

（1）铁口泄漏煤气的主要原因是炉衬砌筑质量差和填料质量差。在渣铁熔蚀、渗透以及有害气体化学和物理的作用下，砖衬损坏，局部产生孔洞或煤气通道，引起铁口喷漏煤气和冒渣事故。改进高炉炉缸砌体材质，提高其加工精度，确保砌筑质量是杜绝铁口冒煤气的根本措施。

（2）应加强铁口及铁口区的日常维护，保持铁口深度，出净渣铁。对铁口区域要进行强化冷却，以形成稳定和较厚的渣皮，这对炉役末期的高炉尤其重要。

（3）一旦发现铁口漏煤气要立即采取措施。若早期发现，一般不要拆卸冷却壁处理，可采用 $Al(H_2PO_4)_3$ 为结合剂的高铝碳化硅可塑料，以电炮打泥法进行处理。

（4）凡是有较长休风机会，可在铁口区域坚持压力灌浆，形成网状封闭层，以防煤气串通。

（5）加强冷却，通入高压水以及在铁口框架处安装冷却环管。

（6）在有条件时可以经常配加少量钒钛渣或钒钛球团矿进行护炉。

6.2.2　高炉浅铁口的危害、成因、预防及处理[9]

6.2.2.1　概述

在现代化的高炉生产中，炉前操作的好坏直接影响高炉的安全生产，而炉前事故中发生最多、影响最大的是浅铁口出铁。

铁口是高炉炼铁过程中产生的渣铁排放的出口，不同容积的高炉对铁口深度有不同的要求。在固定的铁口角度下，铁口深，容易把炉缸内的渣铁出净。铁口浅，炉缸中的渣铁液面就高，由于炉内的压力大，铁口浅时控制不住铁流，就会出现跑大溜、过早喷炉现象。

很多恶性事故都是浅铁口造成的，了解浅铁口的危害和成因，预防浅铁口的发生，处理好浅铁口，使铁口能在正常状态下工作非常重要。不同容积的高炉对铁口深度的要求见表6-18。

表6-18　不同容积的高炉铁口深度

高炉容积/m^3	正常深度/m	浅铁口/m	过浅铁口/m
>2000	2.2~3.0	<2.0	<1.5
>1000	1.8~2.4	<1.5	<1.2
<1000	1.5~2.0	<1.2	<0.8

6.2.2.2 浅铁口的危害

浅铁口的危害有：

（1）浅铁口出铁渣铁出不净。浅铁口出铁时渣铁液面比正常铁口出铁液面高，炉缸中存有大量渣铁，将影响高炉炉况顺行，造成高炉受憋，不接受风量。

（2）浅铁口出铁易跑大溜。由于铁口浅，铁口通道受渣铁流冲刷大，铁流不易控制，一旦跑大溜，渣铁沟容纳不下，就会溢出渣铁沟，造成渣铁上坑、下地，严重时烧坏渣罐、铁道、焊住渣铁罐，至使高炉无法正常生产，被迫休风。

（3）浅铁口出铁易跑焦炭，有时因为跑焦炭严重，在铁口前堆积过多造成无法堵炮，只好休风清理焦炭。

（4）浅铁口出铁跑大溜或跑焦炭时，下渣极易大量过铁，引发水渣沟放炮，烧坏渣罐，崩坏水渣流嘴、沟槽，又极易烧伤人。

（5）浅铁口出铁时由于渣铁出不净，堵炮时可能引起铁口上方风口内呛渣、呛焦炭，引发风管烧穿事故。一旦风管烧穿，由于炉缸内存有大量渣铁，减风时往往造成灌渣。由于处理灌渣时间长，会给高炉生产造成巨大损失。

（6）长期浅铁口作业，炉缸中的渣铁侵蚀铁口区域的冷却壁，容易造成铁口烧穿。

6.2.2.3 浅铁口的成因

浅铁口有以下成因：

（1）渣铁未出净。由于渣铁罐满、渣铁上坑、冲渣停水等原因造成铁口不吹而被迫堵炮。这时由于炉缸内存有大量渣铁，堵炮后炮泥在炉缸中存不住而漂起来，并与渣铁反应被烧损，导致泥包破坏，造成下次铁口深度下降。

（2）泥包断裂。有时由于打泥量的波动和铁口过浅，铁出来后在孔道内爆炸，或因为炮泥质量有问题，出现铁口断裂。铁口断裂后泥包可能一次掉很多，造成下次铁口过浅。

（3）操作不当。在开铁口过程中，由于操作不当，铁口底部隔层太厚，透不开铁口但又来铁，被迫闷炮，有时闷炮把铁口从中间闷断，形成浅铁口。

（4）炮泥质量差。有时炮泥质量下降，或由于炉前工人在装泥时打水过多，造成铁口孔道有断泥现象，孔道过松，出铁时跑大溜，堵炮后形成浅铁口。

（5）铁口卡焦炭。由于冷却系统漏水、炉况不顺、潮铁口等原因造成出铁时铁口卡焦炭。如在堵炮时铁口卡住，就会打不动泥，造成浅铁口。

（6）铁口冒泥。铁口泥套坏、泥炮压力不够、炮头坏等原因都可能造成铁口冒泥，一旦冒泥，就形成浅铁口。

（7）开炉时泥包破坏。在高炉长期休风后开炉时，由于渣铁不能顺利渗透到铁口，就要改变铁口角度，用氧气烧铁口，有时烧铁口时间过长，又不断改变角度，把泥包破坏，泥包恢复非常困难。短期内不易形成稳定的泥包，势必造成经常的浅铁口。

6.2.2.4 浅铁口的预防

应采取以下措施预防浅铁口：

（1）出净渣铁。每次出铁都要喷铁口，这就要求每次出铁的时间要均匀，不能人为地缩短和延长出铁的间隔时间，避免渣铁罐不够用和铁口不喷而堵炮。

（2）稳定打泥量。打泥量要相对稳定，每次出铁都要根据炉温和渣铁排放情况适当打泥，打泥量波动不大于40kg。

（3）稳定炉温。对于炉内操作，要尽量稳定炉温，长期低炉温对铁口的危害很大，在操作上要尽量避免。

（4）尽量避免潮铁口出铁，如铁口过潮可用风或氧气烘干，然后出铁。铁口潮时绝不允许钻漏，用风吹或用氧气烧时，风量、氧量也不要太大，避免把潮泥吹出来，形成内大外小的喇叭形铁口。

（5）提高操作水平。每次钻铁口都要根据炉内风压、炮泥情况选择合适的钻头，避免铁口孔道过大或过小，使出铁时间均匀，特别是尽量避免闷炮操作。

（6）加强检查。对开口机、泥炮要认真检查，避免出现故障。对铁口泥套要认真制作，保持合适深度和形状，避免堵铁口时冒泥。同时，要加强炮泥检查，减少炮泥质量的波动。

（7）在高炉长期休风后，开炉时要根据高炉炉内状况，选择合适的开炉方案，避免破坏泥包。

6.2.2.5 浅铁口的处理

浅铁口的处理包括：

（1）有渣口的高炉要尽可能放好渣，减轻炉渣对铁口的侵蚀。

（2）炉内操作要把炉温提到上限，有利于涨铁口，必要时可改炼铸造铁。

（3）为出净渣铁，在出铁后期可适当减风，减少炉内压力，这样可在原基础上多出一点渣铁，也有利于涨铁口，形成泥包。

（4）堵铁口时可采取分段打泥的方法，即封上铁口后，先打75～150kg泥，间隔1min左右，再打50～300kg泥，这样可使铁口慢慢涨上来。

（5）在处理铁口时，先用开口机钻一段，再用钢钎打200mm左右，最后再用氧气烧开，这样可控制铁流，有利于涨铁口，不易跑大溜。

（6）对有2个以上铁口的高炉，可采用1个铁口见吹后再打开较浅的铁口出铁，在浅铁口大喷时，把泥打进去，这时高炉里渣铁液面较低，铁口可一次涨上来。只有1个铁口的高炉，可采用"坐窝"的方法，即堵铁口后过10min左右拔炮再出铁，这样连续几次后，有望把铁口涨上来。

（7）在使用多种方法都无效时，可堵铁口上方的风口，减少铁口方向炉缸的活跃程度，使铁口慢慢涨上来。

（8）改进炮泥的质量。如用有水炮泥的高炉可改用无水炮泥，用无水炮泥的高炉可提高强度，增加炮泥中 SiC 与 Al_2O_3 的含量，提高耐渣铁冲刷能力，并尽量出净渣铁。

6.2.3 武钢 4 号、5 号高炉铁口保护板、框架烧损与处理（武钢 刘和平，张建鹏）

6.2.3.1 事故经过

武钢 4 号高炉（2600m³）2006 年大修，两个铁口，2007 年 5 月 20 日送风开炉。5 号高炉（3200m³）2007 年大修，4 个铁口。同年 12 月 23 日送风开炉。这两座高炉开炉后不久均发生了铁口保护板、框架烧损事故。

4 号高炉 2007 年 8 月 3 日西主沟浇注作业，17：00 主沟浇注完毕。20：40 铁口钻开出铁，因铁口散喷厉害，被迫降压出铁。22：10 发现铁口上方有铁花，立即堵住铁口。共出铁 269.5t，还没有来下渣，随后迅速钻开东场铁口出铁。约半小时后拔西炮，检查发现铁口保护板、框架严重烧损。当即停止使用西铁口，靠东铁口单边出铁维持生产。8 月 5 日休风焊补西铁口框架和保护板，共休风 44h。

5 号高炉 2008 年 3 月 5 日 14：00 钻开 1 号铁口出铁，铁口散喷严重。15：15 发现铁口上方有一股铁水流顺着铁口保护板往下流，随即紧急拉风改常压，及时堵住 1 号铁口，钻开 2 号铁口，出铁后休风。17：00 休风后，发现 1 号铁口右侧保护板及框架局部严重烧损。

这两座高炉铁口保护板、铁口框架严重烧损事故有一些共同之处：

（1）两座高炉铁口保护板、框架烧损事故都是发生在大修开炉初期，铁口散喷严重的状态下。4 号高炉从开炉到发生铁口保护板、铁口框架烧损事故，前后相距 86 天。5 号高炉从开炉到发生铁口保护板、铁口框架烧损事故，前后相距 83 天。

（2）两座高炉铁口保护板、框架烧损事故，都是发生在用免烘烤捣打料新做的铁口泥套，而且是在第 1 次出铁大约一半的时候。4 号高炉是在浇注主沟过程中，将铁口泥掏到见砖后，用 DDS 液压炮压制免烘烤捣打料制作的新铁口泥套。5 号高炉是在正常生产过程中，认为铁口泥套过深，用 PW 进口液压炮压制免烘烤捣打料制作的新铁口泥套。

（3）两座高炉铁口保护板、框架被烧的部位都是在铁口上方。所不同的只是 4 号高炉被烧的面积大一些，5 号高炉被烧的面积小一些。

6.2.3.2 事故原因分析

事故原因主要有：

（1）铁口瓦斯火过大。新建成的高炉在大风量、高顶压条件下，铁口处泄漏煤气严重。从炉内泄漏出来的煤气破坏了铁口泥套的完整性，一处有瓦斯火就表明有裂缝或孔洞。裂缝或孔洞多，持续的时间长，将会破坏泥套的整体强度，给铁口泥套的维护带来困难。

（2）铁口泥套过深。由于瓦斯火大，铁口泥套强度差，铁口泥套容易向里面缩，即铁口泥套越来越深。若铁口通道的出处不光滑或有裂缝，加之铁口散喷，铁水在铁口处四周扩散，如遇裂缝或薄弱处，就会将裂缝扩大。裂缝一旦有铁水冲刷，裂缝便迅速扩大，喷溅的铁水遇到铁口保护板、框架，会很快将其烧坏。

（3）大型高炉不宜采用免烘烤捣打料制作泥套。4号和5号高炉铁口保护板、框架烧损事故，都发生在采用免烘烤捣打料重新压制的铁口泥套，实践证明这有以下弊端：

1）免烘烤捣打料不宜制作大型高炉的铁口泥套。目前广泛使用的免烘烤捣打料主要用于铺垫渣沟、铁沟，是普通的耐火材料，其耐冲刷性、黏结性一般，在短时间内经高温铁水烘烤易产生裂缝。

2）用免烘烤捣打料做泥套，是将免烘烤捣打料堆积在铁口处，而后用泥炮压制。这种施工方式决定了铁口泥套的上下部体积密度不一样。用泥炮压制后又将泥炮退回来，再添加捣打料，再用泥炮压制，如此反复。这样压制出来的泥套存在两个问题：一是某些大型高炉使用的进口PW泥炮设有机械保护装置，炮头运行到接近铁口泥套时自动减速，当炮嘴压上泥套后油压升高，压力增加，以此来压紧铁口。若用这样的液压炮压制免烘烤捣打料铁口泥套，泥套的密实度差，易被铁水冲损。二是向铁口泥套处堆积免烘烤捣打料，因下部的泥料比上部的泥料多，下部的密实度高，上部的密实度差，即泥套下部的泥料紧，上部的泥料松，铁水很容易冲垮体积密度差的泥料。

6.2.3.3 几点启示和今后应采取的措施

（1）新建或大修高炉在开炉前要捣制好铁口泥包，特别是铁口通道要捣密实。开炉后两个月左右要对铁口压入优质泥浆，堵塞裂缝，减少铁口瓦斯火。

（2）$2000m^3$级以上的大型高炉应采用浇注料浇注泥套。在浇注主沟时，将铁口泥套处的残余泥料全部清理干净，用浇注料浇注。浇注时要特别注意铁口上方保护板内填料的密实度。新建高炉铁口瓦斯火大时，应尽可能找休风机会浇注泥套。正常生产时因瓦斯火大会把未凝固的浇注料吹出许多小洞，破坏泥套的完整性，若在休风状态下浇注泥套可以避免这种现象。

（3）浇注铁口泥套一般需要10天左右，需采用泥套泥进行小的修补。软质的泥套泥既能填补泥套表面的小坑，也可做泥套的边子。随着高炉容积扩大、风量增加、顶压提高，修补铁口泥套的泥套泥质量要求越来越高。

（4）为了维护好铁口泥套，要严格控制铁口泥套的深度。

6.2.4 某高炉因铁口泥套问题导致降压堵口

6.2.4.1 事故经过

2004年5月某日11：10左右开4号铁口出铁，11：40铁口见渣，12：05断流，12：15再次来渣。13：10，发现铁口有斜流，铁水沿着泥套面下部冲刷，铁口负责人随即用钢钎处理斜流。在此过程中泥芯被捣掉，此时铁口已小喷，于是堵口。堵口时铁水从铁口下面窜出，未将铁口封住，即将泥炮紧急退回，退回后重新换上保护套准备第二次堵口（非常方式），并通知炉内准备减风。第二次仍未堵上口，因铁口喷得厉害，通知炉内减风降压，风量由6300m³/min降为5300m³/min，接着又降到3300m³/min，减风后采用浇注料特殊保护套才堵口成功（非常方式）。

6.2.4.2 事故原因

铁口泥套使用时间达到1个月，缺损较严重，未进行有效修补与重做，最终导致铁口难堵。

6.2.4.3 预防措施

定期制作铁口泥套，每次出铁前必须检测，确认泥套的完整情况。

6.2.5 某高炉铁口保护砖崩出造成泥套缺损

6.2.5.1 事故经过

早晨6：00，2号铁口出铁见喷后按正常的操作进行堵口。当泥炮用自动方式堵上铁口并打泥240kg，电流上升至150A时，听见铁口处轰的一声并冒出一股黑烟，紧接着渣铁从炮头与铁口之间漏出。经确认，铁口保护砖上部左侧及右侧一半崩掉，铁口泥套上半部分缺损。泥炮操作者再打泥想将铁口封住，但未成功，随即进行紧急退避将炮退回到待机位置。检查炮头发现保护套完好无损，此时铁口渣铁流呈现铁口漏的状态，泥炮重新装完泥并安装加长特种保护套，同时炉内将风量从6500m³/min减至3500m³/min才将铁口成功堵上。

由于铁口泥套在保护砖内，当保护砖压崩后泥套没有支撑点，在保护砖损坏的部位出现了缺损。炮头与铁口泥套无法吻合密封，虽然铁口内已填充了240kg炮泥，但还未烧结就被炉内的压力推出来，渣铁随之跟出，铁口无法封住，只得降压堵口。

6.2.5.2 铁口保护砖压崩的原因

该高炉铁口保护砖压崩，首先是耐火砖质量有问题，其抗热震性和强度不高，此外设计和检修质量也存在缺陷。

（1）事故发生前保护砖已出现裂纹且松动，堵口压力上升到较高值时，炮泥受阻已进不到铁口内，此时打泥堵口压力反弹，并从最薄弱的地方释放出来，本已龟裂的砖因无法承受巨大的压力而崩出。

（2）铁口保护砖在不到 6 个月的时间内损坏严重，首先因为耐火材料的抗热震性和强度不高；其次，制砖工艺存在缺陷，以致出现中间分层现象；另外，生产操作上也存在一定的问题，如向铁口上洒水会使热态砖急冷引起砖出现裂纹，在修理主沟用解体机打主沟与铁沟接头时的震动与冲击力均对砖产生损害等。

6.2.5.3　处理措施

处理措施如下：

（1）铁口保护砖压崩后，当班即组织人员清理铁口冒泥和残渣铁等杂物，泥炮重新装完泥并安装加长特种保护套，炉内减风至 3500m³/min，将铁口封堵成功。

（2）白班技师到达后即组织人员清理铁口框上部已损坏松动的砖，并解体清理干净，经确认下半部分的砖尚可使用，予以保留。

（3）砌筑上半部分保护砖。

（4）新砌的保护砖用煤气火从小到大烘烤 2h，使砌砖的浆料有一定的强度。

（5）制作新的铁口泥套。

6.2.6　唐钢 3 号高炉铁口喷溅的治理[10]

6.2.6.1　概况

唐钢炼铁厂北区 3 号高炉由原来的 2560m³ 改造扩容为 3200m³，于 2007 年 11 月点火投产。开炉后铁口喷溅问题一直严重制约炉前生产，影响了高炉技术经济指标的提高。该高炉铁口 4 个，其中喷溅最严重的是 2 号和 3 号铁口。这两个铁口均位于高炉东侧，喷溅最严重的方向也是主沟东侧。最严重时，每次出铁过程中喷出的渣铁达 10 多吨，清理渣铁使炉前具备出铁条件成为相当繁重的工作。

6.2.6.2　铁口喷溅的危害

铁口出铁后大量喷溅渣铁，铁沟两侧喷溅物高达 1m，开口机无法旋转，泥炮无法直接堵口，只有把堆积的渣铁推掉才能堵口。有时喷溅堆积的渣铁太多，在堵口过程中挡在泥套和泥炮之间，使得泥炮被卡住无法前进。在喷溅时无法看见铁口泥套情况，没法处理铁口，导致冒泥频繁，铁口难维护，放风堵口事故较多。堵口后炉前工人劳动强度大，基本上都是靠人工一点点把堆积物撬掉，短时间内较难具备出铁条件。炉前压炮堵口、开口次数增多，成本增加。大喷时渣铁流很小，高炉总是处在亏渣铁情况，严重时 1h 只能出不足 100t 铁水。亏铁严重，料速慢，炉内风压风量关系不匹配，经常减风操作，严重影响高炉技术经济指标的进一步提高。

6.2.6.3 铁口喷溅的原因

唐钢3号高炉本炉役扩容改造采取本体推移的方式，提前进行本体砌筑。由于时间比较紧，施工方没有砌筑大高炉的经验，在铁口砌筑时遇到很多难题，导致铁口组合砖附衔接缝隙比较大，灌浆比较少。在本体推移时，从东侧逐渐推到原炉基基础上，炉壳受力作用于冷却壁与衬砖，导致砖衬与砖衬之间、砖衬和铁口组合砖之间发生位移，从而出现比较大的空隙。生产中高压煤气从缝隙中窜入铁口通道内，在铁口孔道内压力突然变小，体积急剧膨胀，造成爆炸式的扩散。其向外的作用力造成铁口向外大量喷溅渣铁，而向内的作用力阻止炉缸内的渣铁连续向外流出，从而造成在大喷溅时严重亏渣铁的现象。喷溅严重的2个铁口都在被推移的同一侧，并且喷溅最多部位都在主沟的东侧，说明造成铁口喷溅的主要原因是高压煤气的窜入，其形成如图6-7所示。铁口孔道内高压煤气体积膨胀后影响出渣铁情况受力分析如图6-8所示。

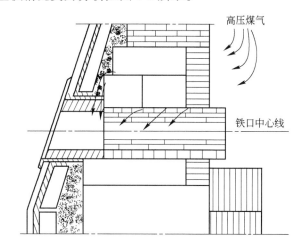

图6-7 唐钢3号高炉铁口孔道串煤气示意

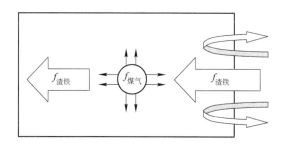

图6-8 唐钢3号高炉铁口出渣铁情况受力分析

高压煤气在铁口孔道内急剧膨胀形成向各个方向的爆破力。在铁口喷溅时可以看到煤气火掺杂在喷溅的渣铁中间，发出不连续的"砰砰"声，使得流出的渣铁形成扇形向外急剧喷溅，开口机、泥炮及整个主沟和两侧短时间内积聚了大量渣铁。基于图6-8所示受力分析，有以下两种情况：

（1）$f_{煤气} > f_{渣铁}$。一方面，从炉缸内流出的渣铁被$f_{煤气}$反推回去，只允许少部分渣铁流出，阻碍炉缸内的渣铁顺利从铁口流出，导致在喷溅时严重亏渣铁的现象发生。另一方面，$f_{煤气}$向外的作用力，使得渣铁急剧向外喷射，形成大量喷溅物。

（2）$f_{煤气} < f_{渣铁}$。炉缸内的液态渣铁可以顺利通过铁口孔道，喷溅不会发生。当炉缸内的渣铁液面比较高时，铁口局部压力比较大，向内回流的渣铁就会被阻止，煤气就会伴随渣铁排出炉外，当大量的渣铁充斥整个铁口孔道时，煤气火就会被阻止或沿着铁口上侧内壁排出，喷溅就会很小或者根本不喷溅。

基于上述分析，只有在刚开铁口时容易形成喷溅，喷溅时向炉缸内的作用力较大时反而阻止液态渣铁向铁口区域聚集，导致喷溅持续发生。只有铁口附近的渣铁比较多，压力比较高时，喷溅才会减弱。在炉缸不活跃、炉况顺行不好、炉缸内环流的渣铁不能及时渗透积聚到铁口附近时，喷溅时间就会比较长。如果铁口难开，耽误时间比较长时，喷溅都会减小。

6.2.6.4 铁口喷溅的影响因素

铁口喷溅的影响因素有：

（1）顺行状态影响。炉缸不活跃，或边缘煤气过分发展，中心吹不透时铁口喷溅都会加剧。无计划休风次数较多，喷溅都会加剧。相反在高炉炉缸工作状况比较好，上下部操作制度匹配较好时，喷溅都会减少。图6-9所示为高炉利用系数与铁口喷溅次数的对比。

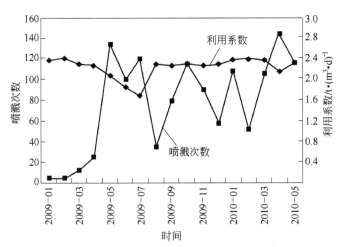

图6-9 唐钢3号高炉利用系数与铁口喷溅次数对比

（2）原燃料质量。在原燃料质量变差，尤其是焦炭质量恶化时，铁口易出现频繁卡焦现象，此时炉缸透气、透液性较差，喷溅会加剧。

（3）炮泥质量。炮泥质量不好，如可塑性较差、体积稳定性不好，烧结后线变化率较大，容易出现裂纹，孔道内渗铁，使喷溅较大。

6.2.6.5 控制措施及效果

（1）灌浆。为了解决铁口喷溅问题，2008 年先后共计灌浆 5 次，但灌浆效果均不理想，作用微乎其微，灌浆情况见表 6-19。

表 6-19 唐钢 3 号高炉灌浆情况

时 间	2008-06-30	2008-09-20	2008-09-28	2008-10-24	2008-12-16
段数	3 段	2、3 段	2 段	3、4 段	3、4 段
灌入方位/ (°)	182	115	233	30, 60, 285	均未灌入
灌入量/t	2.6	1.9	0.4	3	
开孔数/个	16	16	15	20	28

（2）压炮出铁。为了减缓喷溅影响，采取压点出铁，压点时间 10～15min，效果也不明显，还存在喷溅现象。采取开口压炮的方式出铁，靠打泥量控制铁口内炮泥进入深度，用新泥把煤气窜入点堵上，使煤气无法从缝隙内进入铁口孔道内。这既能保证顺利开口，又不会有潮铁口喷溅现象发生，再次开口后喷溅时间和喷溅量明显减少，炉前劳动强度大幅降低。此后一直使用这种方法出铁。但对高炉操作来讲，出铁间隔时间延长，有时还存在难开现象，导致操作困难。压炮后存在着再次开口的情况，消耗炮泥、钻头、钻杆等，直接造成生铁成本增加。按照每次压炮开口消耗 1 个钻头、1 根钻杆、消耗 1/3 次炮泥计算，每次多增加1000 元成本，每个月最多时增加成本 13 万元。

（3）改善原燃料质量，以提高炉缸活跃程度。改善原燃料质量，特别是焦炭质量尤其重要。在高炉内作为骨架的块状焦炭填充在整个空间里，其热态性能直接影响整个料柱的透气性和透液性。渣铁在焦炭空隙间渗透得比较好，炉缸工作均匀活跃，使得液态渣铁在炉缸内活动得比较顺畅，渣铁通过间隙可以快速向铁口区流动，使铁口区附近积聚一定数量的渣铁，不给高压煤气向铁口孔道内窜入的机会，喷溅现象就会减少。

（4）提高炮泥质量。使用质量比较好的炮泥，可减少铁口孔道内渗铁的几率。炮泥应尽量做到粒度细、强度好，以保证在间隔一次铁的时间内铁口孔道内的裂纹不与铁口附近的砖缝形成通路，使窜入的高压煤气无法进入铁口孔道内。

6.2.6.6 小结

灌浆处理对防止铁口喷溅的效果不明显，因为开孔数目较多，但压入的泥浆却比较少。高压设备强行把泥浆压入炉内，会造成高炉炉衬之间松动，埋下影响高炉长寿的隐患。通过压炮的方式可以暂时减缓铁口喷溅问题，又涉及节能降耗等方面的因素，也不是长久之计。通过原燃料质量的改善，既能促进高炉技术经济指标的优化，又能确保炉缸状态均匀活跃，减少喷溅次数，降低生铁成本，是比较好而且应该坚持的最好方式。另外，高炉在生产过程中会形成一定的操作炉型，砖衬会逐步侵蚀，热面及缝隙会逐渐被渣铁黏住，在稳定高炉冷却制度的情况下会形成一定厚度的渣皮，使得高压煤气进入砖缝的机会减少，喷溅也会相对减弱。

6.2.7 铁口散喷及其控制

6.2.7.1 铁口散喷成因分析

铁口散喷的原因主要有：

(1) 水汽压力。新修的高炉因砖衬未充分干燥留有残存水分，或者投产后冷却设备破损漏水，水分遇到炉缸内的液态渣铁后会产生"气体膨胀"。这种因水汽剧烈挥发产生的压力，有一部分会进入铁口，使铁口产生散喷。

(2) 热力作用。新修的高炉投入生产后，高炉本体在热力作用下，均会产生不同程度的膨胀现象，炉壳与冷却壁、冷却壁与砖衬、砖衬与砖衬之间都会产生细微缝隙。高炉冶炼产生的煤气在受到顶压和料柱阻力后，势必通过这些微缝进入铁口通道，使铁水产生散喷。

(3) 高温化学反应。每次出铁后打入铁口通道的炮泥，通常以刚玉、SiC、焦粉等为主骨料，以二蒽油（有的厂直接采用焦油）作为结合剂，外加 45 ~ 70kg/t 沥青碾制而成。一般大型高炉每次打泥量为 0.15m^3 左右，重约 125 ~ 150kg。这么多的泥量进入铁口，形成铁口泥包，在与炉缸高温相遇后，迅速进行一系列的化学反应。位于高温区的泥料快速软化—汽化—结焦，形成焦炭网络状的物体。铁口通道里炮泥同样也进行上述反应，只是由于温度不同，速度要慢得多，一般在 40min 左右。无论哪个区段的炮泥，在结焦过程中都会产生大量气体，这些气体有的通过炉缸参加还原，有的通过铁口溢出。这些气体滞留在铁口通道内又减缓了炮泥结焦，这就是开铁口作业中钻至 2.5m 左右时产生潮气的原因。当铁口打开后，这些气体就涌向铁口，造成铁水散喷。

(4) 炮泥强度。炮泥强度越高，其填充能力越差。炮泥强度通常以每吨炮泥投入多少沥青作为标记。铁口在承受渣铁的机械冲刷和化学侵蚀过程中，内壁很不规则，而且会产生裂缝，高强度炮泥不能填实这些裂缝，再加上沥青投入量大，产生大量烟气，更会加剧铁水的散喷。

6.2.7.2 高炉铁口散喷的控制措施

控制高炉铁口散喷的措施有：

(1) 开炉前捣制好铁口泥包。铁口泥包捣制的好坏是开炉能否顺利达产的重要条件。以前高炉大修时，常因泥包制作不科学，导致高炉开炉后很长时间内铁口出现散喷现象，影响高炉达产的时间。通过试验、实践，在泥包的制作过程中，进行了以下两项改进：

1）将以前的泥包1次捣制改为分层多次捣制。第1层捣制完成后冷结1天，使泥包硬化。第2层捣制完成后长期冷结，利用高炉烘炉使泥包固结，从而形成完整的泥包。为增加泥包的强度，在每层中又分多次捣制。泥包捣制完毕后，再从炉外铁口眼向内捣制铁口通道。捣制工具为半圆弧风镐压板，里外相向捣制，可保证通道密实。

2）泥包用料改用树脂为结合剂的高强度常温冷结的 Al_2O_3-SiO_2-C。

由于泥包制作的改进，使高炉开炉后铁口不再出现大的散喷现象，为高炉快速达产以及以后的正常生产创造了条件。

（2）适时对散喷铁口进行灌浆。通过摸索，采用两次铁口灌浆处理：第一次灌浆用 SiC 质无水压入泥浆，第二次灌浆用炭糊作为压入料。从实践效果来看，铁口煤气受到控制，铁口散喷有所减缓，取得了初步效果。

（3）适当控制炮泥强度。如上所述，炮泥强度通常以每吨炮泥投入的沥青量作为标记。为了减少铁口散喷，通过摸索逐步降低了炮泥强度。在50天的时间内，炮泥中沥青配比由70kg/t 降至58kg/t，直到53kg/t。在铁口散喷现象得到控制后，又将炮泥中沥青配比恢复到70kg/t。

（4）采用浇注料制作泥套。日常高炉上使用的主沟和摆动溜槽浇注料是 Al_2O_3-SiC-C 质的高档耐火材料。其基本特征为：耐火度高，抗冲刷性、抗氧化性、抗化学侵蚀性好，受热后收缩性小，并且浇注料密度大。浇注料的以上性能适合铁口泥套的使用环境。

使用浇注料制作泥套，可有效地阻止铁口区域的煤气外溢，阻止铁口煤气外泄，又可让存留在炉内的重金属逐渐渗入，堵死炉衬缝隙，让铁口区域长时间地保持在一个良好的工作状态下，以减少煤气的渗透带来的铁口散喷。制作铁口浇注泥套，一定要按照规定施工，保证施工时间，检测用料质量及各种辅助材料的数量，特别要注意加水量，一般不得超过5%。

（5）规范日常铁口操作：

1）控制每次铁的炮泥打入量，控制铁口深度。铁口过深或过浅都会给铁口维护带来困难，也会给铁口泥包带来伤害，最终造成铁口散喷。所以，铁口深度一定要维持在设计范围之内，这也是高炉生产达到设计能力和高炉长寿的需要。

2）严禁使用泥炮顶铁口。泥炮顶铁口对铁口泥包损伤最大，会直接将泥包顶掉，使铁口深度迅速变浅、跑大溜和散喷加剧，严重时还可能造成烧坏设备等事故。

3）维护好铁口泥套，减少冒泥。1个铁口连续冒2次泥，铁口深度就难以保证。每次铁后必须认真检查泥套，有缺陷必须重新制作，制作泥套的修补料必须用刚玉质耐火泥料。要随时观察泥炮、开口机等炉前关键设备的运行情况（如有无异常、是漏油跑偏等），做到有问题及时处理。

6.2.8　某高炉出铁口异常大喷及其处理

6.2.8.1　事故经过

2004 年 1 月 14 日丁班中班，3 号铁口已经 9h 未出铁，在上一次铁口堵口后间隔几分钟打开 3 号铁口。在铁口钻至 2.5m 时，有炽热泥料大量喷出。由于操作者控制开口机前进速度欠佳，当钻至 3.5m 时采取了开口机顶进操作，钻杆拔出铁口时铁口出现渗漏（全渣）。炉前组长未采取堵口的方式，而采取让铁口自动冲开的作业方式。当来下渣 10min 后，随着铁水增多，铁口越喷越大，黄烟直冒。25min 后堵口，打泥 80kg。10min 后铁口再次打开，此时铁口状态好转。

6.2.8.2　原因分析

铁口异常大喷不仅造成黄烟直冒，污染周围环境，还对泥包有极大危害，造成铁口深度不稳定，对铁口维护不利，打乱正常的出铁程序。此外，对高炉炉墙侧壁寿命也会带来一定的影响。

造成铁口异常大喷的客观原因有：铁口长时间不出铁，铁口泥包有缝隙，产生铁口渗漏；开口机速度控制不佳，冷却效果不好，加上没有及时更换钻头，使钻头过早发红，没有抢过铁口漏点，最终造成铁口打开后大喷。3 号铁口很长一段时间打开后喷 20min，该区域气流分布较活跃，造成煤气从铁口、炉墙缝隙中渗出，加剧了铁口大喷。主观上的原因有：对开口困难及危害的认识程度不够；开铁口技能差，铁口渗漏后未仔细分析，没有采取重新堵口措施等。

6.2.8.3　处理措施

处理措施如下：

（1）在开口过程中，发现钻头旋转困难或烟尘吹不出应立即退避，换小一号的钻头再次开铁口。确认钻头磨损或因水量控制差造成钻头发红变形，钻杆拔出后如果钻头拔断，可采用烧氧气的方法。这时再钻一定要保持最大的压缩空气和最大的水量，以保证钻头不再发红或变形。

（2）在开口过程中一旦发生开口困难或铁口钻漏，应立即组织人员清理铁口周围渣铁，准备堵口（打泥 80kg），并使用最小钻杆。堵口要确保不冒泥，保证有充足的压力弥补铁口的渗漏。如果时间允许可延长拔炮时间，尽量不要拔空。再开口时应防止潮泥将钻杆闷住，要保证开口一次成功。

6.2.9　某高炉堵口时泥炮灌膛

6.2.9.1　事故经过

2009 年某月 3 日某高炉 2 号铁口于 9∶10 开口出第一炉铁（新投产）。10∶17

铁口见喷，铁口负责人指挥堵铁口。操作工甲到泥炮操作室选择自动方式进行堵铁口，由于泥炮旋转不到位，无法完成后续的锁钩、压炮、填充3个连续有效的动作，自动堵口失败。当泥炮紧急退回到待机位置时，甲未对泥炮顶泥状态确认，另一名操作工乙在泥炮操作室选择非正常方式再次进行堵口时，渣铁倒灌进炮头至异颈管，炮泥受阻，无法填充进铁口内而从装泥孔返出，造成铁口堵不上。高炉被迫减风减压至20kPa，采用非正常手段才将铁口堵上。

6.2.9.2 事故原因分析

事故发生的原因有：

（1）炮泥从炮头挤出在冷态情况下本应呈圆柱形，但操作者顶泥不足，未将散装老泥挤出，一旦遇到堵铁口时受异常高温的烧烤，炮泥中起黏结作用的焦油就失去黏性，松散的炮泥几乎起不到填充炮头空间的作用。堵铁口时炮头在朝铁口方向运动过程中，受到从铁口喷溅出来的渣铁直接冲击，炮头内松散的炮泥会被冲掉。当炮头压上铁口面且很严密时，渣铁已进入炮头。

（2）电炮泥缸内的块状炮泥之间存在间隙，加上手动堵口操作时压炮到位后打泥动作迟缓，进入炮头内的渣铁在炉内的压力作用下迅速灌进二节，与炮泥混合成半凝固状态。当炮泥前进阻力增大时，由于第二节是圆锥体，推力从泥缸圆柱体方向往圆锥体方向推，其效率降低很多，根本无法将炮泥渣铁混合成的半凝固物推出来。

（3）泥炮缸体与活塞间隙过大，当活塞前进阻力大时，炮泥全部从间隙往回返，返泥既增加了活塞与泥缸的摩擦力，又使推动的效率下降。

（4）操作者在堵口前未对泥炮的顶泥状态进行确认，并在非正常状态下对设备的操作不熟练，这是引起事故的重要原因。

（5）设备状态不良，第一次堵口就不能自动正常运转。

6.2.9.3 处理措施

处理措施为：

（1）由于渣铁灌入泥炮二节较深，短时间内难以处理好，泥炮已暂时失去堵铁口功能。为了便于堵铁口，高炉采取了减风减压至0.02MPa的操作。

（2）采用人工堵铁口。

（3）放掉主沟存铁。

（4）卸去二节并清理里面的残铁及结焦的炮泥。

（5）安装二节并更换炮头，铁口泥套更新。

（6）炮泥装入后试运转，确认各动作正常，将铁口烧到一定深度后重新堵泥，以防止出铁时铁口浅和跑大溜。

6.2.10 鞍钢高炉开炉时渣铁口来水放炮事故及处理[11]

高炉开炉送风后能否及时转入正常，关键取决于炉前操作，即出铁、出渣工

作是否正常。开炉的中心环节是炉前操作，而防止渣铁口事故尤为重要。鞍钢
10 号、11 号和 9 号高炉开炉时发生过 3 起事故，都与出铁、出渣不正常有关。

6.2.10.1　事故经过

A　鞍钢 10 号高炉铁口事故

1972 年 11 月 1 日，10 号高炉（1805m³）大修后开炉送风。13 日 0：00 发现
铁口来水，此后来水持续 4 天之久。11 月 22 日 1：00，由于铁口来水，潮铁口
出铁，出铁时不断"打炮"，崩坏了炉缸砖衬，铁水接触到冷却壁，冷却壁水管
被烧坏，进而引起更大爆炸，结果造成严重的炉缸烧穿事故，烧坏了电炮和开口
机，损失严重。

B　鞍钢 11 号高炉渣口爆炸事故

1975 年 12 月 9 日，11 号高炉（2025m³）中修后开炉，发生了渣口爆炸事
故。12 月 12 日 7：00，发现铁口来水。但处理不够果断，拖延了时间，使炉
缸内聚集了大量渣铁。打开东渣口放渣，由于渣中带铁多，渣口爆炸造成严重
事故，炸坏了东渣口的大套和二套，还炸坏了 2 段 19 号和 3 段 20 号、21 号冷
却壁，另外冲水渣系统被炸，引起值班室着火，高炉不得不休风更换冷却
设备。

C　鞍钢 9 号高炉铁口来水

1979 年 9 月 7 日，9 号高炉（944m³）检修后开炉。9 日 8：00 发现铁口来
水。这次铁口来水虽然未像 10 号和 11 号高炉那样造成重大事故，但由于处理铁
口来水，使高炉连续两天不能加风，并休风 370min。

6.2.10.2　铁口来水的原因分析

这 3 座高炉开炉阶段出现铁口来水的原因不尽相同，归纳起来主要有以下
问题：

（1）炉缸未留排汽孔。大中修施工中，砌砖、灌浆时有大量水分带进炉内。
由于高压要求，炉壳的密封性日益提高，炉缸未留排汽孔，炉壳与冷却壁间的灌
浆水、砖衬与冷却壁间的泥浆水或是中修停炉残存焦炭的吸附水，不容易从炉内
排出。开炉后这些水分受热蒸发，遇冷却壁后又会凝结成水从上部往下流，在其
他区域找不到出路时，铁口就成了"排水口"。

（2）施工质量不好。在 10 号高炉处理事故的过程中发现，铁口左侧和左上
方，炭砖和冷却壁间出现多达 3m² 的无填料空腔。大量的水蒸气在这里凝结成
水，水直接渗透到铁口区，浸湿了泥包。潮铁口出铁打炮又导致空腔内积水大量
渗漏，遇铁水爆炸，造成了严重的事故。

（3）未按计划烘炉。高炉中修开炉，烘炉时间一般为 5 天，烘炉温度应达到
500~600℃。11 号高炉炉底没有砌保护砖，烘炉仅 37h12min，炉缸残存焦炭燃
烧烘炉被迫停止。由于这一缘故，施工中泥浆水和残焦、残渣的吸附水未能从炉

内排出。9 号高炉虽然在铁口左上角设有一个排汽孔，由于烘炉不彻底，水分未能排掉，开炉后仍出现铁口来水现象。

6.2.10.3 铁口来水的处理

开炉后如果出现铁口来水问题，处理上应既慎重又果断。否则，拖延了时间可能诱导更严重的事故发生。铁口来水处理应注意以下几点：（1）炉内要控制风量，必要时降低冶炼强度；（2）迅速判明铁口来水原因；（3）立即采取压水、排水措施；（4）抓好放渣工作，防止渣口事故；（5）强化铁口烘烤，力争按时出铁。

如果上述办法不能奏效，则应组织休风，对铁口采取如下措施：（1）将铁口抠进 600~700mm；（2）塞进磷酸盐混凝土（磷酸、焦宝石、矾土水泥掺和而成）将渗水孔糊住；（3）插进一根直径 159mm 的无缝钢管；（4）塞进粗缝糊进行捣固；（5）在铁口两侧两段冷却壁相接处开排汽孔；（6）进行烘烤直到铁口干燥。

6.2.10.4 预防措施

上述 3 例开炉事故损失严重，不但损坏了设备，而且还直接威胁到人身安全。为预防这类事故发生，必须采取以下措施：

（1）改进烘炉工作。从鞍钢高炉历次烘炉情况分析，大修高炉烘 7 天，中修 5 天，烘炉风温应达 500~600℃。为防止炉缸炭砖或残存焦炭着火，在周壁和底面需砌一层保护衬，以确保烘炉按计划进行。烘炉时废气的含湿量应不大于 $5g/m^3$。

（2）在炉缸及铁口区炉壳上设排汽孔。虽然开炉前烘炉 7 天，废气含湿度达到 $5g/m^3$ 的标准，但这并不意味水分已从炉内全部排掉。大、中修开炉后 3~5 天甚至一周时间仍有水或蒸汽从风、渣口各套间排出就是佐证。可以认为，在上述部位设置排汽孔，对减少炉壳内水量以防铁口来水十分必要。

（3）彻底清除炉缸内铁口以上残存渣焦。以往中修开炉只将铁口与其上方的几个风口挖通，将残渣、碎焦撒向炉缸其他部位。实践表明，这会给迅速恢复炉况造成很多困难，同时也容易发生铁口来水事故。另外，中修停炉后应控制喷水量，能将剩余焦炭熄灭即可。喷水过量，焦炭吸水太多，对烘炉不利。要彻底清理炉缸，剩余少量焦炭中即使有些吸附水，也不会对铁口构成威胁。

（4）把灌浆工作提到砌砖前进行。中修更换炉身冷却壁或大修完毕，在炉壳和冷却壁间灌浆密封，泥浆达百余吨。这些部位的水分单靠烘炉不能完全排除。提前灌浆，使这些水分有较长的逸出时间，能减少炉壳内的水分。1977 年鞍钢 7 号高炉（容积 2580m³）投产，该炉灌浆工作于砌砖前进行，开炉后未发现铁口来水，从风口、渣口套间往外渗水也很少。根据 7 号高炉的实践经验，建议灌浆工作提前进行，这会对安全开炉有利。

6.2.11　包钢 2 号高炉铁口自动吹出造成的跑铁事故[12]

包钢高炉冶炼含氟矿石，渣铁对铁口侵蚀大，铁口维护困难。采用无水炮泥后情况有所好转，出铁放风、跑焦等事故减少，但铁口浅或自动吹漏等情况还屡有发生。本节介绍 1981 年 9 月 3 日包钢 2 号高炉铁口自动吹出造成的跑铁事故。

6.2.11.1　事故经过

1981 年 9 月 3 日，2 号高炉白班末次铁 15：35 堵口，20min 后拔电炮，不料渣铁自动跟出来，只好立即用电炮再堵上。中班接班后，16：08 见铁口冒铁花，铁口负责人立即打泥，但未奏效。于是拔电炮，又堵了两次，仍未堵上，决定把炮抬起转回，但又抬过了位，炮身转不回来。在检修人员排除电炮故障中，高炉工长虽已放风降压，但铁口流出的渣铁流仍不小，由于有渣罐但无铁罐，约有 5t 多铁水流到铁道上。高炉工长处理事故中拉风过急，使部分风口、风管灌渣，16：50 被迫休风。

休风后，电工查出电炮在抬炮过程中超极限，后用吊车挂钢绳把电炮拉回来，然后堵上铁口。

6.2.11.2　事故原因

事故原因有：

（1）在出这次事故之前，几次出铁铁口都浅，只有 1.0~1.5m。

（2）无水炮泥含油量偏多，装炮时伴有水，使炮泥过软。在铁口孔道里炮泥的油量未能挥发和结焦炭化，水分未来得及蒸发，一旦电炮拔起，油水混合气体向外喷出，使渣铁随之流出。

（3）渣铁未出净，堵口后铁口前不易生成牢固的泥包。炉内压力高（0.22MPa 左右），铁口易吹出。

（4）堵口后电炮在铁口内只停留 20min 即拔出，时间过短。

6.2.11.3　改进措施

改进措施有：

（1）无水炮泥含油量要适当，严格控制泥料配比。包钢 2 号高炉用无水炮泥配比见表 6-20。

表 6-20　包钢 2 号高炉用无水炮泥配比　　　　（%）

泥料名称	焦粉	黏土	沥青	二蒽油（外加）	砖粉
铁口正常时	60	24	16	13~15	0
铁口欠佳时	60	20	15	13~15	5

（2）装炮时不允许掺水，泥量要打足。

（3）拔炮不要过早，应在堵口 25~30min 后有把握时再拔炮。

6.2.12 武钢 1 号高炉铁口烧穿事故分析[13]

1981 年 7 月 16 日，武钢 1 号高炉由于偏离铁口中心开口出铁，烧坏 3 块冷却壁，被迫停产 11 天多。本节介绍这次事故的经过及处理。

6.2.12.1 事故经过

出事故前 1 号高炉炉况顺行较好，铁口基本正常，炉前工作也较正常。7 月 15 日中班出 3 次铁，按料批计算，渣铁基本出净。再出最后一次铁时泥套破损，拉风降压堵口，打泥量较少。16 日夜班零时拔炮，然后清理铁口重新做泥套，约 1:15 泥套烤好。将开口机对眼开铁口，开钻后钻杆摆动严重而且钻不动。停钻后发现钻眼不在铁口中心而在铁口右上方泥套棱缘处，又发现钻杆法兰螺丝松动且掉了一个螺丝。拧好法兰螺丝，再对眼开钻，还是钻不动。又停钻检查，发现钻头刀片已被打掉。换完钻头重新开钻，仍钻不动。此刻误认为中班打泥量少，铁口眼里有渣铁，便决定用氧气烧铁口。开始在铁口南面站着烧，烧了 4 根管子（长 12m）又钻，还是钻不动。此后，继续用氧气管烧，又烧了 11 根氧气管，铁还是出不来。在烧氧气过程中无黑烟，火花较少，当时误认为是氧气压力低所致。当烧到 600mm 左右深时，开始冒黑烟，停烧氧气，改用压缩空气吹扫烧眼中的熔融物。吹净后伸进钻杆开钻，约钻了 200mm 左右，2:45 铁水从偏眼中流出。

开铁口过程中，当班工长站在撇渣器附近见铁口眼烧得大，担心跑大溜，同时出铁又晚点，铁渣憋风，2:30 炉内将炉顶压力由 135kPa 降至 80kPa。出铁中 3:05 左右第 3 罐（残铁罐）放满，由于第 3 个铁闸前凝有铁壳未清除，闸抬起后，铁壳拨不开，加上第 4 节铁沟里塞满了残存的凝渣铁，铁水难以流到第 4 罐，仍继续往第 3 罐流，致使铁水面超出罐口溢向铁道。此时，炉前组长要求工长拉风降压，提前堵口。炉前组长用泥给炮头"戴帽"，工长减风降压，当风减到 1300m³/min，热风压力 65kPa 时开炉堵口，未成功，又压炮再堵，还是堵不上，怕烧坏炮头当即拔炮，但电炮被卡进眼内拔不出来。瞬时，炮头前面响起了爆炸声，继而响声加剧，渣、铁顺着炉皮流到炉台下。3:20 休风，将 16 个风口堵泥，检查发现 2 段 39 号和 40 号、1 段 1 号冷却壁排水管无水，将其进水切断，爆炸声逐渐消除。7:20 人工用泥堵住烧眼，炉内停止往外淌渣铁。淌到炉基的渣 90t 左右，铁 30t 左右，高炉处于事故休风状态。

6.2.12.2 事故原因

1 号高炉这次铁口烧穿事故是由于偏离铁口中心开眼出铁造成的。由于偏离铁口烧了大量氧气，铁口通道里的第 1 环旋砖右上方烧损，大量渣铁流经该处，侵蚀了烧损的旋砖，进而烧坏框架钢套和冷却壁。此外，第 3 个铁闸拨不开，第 4 节铁沟残铁多铁水难以流入第 4 罐，迫使渣铁未出净而堵口，是造成事故的另一个因素。上述情况表明，此次事故属于操作事故。

6.2.12.3　事故处理

事故发生后，公司决定一边清理现场一边做高炉抢修的施工准备。本来想更新冷却壁，但无备品，如重新制作拖延时间太长，最后只好将损坏的3块冷却壁做如下处理：

（1）2段40号冷却壁。考虑这块冷却壁与2段1号构成铁口通道，而烧穿时2段40号已损失约2/3，故决定修复。由机修总厂用10mm钢板将缺损部分焊成与原铸铁冷却壁外形一样，并内置水冷管。安装后，水管周围的空腔用炭料捣实，然后焊好外面一层钢板，冷却水管按1.0MPa试压。

（2）2段39号冷却壁左下方烧损。该部位一根水管烧损长约660mm，检修时仅将此管接上，按0.4MPa（未上丝堵）试漏。考虑冷却壁已使用2年多，担心水管渗碳变脆，试压不能太高以防断裂。试压完毕，将水管周围空腔用炭料捣实，然后将40mm厚的炉皮焊上。冷却壁和炉墙之间的空隙均用炭料捣实，再装上铁口框架砌好八方砖。

（3）1段1号冷却壁右上方冷管烧蚀。处理中将这块冷却壁水管切断，用炭料捣实，焊好炉皮，然后在炉皮外焊一内装隔板的水箱，进行炉外通水冷却。

6.2.12.4　送风操作

由于1号高炉处于事故休风状态，炉内装的是重负荷的正常生产料，休风时间又长达11天多，预计送风后炉况恢复困难，送风时决定按炉缸冻结处理。将高渣口的二套取出，炭捣1.2m深，内插4in（10.16cm）钢管，装小电炮1台，供高渣口出渣铁堵口用。用4个风口送风（1号、16号、15号、14号，全为ϕ130mm焊接风口），并在这4个风口大套上砌1层薄砖，多备两个水管和薄钢板作水槽，以备万一风口损坏时能喷水冷却。

1981年7月27日10：45送风，开5个风口，加净焦179.2t。19：00，13号风口自动吹开，12：35用高渣口出渣铁。到21：07，高渣口共出铁10次，出铁量约16t。从27日16：00开始打开铁口出铁，前5次均只流到主沟，第6次（21：00）出铁约15t，流入带壳渣罐。7月29日6：35送煤气，8：30净焦下到炉缸，风口明亮，危机解除。铁口顺利出铁后逐步捅开风口，一周之内生产达到正常水平。在此阶段，考虑铁口区域是薄弱环节，炉顶压力按80kPa→100kPa→120kPa分阶段逐步提高。

6.2.12.5　小结

通过处理武钢1号高炉这次铁口烧穿事故，总结出以下几点经验教训：

（1）7月16日铁口烧穿事故纯属铁口操作事故，说明管理不善，岗位责任制没有完全落实。

（2）抢修事故的补救措施是有效的。对3块冷却壁的处理是在无冷却壁备品的情况下较好的检修方案，不仅工期短，而且在生产中证明是安全可靠的。

（3）在非计划休风、重负荷、封炉时间较长情况下的送风，只要做好充分准备，按炉缸冻结处理，做好出渣出铁工作，加适量净焦，逐步开风口送风，高炉炉况可以较快恢复正常。

（4）在炉墙和泥包受损的情况下，必须精心维护好铁口，特别是铁口机要对准出铁口中心线，严禁偏斜开口。

6.2.13 攀钢 2 号高炉铁口堵不上造成的生产事故[14]

6.2.13.1 事故经过

1982 年攀钢 2 号高炉休风 3 天更换小钟，6 月 9 日送风后炉况顺行，恢复正常，不到 16h 风量加到 2500m³/min，两个渣口均已正常工作。当天中班出最后一次铁，铁快出完时，开动电炮堵口，因铁口两边有干渣，未堵上，这时铁口大喷，并来焦炭。紧急减风，2min 内风压由 0.19MPa 减到 0.05MPa。减风后来大渣流，下渣罐满，大量炉渣溢出渣罐，将 4 个下渣罐全部焊住。减风到 0.05MPa 以下时，从铁口淌出渣焦混合物，堆在铁口周围，这时电炮堵不上，高炉被迫休风。

6.2.13.2 事故原因

事故原因有：

（1）高炉送风后风量恢复太快，且炉温过高。长期休风后，恢复期间要求炉温充沛是正确的，但冶炼钒钛铁矿高炉的特点是：过热的炉缸温度会造成热结，渣铁出不净（当时［Ti］为 0.30%）。虽然风量加到了 2500m³/min，但炉缸并不活跃，因此造成渣铁出不净（按料批算约 100t）。

（2）长期休风时打泥量较少，泥包不稳。送风前要求靠铁口上方的两个风口与铁口烧通，旧泥包有可能被烧掉。送风后开始阶段风量少，压力低，要求铁口打泥量要少，随着炉内风量的增加，铁口打泥量应随之增加，形成新的泥包。如新泥包不太稳固，很容易被渣铁熔化。估计 9 日中班最后一次铁的后期，新的泥包已被渣铁熔化，造成铁口大量喷焦炭，焦炭又将铁口泥芯拉掉（实际这时铁口只剩下泥套了）。当风压拉到 0.05MPa 以下时，渣焦在铁口两边堆积如山，这时电炮已根本无法堵口。

6.2.13.3 经验教训

通过此次事故，得出以下经验教训：

（1）冶炼钒钛铁矿的高炉热制度要适宜（一般控制［Ti］在 0.15% ~ 0.25% 之间），防止炉缸热结，出不净渣铁。

（2）休风后高炉风量的恢复除考虑顺行情况外，还要考虑炉前出渣出铁情况，不可忽视渣铁出不净对高炉正常生产的影响。

（3）铁口大喷焦炭时必须立即堵口，若电炮堵不上应马上减风低压堵口，必要时风量减到风口不灌渣为止，尽量不使事故扩大。若铁口堵不上而渣铁又已流出时，可逐渐将风减到零；若电炮不好使或已烧坏，可人工堵口，甚至休风堵口。

6.2.14　武钢1号高炉炉前堵口冒泥与处理

6.2.14.1　事故经过

2002年1月31日早班，炉前工接班后拔炮发现东铁口泥套不规整，立即进行处理。在处理泥套时发现泥炮严重漏油，即联系点检工人处理。13∶30电炮修好后进行试转，确认正常后开口出铁。15∶20炉前工发现泥套上方有泄漏，即进行堵口。此时泥套左上角破损，堵口冒泥，当操作工上前吹扫冒出的炮泥并指挥再打泥时，炮泥窜出，但是幸好将铁口勉强封住。

6.2.14.2　事故原因分析

这次铁口冒泥事故是泥套出问题引起的。拔炮后发现泥套不规整，未及时做泥套，只做了简单处理；出铁中泥套左上方有泄漏，易造成堵口冒泥；堵口时泥套左上角破损，堵口也会冒泥。

6.2.14.3　处理措施

封住铁口40min后拔炮，清理铁口泥套，钻铁口。钻到0.5m以上时向铁口内打泥，待炮泥烧结后拔炮再做新泥套。

6.2.14.4　几点启示

通过此次事故，得出几点启示：

（1）要加强对泥套的维护，发现泥套不好应及时做泥套；

（2）堵口时指挥者必须站在安全的地方；

（3）凡发生大冒泥，在做泥套前必须做好防护措施，防止因铁口过浅而发生事故；

（4）将坏泥套基本捣平后用铁口泥套泥压上，并用煤气烤干。

6.3　出铁场区域事故

出铁场区域内发生的炉前事故主要有：铁水下地、残铁口漏铁、铁沟烧穿及铁罐漏铁等。

6.3.1　某高炉摆动流嘴烧穿及铁水下地

6.3.1.1　事故经过

2002年某月2日14∶21，高炉东摆动流嘴正进行受铁作业，发现摆动流嘴下方异常冒烟，立即通知紧急堵口。经检查发现，在摆动流嘴侧壁正对铁流冲击的部位烧出了一个150mm×100mm的洞，铁水从洞中漏出，烧坏了摆动流嘴支撑梁；铁水流经水泥横梁，飞溅铁水烧坏了铁罐支架，烧坏了拖罐车；铁水下地烧坏了4根铁轨。因铁水下地，高炉只得用单边铁口出铁28h，造成很大的生产损失。

6.3.1.2 事故处理及其教训

事故处理如下：

（1）将烧穿的摆动流嘴吊离放置修理坑；

（2）检查并确认摆动流嘴支撑梁损坏状况，制定修复方案并修复损毁的支撑梁；

（3）换上备用摆动流嘴，清理铁轨周围的渣铁，更换4根铁轨。

这次高炉摆动流嘴烧穿事故，主要原因是点检工作不到位，未及时发现摆动流嘴熔损冲蚀严重的情况，另外摆动流嘴累计通铁量偏大（近10万吨），今后必须从中吸取教训。

6.3.2 本钢5号高炉撇渣器残铁眼跑铁事故[15]

本钢二铁5号高炉为2000m³高炉，1个铁口，3个渣口。1975年3月12日，该高炉发生一起撇渣器残铁漏铁，铁口堵不上，将一个重罐埋在铁道上的事故。

6.3.2.1 事故经过

3月12日出第4次铁后垫主沟前半截，垫好后试炮，沟底显高。铁沟烧干后，用砂子堵好残铁眼。第5次铁11：50打开铁口，铁流正常。11：55左右1号位铁罐已装5t左右的铁水，突然残铁眼漏铁，铁水直接由残铁眼通过残铁沟流入1号位铁罐。此时决定1号位罐满后再堵铁口，但当罐满堵铁口时，上炮后电炮压不严，铁口堵不上，立即改常压，停止喷油并大减风。与此同时第2次堵铁口，又未堵上。炉前工用钎子撬两边沟帮子堆积的渣铁，第3次堵铁口，总算勉强堵上。这时1号位铁罐早已放满，铁水由铁罐嘴流到铁罐两侧安全沟内，而当时铁罐内侧安全沟的残渣铁已高出铁道上表面，流下来的铁水直接流进铁道，将铁道和铁罐车轮凝在一起，铁水顺道心流至第2号罐位。当火车头赶来时，1号位的重罐已无法拖出。淌在地上的铁水有20～30t，造成重铁罐（罐内铁水90t左右）被铁水凝在铁道上的严重事故。

6.3.2.2 事故处理经过

事故发生后，立即决定由铁罐线另一头拉走其他4个百吨罐，在1号、4号、5号位配3个140t的大罐，因为2号位已无法配罐。炉内维持低风量操作，炉前将残铁沟清净，换好炮头，将残铁眼用铁沟料闷死，再次出铁。渣铁放净后休风约2h，抢修2号位铁道。复风后2号、3号、4号、5号位均可使用，每次配4个大罐，仍维持较低风量，顶压低于正常压力0.01MPa。

为处理1号位铁罐，在铁罐线外侧用细砂铺好大砂池，在铁罐外壳开孔，搭设流铁沟。铁水在砂池内铸块，喷水冷却后装车。铁罐内铁水放净后，借用炉前20t吊车，将分解后的罐帽、罐体、车架、车轮等部件吊走，清理铁道上残铁，换枕木、铁轨。

6.3.2.3 事故原因

发生这次事故有多种因素，首先是残铁眼用砂较干，堵不实，铁口打开后不久即漏铁。这时若能及时堵铁口，即使铁口堵不上，铁罐有空间，还可避免跑铁埋罐事故。其次，主铁沟垫高了，烘烤及出铁中受热上涨，致使压炮不严，铁口堵不上。还有，安全沟已被残渣铁堆满，长期不清理，失去了安全沟作用。

6.3.2.4 经验教训

堵残铁眼用砂的湿度要合适，务必要堵牢，并在外面加挡板，以避免漏铁事故。一旦发生漏铁，要立即组织堵铁口。新垫主沟与电炮之间应留有充分余地，确保安全。安全沟要经常保持一定深度和坡度，并要互相连通。

6.3.3 某高炉主沟漏铁及其处理

6.3.3.1 事故经过及其处理

某高炉2000年某月3日14:20出铁过程中，炉台下面突然冒烟，并有小爆炸声。炉前班长观察后立即做出判断，高炉主沟沟头发生了漏铁事故，通知主控室并立即组织用特制炮冒堵口（未来下渣），接着打开残铁口放净残铁。由于处理及时，漏下的铁水较少，只烧坏1根炉缸冷却壁外联管（未烧穿），高炉也未减风降压。

6.3.3.2 几点启示

通过此次事故，得到以下几点启示：
（1）高炉主沟的通铁量应该严格控制在安全范围内；
（2）要认真检查主沟的工作情况，提前发现问题；
（3）主沟与炉皮的连接处要用钢板加固，要用优质浇注料浇注；
（4）发现沟头漏铁时应采取果断措施处理，避免事故扩大化。

6.3.4 武钢4号高炉东铁沟斜坡下部烧穿事故

6.3.4.1 事故经过

2001年3月25号中班17:05左右，发现炉台的夹层内有冒烟，炉前立即吹扫铁口，紧急堵口。堵口后吊开铁沟盖点检，发现铁沟斜坡侧部烧穿，铁水漏进炉台的夹层。此事故造成炉前放残铁，铁沟提前大修。

6.3.4.2 事故原因分析

事故发生的原因有：
（1）点检工作不到位；

（2）铁沟斜坡在安装时角度未调整好，使铁水冲刷部位不合理；

（3）铁沟预制件两侧未用捣打料打实，存在间隙。

6.3.4.3 处理措施

处理措施有：

（1）停止东铁口出铁；

（2）放净主沟残铁；

（3）铁沟提前大修；

（4）清理炉台夹层内的残铁。

6.3.4.4 几点启示

通过此次事故，得出以下几点启示：

（1）安装铁沟预制件时必须调整好角度；

（2）铁沟预制件的连接处要用捣打料捣实；

（3）强化安全生产的检查，控制铁沟的通铁量。

6.3.5 首钢260t鱼雷罐烧穿漏铁事故分析及改进措施[16]

6.3.5.1 鱼雷罐烧穿漏铁事故概况

首钢260t鱼雷罐车于1990年6月研制成功，其单程运输距离4.6km，最大时速15km/h，最大装载量254.3t。共有52台鱼雷罐投入运行，日平均运输铁水量超过2万吨，周转率2.5以上。罐壳采用30mm厚的16MnR宽厚板，罐内砌体主要由喷涂层、致密黏土砖保护层、铝炭砖、罐口浇注料4部分组成，工作层为Al_2O_3-SiC-C不烧砖（简称ASC砖或铝炭砖），结构如图6-10所示。铝炭砖在罐内的不同区域分A、B、C三种不同档次，A砖用在柱环铁水冲击区，B砖用在柱环下半部分，其余部分采用C砖砌筑。采用铝炭砖砌筑的鱼雷罐，在罐壳与永久层之间没有隔热层的情况下，使用时外壳温度可高达370℃。

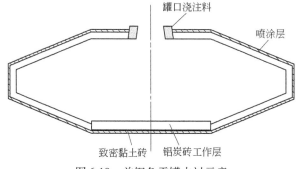

图6-10 首钢鱼雷罐内衬示意

2004年12月和2005年1月，首钢炼铁厂连续发生两起高炉出铁过程中鱼雷罐烧穿漏铁事故，烧穿位置都在罐口附近渣线部位。

对 33 号罐进行冷检发现，漏铁区域发生在罐口浇注料与渣线部位的 Al_2O_3-SiC-C 砖相接触部位，该部位残砖厚度仅剩 120mm 左右（原砖厚度 345mm），且有断砖现象。除了发生漏铁的渣线部位侵蚀严重、罐顶挂渣较多外，在与炉渣接触的罐顶等部位，还发现了几处侵蚀较厉害的孔洞，耐火砖基本侵蚀殆尽，已经露出耐火砖下层的喷涂料，这也是潜在的漏铁危险点。

6.3.5.2　鱼雷罐损坏原因综合分析

根据鱼雷罐损坏情况，初步判断造成鱼雷罐烧穿可能有三种原因：一是炉渣成分波动引起；二是耐火砖质量和砌筑质量缺陷；三是热应力的作用。

A　炉渣成分分析

取 3 份高炉渣试样进行化学分析，结果见表 6-21。

表 6-21　首钢高炉炉渣化学成分　　　　　　　　　　（%）

编　号	CaO	MgO	Al_2O_3	SiO_2	MnO	TiO_2	FeO	S
1 - 1	41.06	7.65	13.83	35.01	0.11	0.75	0.50	1.06
1 - 2	38.65	9.75	13.83	32.12	0.13	1.41	0.53	1.02
1 - 3	38.65	7.01	12.98	31.90	0.10	1.09	0.49	1.00

炉渣成分在小范围内正常波动，渣中 MnO、TiO_2 含量极少，不应对铝炭砖造成侵蚀；FeO 对耐火砖有严重侵蚀作用，但其含量在正常范围内。总体来看，炉渣成分没有出现异常，因此可排除炉渣成分对耐火砖侵蚀加剧的可能性。

B　铝炭砖质量和砌筑质量分析

a　理化性能分析

本次发生漏铁的渣线部位由 C 型砖砌筑，对 C 型耐火砖进行理化分析，结果见表 6-22。

表 6-22　C 型耐火砖性能指标

项目	化学成分/%						物理性能	
	Al_2O_3	SiC	C	K_2O	Na_2O	Fe_2O_3	高温抗折强度/MPa	抗压强度/MPa
实测	64.72	11.18	9.44	0.14	0.054	1.72	14.43	60
标准	≥54	≥7	≥8					40

一般来讲，K_2O、Na_2O 和 Fe_2O_3 被认为是耐火砖中的有害杂质。这些杂质在高温下具有强烈的熔剂作用，使共熔液相的生成温度降低，生成的液相量增加。随着温度升高，液相量增加速度加快，从而加速耐火砖侵蚀速度，严重影响耐火材料的高温性能。当时首钢执行 1998 年版耐火材料入厂标准，铝炭砖中要求 Fe_2O_3 含量不大于 1.5%，化验结果表明 Fe_2O_3 含量偏高（1.72%），而其余各项指标均符合原料入厂标准。

b 高温强度性能推断

从图6-11鱼雷罐内衬被铁水冲刷的情况粗略判断,鱼雷罐用铝炭砖的高温物理性能(包括高温抗折性能和抗热震性能)欠佳。在正常情况下,质量合格的铝炭砖熔损比较均匀,在铁水冲击区应出现一个圆坑,而非条状深坑。出现条状深坑,是铝炭砖受铁水冲击时纵向断裂所致,由此推断其高温抗折强度不足。

图6-11 鱼雷罐内衬铁水冲击区

c 耐火砖及炉渣侵蚀微观分析

(1)耐火砖原砖分析。为了分析炉渣对耐火砖的侵蚀情况,对 C 型铝炭砖原砖进行渣浸试验,并通过电子显微镜对侵蚀部位进行了形貌和成分分析。铝炭砖中应观察到 Al_2O_3 的部位却出现了较多的 MgO 与 TiO_2。显然,显微扫描以上分析结果与铝炭砖的成分差别较大,可以推断生产铝炭砖所用原料质量较差,成分没有达到规定要求。

MgO 对铝炭砖质量有很不利的影响。宝钢的试用经验表明,铝炭砖中 MgO 含量达到2%时,鱼雷罐使用次数下降30%。少量的 MgO 就会使铝炭砖在高温下变酥,强度急剧下降,因此必须严格控制铝炭砖中 MgO 含量。TiO_2 是原料刚玉带入的杂质成分。优质刚玉有棕刚玉和电熔刚玉,其纯度高,气孔率低,强度高,抗渣铁侵蚀能力强。但是,当刚玉中含有 TiO_2 等杂质时,其使用性能会有不同程度的降低。

(2)耐火砖渣浸试验对比分析。用首秦高炉渣和首钢高炉渣对 C 型耐火砖做了重烧(渣浸)对比试验。从试验后试样的纵剖面看,首秦渣浸试样中炉渣结构致密,表面光滑,颜色较浅;而首钢渣浸试样中炉渣呈黑色,疏松多孔,表面不规则。

(3)鱼雷罐漏铁部位铝炭砖分析。取漏铁部位的残砖进行分析和观察,其元素分析结果见表6-23,显微结构如图6-12所示。显微镜下清晰地看到,该部位铝炭砖中有残余的 Al_2O_3,颗粒周围被炉渣侵蚀后出现大量孔洞,如图6-12

（a）所示。这说明铝炭砖物理性能不均匀，局部抗渣性能较差。炉渣对铝炭砖的
侵蚀是从这些抗渣性能较弱的局部区域开始，逐渐向周围蔓延，最后将整块砖侵
蚀殆尽。图 6-12（b）中左上角为炉渣，右下部大块区域为耐火砖，右下角白色
颗粒是残存的刚玉（Al_2O_3）颗粒。图 6-12（c）中左侧为炉渣，右侧为耐火砖；
左侧小黑块为含有少量 SiO_2 杂质的刚玉颗粒，是从铝炭砖中刚被炉渣"卷下"
来尚未来熔解掉的耐火砖残骸；右侧铝炭砖成分中含有 TiO_2。前面提到，TiO_2
是刚玉带入的杂质，由此可以做出定性判断，制作耐火砖的原料刚玉中含有一定
量的 SiO_2 和 TiO_2，尽管无法准确判断出具体含量多少，但至少已经严重影响了
铝炭砖的抗渣性能和高温性能，从图 6-12（a）铝炭砖被侵蚀的程度可见一斑。
图 6-12（d）中渣砖界线比较明显，上部是炉渣，下部是铝炭砖，元素成分分析
也证实了这一点，左下角的黑色颗粒应该为骨料——刚玉，但其中含有少量的
SiO_2 和 TiO_2，再一次证实了铝炭砖中刚玉纯度不足。

表 6-23　漏铁部位残砖中元素含量　　　　　　　　　　（质量分数/%）

项　目	O	Al	Si	Ca	Ti
图 6-12（c）黑块	53.93	40.62	5.45	0	0
图 6-12（c）右侧	55.60	34.14	3.53	0	6.72
图 6-12（d）上部	50.76	37.19	8.25	3.80	0
图 6-12（d）下部	56.84	32.36	10.80	0	0

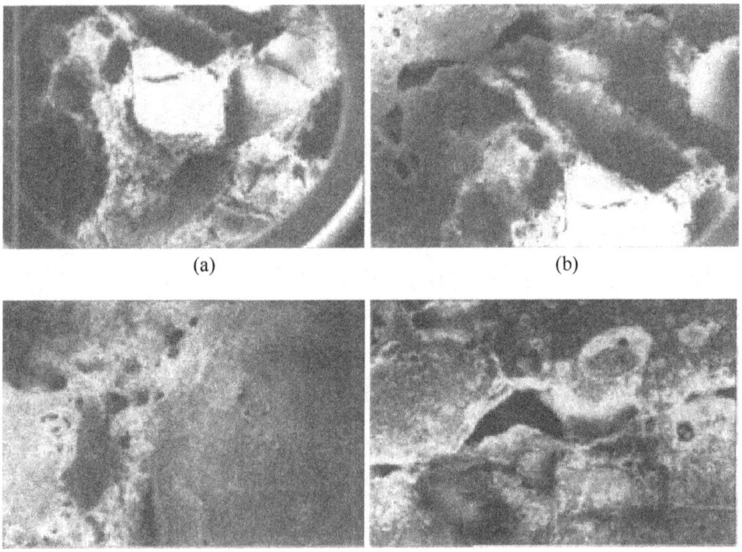

(a)　　　　　　　　(b)

(c)　　　　　　　　(d)

图 6-12　鱼雷罐残砖的微观形貌

C 热应力分析

采用有限元法进行计算的结果表明：鱼雷罐受铁时，热冲击产生的压应力不会破坏铝炭砖，而在对称中心沿铝炭砖高度方向的拉应力则会使铝炭砖产生平行于热面的裂纹；倒罐时垂直于热面的拉应力会使铝炭砖在高度方向的 4 条棱上产生平行于热面的裂纹；在鱼雷罐柱环和锥环结合部位压应力最大，压应力促使裂纹扩展，导致该部位铝炭砖容易剥落。

为了降低鱼雷罐工作层的热冲击应力，可采取以下措施：在罐壳和永久层之间增设隔热层（如高密度硅酸钙隔热材料），罐口加设保温盖，以减少鱼雷罐内衬的热损失；提高鱼雷罐周转率，减少空罐时间。

6.3.5.3 小结

（1）首钢高炉炉渣化学成分波动较小，不是导致鱼雷罐漏铁的根本原因。

（2）砌筑鱼雷罐用的铝炭砖的质量存在问题，包括：物理性能不均匀、局部抗渣性能较差、高温抗折强度不足等。铝炭砖中存在成块的 MgO 颗粒，危害极大，必须严格控制其含量。制作铝炭砖的原料刚玉中含有一定数量的 SiO_2 和 TiO_2，刚玉纯度不足，导致铝炭砖高温性能下降。

（3）高炉出铁时对鱼雷罐底部的热冲击产生的压应力不会破坏铝炭砖，沿铝炭砖高度方向上的拉应力会使铝炭砖产生平行于热面的裂纹，柱环、锥环结合部位的压应力最大，促使裂纹扩展，容易引起铝炭砖剥落。

（4）首钢目前执行的 1998 年版鱼雷罐耐火材料进厂标准有待进行重新修订。提高鱼雷罐的使用寿命是一个系统工程，罐体设计、耐火材料质量、砌筑质量、检修制度、出铁制度、运输调度等无论哪个环节出现问题都会影响鱼雷罐的使用次数。结合首钢实际情况，提高鱼雷罐寿命除了保证进厂耐火材料质量外，还应借鉴国内成熟经验，改进现有砌砖结构，重点加强对罐口渣线区域等易侵蚀部位铝炭砖的质量改进。在鱼雷罐检修时，对罐内较深的裂缝可用首钢研发的特种涂抹料进行填充作业。

参 考 文 献

[1] 马洪斌，蒋令春. 高炉风口损坏的判断与治理 [C]. 第十届全国大高炉炼铁学术年会论文集，太原，2009：387~390.

[2] 肖江成，梁南山. 涟钢2200m³ 高炉风口磨损频繁的原因与对策 [J]. 炼铁，2005，(2)：28~30.

[3] 杨佳龙，潘协田. 武钢2 号高炉风口频繁损坏及其处理 [J]. 武钢炼铁，2005，(2)：34~36.

[4] 刘振江，赵鹏. 鞍钢7 号高炉制止风口下沉的可行性报告 [C]. 第十届全国大高炉炼铁学术年会论文集，太原，2009：254~258.

［5］杨雪峰，储满生，王涛. 昆钢 2000m³ 高炉风口上翘原因分析及治理［J］. 炼铁，2005，
　　（4）：1~4.

［6］余水生，黄日清. 柳钢高炉直吹管烧穿的原因及改进［J］. 炼铁，2010，（1）：57~59.

［7］齐富华，高远，张静. 邯钢 7 号高炉吹管连续烧穿的分析和处理［J］. 炼铁，2006，
　　（2）：38，39.

［8］仲伟国，赵国治. 高炉铁口泄漏煤气的处理［J］. 炼铁，1987，（5）：32~34.

［9］李宇平. 高炉浅铁口的危害、成因、预防及处理［J］. 炼铁，2000，（4）：34，35.

［10］胡启晨. 唐钢 3 号高炉铁口喷溅的治理［J］. 炼铁，2011，（1）.

［11］吴延辉. 高炉开炉时渣铁口事故的处理［J］. 炼铁，1983，（3）.

［12］徐矩良，刘琦. 高炉事故处理一百例［M］. 北京：冶金工业出版社，1986：317，318.

［13］徐矩良，刘琦. 高炉事故处理一百例［M］. 北京：冶金工业出版社，1986：311~314.

［14］徐矩良，刘琦. 高炉事故处理一百例［M］. 北京：冶金工业出版社，1986：323，324.

［15］徐矩良，刘琦. 高炉事故处理一百例［M］. 北京：冶金工业出版社，1986：327，328.

［16］王自停，张贺顺，等. 首钢 260t 鱼雷罐漏铁事故分析及改进措施［J］. 炼铁，2006，
　　（5）：43~46.

7　恶性管道与顽固悬料

近年来，随着高炉大型化和装备水平提高，设备功能在不断进步和完善。与此同时，高炉精料水平也显著提高，操作技术有了很大的进步。随着以上条件的改善，在高炉生产中出现恶性管道与顽固悬料这类失常炉况已大为减少。有些管道行程还在萌芽状态时就可能被发现，及时地进行调节和控制后很快消除。但是，由于高炉生产系统十分庞杂，影响因素众多，有时几个不利因素不期而遇，可能出现"祸不单行"，还是有可能酿成恶性管道或顽固悬料事故，给高炉生产带来巨大损失。

7.1　管道行程

7.1.1　管道行程的特征

高炉冶炼过程中，管道行程由萌芽状态到恶性管道状态，一般都有明显的征兆，比较突出的有：

（1）出现管道时风量自动增加，风压趋低；管道被堵塞时风量锐减，风压突然升高，风压与风量成锯齿状波动。

（2）下料时快时慢，料尺出现滑尺，经常是一个料尺突然滑落很深，上料后料尺又很快升高。

（3）管道靠近炉墙边缘发生时，管道部位的炉顶温度和炉喉温度明显高于其他方向。

（4）炉顶压力不稳，不时出现高压尖峰。

（5）管道下方的风口大都出现生降，忽明忽暗，很不均匀。

（6）渣铁温度波动大。

7.1.2　管道生成的主要原因

管道行程是高炉横断面上某一区域气流过分发展，常伴随着崩料和塌料，因而会对炉况顺行产生破坏作用。多种原因可导致管道行程，概括起来主要有以下几个方面：

（1）原燃料质量明显下降。入炉原燃料质量降低，尤其是焦炭强度变差，或烧结矿粉末增加，都会严重恶化料柱的透气性，大大降低高炉接受风量的能力，生成管道。生成管道常见的原因是：入炉原燃料质量降低，而高炉操作人员得到这些信息相对滞后。当操作人员从风量、风压、下料的变化上看出炉况出现不稳时，那些质量较差的炉料已经达到高炉中部乃至下部，甚至已经影响到渣铁排放。操作者往往不能根据管道行程的初始征兆采取调节措施，有时会认为炉况是受未出好渣铁影响，或者是炉况向热，或者是用了几批过筛不好的料，引起了风压升高和风量拐动。操作人员总希望尽可能不降低压差，以保持风量和料批数。结果往往是挺不过去，因为料柱透气性变差后高炉已不可能接受原来的风量。管道行程的迅速发展，最终很容易引起炉况失常。有的情况下，操作人员发现炉况难行，及时地进行调节，但调节量偏小，也不能扭转炉况被动的局面。由于出现管道行程后往往引起炉凉，影响渣铁的流动性，有的管道导致崩料，引起风口破损，高炉被迫休风，会使料柱进一步压死，恢复炉况非常困难。直接源于原燃料质量波动引起管道行程乃至悬料的情况是很常见的。

　　（2）设备故障。由于设备故障，不论是设备的功能失常或者高炉需要慢风操作，或者高炉需要尽快休风，都会直接影响冶炼进程。尤其是上料设备故障，往往造成低料线或高炉的慢风作业。高炉休风处理故障，特别是长时间非计划休风，易引起炉凉，直接影响炉况的稳定顺行。本章有一案例是因为开口机故障，造成渣铁迟迟出不来，最后引起了悬料。另一个案例是料罐闸门突然开大，原规定一批焦炭布 14 圈，结果 6 圈已布光，造成中心无焦炭，边缘气流过旺，中心不活，煤气分布紊乱。至于因为旋转溜槽变形，乃至溜槽掉入炉内等事故引起的炉况失常，更是屡见不鲜，将在第 10 章介绍。

　　（3）操作原因。在高炉日常生产中，因操作原因引起的管道往往有以下情况：1）为了维持较高风量，有时压差升高而没有及时调剂；2）有时因调剂幅度偏小，炉况逐渐变差也会生成管道；3）休风后恢复风量过快，风量与料柱透气性不相适应吹出管道；4）风口布局不当，长短风口、大小风口配置失衡吹出管道；5）操作炉型不规整，在某个方向易出管道。除以上情况外，有时几个因素叠加，如低料线时本来需要适当降低压差，有时条件不允许及时出渣铁，结果也易生成管道。

7.1.3　管道行程的处理

　　高炉一旦出现管道行程，就应及早消除，不能让它继续发展。操作中首先应采取的措施是减风，可视管道行程发展的程度减 5% ~10% 的风量。其次，管道生成时煤气利用变差，特别是在焦炭负荷较重的条件下很可能造成炉凉，因此要考虑减轻焦炭负荷。最后要适当降低喷煤比，以改善高炉料柱的透气性。

　　管道行程的处理，一定要认真分析其形成原因。如果管道行程炉况是设备因素引起的，就要抓紧解决设备功能问题。如果是由于原燃料质量变差引起的，可以通过布料矩阵、料批大小的调节，适当发展两股气流，酌情降低压差。无钟炉顶高炉可实施扇形布料，以堵塞管道。如果管道比较顽固，时间拖长，风量明显减少，可休风堵若干个风口，避免引发炉缸堆积等更严重的炉况失常。

7.2 顽固悬料

在高炉冶炼进程中，炉料是持续不断下降的。例如每小时上 6 批料，即 10min 一批，如果过了 20min 仍不见下料，即被视为悬料。当悬料发生后，由于减风、坐料或自行崩落，但不久又出现悬料，可称为连续悬料。若某高炉在一两个班、一天甚至几天时间连续悬料，没有得到彻底扭转，可称为顽固悬料。高炉每发生一次悬料都会有一定的损失，如果出现顽固悬料的炉况，则将给炼铁生产带来巨大损失。

7.2.1 悬料的特征

高炉冶炼进程中突然出现悬料并不常见，与悬料有关的炉况特征有：

（1）悬料前先出现下料慢，由下料缓慢到不下料，或是出现几次滑料后停止下料；

（2）风压突然升高，风量锐减；

（3）炉顶压力下降；

（4）炉顶温度升高，且 4 点温度差变小；

（5）风口不活，个别风口出现生降。

7.2.2 悬料的原因

高炉悬料是诸多失常炉况中比较严重的一种，它已不是采用一般操作调节手段就能处理的问题。形成悬料有多种原因，概括起来可能有以下情况：

（1）在出现悬料前，高炉已是恶性管道和频繁崩料的炉况，料柱透气性已大为恶化，软熔区间过宽，有限的煤气通道随时存在被堵塞的危险。

（2）炉身中部或上部炉墙结厚，或者已生成炉瘤，严重影响炉料下降。

（3）由于加净焦过多或提风温过快，炉温急剧向热，煤气体积增加过快。

（4）深低料线时赶料线过快，或者有低料线的料下达使料柱透气性迅速恶化。

（5）因严重炉凉使出渣铁困难，也容易引起悬料。但是遇此炉况，大都按照凉悬料处理，采取更大力度的措施。

7.2.3 悬料的处理

悬料的处理措施有：

（1）在出现悬料征兆但尚未悬住时，采取减风、高压改常压等措施，尽量避免悬料发生。

（2）一旦悬料，且采取减风等手段无效时，应实施放风坐料。放风坐料应达到风量指示到零位，回风压力应低于原来的风压，视高炉接受风量的能力决定恢复的速度，切忌回风过快造成重复悬料。回风后，应视料线深度加净焦并减轻焦炭负荷，严防炉凉。

（3）放风坐料应选在出完铁以后，至少也要在出铁后期进行，以防风口灌渣。

（4）坐料后恢复阶段应采取疏松边缘的装入制度，以利于风量恢复。

（5）发生悬料且炉温偏低时，一般称为冷悬料。为防止悬住的料崩落后加剧炉凉，放风前也不宜降低风温。应及时加入足够的净焦，减轻焦炭负荷，使炉温转热，这是处理冷悬料的重要原则。

（6）一次坐料后又发生了悬料，应等待装满料线，并经过 30min 左右后再放风坐料。如果出现放风坐料不下，可用倒流休风阀放风坐料。

（7）发生两次以上的坐料仍不能消除悬料危险时，应在坐料后休风。但要注意，不允许在悬料状态下休风作业。休风时堵适当数目的风口，并加足净焦。宜按压差操作，以避免再次发生悬料。

7.3　管道和悬料案例

7.3.1　南（昌）钢新 1 号高炉炉况失常的处理[1]

南昌长力钢铁股份有限公司炼铁厂新 1 号高炉，有效容积 1050m³，2006 年10 月建成投产。开炉后两年多的时间内炉况一直较为正常，2009 年初主要由于焦炭质量差引起了崩料、悬料等失常炉况。

7.3.1.1　炉况失常经过

2009 年 1 月，由于本厂产的捣固焦质量下降，同时高炉某些监控仪表失灵，不久出现了炉缸堆积。经过约 10 天的处理，炉缸堆积基本解除。为了使炉缸进一步活跃，制定了提高炉温、降低炉渣碱度、增加中心焦量、发展中心气流的操作方针，并规定若出现低料线应马上减风，避免长时间低料线操作。采取这些措施后取得较好效果，崩料减少，顺行情况有所好转。

2 月 10 日，该高炉大量使用落地的捣固焦和质量较差的外购焦，料柱透气性显著恶化，经常出现崩料。2 月 14 日，由于管道崩料频繁，风量明显减少，与此同时出现了南北铁口的渣铁悬殊，炉渣碱度在一次铁时间内就有酸性和碱性交替变化，炉顶温度升高，边缘局部区域过吹等炉况波动。到 2 月 18 日，高炉休风 290min，更换 20 号风口，并处理 3 号、6 号、11 号风口，堵了 1 个风口送风恢复。当风压到 180kPa 时，出现难行料慢，不久悬料。出铁后坐料，但因铁未出尽，风口涌渣，回风风压到 287kPa，但风量仅有 730m³/min，再次出铁准备坐料，减风到零。这时发现风口灌渣，其中 7 号、9 号、13 号风口的二套烧穿，被迫立即休风更换。刚复风不久，19 日 1:16，11 号风口烧坏；1:40，1 号风口烧坏；3:17，15 号风口烧坏；4:30，4 号风口烧坏。在此期间崩料不止，高炉不接受风量，4:00 左右再次悬料，坐料后料线深达 6.0m，这时高炉已处于较严重的失常状态。

7.3.1.2　对失常炉况的处理

2 月 19 日白班，组织人力于 13:31 休风，更换了烧坏的风口，堵 7～10 号 4 个风口送风，料批由 31t 减到 22t，布料角度缩小 2°以疏松边缘。高炉改全焦冶炼，并将焦炭负荷由 3.84 降至 3.22。与此同时，从原燃料质量入手，疏松两股气流。但 19～21 日期间又有多个风口烧坏，为此在 21 日又连堵了 11～14 号 4 个风口。这样一来，所堵 7～14 号 8 个风口全在炉子的南半边，故改为北铁口单边出铁，并集中加萤石（2t）。由于风口仍不断烧坏，23 日中班又休风，堵了 5 号、6 号、15 号风口，使所堵风口达到 11 个，仅用 9 个风口进风。考虑炉凉，萤石量改为 200kg/批，并且每 6 批料中有一批净焦，负荷降到 2.35。由于前几天崩料多、坏风口多、漏水多、煤气利用差，并且是半边进风，燃烧强度低，炉子转热很慢，24 日装净焦 27 批。到 25 日中班，炉温大幅回升，生铁中硅含量猛升到 2.0%，但渣铁物理热不足，铁水温度仅 1400℃，且炉渣碱度高，停装萤石改为锰矿入炉，按［Mn］0.8% 控制。由于炉温偏高，此时开始加重焦炭负荷。26 日 4:21，开 6 号风口；19:22，开 16 号风口。27 日渣、铁流动性有改善，但 5 号、16 号风口再次烧坏，休风更换。送风时堵 16 号风口，由于已有了炉温基础，28 日开 16 号风口。到 3 月 1 日，为了降低炉渣碱度，增加渣量，加砾石 300kg/批，渣比升高到 340～360kg/t。3 月 2 日开了 3 个风口，同时调布料矩阵和批重，逐步加重负荷。3 月 4 日休风，将 10～14 号风口烧开重堵。5 日打开南铁口，但渣铁不流动，且 11 号风口无法透开，再次休风处理 11 号、14 号风口。6 日南铁口出铁趋好，8 日休风，打开最后堵着的 12 号、13 号风口。至此，20 个风口全部进风，高炉才恢复到正常的操作制度。

7.3.1.3　炉况失常原因分析

新 1 号高炉从 2 月初开始，连续出现崩料，继而悬料，后来坐料灌渣，发生风口烧穿，甚至烧坏多个二套，恢复极为困难，最后引起炉况严重失常。分析认为，造成炉况失常主要有以下原因；

（1）入炉焦炭质量下降是这次炉况失常的基本起因。该高炉开炉后两年多时间生产一直比较正常，不出现崩料，也很少坏风口。但在 2 月 10 日大量使用落地捣固焦和质量较差的外购焦后，炉况出现连续崩料，这是料柱透气性明显变差的结果，使本来就不稳定的边缘气流更加不稳。随着炉身各段渣皮大面积脱落，操作炉型受到破坏，同时使炉温大幅波动，炉缸堆积也日趋严重。

（2）在操作中未能及时控制崩料。由表7-1可看出，2月5日发生一次崩料，2月6日、7日没有崩料。2月8~11日每天都有大崩料，并且11日崩料有5次之多，但在负荷、布料矩阵、批重、压差控制等方面都没有加以调整，仅以加强出渣铁来减少频繁的崩料，控制力度不够。

表7-1 南钢新1号高炉炉况失常前部分操作参数

日 期	悬料/崩料	风量 /m³·min⁻¹	风压 /MPa	顶压 /MPa	CO₂ /%	矿批 /t
2009-02-04	0/0	2344	0.287	0.149	17.2	26
2009-02-05	0/1	2388	0.301	0.157	16.7	26
2009-02-06	0/0	2507	0.309	0.163	17.6	29
2009-02-07	0/0	2505	0.322	0.171	17.7	29
2009-02-08	0/2	2478	0.324	0.172	18.3	29
2009-02-09	0/3	2496	0.322	0.172	18.5	30
2009-02-10	0/4	2476	0.324	0.172	17.7	28
2009-02-11	0/5	2470	0.320	0.172	18.7	30
2009-02-12	0/1	2532	0.177	0.177	18.7	30
2009-02-13	0/2	2542	0.331	0.177	18.8	32
2009-02-14	0/1	2492	0.332	0.177	18.3	32
2009-02-15	0/1	2497	0.331	0.177	18.9	31
2009-02-16	0/3	2512	0.333	0.177	18.4	31
2009-02-17	0/5	2481	0.333	0.177	18.6	31

（3）2月18日的休风恢复，处理不够细致。从前面炉况的发展已能觉察，17日出现多次大崩料，炉况已处于失常的边缘。18日长时间休风（接近5h），本来炉缸已出现堆积，但送风时仅堵1个风口，在上部也没有采取调剂措施，以致复风后不久出现难行料慢。这时应该特别注意防止发生悬料，结果还是出现了悬料，而且崩料不止，减风以后风压较低，渣铁未出来，坐料灌渣，造成烧穿，使事故进一步扩大。

7.3.1.4 处理这次炉况失常的经验总结

新1号高炉这次炉况失常，从2月18日悬料和风口烧穿算起，到3月6日南铁口能正常出铁，经历20天，产量损失严重，有不少经验教训值得吸取：

（1）长时间休风后送风恢复应当堵2~3个风口，装料制度要注意疏松边缘，以利加风。

（2）难行悬料应及时处理，顶烧时间不可过长，应力争坐料一次成功。

（3）原燃料条件恶化出现频繁崩料时，要及时采取措施。由于风量减少，风速下降，要注意维护炉缸工作。

（4）需要洗炉时应先考虑加锰矿，即使炉况进一步恶化也要慎用萤石。

（5）要控制好炉温、炉渣碱度，注意边缘气流不可过旺。

（6）要有适量风口备品。

7.3.1.5　对失常处理的评述

南昌新1号高炉这次炉况失常，起因于入炉原燃料质量变差，主要是焦炭质量下降引起频繁的管道崩料，判断不够准确，操作上也有一定的失误。由于失常时间拖长，带来较大的损失。该高炉有两个出铁场，有南、北两个铁口，20个风口，为处理失常采取了堵高炉半边风口，用一个铁口出铁的办法来恢复炉况，这一做法似乎欠妥。

高炉维持正常炉况的重要条件是煤气流分布合理和炉缸工作活跃。在2月18日悬料和风口烧穿后，19日出现风口大量烧坏，已充分表明炉缸工作严重堆积。为了解除炉缸堆积，一次堵了相邻的4个风口，实际上是人为地加剧了炉缸堆积。堵相邻4个风口的情况下，初始气流分布受到严重限制，不可能向合理分布发展，更不要说使煤气利用有所改善。不论是减小批重，疏松边缘，甚至改全焦冶炼，都不可能使炉缸工作得到改善。在2月19日堵7~10号4个风口后，21日风口烧坏进一步加剧，在此状况下又堵了11~14号相邻4个风口，形成连续堵7~14号相邻8个风口，已几乎是半边风口不进风。放弃南铁口出铁，实践证明是走了弯路。离北铁口较远的5号、6号、15号风口生成的渣铁，很难从北铁口出来，因此烧坏风口的频次大大增多。23日中班休风，将5号、6号、15号3个风口全堵上，只用9个风口进风，虽然烧坏风口的几率减少，但拖长了恢复炉况的进程。由于焦炭负荷轻（2.35），再加上锰矿、萤石洗炉，经过3天多时间，北半边炉缸才有所好转。2月26日烧坏风口数减少到1个，27日5号、16号风口再次烧坏，28日炉况才出现好转。又经过6天的努力，才使南铁口能正常出铁，对于这座1050m³中型高炉来说，处理炉况失常的时间偏长。

总的来看，一次堵相邻4个风口，与活跃炉缸的基本要求不符。实践表明，第一次堵相邻4个风口后，炉缸工作更加不灵活，南铁口出铁难度更大。这时本来还有机会，但21日又接着堵了南铁口右边的相邻4个风口，放弃南铁口出铁，增加了恢复炉况的难度。

7.3.2　太钢5号高炉难行炉况的处理[2]

太原不锈钢股份有限公司炼铁厂5号高炉（4350m³）2006年10月建成投产，这是近年国内新建的4000m³级大型高炉之一。该高炉的装备为国内一流水平，所用焦炭和烧结矿的质量也属上乘，投产后炉况一直比较稳定，生产水平不断提高。但在2008年7月和2009年1月，该高炉先后出现了两次炉况失常，下面作扼要的介绍。

7.3.2.1　第一次炉况失常经过

2008 年 7 月 8 日，5 号高炉计划检修休风，7 月 9 日送风恢复。在高炉复风过程中出现一次较小的不顺，但未造成大的影响，到 7 月 10 日炉况已恢复到休风前较好的水平。7 月 11 日，高炉日产量达到 10500t 以上，煤比 211kg/t，燃料比 501kg/t。12 日夜班，风量维持 6600m³/min，风压 415kPa，到 11：50 风压突然冒尖，由 415kPa 急剧升高到 429kPa。当时减风 300m³/min，但风压下降很少；再减 300m³/min，风压降到 390kPa，此时料尺走平，出现悬料，决定坐料处理。此时 4 号铁口正在出铁，尚未来下渣，立即组织 2 号铁口出铁。12：14，4 号铁口开始喷，2 号铁口也来下渣，便减风坐料，将风量减到 3000m³/min，风压为 120kPa，料坐下。12：17 开始回风，当加风到 3200m³/min 水平，刚加 200m³/min 的风量，鼓风机（1 号风机）突然出现了停风事故，风量立即降到 1m³/min，后来升到 350m³/min，接着再次降到 1m³/min。13：14，借助拨风系统，使高炉风量达到 2450m³/min。13：34，2 号风机启动供风，风量猛增到 5000m³/min，风压 355kPa。因减风不灵，持续了 24min，无法控制风量，造成高炉再次悬料。接着再次组织出铁，到 17：24 再次坐料。坐料后炉况恢复困难，出现管道行程，频繁发生崩料。为了制止崩料，采取了减小料批、改全焦负荷，控制较低压差等措施，经过 12～13 日 4 个班的恢复，到 14 日夜班，管道、崩料基本消除，炉况基本恢复正常。

7.3.2.2　第一次炉况失常的原因

太钢 5 号高炉这次炉况失常，是由以下原因引起的：

（1）7 月 9 日检修复风后，虽然在 11 日高炉达到 10500t 的产量，但炉况稳定性不好，不时有小的崩料发生。

（2）烧结机检修后启动较晚，运行不正常，烧结矿中甚至出现很多精矿粉，入炉粉末增多，恶化了料柱的透气性。烧结矿的碱度波动也大，炉渣碱度持续在 1.22～1.28 之间，造成软熔带区间变化，也使料柱透气性变差。

（3）鼓风机停风事故是造成第二次悬料的主要原因。在休风后刚恢复风量的短时间内，急剧增减风量，有大约 50min 无法控制风量，以致酿成悬料。

（4）当时在操作思想上有一定束缚，认为这样大容积的高炉即便失常，也要保住 5500m³/min 以上的风量，减风太多会造成炉缸工作不活。因此，在发生管道需要减风时一直没有果断地减风，造成管道行程越来越严重。

7.3.2.3　第二次炉况失常经过

2009 年 1 月 22 日白班 11：42，5 号高炉两次出现明显的管道行程。炉顶压力由 250kPa 瞬间上升到 275kPa，当时做减风处理。稍会稳住后 16：55 再次出现管道，顶压由 250kPa 冒尖到 281kPa。17：23 崩料，1 号料尺深 2.0m，炉况更加不稳。到 23 日夜班，炉况也没有好转，0：30 出现偏料。此后 3h 风压不断波动，经常出现大于规定 14～15kPa 的高压差，1：19 和 2：15 出现两次深崩料，呈现更严重的偏料状态。3：52 再次出现管道崩料，顶压由 250kPa 升到 264kPa，2 号料尺显示 3.73m，3 号料尺显示 2.24m。可以认为，这时炉况已较难控制，为此采取了减风同时减氧的措施，5：03，风量由 5400m³/min 减到 5000m³/min，富氧量减到 8000m³/h。此后下料开始好转，管道行程已基本消除，炉况稍稳后赶上料线。1 月 23 日夜班炉况恢复过程见表 7-2。

表 7-2　太钢 5 号高炉 1 月 23 日夜班炉况恢复过程

时 间	风量 /m³·min⁻¹	氧量 /m³·h⁻¹	风压 /kPa	超规定顶压 /kPa	下料情况 偏尺/崩料	[Si] /%	炉渣 CaO/SiO₂
1：13	6400	27500	405	14	偏尺 0.65m	0.66	1.20
1：56	6200	26000	394	10	崩料 2 次	0.70	1.20
4：07	5900	16000	380	22	崩料 3 次	0.73	1.20
4：51	5500	16000	363	12	崩料 2 次	1.01	1.19
5：03	5000	8000	328	17	崩料 3 次	1.01	1.19

7：09 开始加风恢复，白班接班后有轻负荷料下达，加速了恢复进程。经过接近一天的恢复，1 月 24 日 3：27 风量恢复到 6600m³/min，接近其正常水平（见表 7-3）。

表 7-3　太钢 5 号高炉 1 月 24 日炉况恢复过程

时间	风量 /m³·min⁻¹	超顶压 /kPa	下料情况	矿批/t	K 值	煤比 /kg·t⁻¹	燃料比 /kg·t⁻¹	[Si] /%	铁水温度 /℃	渣碱度
7：09	5200	19	偏尺 0.67m	118	2.67	180/240	520/550	0.89	1504	1.21
7：32	5400	25	崩料 1 次					0.89	1504	1.21
11：15	5500	8	崩料 3 次	95	2.45	90/240	515/550	1.0	1532	1.19
12：15	5600	3	偏尺 0.87m		2.38	220	530	0.86	1499	1.19
13：00	5700	3	偏尺 0.75m		2.44	210	520	1.43	1508	1.19
13：39	5800	6	偏尺 0.70m		2.41	210	520			
14：56	5900	5	偏尺 0.79m		2.38	210	520	1.99	1562	1.19
17：02	6000	22	崩料 3 次		2.40	95	520	1.77	1553	1.25
19：16	6100	10	偏尺 0.93m		2.42	95	520	1.65	1542	1.17
20：35	6200	10	崩料 1 次	109	2.40	120/95	515/520			
23：19	6300	16	偏尺 0.93m		2.36	125	520	1.54	1532	1.10
3：27	6600	15	偏尺 0.73m	116	2.32	111	510	1.10	1535	1.09

7.3.2.4　第二次炉况失常的原因

太钢 5 号高炉 2009 年 1 月发生的这次失常，基本由以下两个因素促成：

（1）炉况失常前几天烧结矿碱度波动大，引起炉渣碱度升高，最高达到 1.25，使料柱的软熔区间发生较大变化，影响了煤气流的合理分布。在出现一系列小崩料时，处理不够果断。

（2）炉温向热，煤气体积增大较快，吹出了管道，继而引起大崩料。由于操作人员从上次炉况失常中吸取了经验教训，在出现大崩料之后果断地减风、减氧，调整批重和布料矩阵，调轻负荷，较快地消除了管道，扭转了炉况的不顺，避免发展成恶性管道。

7.3.2.5　对失常处理的评述

太钢 5 号高炉这座新建的大型高炉，在 2008 年 7 月和 2009 年 1 月出现两次管道行程，都与原燃料质量波动有关。第一次出现管道行程是 2008 年 7 月 12 ~ 14 日，悬料 2 次，坐料 2 次，经过不太长时间的调剂，消除了管道。第二次炉况不顺发生在 2009 年 1 月 22 ~ 23 日，只经过 1 天多时间就恢复到正常炉况，处理比较成功。

5 号高炉 7 月 12 日出现第一次悬料，是在高冶炼强化生产条件下，对出现管道崩料造成后果的严重性认识不够，采取的措施不够有力。第二次悬料，主要受风机事故的影响。烧结矿质量虽有波动，但时间比较短，对料柱透气性的影响相对较小，高炉还保持着正常接受风量的能力。炉况不顺主要是由于"煤气流长期不太规整，对高炉长期有小崩料措施不到位"引起的。在认识到问题的严重性后，及时地采取果断措施，在大约一天的时间内使炉况恢复到正常水平。可以认为这是一次炉况波动，还算不上炉况失常。这次炉况波动，有炉温向热的原因，也有操作习惯方面的影响。操作者为了达到高产目标，需要维持较高的风量，当出现偏高压差时，有时舍不得减风，想挺一挺；有时没有减风，保住了料批数，对压差的控制上却有所放松。从表 7-2 和表 7-3 数据可以看出，当实际压差超过规定压差太多时，崩料次数增加，如不及时处理，频繁崩料必定带来严重后果。在一定的操作条件下，每座高炉都有正常的压差范围，存在一个相应的临界值。超过该临界压差值，炉况顺行就会受到破坏，引起炉况失常。因此，高炉操作者必须重视和探索维持风量和正常压差之间的关系，及时发现异常，把失常消灭在萌芽状态。

7.3.3　济钢 1 号高炉炉况失常的分析和处理[3]

济钢 1 号高炉（1750m³），在 2007 年 9 ~ 10 月间多次发生悬料，出现了严重的炉况失常。在操作上采取了缩小料批、发展边缘、加锰矿和萤石洗炉等多项措施，但未从根本上扭转被动局面，因此提前实施了更换风口带冷却壁的技术改造。

7.3.3.1 炉况失常的经过

济钢1号高炉这次炉况失常大致分为以下三个阶段:

(1) 失常开始阶段。2007年8月上旬之前,该炉炉况基本维持稳定,利用系数达到 $2.5t/(m^3 \cdot d)$,焦比 340kg/t,风量在 $3600m^3/min$ 的水平。但在8月中、下旬,煤气流呈现紊乱,煤气利用变差。8月10日这天,出现了低炉温,白、中班各悬料一次,11日夜班又悬料一次,料柱透气性变差。此后半个多月,下料时快时慢,风量减少,8月25日又悬料一次,炉况每况愈下。

(2) 严重失常阶段。进入9月,管道行程难以制止,频繁崩料,生产水平明显降低。在9月1日~10月7日一个多月时间内,发生悬料达22次之多。采取了改变长短风口布局,调布料矩阵等措施,均未能改变炉况不断恶化的走势。

(3) 彻底失常阶段。所谓彻底失常,是指炉况已失控,对管道行程感到束手无策,许多手段均不见效。风量不及正常时的 1/2,甚至萎缩到 1/3,发生悬料已是司空见惯。

7.3.3.2 对炉况失常的处理

还在8月中旬之初,刚出现煤气流不稳,料柱透气性变差时,就采取了有针对性的调节措施。8月5日,为提高烧结矿的利用率,将烧结筛孔由原 5.0mm 缩为 4.5mm,这一因素对料柱透气性的不利影响是可以预料的。8月10日出现了低炉温,白、中班各悬料1次,为此采取了减轻边缘负荷、提高焦比,并将烧结筛孔恢复到 5.0mm 等一系列措施。但是,接连发生的其他变故,使顺行受到严重破坏。发生3次悬料后发现,入炉焦炭 M_{40} 下降了 3%。接着渣处理系统出现故障,影响正常出铁,高炉多次受憋。尤为严重的是鼓风机停风,对失常炉况犹如雪上加霜。此后随即出现9号、12号风口损坏变大,漏水多,非计划休风 4.5h 后出现了炉缸堆积的征兆。8月23日,再次采取疏松边缘措施,炉况并未好转。25日中班再次悬料,坐料后又吹出大管道。由于调节数日未能消除管道行程,使该高炉风量逐日减少。

进入9月后,根据对炉况的观察,认为两个铁口 90° 夹角的扇形区域和它正对面的区域煤气流过旺,利用9月5日一次长时间休风(休风 19.5h)的机会,将扇形区域3号、15号、20号、23号风口由长度 580mm 的换为长度 600mm 的。9月7日加重边缘负荷后风量减少,下料不好,9月11日又改为疏松边缘。9月19日再一次加重边缘,9月21日休风,将铁口扇形区域正对面7号、9号、12号风口由长度 580mm 的换成 600mm 的。9月26日又疏松边缘,10月1日又疏松中心,顺行均没有改善。10月4日一天,顽固悬料达5次之多。这时采取了减小布料角度的方式疏松边缘,但效果并不理想。在采取上述调整措施的同时,在9月17日配料中加 3% 的锰矿,增加优质焦炭的比例,并在23日将烧结筛孔由

5.0mm 扩大到 6.0mm，同时提高炉温，希望能够改善顺行，最终也没有取得预想效果，依旧悬料不断。

到了 10 月 7 日，判断炉腹已经黏结，分别在 10 月 8 日、14 日休风 160min 和 240min，将 9 个长度 600mm 的风口全部换成 550mm 的风口。同时将矿石矩阵改为单环布料，开放两股气流，仍不见效，依旧发生悬料。10 月 20 日休风堵 5 个风口，改全焦冶炼，提高焦比到 560kg/t。10 月 25 日堵 8 个风口操作，风量只有 1000 ~ 2000m³/min，利用系数降低到 1.0t/(m³·d) 以下，产量欠账越来越多，于是决定提前检修，整体更换风口带的冷却壁。

7.3.3.3　炉况失常原因分析

济钢 1 号高炉 2007 年 9 月 ~ 10 月发生长时间炉况失常，原因是多方面的，归结起来有：

（1）休风和慢风时间长。在失常的前两个阶段，休风率为 3.164%，慢风率达到 3.127%；失常的第三阶段，休风率为 1.745%，慢风率高达 57.811%。高炉长时间的慢风作业，逐渐形成了严重的炉缸堆积。

（2）上下部制度不适应。下部大幅度堵风口，缩小进风面积，而上部又大幅度发展边缘，引起煤气分布紊乱，导致失常。

（3）调节不当，多次引起严重炉凉。10 月 8 日生铁中硅含量低到 0.1%，渣铁流动性很差。

（4）焦炭强度波动大。正常情况下该高炉所用焦炭 M_{40} 指标约为 82%，在 10 月 19 ~ 23 日期间焦炭 M_{40} 指标长时间在 72% ~ 78% 之间波动，严重恶化了料柱的透气性。

（5）所采取措施不力，始终未能改变炉缸堆积的状态。

（6）风口大量破损。9 月 5 日 3 号、20 号风口损坏，9 月 21 日 4 号、7 号风口损坏，10 月 8 日 10 号、17 号、21 号、24 号风口损坏，风口大量破损后向炉内漏水，加剧了炉缸堆积的处理难度。

7.3.3.4　对炉况失常处理的评述

济钢这座 1750m³ 的高炉发生长时间的炉况失常是多种不利因素叠加的结果。首先，原燃料质量下降，尤其是焦炭质量变差，对料柱透气性带来相当大的影响。其次有其他偶发事件的影响，如鼓风机停风，渣处理系统故障影响正常出铁等。这些不利因素不期而遇，造成了高炉悬料，接着损坏的风口漏水，较长时间的休风，严重破坏了高炉正常行程。除了以上客观因素，操作判断上的不足、采取的措施不到位等，也值得加以总结。

2007 年 8 月上旬以前，这座高炉的正常风量 3600m³/min，利用系数可达 2.5t/(m³·d)，说明在原燃料波动不大，操作没有大的不当时能获得较好的技术指标，也表明炉缸工作和上部的操作炉型是稳定的。当 8 月中下旬以后炉况陷入失常状态，严重炉凉、炉缸堆积、坏风口多、慢风率高等，都与操作有着紧密的联系。在失常的初始阶段，8月10日出现炉凉，白、中班相继悬料，在炉凉条件下坐料，后果使炉温进一步降低。加净焦和减轻焦炭负荷，必须等到焦炭下达才可能转热。在第3次悬料后，风量再也无法达到正常水平，应当考虑保持相应的风速和鼓风动能，及时堵适当数目的风口，以改善炉缸工作。

8月25日悬料以后，出现严重的管道行程，多次发生悬料，炉况已严重失常。炉身出现黏结，渣皮经常脱落，管道行程始终制止不住。这一阶段采取了多项措施，包括调整风口布局和布料矩阵来调整边缘气流，配料中加3%的锰矿改善渣铁流动性，增加优质焦炭用量和扩大入炉烧结矿粒度等改善原燃料质量等。这些措施实施的力度也不算小，但仍然未能使炉况好转。分析原因可能与调剂幅度、频度不当和上下部操作制度不协调有关。

频繁的管道、崩料和悬料发生在高炉的上部，最明显的反映是风量不断减少，风速下降，回旋区变得越来越小。局部区域采用加长风口固然是一项有利于活跃炉缸的措施，但若疏于调整进风面积，炉缸仍可能严重不活。在这种情况下，即使上部制度能改变气流分布，由于炉缸过于呆死，也无法形成稳定的气流。在处理炉况失常，调整气流的过程中，是采取加重边缘→疏松边缘→再加重边缘→更大地疏松边缘的步骤。从理论上讲，边缘过分发展了，应当进行抑制；边缘过重了，应当进行疏松。但在调节上首先必须分析当前的炉况基础，面对失常的高炉，首要的任务应该稳定煤气流。要把握边缘需要发展或抑制到何种程度，要采取循序渐进的步骤，稳步推进。但实际采取的措施是缩小料批几乎减半，加重边缘时边缘矿石环数比正常炉况时还多，减风温达300℃等，都是幅度很大的调节。这会使边缘和中心的负荷瞬时剧变，难以形成正常的料柱，无法形成一个合理稳定的软熔带。其结果导致煤气流紊乱，风量愈来愈少，以致进入"彻底失常的第三阶段"。

在判断炉腹已出现结厚，采用长风口不利于疏松边缘之后，从10月8日开始采取更大的调节，在8日和14日休风，将长度600mm的风口全部换为550mm的，并调整风口布局。在14日，将矿石的布料矩阵改为26°角单环布料。在15日改全焦冶炼，把焦比升高到560kg/t。到20日，又堵5个风口操作。这些措施本来应该起到改善炉况的作用，至少使炉况不再恶化，风量不再减少，但仍未收到预期的效果。在此期间，出现一个重要的不利因素，即从10月19日开始，入炉焦炭质量大幅度下降，使料柱透气性进一步恶化，加剧了炉缸堆积。在这种情况下，高炉不得不提前检修，来处理风口带的冷却壁问题。

7.3.4 济钢3号高炉炉况失常的分析和处理[4]

济钢3号高炉（1750m^3）2005年8月投产。2009年5月，该高炉由于原燃料质量明显变差，发生了管道和悬料的失常炉况，处理后采取了有针对性的预防措施。

7.3.4.1 炉况失常的经过

2009 年 5 月 13 日中班 21：09，济钢 3 号高炉的风压由 341kPa 升高到 348kPa，出现料慢难行。当时减风到 2471m³/min，料线却降低到 2.94m，上料后料线 1.82m，风压升高，料尺不动，形成悬料。马上进行减风坐料操作，当风量减到 1082m³/min，风压 85kPa 时，料开始下。此后逐步恢复风量，但这时炉况不稳，风压、风量很不对称。到 22：37，风量恢复到 2741m³/min，风压已达 321kPa，热风炉换炉后风压继续升高。23：17，将风压降到 313kPa，但突然升高到 320kPa，再次发生悬料，当即减风到 1893m³/min，料线由 3.85m 崩落到 4.52m，崩料后风压还在升高。14 日的 0：32，出现大崩料，这次崩料后风压、风量关系有所改善。随后稍加风量到 2177m³/min，此时右料尺塌陷，自此两个料尺相差悬殊，缓慢下料但状态极差，估计有再悬料的危险。2：32 改常压坐料，塌料至 1.85m，两个料尺相差达 2.0m，风压、风量关系欠佳。5：18 炉况再度出现难行，准备加风顶烧后坐料。5：32 出现大管道，不久崩料，料线深 3.72m，及时减风处理。这次崩料后，两个料尺基本找平，风压、风量关系趋向对称。此后开始加风恢复，在加风过程中因赶料线过急，在 10：05 和 12：32，又发生两次悬料。幸运的是坐料后料柱透气性没有进一步恶化，14：24 风量恢复到 2900m³/min。由于加强了原燃料管理，调整布料矩阵，维持较低压差，此后基本上避免了生成管道和难行，炉况逐步恢复正常。

7.3.4.2 炉况失常原因分析

济钢 3 号高炉 5 月 13 ~14 日出现严重的管道行程，进而发生崩料和多次悬料，这次炉况失常的主要原因如下：

（1）入炉焦炭质量明显下降。正常情况下，该高炉焦炭 CRI 为 24% ~26%，CSR 为 66% ~68%。进入 5 月中旬后，焦炭质量明显变差，5 月 13 日 CRI 上升到 30% 以上，CSR 下降到 62% 左右。而这时焦丁筛又出了问题，使粉焦量增多。粉焦量正常时 7 ~8 车/d，这时增加到 11 ~12 车/d，相当于每天增加 4 个车皮的粉焦入炉。焦炭强度下降和粉焦增多，严重影响了料柱的透气性。

（2）入炉烧结矿粉末增多。因受金融危机影响，济钢自 2008 年 11 月起大量使用品位较低、Al_2O_3 含量高的印度粉矿，使烧结矿铁分下降 2.0%，转鼓强度也由正常的 80% 下降到 75% ~76%，Al_2O_3 含量则由原 1.8% ~2.0% 上升到 3.0% 左右。炉渣 Al_2O_3 含量明显升高，2008 年渣中 Al_2O_3 大都在 16.5% ~ 16.6% 的范围，到 2009 年 2 月已升至 18.5% 左右，3 月以后炉渣平均 Al_2O_3 含量高达 19%。5 月上旬，烧结矿的返矿量经常维持 150 ~160kg/t，进入中旬后，迅速下降到 130kg/t 以下，5 月 11 ~12 日甚至低到 120kg/t，表明入炉粉末增加了

$30 \sim 40 kg/t$。烧结矿强度降低和粉末增加使料柱透气性更差，促成了管道的形成和发展。

7.3.4.3 对失常炉况的处理

在察觉到焦炭和烧结矿质量下降的同时，高炉操作人员及时采取了以下措施：

（1）适当缩小料批，同时减轻焦炭负荷，考虑生矿配比偏高，还减少了生矿比例。这是因为生矿不仅冶金性能差，而且含泥多，雨天易堵筛孔，会增加入炉粉末量。

（2）调整焦丁筛参数，减少料层厚度，增大振幅，提高筛分效率，使入炉粉焦量减少3车皮/d。

（3）将2号烧结筛的筛孔扩大到6.0mm，使返粉量迅速上升到170kg/t，明显地降低入炉烧结矿的粉末。

（4）通过调布料矩阵疏松两股气流，维持较强的中心气流，保持一定的风速。

（5）适当提高炉温。考虑到炉渣 Al_2O_3 含量偏高，熔化温度高，规定生铁中硅含量达到0.6%以上，严禁低炉温操作，使铁水温度达到1500℃以上，以改善炉渣的流动性。

以上措施的实施为炉况恢复正常发挥了重要作用。

7.3.4.4 对失常处理的评述

济钢3号高炉2009年5月13~14日这次炉况失常，经过数次坐料，炉况便稳定下来，未拖延更长时间。表面看来，似乎通过坐料就消除了管道，但根本原因在于操作人员准确判断原燃料质量变差引起了料柱透气性恶化，大力改善入炉原燃料质量，保证了相应调节手段的预期效果。例如，当发现入炉焦炭和烧结矿粉末都有显著增加时，及时将焦丁筛和二次焦丁筛的振幅调至最大，调小下料口，减小料层厚度，并将2号烧结筛下筛孔扩大到6.0mm等。这些设备参数的调整，表明操作人员对当时改善精料的方向有准确的判断和把握，才能取得预期的效果。

高炉生产作为一个系统工程，要实现高水平的稳定生产，首先是把好原燃料质量关。确切地说，就是一定要贯彻精料方针。原燃料性能稳定是精料的一个重要因素，如果入炉原燃料质量下降，或者再叠加别的不利因素，造成炉况失常，有的能在较短时间扭转局面，而有的则需要用相当长的时间。一般来说，当出现炉况不顺，工长的操作调剂也算及时，但未收到预期效果时，其原因大都与原燃料质量变差有关。这是因为在炉况失常时，要求有更好的原燃料条件，来有效地改善料柱的透气性。但由于种种原因，扭转原燃料质量下降的措施实施难度增大，起作用的周期较长，高炉不得不在一段时间内使用质量较差的炉料，这样就使纠正失常炉况的时间拖长。本例对失常炉况的处理，从重视精料工作入手，及时采取改善焦炭和烧结矿粒度组成的措施，使严重失常的炉况很快得到扭转，最终结果是降低了生产成本。

7.3.5 安钢8号高炉炉况失常的处理[5]

河南安阳钢铁股份有限公司炼铁厂8号高炉，有效容积2200m³，2006年10月中旬因受出铁影响，风量受憋，曾发生悬料事故。这次炉况失常延续大约一周时间，损失生铁14000多吨，增加焦炭消耗300多吨，对全公司的生产平衡造成了较大的影响。

7.3.5.1 炉况失常的经过

2006年10月上旬之前，安钢8号高炉维持了较好的炉况，正常风量为3900~3950m³/min，平均日产5800t以上，焦比375kg/t，煤比140kg/t左右。10月12日，最初受炉前出铁的影响，风量受憋，后来发生了悬料。处理这次悬料之后，14日又相继发生几次悬料和数次坐料，此后休风堵风口。15日再次坐料，并采取缩小料批等措施，减缓了复风的速度，至18日炉况逐渐恢复了正常。

7.3.5.2 对炉况失常的处理

10月12日白班，8号高炉炉前出铁不正常，高炉受憋，16：00风压瞬间超过450kPa。为保风机安全，鼓风机做放风处理，减风至2000m³/min，稳定后开始恢复风量。但这时高炉已不接受风量，料线一直不动，最后形成悬料，被迫坐料。坐料后采取了减小料批的措施，由60t/批减到55t/批，逐步恢复炉况。经过一个中班，到13日0：00，风量基本恢复至正常水平，随即将批重加到58t。13日炉况算是基本顺行。但14日6：45，在没有明显征兆的情况下高炉又悬料，再一次坐料处理。这次坐料后恢复困难，改高压不久即出现严重的管道行程，接着又悬料，如此反复，一直处于恶性循环状态。操作人员认识到，要使炉况较快地达到稳定顺行，需要防止发生炉缸堆积。于是在20：18，休风堵4个风口，将进风面积由0.313m²减为0.270m²，矿批进一步缩小到40t/批，并调布料矩阵以疏松边缘。但料柱透气性仍然很差，下料全都处于在塌料和滑料状态。15日6：45，再次坐料以压死管道，这次坐料料线深至5.0m，炉况出现了好转的迹象。自此开始缓慢恢复，在炉料中加锰矿2.0t/批，维持70kPa的风压赶料线到4.0m。此后每次加风不大于100m³/min，料线赶到2.0m，风量恢复到2700m³/min。此时出现边缘气流过分发展的征兆，表明小风量状态下的一些制度需要调整，于是调整了布料矩阵、批重、焦炭负荷和进风面积。到18日12：00，风量达到3900m³/min，炉况恢复顺行，完全摆脱了悬料的状态。

7.3.5.3 炉况失常原因分析

8号高炉发生悬料事故，有原燃料质量下降的原因，也有调节不及时的原因，而调节不及时则与信息缺乏和滞后有一定关系。在 10 月 12 日悬料前两天，即 10 日和 11 日，入炉烧结矿的强度明显下降，粉末量大幅度增加。例如，10 月上旬烧结矿中小于 10mm 的含量为 20% 左右，而 10 日和 11 日两天猛增到 47.02% 和 39.56%。几乎与此同时，10 月 9 日焦炭灰分由原来的 12% ~ 13% 上升到 14% 以上。在悬料发生后的 14 日、16 日，抽查取样焦炭的反应后强度（CSR）分别降低到 52% 和 56.32%，而上旬焦炭的 CSR 均在 60% 以上。悬料前数日，风量呈现萎缩趋势，风压升高，这些变化已预示原燃料质量可能有问题，但因缺乏相应的数据信息，因此调节不够有力。12 日悬料后仅减一点批重，负荷基本未调，还维持着大喷煤比，而此时料柱透气性已严重恶化，本来打算维持高产时的风量水平，其结果是吹出了管道。

10 月 14 日连续悬料后，才仔细考虑各方面的原因，尤其是查找焦炭质量方面的问题。后来采取了休风堵风口，减少喷煤和疏松边缘等措施，才逐渐使炉况转危为安。10 月 15 日夜班坐料后，高炉出现根本的转机，正常下料，能够接受风量。但是直到 18 日白班，风量才恢复到 3900m³/min，用了将近 10 个班的时间。炉况恢复较慢的原因可能有两个：第一是烧结矿入炉粉末仍然偏多，如 17日为 40%，而且焦炭灰分含量也高（13.91%），这影响高炉接受风量。第二是受设备异常的影响。恢复炉况时多次发生原因不明的布料失常，如正常情况下焦炭布 14 圈，但有时闸门会突然变大，6 圈就把焦炭布完。焦炭布在边缘多，中心无焦，使中心更难吹透。显然这对于恢复炉况十分不利。

7.3.5.4　对炉况失常的评述

安钢 8 号高炉 2006 年 10 月发生的这次悬料事故，既有原燃料质量波动的因素，也有设备因素，从中可得到以下启示：

（1）高炉操作人员必须及时掌握原燃料质量变化的信息。在高炉生产中，完全杜绝原燃料质量波动十分困难，关键在于当焦炭、烧结矿的质量出现波动时，相关信息应及时传递到高炉。高炉工长如能根据原燃料质量波动程度及时采取措施，有可能避免炉况失常或者较少损失。对原燃料质量的变化情况，仅靠工长的直观观察是不够的，最主要的是依靠及时的质检数据信息。常见的情况是：高炉已出现问题再看原燃料质量是否发生了大的变化，才去抽样检查，这样很难做到主动预防，只能被动应付。获取及时的质检数据既涉及技术问题，又涉及检测手段投资问题，但总的来看完善原燃料质量数据的检测、传递手段对高炉高效生产是非常重要的，管理者应该对此有清醒的认识。

（2）加强设备维护和管理可以减少事故的发生。本例中高炉开口机不正常，开一次铁口要花半个小时，若能消除这一设备故障，12 日的悬料有可能避免。又如本例中旋转溜槽布料失常，致使中心无焦，对煤气分布带来了重大的影响。如果旋转溜槽功能是正常的，炉况的发展必将是另外一种情况。

7.3.6　武钢 6 号高炉炉况失常的处理

武钢 6 号高炉，有效容积为 3200m³，2004 年 7 月投产。因受金融危机影响，2009 年下半年以来，武钢高炉入炉矿品位持续下降，渣量增加，炼焦用煤煤种不齐，焦炭质量波动较大。高炉原燃料条件的这些变化，恶化了高炉炉况。2010 年 2 月，6 号高炉基本上属于低水平运行，还发生一起悬料事故，继而炉况失常，直接影响了生产计划的完成。

7.3.6.1　发生悬料的经过

炉况正常时 6 号高炉风量维持在 5700m³/min 以上（经校核仪表风量比实际风量偏低 500m³/min），在进风面积 0.4332m² 的条件下，风速一般在 220m/s 以上。在 2010 年 2 月上旬，尚能维持 5500m³/min 的风量。2 月 6 日和 8 日两次休风更换破损风口，恢复后堵几个风口，花一个班时间才恢复到正常风压水平，但风量较休风前减少了 300~400m³/min。在恢复过程中一般采取的是疏松边缘的措施，但总的来看料柱透气性受到了一定程度的影响。2 月 11 日休风 410min，处理上料皮带又换了 3 个破损风口。13 日休风 160min 换了 5 个破损风口。14 日又休风 55min，处理炉顶放散阀。15 日没有休风和低压作业，出铁 6771.5t，炉况算是正常，但在白班后期出现了管道行程。15 日中班管道行程趋于严重，料尺不时下陷，风压时冒尖，风量也从 5600m³/min 逐步减少到 5500m³/min。边缘气流不稳，炉顶温度时高时低，总的趋势是升高。为了稳定炉况，将炉顶压力从规定的 0.23MPa 加到 0.235MPa，想依此降点压差。到 16 日夜班，维持富氧 25000m³/h，但风量不断萎缩，接班头两个小时风量尚有 5500m³/min，到 4：00 风量退到 5350m³/min。此时管道行程加剧，料尺陷落严重，一直到 8：00 炉况不见好转，风量仍呈萎缩趋势。16 日白班前期，风量减少到 5300m³/min，料速每小时减少 1 批，这时减煤 3t/h，崩料次数增加。11：30 大崩料，随后悬住，高炉减风降压处理后料下。稍稳后开始恢复风量，风压高风量少，风压、风量关系很不相称。2：00 停氧，不久再次悬料。13：08 拉风坐料，料下后逐步赶上料线。14：30 再次悬料，15：10 坐料，坐料时 5 号、26 号风口灌渣，灌死风管，25 号风口烧坏。料下后被迫改为休风，休风 200min 更换风口、风管。20：20 送风时堵 6 个风口缓慢加风，但高炉接受风量能力很差。21：00 风压到 0.17MPa，风量仅有 730m³/min，22：00 风压到 0.24MPa，风量也只有 2600m³/min，23：00 风压加到 0.27MPa，风量不增反减，此后风压退回到 0.24MPa。17 日夜班，恢复风量十分困难，风压拐动，不时崩料，风压到 0.29MPa，风量只有 2570m³/min，料尺经常走平，靠崩料下料。2：00~6：00 期间，每小时只上 1 批料，下料难行就像在悬料。炉顶温度升高，靠喷水降温。17 日白班一接班，即退风压到 0.19MPa，维持 0.09MPa 的压差，风量逐渐升到 2800m³/min，但下料不好，总有悬料的危险。14：00恰逢配管需要降压，随即低压一次，实为拉风坐料。16：08恢复高压，下料虽不太好，但炉况较前有好转。此后维持0.06MPa的低压差操作，风量在2300～2500m³/min水平，每小时可上料2～3批，渐渐地脱离了悬料的危险。在16～17日处理悬料的同时，对矿石批重、焦炭负荷、布料矩阵做了较大幅度的调节。17日完全停止使用质量较差的外购焦和库存焦。在操作中维持较低压差，以预防管道生成。18日夜班以较快的速度提压加风，打开所堵风口，4：00风量达到5300m³/min，并开始富氧操作，炉况完全摆脱了失常状态。

7.3.6.2 悬料事故的处理进程

2月15日，6号高炉共使用了16个车皮的外购焦和库存焦，这对料柱的透气性带来较大影响。中班出现的管道和崩料与使用劣质焦炭有直接关系。但15日的操作未做相应调剂，16日夜班还在继续使用外购焦，边缘气流明显不稳，料尺多有塌陷。16日4：40减矿批5t/批，在第36批调布料矩阵，将C_{332224}^{987651}变为C_{222224}^{987651}即减少布往边缘的焦炭。16日和17日的调节进程见表7-4。

表7-4　武钢6号高炉处理悬料期间的装料制度调整（2010年2月）

调负荷时间		批次	批重/t	焦批/t	负荷	批次	焦炭矩阵	矿石矩阵		调矩阵时间
16日	0：00	1	85	19.7	3.88	1	C_{332224}^{987651}	O_{44322}^{98765}	$Os_{2\ 1}^{10\ 9}$	0：00
	4：40	24	80	18.7	3.83					
	9：00	49	77	17.9	3.83	36	C_{222224}^{987651}	O_{44322}^{98765}	$Os_{2\ 1}^{10\ 9}$	6：30
	13：40	66	73	17.7	3.67					
	14：00	68	65	15.6	3.65	63	C_{222224}^{987651}	O_{34322}^{98765}	$Os_{2\ 1}^{10\ 9}$	13：00
	22：00	70	65	16.4	3.49					
	23：10	75	65	17.5	3.30	65	C_{222224}^{987651}	O_{34321}^{98765}	$Os_{2\ 1}^{10\ 9}$	13：30
17日	0：00	1	65	17.5	3.30	1	C_{332224}^{987651}	O_{23322}^{98765}	$Os_{2\ 2}^{10\ 9}$	0：00
	1：00	3	65	19.2	3.30					
	15：00	33	65	17.8	3.20	12	C_{332224}^{987651}	O_{23322}^{98765}	$Os_{2\ 2}^{9\ 8}$	7：55
	22：00	49	65	18.0	3.20					
	22：30	51	85	18.3	3.20					

16日白班调节批重3次，减轻焦炭负荷，批重调节的幅度较大。两次调布料矩阵实际调节量很小，作用不够明显。17日夜班一接班即变布料矩阵，为疏松边缘停用外购焦，并长时间维持较低的压差，透气性差的料柱逐渐被置换，消除了管道行程，使炉况逐步走向正常。大幅度调节，在第12批又减少布往边缘小烧结的数量，这些调节明显增强了两股气流。

7.3.6.3　悬料原因分析

2010 年 2 月 6 号高炉发生的炉况失常，是连续几次悬料、坐料，打乱了煤气流的合理分布引起的。问题的实质是料柱透气性严重恶化，具体分析有以下原因：

（1）失常前几天休风较多，炉况顺行欠佳。追溯到 2 月上旬，高炉平均日产不足 6000t，平均风量只有 5148m³/min，10 天中有 5 天在堵风口操作，炉缸工作比较呆滞。进入中旬，11 日休风近 7h。13 日、14 日又接连休风，13 日休风160min，13：50 送风到 24：00，顶压、风压都达到规定，风量只有 4800m³/min；14 日刚把风量加到 5500m³/min，不到 1h，就遇到炉顶放散阀吹开，先改常压后又休风，用了 8h 才把风量加到 5350m³/min。在此期间，高炉料柱透气性不好，接受风量能力差，煤气分布的稳定性也差。虽然 15 日没有休风，努力加风接近到全风量，但是吹出了管道，加上 15 日用了较多的外购焦，更增加了不顺的因素。

（2）入炉原燃料质量下降，是引起失常的又一原因。在正常情况下，6 号高炉全用武钢自产的干熄焦，而 14 日 1 个中班就用了 8 车皮的外购焦。由于外购焦的热强度明显低于自产干熄焦，恶化了料柱的透气性。15 日全天共用外购焦、库存焦 16 车皮，16 日夜班、白班炉况不好，也用了 12 个车皮。焦炭质量变差导致料柱透气性恶化，高炉风量萎缩，管道行程加剧。

（3）2 月 16 日夜班布料矩阵调节不当，助长了管道行程的发展。由表 7-4 看出，16 日夜班在炉况多有崩料的情况下，缩小批重的操作是正确的。但在第 36批，将 C_{332224}^{987651} 变为 C_{222224}^{987651}，而矿石矩阵 O_{44322}^{98765}、$Os_2{}_1^{10}{}^9$ 没有变动，很明显起到了加重边缘的作用。高炉这时需要疏导两股气流，加重边缘使煤气通路堵塞，管道行程不断加剧，最终引起了悬料。

7.3.6.4　对炉况失常的评述

2010 年 2 月武钢 6 号高炉这次悬料引起的炉况失常，基本原因是原燃料质量变差所致。在处理炉况失常的过程中，一方面努力改善原燃料质量，同时配合采取适当的调节措施，对消除管道、恢复炉况起了积极作用。这些措施包括：2 月17 日完全停用外购焦和库存焦，夜班开始调布料矩阵以疏导两股气流，白班、中班低压后维持较低压差操作等。6 号高炉这次炉况波动表明，在原燃料质量不太好的情况下，操作制度的调节更要重视维持顺行。高炉炉况变化总是有征兆的，认真观察就能判断它的走势，只要及时采取措施，就可以减少损失。高炉工长要对入炉原燃料给予更多的重视，进行综合判断，才可以防患于未然。

7.3.7　本钢 5 号高炉恶性管道事故[6]

本钢 5 号高炉有效容积为 2200m³，1977 年底和 1980 年初该高炉曾发生三次恶性管道事故，这里介绍的是 1977 年 10 月 29 日一次事故的总结。

7.3.7.1 事故发生的经过

1977年10月，本钢5号高炉更换5500m³/min轴流风机后实施强化冶炼操作，综合冶炼强度达到0.95t/(m³·d)，利用系数达到1.8t/(m³·d)。当时烧结矿供应不足，高炉天天吃质量差的槽底矿，加上焦炭强度下降，引起高炉行程不稳。虽然原燃料的数量和质量不能满足高炉强化冶炼的需要，但为了追求产量，风量仍保持4300m³/min。10月29日13：30出铁末期，5号高炉发生了恶性管道事故。当时的炉况特征是：炉顶压力曲线出现尖峰，由70kPa骤然上升到95kPa和140kPa；风压曲线出现大的上下尖峰；炉顶温度由450℃猛升至1100℃，上升管被烧红；料尺突然下陷，由1.5m降到3.5m以下（见图7-1~图7-4）。高炉减风后，连装10批料才赶上正常料线。风口前出现大量生降，出现涌渣现象。

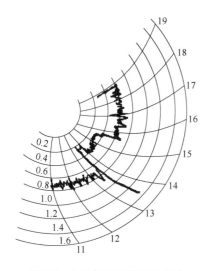

图7-1　5号高炉炉顶压力曲线

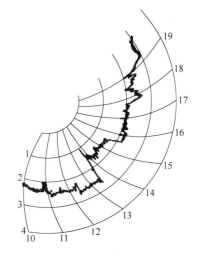

图7-2　5号高炉热风压力曲线

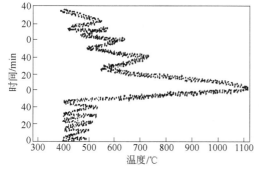

图7-3　5号高炉炉顶温度曲线

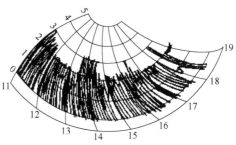

图7-4　5号高炉东料尺曲线

恶性管道事故发生后，立即采取常压减风操作。出铁时渣铁大凉，渣黑、流动性差，铁水低硅、高硫，接连出高硫号外铁 1000t，直到焦炭下达后炉温才开始回升。

18：00 起高炉悬料 4.5h，风量一度曾降到零，在此期间有 6 个风口灌渣。净焦下达后，其他风口逐渐开始明亮。第 2 天炉温转热后休风更换了风管，高炉很快恢复了正常。处理此次事故用了 24h，损失生铁 2000t，焦炭 400t。

7.3.7.2　事故发生的原因

事故发生的原因有：

（1）原燃料质量变差。由于烧结矿供应紧张，5 号高炉不得不大量使用槽底矿，其含粉量成倍增加。同时由于焦煤紧张，配比减少，焦炭强度下降。原燃料质量同时变差，使高炉料柱透气性明显恶化，总压差急剧升高（见图 7-5）。

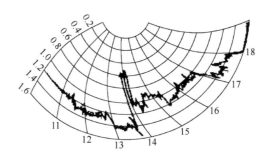

图 7-5　5 号高炉总压差曲线

（2）在原燃料质量欠佳时采用大风量和高压差操作。原燃料条件已经恶化还追求产量，维持大风量操作，使料柱透气性与鼓风量不相适应，致使煤气流分布失常。这次管道发生前风压一直很高，达到 250 ~ 260kPa，压差 180 ~ 190kPa，比正常炉况时高 20 ~ 30kPa，终于在某一疏松的局部吹穿，形成了恶性管道。

7.3.7.3　事故的处理经过

恶性管道发生后，高炉顺行遭到严重破坏，连续崩料不止，大量生料落入高温区，使风口前温度下降，涌渣，从而引起炉凉。为尽快消除管道和崩料，采取了以下措施：

（1）大幅度减少风量。判明事故性质后立即转常压操作，将风量减少到以不灌渣为原则。待顶压和顶温下降，管道消除以后，缓慢恢复风量。控制压差低于正常的 20%，维持正常下料。1.5h 后，恢复顶压为 60kPa 的高压操作。但由于炉缸温度不足，2h 后高炉又发生悬料，悬料期间风量一度为零，有 6 个风口灌渣。

（2）根据最初风口温度严重不足的情况，集中加入净焦 40 车，以后又陆续加 55 车（前后共加净焦 333t）。净焦下达后炉温回升，风口明亮，炉况也恢复正常。

（3）发生恶性管道后炉凉，出渣出铁十分困难，渣铁流很小，渣铁沟中结壳甚至凝死。为此，尽一切努力加强炉前工作，铁口开大，并抓好渣口放渣。此次事故除第一次上渣未放外，以后均在极困难的条件下按时排出渣铁，为高炉恢复正常炉况创造了条件。

（4）尽量避免休风，这对防止炉况恶化和争取净焦及早下达至关重要。为此，要看好炉前风管和风口，确保风口不烧穿，避免再次休风。

在炉况恢复过程中曾发生过悬料，第 1 次悬料时间较长，共坐料 2 次。此后下料基本正常，净焦下达后，便首先恢复风量，由于焦炭负荷减轻，因此加风较易。第 2 天休风处理灌渣风口以后，风量很快地恢复到 $4000m^3/min$，随即转入高压操作，其他操作也相继转入正常。

7.3.7.4 事故的经验教训

此次管道行程发展快，由于判断准确，采取措施得当，处理是成功的。总结认为有如下经验可供参考：

（1）对恶性管道，大幅度减少风量是有效措施。减风后煤气流可以稳定下来，冶炼进程减慢也有利于维护炉缸工作。

（2）集中加净焦是处理恶性管道的根本措施。净焦能起疏松料柱和迅速使炉缸转热的重要作用，可以防止炉缸冻结。

（3）在炉缸温度严重不足时，恢复中过多加风或过早高压是危险的，这次造成长时间悬料和风口灌渣就是一个教训。如果引起频繁崩料，后果可能更为严重。

（4）过凉的渣铁能否排出是处理事故成败的关键。加强炉前工作可以争取主动，为尽快恢复正常生产争取时间。

除此之外，处理这次事故过程中还有两点体会：

（1）要加强精料工作。稳定原燃料质量，是大型高炉强化冶炼的先决条件，也是防止恶性管道发生的根本措施。在高炉强化冶炼时，一定要搞好原燃料平衡，保证供应，并严格控制质量。当原燃料条件变差，高炉顺行受到威胁时，应根据炉况征兆，及时果断地采取措施，消除不顺。例如适当降低风量，减少喷吹量和疏通边缘等。

（2）注意将高炉压差控制在适宜范围。在一定条件下，每座高炉都有一个正常压差，同时有一个与正常压差相应的临界值，大于该值炉况往往失常。大风量、高压差操作极易产生恶性管道，因此高炉操作中必须控制压差在一个合适范围以内。

7.3.7.5 事故的评述

本钢 5 号高炉 1977 年 10 月出现的这次恶性管道事故，处理措施及时得力，很快消除了炉况失常，积累了经验，也有值得吸取的教训。该炉出现的恶性管道征兆具有典型色彩，如风压曲线出现上下尖峰，热风压力由 250kPa 瞬间降到最低的 120kPa，而炉顶压力尖峰由正常的 70kPa 一跃升高到 140kPa，炉顶温度由 450℃猛升至 1100℃（上升管被烧红），料尺陷落到 3.5m 以下等。

　　本节总结的处理恶性管道事故的 4 条经验具有普遍意义。对于恢复期的操作而言，压差的控制尤为重要。如果对临界压差值的控制和延续时间的掌握更好些，有可能防止事故的发生，或至少不会造成严重的状态。在日常操作中，为了维持一定的风量，有时压差超过正常水平，这时的操作需要十分谨慎。首先应分析压差升高的原因，预测和判断一下压差可能下降的条件。另外要注意压差不能超规定太多，延续时间不能太长，超过 15～20min 就应当采取措施。减风意味着损失产量，但长时间的高压差，则可能招致炉况失常。相对于一定原燃料条件的高炉，需要控制一个适当的压差，同时也希望高炉接受的压差尽可能高一些，以利于加风。日常操作中一定要全面分析、掌握原燃料条件的变化，提高调剂的预见性。必须牢记顺行是基础，有顺行才有效益的基本观念，一旦出现不良炉况的苗头，把事故消灭在萌芽状态是最佳选择。

参 考 文 献

[1] 刘全胜，李名华，等. 南钢新 1 号高炉炉况失常的处理 [J]. 炼铁，2010，(4)：45～47.
[2] 赵新民，李夯为. 大型高炉难行炉况恢复 [C]. 第 10 届全国大高炉炼铁学术年会论文集，2009：195～198.
[3] 潘协田. 济钢 1 号 1750m³ 高炉炉况失常的处理 [J]. 炼铁，2008，(5)：39～41.
[4] 韩俊杰. 济钢 3 号高炉 1750m³ 炉况失常的分析和处理 [C]. 第 10 届全国大高炉炼铁学术年会论文集，2009：249～253.
[5] 张庆东，孙占国，等. 安钢 8 号高炉炉况恶化后的处理 [J]. 炼铁，2007，(4)：30～32.
[6] 徐矩良，刘琦. 高炉事故处理一百例 [M]. 北京：冶金工业出版社，1986：220～224.

8　高炉煤气事故

钢铁企业常用的煤气有高炉煤气、焦炉煤气、转炉煤气、天然气等,高炉作业区发生的煤气事故包括煤气中毒、煤气着火、煤气爆炸、煤气系统负压等。

8.1　煤气种类及性质

8.1.1　钢铁企业常用煤气的种类

表8-1列出了钢铁企业常用的各种煤气的化学成分和物理性能指标,以下分别介绍。

表 8-1　钢铁企业常用煤气的成分和主要性能

煤气种类		炼钢生铁煤气	铸造生铁煤气	锰铁煤气	焦炉煤气	转炉煤气	天然气(气井)	发生炉煤气	空气
成分/%	CH_4	0.2~0.8	0.3~0.8	0.2~0.4	24~28		98.0	3~6	
	C_mH_n				2~4		0.6~1.0	≤0.5	
	CO	23~24	26~30	36~38	6~8	45~65	—	26~31	
	CO_2	16~23	11~14	4~6		15~25	—	1.5~3	
	H_2	1.5~3.0	1.0~2.0	2.0~3.0	55~60	<2	—	9~10	
	N_2	54~56	58~60	57~60	4~7	24~38	1.0	55	
	O_2				0.4~0.8	0.4~0.8			
发热值/kJ·m⁻³		3100~4190	3600~4200	4600~5000	16330~17580	6262	33490~41870	5020~6700	
密度/kg·m⁻³		1.363			0.4686	1.351	0.7435	1.12	1.2931
特性		无色、无味、有剧毒、易燃、易爆	无色、无味、有剧毒、易燃、易爆	无色、无味、有剧毒、易燃、易爆	无色、有臭味、有毒性、易燃、易爆	无色、无味、有剧毒、易燃、易爆	无色、有蒜臭味、有窒息性麻醉性、极易燃、易爆	有色、有臭味、有剧毒、易燃、易爆	

8.1.1.1 高炉煤气

高炉煤气是高炉冶炼过程中产生的一种副产品，也是钢铁企业重要的气体能源。从高炉炉顶逸出，未经除尘、净化处理的煤气称做高炉荒煤气，被净化处理后的高炉净煤气才能用作工业燃料。高炉煤气的净化方式分为干法和湿法两种工艺。

高炉煤气由 CO、CO_2、N_2、H_2 和少量的 CH_4 组成，发热值约为 3100 ~ 4180kJ/m^3，理论燃烧温度约为 1250 ~ 1400℃。高炉煤气发生量根据高炉具体冶炼条件的不同（如入炉品位、燃料消耗、富氧率、冶炼品种、高炉容积、操作水平等），约为 1400 ~ 2000m^3/t。

8.1.1.2 焦炉煤气

焦炉煤气是在焦炉炼焦过程中产生的一种副产品。未经处理的焦炉煤气称做焦炉荒煤气，其中含有多种化学产品，如氨、焦油、萘、粗苯等。经过净化、分离出的焦炉净煤气才能使用。

每吨煤在炼焦过程中一般可以得到 730 ~ 780kg 焦炭和 300 ~ 400m^3 焦炉煤气以及 25 ~ 45kg 焦油。

焦炉煤气的可燃成分有 H_2、CH_4、CO，惰性气体含量很少。焦炉煤气的发热值高，约为 15890 ~ 17580kJ/m^3，是一种高热值的气体燃料。

8.1.1.3 转炉煤气

转炉煤气是转炉炼钢吹氧时与铁水中的碳化合产生的烟气。目前钢铁企业吨钢转炉煤气回收量约为 60 ~ 100m^3/t。转炉煤气采用未燃回收，回收后经过冷却净化系统（两次除尘处理）成为可利用的煤气，转炉煤气净化也有湿法和干法两种工艺。转炉煤气的发热值约为 6270 ~ 7530kJ/m^3。

8.1.1.4 其他煤气

近年有的钢铁企业还使用直接还原炉煤气、熔融还原炉煤气、发生炉煤气、天然气等。不同工艺产生的煤气成分不同，热值也不同，参见表 8-1。

8.1.2 煤气性质

如表 8-1 所示，有些煤气无色、无味，不易察觉，而有些气体则有异味或有颜色，较容易察觉。以下性质使煤气成为钢铁厂内发生事故的一种危险源：

（1）上述煤气都含有大量可燃物质，如 CO、H_2、CH_4、C_mH_n，因而具有易燃、易爆、剧毒的特性。

（2）除焦炉煤气、发生炉煤气、天然气密度较小外，高炉煤气和转炉煤气的密度与空气的密度（1.2931kg/m^3）接近，一旦煤气泄漏并扩散到空气中，CO 就能在空气中长时间均匀混合并随空气流动，容易使人煤气中毒。

（3）煤气与空气混合达一定比例，遇到火源或点火能量，极易发生爆燃或爆炸。

（4）煤气在产生、回收净化、输送、使用过程中如处理不当极易发生安全事故。

8.2 煤气事故的分类

煤气在产生、回收净化、输送、使用过程中极易发生安全事故。煤气中毒、煤气着火、煤气爆炸是煤气的三大事故，其中煤气爆炸是最危险、危害最大的事故。此外，在高炉作业区，还有煤气系统产生负压引起的事故。

8.2.1 煤气中毒事故

8.2.1.1 煤气中毒的机理

煤气中毒主要是 CO 中毒。当 CO 与 O_2 同时被吸入肺部，全部或大部分 CO 很容易同人体血液中的血红素结合生成碳氧血红素。这时 O_2 很少或完全不能同血红素结合，CO 又很难从血液中离解，就使血液中毒，失去带氧能力，造成人体基础细胞缺氧。

人体吸入的 CO 越多，缺氧就越严重，煤气中毒的程度就越重。这时虽然脉搏还在跳动，血液还在循环，却起不到人体新陈代谢和维持生命的作用，一旦神经失去活力，心脏失去支配和调节，就会停止跳动。尤其是指挥人体的大脑皮层细胞，对缺氧的敏感性最高，只要 8min 得不到氧，就会失去活动能力。

煤气毒性的大小，取决于煤气中 CO 的含量，CO 的含量越高，煤气的毒性越大。国家安全卫生标准规定，工作场地的空气中 CO 含量不允许超过 $30mg/m^3$（标态），相当于体积比的 0.0024%，可见 CO 毒性之大。相对而言，转炉煤气、高炉煤气的毒性很大；焦炉煤气的毒性较小，但有窒息性。

8.2.1.2 煤气中毒后人体的症状

煤气中毒者的中毒程度不同，其症状也不相同。根据症状可正确判断中毒者的中毒程度，并迅速地采取相应的急救措施。

（1）轻微中毒：一般有头痛、恶心、眩晕、呕吐、耳鸣、情绪烦躁等症状。

（2）较重中毒：一般有下肢失去控制、发生意识障碍，甚至意识丧失、口吐白沫、大小便失禁等症状。

（3）严重中毒：昏迷不醒、意识完全丧失、呼吸微弱或停止、脉搏停止等症状，中毒者处于假死状态。

（4）死亡中毒：一般有以下表现，心脏外观检查已停止跳动，呼吸停止；肌肉由松弛变僵硬；瞳孔扩散，遇强光不收缩；出现尸斑，一般首先在背部出现淡紫色的斑点。如无尸斑出现，则不应视为真死，不能停止抢救。

8.2.2 煤气着火事故

8.2.2.1 煤气着火的条件

当煤气遇到明火或达到一定的温度时，在空气或氧气中发生化学反应，并伴有光和热的产生，称做煤气着火。在煤气产生、输送和使用过程中，遇到设备检修、改造或设备泄漏等情况，煤气着火的事故时有发生，严重者会造成很大的灾害。

煤气着火的必要条件：

(1) 有足够的空气或氧气；

(2) 有明火、电火花，或达到煤气燃点以上的高温或点火能量。

8.2.2.2 煤气着火事故的原因

煤气着火事故有以下原因：

(1) 煤气设备和煤气管道泄漏煤气，如果遇到火源，会引起煤气着火。

(2) 在煤气作业区使用铁质工具，摩擦产生火花而引起着火。

(3) 在已经停产的煤气设备上实施动火作业，此时生产设备内有煤气产生而未采取必要的防火措施而引起着火。

(4) 发生煤气爆炸也能使邻近的煤气管道损伤、泄漏而产生着火。

(5) 在煤气泄漏点附近有电火花引起着火，或接地失效，雷击着火。

总之，煤气泄漏在空气中遇到火源即可能燃烧着火。

8.2.3 煤气爆炸事故

8.2.3.1 煤气爆炸的条件

靠冲击波传播火焰的燃烧方式就是爆炸。燃烧速度大于火焰传播速度，可燃气体或蒸汽与空气或氧的混合物，以及可燃烧物质的粉尘与空气或氧的混合物，在一定浓度范围内都能发生爆炸。

煤气发生爆炸的必要条件是：

(1) 煤气中混入空气或空气中混入煤气，形成爆炸性的混合气体；

(2) 要有明火，达到煤气的着火温度。

只有这两个条件同时具备，才能发生煤气爆炸，二者缺一不可。产生煤气爆炸的煤气浓度范围等参数见表8-2。

表8-2 常用煤气在空气中着火温度和爆炸浓度范围

煤气种类	在空气中着火温度/℃	爆炸的煤气浓度范围/%
高炉煤气	>700	31 ~92
焦炉煤气	550 ~650	4.5 ~35.0
转炉煤气	650 ~700	12.5 ~74.0
天然气	482 ~632	5 ~15

转炉煤气中CO含量比高炉煤气高出2倍左右，还含有少量的氧，在使用中更要防止爆炸。由于煤气爆燃的化学反应是链式反应，速度极快，燃烧产物体积

暴增，管道、容器容纳不下，压力急速升高，超过承受能力即发生爆炸。爆炸时产生的冲击波很大，因而其破坏和危害也很大，要严加防范。

8.2.3.2 高炉系统容易发生煤气爆炸的情况

高炉系统容易发生煤气爆炸的情况有：

（1）高炉休风、送风；

（2）长期休风处理煤气过程中进行炉顶点火；

（3）鼓风机突然停风；

（4）高炉停炉或开炉；

（5）热风炉点炉；

（6）煤气管道停煤气处理煤气；

（7）高炉休风后在煤气设备上实施动火作业；

（8）炉体严重破损产生水煤气；

（9）高炉顽固悬料等特殊炉况处理不当。

8.2.4 高炉煤气系统产生负压事故

高炉煤气系统有时还可能产生负压，造成事故。这类事故通常发生在高炉休风，尚未驱赶荒煤气之前。这时虽然系统通入蒸汽保护，但系统不可能长时间与大气隔断，如果时间久、气温低，蒸汽冷凝，或蒸气压低、供量不足或间断供给，都会在煤气系统设备（如除尘器、洗涤塔等）内形成负压，这些容器可能被大气压瘪。如果系统不严密，系统内漏入空气，还可能形成爆炸性气氛，有爆炸的危险。

特别值得提出的是，对于单座高炉生产的钢铁企业，一旦高炉无计划休风，驱赶煤气过程长或隔断过程把握不当，都容易发生煤气爆炸和负压事故。

8.3 煤气事故的处理原则和方法

8.3.1 煤气中毒的预防与处理

8.3.1.1 煤气的安全浓度

我国劳动卫生标准规定：作业环境中 CO 允许浓度不超过 $30mg/m^3$（标态），在这个环境条件下连续作业 8h 人体没有不良反应。凡在 CO 浓度超过劳动卫生标准的环境下连续作业，应遵守表 8-3 的规定。

表 8-3 作业环境中 CO 浓度与人体反应

环境中 CO 浓度/mg·m^{-3}	作业时间	人体反应
30	8h	无反应
50	2h	无明显后果

环境中 CO 浓度/mg·m^{-3}	作业时间	人体反应
100	1h	头痛恶心
200	30min	头痛晕眩
500	20min	中毒严重或死亡
1000	1~2min	中毒死亡

8.3.1.2 使用煤气的注意事项

正确使用煤气应遵循以下 3 条原则：不泄漏、保正压、先给火。正确使用煤气的做法是：

（1）管道和煤气设备要密闭、不泄漏，一旦发现有煤气泄漏点应及时处理。

（2）管网内的煤气必须保持正压。煤气压力骤然下降时，应立即关闭阀门，停止使用，或通其他惰性气体以保持管网压力。

（3）点燃煤气时必须先提供火源，后给煤气。当点火不着时，应迅速切断煤气供应，待几分钟后再重新点火。

（4）生产用蒸汽不得与生活用蒸汽共管网或有连通。

8.3.1.3 煤气中毒的预防

预防煤气中毒事故，首先是不使煤气泄漏到空气中，在煤气区作业时一定要佩戴氧气呼吸器或采取其他安全措施。具体应该注意以下几点：

（1）煤气区域内必须设有明显的标志或围栏，严禁闲人误入。

（2）在煤气区域工作，必须 2 人或以上，要履行登记手续，并带好防毒面具和煤气报警仪，并事先通知有关单位人员。

（3）对煤气设备的严密性要经常测定检查。主要煤气区域如高炉、热风炉（都包括计器室）等处，应定期做 CO 含量测定，空气中 CO 含量不得超过 30mg/m^3。发现漏煤气要及时处理。

（4）凡属带煤气作业，如堵漏、抽盲板、堵盲板等，必须佩戴防毒面具。

（5）凡属大修、改建或新建的煤气设备，投产前必须经过严格的气密性试验，凡不符合要求的设备，不准投产。

（6）凡进入煤气设备内作业，必须可靠地切断煤气来源，严格处理干净残余煤气。在取样分析 CO 含量不超过 30mg/m^3（标态）后，方允许进入到设备内部作业，切不可冒险进入。

（7）凡生活用设施，如上下水道及蒸汽管道等，严禁与煤气设施相通。

（8）凡进行煤气放空，必须进行煤气点火。如果无法点火放空，一定要注意放空高度、气压、风向、时间长短等因素，以免发生大面积的煤气中毒事故。

8.3.1.4 煤气中毒事故处理

煤气中毒事故应按以下程序处理：

（1）发生煤气中毒事故后，应立即通知煤气防护站和医护人员，并使中毒者及时脱离煤气污染区域。中毒者处在煤气严重污染的区域时，必须戴防毒面具进行抢救。绝不可不戴防毒面具，冒险从事，否则会使中毒事故扩大。

（2）将中毒者救出煤气危险区后，首先安置在通风的地方，并立即把领扣、衣扣、腰带解开，便于中毒者自主呼吸。在寒冷季节，应对中毒者适当保温，以免受冻。随后，立即检查中毒者的呼吸、心脏跳动、瞳孔等情况，判断中毒者的中毒程度，确定相应的急救措施和处理方法：

1）对于轻微中毒者，如只是头痛恶心、眩晕呕吐等，可直接送医院治疗。对较重中毒者，如意识模糊、呼吸微弱、大小便失禁、口吐白沫或出现潮式呼吸症状时，应立即现场使用氧气袋补给氧气。待中毒者恢复知觉，呼吸正常以后，再送医院治疗。

2）对于严重中毒者，如意识完全丧失、停止呼吸，应在现场立即施行人工呼吸。在中毒者没有恢复知觉前，不能用车送走。中毒者没有出现尸斑或没有医务人员确认死亡，不得停止一切急救措施。

3）查明煤气中毒原因，并立即采取防范措施。

8.3.2 煤气着火的预防与处理

8.3.2.1 煤气系统着火的预防

煤气系统着火的预防应采取以下措施：

（1）首先要严防煤气泄漏。保证煤气管道和煤气设备经常处于严密状态，不仅是防止煤气中毒，也是防止着火事故的重要措施。

（2）防止火源存在。带煤气作业时，必须使用铜质工具。在特别情况下使用铁质工具、吊具时，表面要涂油，操作谨慎，防止摩擦产生火花。

（3）作业区域内严禁接近或存在火源。

（4）在停用的煤气管道上或容器上动火作业时，必须做到可靠地切断煤气来源，同时煤气不得再有渗入。如用盲板、水封等密封时，应认真处理净残余煤气，经检验气氛合格后才能实施动火作业。

（5）停用的煤气管道中含氧量接近21%，动火作业前首先应将煤气管道内的沉积物清除干净（动火处管道两侧各清除 2~3m 长），或通入蒸汽。凡通入蒸汽动火，气压不能太小，并且在动火过程中自始至终不能中断蒸汽。

8.3.2.2 煤气系统着火事故的处理

发生煤气着火事故后，不能盲目、冒险处理。应由事故单位、消防队和煤气防护站共同组成事故指挥部。指挥部必须慎重、准确、迅速地提出事故处理方案，一切参加急救人员必须服从统一指挥，不得擅自行动，严防事故扩大。

处理煤气着火事故的具体方法是：

（1）凡发生煤气着火事故，应立即通知煤气防护站人员到现场，同时通知消防队到现场灭火。

（2）煤气管道直径在150mm以下者，可直接关闭煤气阀门熄火。在这种较细的管道中不会由于压力下降而产生回火爆炸。

（3）煤气管道直径在150mm以上的，应安设压力表，根据压力逐渐关小煤气阀门，降低着火处的煤气压力。或根据火苗长短逐渐关小煤气阀门，降低煤气压力。向管道内通入大量蒸汽灭火。煤气压力不得低于50~100Pa。严禁突然完全关闭煤气阀门或水封，以防回火爆炸。采取上述措施后着火仍未熄灭，可用消防车喷洒CCl_4灭火剂灭火。

（4）当煤气系统着火事故时间长，设备烧红时，不得用水骤然冷却，以防管道变形或断裂。应在控制火势的同时，向管道内通入大量蒸汽进行降温和灭火；也可用水枪打水防止火势的蔓延，并防止管道大面积烧红。

（5）煤气管道内部着火的处理。若着火的是停用的废旧管道或正在检修作业的管道，而且与生产管网已经切断，由于开口使空气进入管道内，动火作业不慎就容易导致内部积存物着火。发生着火后应立即关闭放散阀、人孔等，使内外隔绝，防止气体对流加速着火。同时，就近通入蒸汽或氮气灭火。

处理煤气着火事故应注意以下两点：一是煤气阀门、压力表、蒸汽或氮气管头等指派专人看管或操作；二是管道内部着火，在封闭人孔前，必须确认管道内部没有火方可进行。

8.3.3　煤气爆炸的预防与处理

8.3.3.1　煤气系统爆炸的预防

在高炉休风、送风和停风后在煤气系统动火施工时，最易发生煤气爆炸事故，主要预防措施如下：

（1）煤气爆炸事故预防最根本的措施是防止混合气体达到表8-2中的爆炸浓度范围、出现火源及达到点火能量。上述条件不同时具备就不会发生爆炸。虽然浓度范围在系统内不易控制，但火源、温度是容易而且必须严格控制的。

（2）主要煤气区域如高炉、热风炉（都包括计器室）等处，应定期测定CO含量，空气中CO含量不得超过$30mg/m^3$。

（3）在煤气管路、设备上进行检修、更换作业（包括动火作业），都必须事先经过准备，申请、批准、办动火证，制定好安全措施。

（4）高炉正常生产时，只有煤气压力保持正压才能实施动火作业。

（5）若高炉休风，炉顶不点火时，不许在炉顶进行动火作业。

（6）高炉长期休风，只有整个煤气系统的煤气处理干净，经检验合格后方可进行全面动火作业。

（7）一旦产生爆炸性混合气体，严禁遇到火源，并需及时通入大量蒸汽。

（8）管路内的煤气压力应经常保持在规定值以上，煤气压力值骤然下降低于规定值时，应立即关闭阀门，停止使用，并迅速查明原因，然后处理。

（9）点燃煤气时，必须先提供火源，后给煤气。当点火不着时，应迅速切断煤气供应，等 3~4min 后再重新点火。

（10）煤气管道和设备应严密无漏处，并有检查制度，发现问题及时处理。在使用电焊时，严禁利用煤气管道作接地线。

（11）在长期已通煤气而未使用的管路或盲肠管上动火作业，不仅应保持管内正压，动火前还应开启管道末端放散阀一定时间再关闭，然后方能动火施工。

（12）短期休风时，煤气切断阀前（靠高炉侧）的煤气管道不能实施动火作业。但可不动火先堵上破漏处，待送风后再动火焊好。

（13）长期休风，在以空气驱除系统中残余煤气的过程中，有一段时期容器内会形成爆炸性的混合气体，所以要向系统内通入蒸汽来冲淡煤气浓度。此外，要控制系统低于煤气着火温度，休风前应放净除尘器积灰。在驱尽残余煤气、系统与大气相通、测定系统内气体成分安全合格、宣布准许施工之前，严禁在系统区域内进行动火作业。

（14）鼓风机突然停风时，应迅速关冷风大闸及冷风调节阀，以免煤气经混风管流入冷风管道和鼓风机，引起爆炸事故。

（15）高炉休风或减风时，虽然鼓风机未全停风，因放风阀可能将鼓风全部放尽，若冷风大闸未关、关闭过晚或未关严，也可能发生冷风管道爆炸。

8.3.3.2 煤气爆炸事故的处理

煤气爆炸事故一旦发生影响很大，因爆炸原因、爆炸位置、破坏程度等不同，其处理方法也不同，其共同特点有：

（1）如果伤及人员应优先救人。

（2）迅速切断煤气源、火源，防止事故连续发生或扩大。

（3）发生煤气着火爆炸事故后不能盲目、冒险处理，应由事故单位、消防队和煤气防护站共同组成事故指挥部。指挥部必须慎重、准确、迅速地提出事故处理方案，一切参加急救人员，必须服从统一指挥，不得擅自行动，严防事故扩大。

（4）事故急救结束达到安全工作条件后，再根据损坏情况修复设施和恢复生产。

8.3.4 煤气系统负压事故预防与处理

8.3.4.1 煤气系统负压事故的预防

煤气系统负压事故的预防措施如下：

（1）短时间内赶尽煤气，与大气连通。

（2）根据气体隔断法则保证气源，做到不间断、勤排水。

高炉短期休风煤气遮断阀后的除尘器、洗涤塔等系统内是靠企业煤气管网中煤气充压的，充压一定要不间断，否则时间长特别是寒冷地区的冬天，系统内可能产生负压。

单座高炉生产的企业，没有来源不断的管网煤气供应，尤其要慎重。即使短期休风也应将系统内煤气赶尽，如用 N_2 或蒸汽保系统内正压，必须做到 N_2 或蒸汽不间断、不降压；如用蒸汽保压，时间长了要及时放掉系统内的冷凝水，因为水积聚过多，系统承载过重也易发生事故。

8.3.4.2　煤气系统负压事故的处理

煤气系统负压事故一般发生在高炉休风处理煤气之后。一旦发生负压事故，如系统有破裂之处，空气易进入系统（如未赶煤气的保压），形成爆炸性气氛，要防止煤气着火和爆炸。此时严禁在区域内动火作业，应该赶尽煤气，确认事故破坏程度，进行修复后，高炉方能复风。

8.4　煤气事故案例

8.4.1　煤气中毒事故案例

8.4.1.1　近年国内钢厂几起重大煤气中毒事故

国内钢铁企业近几年煤气中毒事故有上升趋势，并且多为恶性事故，以下为摘录中华网和安监网（www.safehoo.com）的几个案例：

（1）2008 年 12 月 24 日 9 时左右，河北遵化港陆钢铁有限公司 2 号高炉发生重力除尘器防爆板崩裂，煤气泄漏，造成当班 44 名工人中 17 名中毒死亡，27 名受伤。

（2）2010 年 1 月 4 日 16：45，东北特钢集团大连特钢有限公司第一炼钢厂，下电炉地坑修电机的 9 名工人煤气中毒死亡。

（3）2010 年 1 月 4 日 11：45，河北武安晋阳钢铁公司由江苏南京三叶公用安装公司承建的煤气管道工程发生煤气泄漏事故，当场死亡 21 人，受伤 9 人。

（4）煤气水封泄漏事故。2005 年 10 月 26 日 15：40，首钢动力厂综合管网一露天煤气排水器发生煤气泄漏事故，导致在现场附近从事保洁工作的 3 名女工和路过此处的 6 名外单位人员 CO 中毒，经抢救无效死亡。事故的直接原因是检修外管网将脱水器的水放掉，但没有关闭阀门，送煤气时发生了煤气泄漏。

这些案例报道比较简单，不可进行技术分析。

8.4.1.2　喷煤操作室煤气中毒事故（包钢　邬虎林）

A　事故经过及损失

2007 年 5 月 20 日 10：50，包钢炼铁厂喷煤车间加热炉操作室靠窗户一侧的高炉煤气湿式水封槽被击穿，大量煤气泄漏出来。当时室内温度较高，操作工人打开门窗通风纳凉，泄漏出的煤气经打开的窗户涌入操作室内，将当班的 1 名操作工人在毫无防备的情况下熏倒，后经抢救无效死亡。

B 事故原因分析

事故原因分析如下：

（1）高炉煤气湿式水封槽制作不规范，在一定条件下水封槽击穿造成大量煤气外泄是此次煤气中毒事故的主要原因。煤气湿式水封槽配有连续补水系统，是一种安全性比较高的煤气水封装置。规范制作的水封槽的煤气导入管是固定在水封槽的母体上，与母体形成一个整体，它用固定有效的水封高度来应对煤气系统的压力波动，以保证水封槽的安全性。而事故现场使用的水封槽，在结构上出现异常，煤气导入管与水封槽母体没有任何的紧固连接，是相互独立的两个构件，没有固定的有效水封高度，一旦遇到煤气系统压力增大，且煤气导入管插入水封中的深度较浅这双重影响时，水封就会被击穿，使煤气发生外泄。

（2）煤气水封槽放置区域不合理也是此次煤气中毒事故的原因之一。发生事故的水封槽放置在操作室窗户的外墙侧，泄漏出的煤气在进入操作室的过程中时间短、浓度高，无法得到周围空气的有效稀释，毒性极大，中毒者根本得不到有效的自救和互救就丧失了活动能力而死亡。

（3）操作室没有安装煤气检测装置，泄漏的煤气没有任何的检测装置发出报警提示，使中毒者无法意识到煤气的存在，也无法采取有效的避险措施。

C 预防措施

应采取以下预防措施：

（1）煤气水封槽应严格按照国家标准制作，现场安装时应建立安全检查程序，杜绝不合格或不规范的产品在生产中使用。

（2）煤气水封槽放置必须远离员工操作室、休息室等员工长期滞留的区域，一旦发生煤气泄漏也能被空气进行有效的稀释，降低煤气的毒性，减少对人的危害。

（3）加热炉周围温度偏高，夏季打开门窗通风纳凉是常有的事，高炉煤气又是无色无味的气体，靠人的器官无法感知它的存在。因此，仪器仪表的在线检测、报警是防止煤气中毒的有效手段。应在员工的操作室和休息室安装煤气检测报警装置，以便及时得到危险提示，员工也能够及时采取避险措施防止煤气中毒。

8.4.1.3 煤气切断阀和调节阀不严造成的煤气中毒事故（包钢 邬虎林）

A 事故经过及损失

1975 年 5 月 8 日白班，包钢 2 号高炉 2 号热风炉在停止燃烧期间，因为煤气切断阀和煤气调节阀关不严，加上该炉燃烧阀也关不严，造成净煤气向外泄漏，进入距离热风炉相距不远的高炉计器室内，造成 2 人煤气中毒。

B　事故原因分析

煤气切断阀和煤气调节阀关不严，计器室离煤气区太近不合规范。

C　预防措施

应采取以下预防措施：

（1）经常对热风炉各阀体进行关闭是否严密的检查，并及时处理发现的问题。

（2）距离煤气区域较近的工作室应安装 CO 浓度测定警报仪。

（3）工作室应按规范设置，远离煤气区。

8.4.1.4　煤气泄入烟道的中毒事故（汤清华）

A　事故经过

1985 年 7 月 30 日（周一）起，鞍钢钢铁研究所人员在中板厂闲置厂房内利用原有高炉煤气管道和排烟系统进行旋流式顶燃热风炉热态燃烧试验。周六试验中发现烟道抽力不足，周日工作人员休息。次日试验前有 1 人到地下烟道检查，下去后几分钟没有回应，第 2 人没有戴防毒面具就下去找人，第 3 人几分钟后又跳下烟道，结果造成 3 人死亡的重大煤气中毒事故。

B　原因分析

事故原因有：

（1）出事故人员未按操作规程要求先检查烟道中 O_2 含量就盲目下烟道，烟道中即使不漏煤气也可能有 CO_2 积聚，同样会使人窒息死亡。

（2）煤气阀不严、水封不起作用，造成了煤气泄漏。

（3）人忙慌乱，要救他人必须先保证自身安全，才能实现救他人的目的。事故发生后救护人员忙中出乱，造成事故扩大。

C　分析与预防

不论是生产操作，还是试验研究工作，都必须遵循科学规律，严格按安全规定去做，工作中每一步都应先确认安全与否。此事故说明出事故人员的安全意识太差。

事故发生后的抢救工作应做到安全、科学、果断、不盲目，抢救者安全了才能去抢救出事故者。很多企业发生多人伤亡事故，多数案例是因为施救方法不当而使事故扩大。

8.4.1.5　浴池发生的煤气中毒事故（汤清华）

A　事故概况

2003 年前在鞍钢炼铁厂高炉旁几个浴池多次发生职工洗澡时多人煤气中毒事故，所幸发现及时，未酿成恶性人身伤亡事故。

B　事故原因分析

在当时的旧管道系统中，生产蒸汽管道与生活蒸汽管道是相连的，高炉煤气系统与蒸汽管道又相通。蒸汽压力有时降低，高炉煤气会窜入蒸汽管道，在加热洗澡水时煤气随蒸汽进入浴池，造成浴池煤气超标，使人煤气中毒。同样，用这种蒸汽加工食品或采暖也都会出现类似问题。

C　事故预防

所有企业，无论如何都必须将生产用蒸汽与生活用蒸汽分开，而不得连通。

8.4.2　煤气着火事故案例

8.4.2.1　煤气干法除尘布袋烧毁事故（包钢　邬虎林）

A　事故经过及损失

2007 年 2 月 13 日，包钢 6 号高炉炉况出现异常，炉顶温度瞬间达到 1000℃，炉内测温点全部烧毁，导致干法除尘荒煤气入口温度快速升高至 600℃，煤气流量最高达到 $5 \times 10^5 \mathrm{m}^3/\mathrm{h}$。干法除尘管理室的操作人员打开放散管退运箱体的过程中，高温煤气造成两个箱体（4 号、5 号箱体）布袋烧毁的事故，直接损失 50 万元。

B　事故原因分析

干法除尘系统中布袋的工作温度为 120～260℃，高于 260℃时必须对除尘箱体进行隔离，使高温荒煤气通过荒煤气放散阀组放散，以保证布袋的安全运行。而在此次事故中，当高炉出现管道行程后，温度上升速度特别快，高炉又未能及时布料和打水操作，箱体承受不了高温煤气的冲击。6 号净化站岗位职工在进行隔离 14 个除尘箱体的操作过程中需要一定的时间，所以最后退运的两个箱体的布袋承受了相对较长时间的高温和高压差，最后造成布袋烧毁的事故。

C　预防措施

应采取以下预防措施：

（1）在系统正常运行过程中，要随时注意炉顶温度的变化，当炉顶温度上升趋势加快时，高炉操作人员应及时进行打水降温，并做好退运箱体的准备。

（2）定期对荒煤气放散阀组的各阀门进行开闭动作试验，保证在遇到高炉煤气温度不正常情况下，荒煤气放散阀组能对高温或低温荒煤气进行安全放散。

（3）加强岗位职工的操作能力培训，在退运箱体时应保证利用最短时间将运行箱体全部安全退出运行，并且注意好与 TRT、放散阀组的配合操作。

（4）保证各箱体的出入口密闭蝶阀开关位极限及远传信号准确无误，防止出现微机与现场位置不对应，误以为箱体已退运好而造成损失。

（5）高炉生产中如遇到管道行程等异常炉况，易造成炉顶温度升高，高炉工长第一反应必须是迅速减风加以控制,以防止事故扩大。

(6) 高炉炉顶应设置炉顶温度高于规定时自动打水的装置。

8.4.2.2 高炉重力除尘器着火事故(鞍钢炼铁厂 张万仲)

A 事故经过

1975年3月,鞍钢8号高炉一次清除重力除尘器煤气灰时发生了重力除尘器着火事故。在除尘器清灰时,清灰阀卡住了钢板,在处理过程中将清灰阀帽头碰掉,冒出大量煤气,清灰口无法关上。高炉改常压降低煤气压力后用炮泥将清灰口堵上,但未堵严。此时决定休风赶煤气处理,因出铁口正对着除尘器,且除尘器下配有渣罐车,为防止着火将除尘器清灰口周围围上铁板,但未奏效。出铁时除尘器清灰口燃起大火,将除尘清灰孔附近的器壁烧红,有出现恶性事故的危险。为防止发生爆炸或烧坏除尘器,逐渐往除尘器和清灰口附近淋水,降低其温度,并逐步降低煤气压力,用 CCl$_4$ 灭火剂将煤气火熄灭。高炉按炉顶点火休风程序休风,处理好煤气。其后修复清灰阀,高炉复风生产。此事故前后共费时7h,其中休风4h。

B 事故原因

这起事故是由于重力除尘器内砌的托砖钢环脱落卡在清灰帽头上,经反复大开清灰阀和用钎子往下撬,将清灰阀帽头的法兰撬掉,发生的清灰阀帽头脱落事故。由于出铁口正对着除尘器,出铁时引起着火事故,又增加了事故的严重性。

C 应吸取的教训

通过此次事故,应吸取以下教训:

(1) 今后再大修和新建高炉时,应改进内衬结构,最好不砌砖,采用耐磨耐热钢板或铸铁衬板。近几年引进的旋风重力除尘器耐磨衬板脱落更加频繁,易卡堵泄灰阀,应该引起重视。

(2) 重力除尘器不应正对出铁口设置。

(3) 发生煤气着火事故后,应在煤气防护站人员的监护下,请消防人员用灭火剂灭火。

(4) 处理除尘器清灰帽头事故,要特别注意除尘器内保持正压,以免吸进空气引起煤气爆炸。如果需要处理煤气,必须用泥球将清灰口堵死或用薄钢板做一个假帽头装上后,方可动叶形插板。

8.4.2.3 高炉双文排水堵塞烧坏二文塑料环填料层事故(包钢 邬虎林)

A 事故经过

1996年5月3日11:10左右,包头地区发生强烈地震,使供电系统停电,造成给水厂21号泵站停运,双文系统供水中断。这使高温煤气直接进入二文,将二文塑料环填料层全部熔化,二文排水系统全部堵塞,造成双文除尘系统不能正常运行，影响高炉正常生产48h。

B 事故原因分析

由于包头地区发生强烈地震，使供电系统停电，造成给水厂21号泵站停运，双文系统供水中断。高炉没有及时切断煤气来源，致使高温煤气直接进入二文，将二文塑料环填料层全部熔化，二文排水系统全部堵塞，使双文除尘系统不能正常运行，影响高炉正常生产。

C 事故处理

事故发生后，有关人员赶到现场研究处理方案，休风后积极组织抢修，用手锯、电锯、钎子和斧子等工具处理二文塔内及二文排水管道堵塞。为尽快恢复4号高炉正常生产，研究决定将堵塞的排水管道及调节阀全部更换。5月7日先将二文排水管道及调节阀全部更换，二文塔内堵塞采用火烧处理。5月9日恢复了4号高炉正常生产。这一事故抢修费用11万元，材料（塑料环）损失费用30万元。

在抢修处理过程中，为尽快恢复4号高炉生产，采用火烧二文填料的处理办法，致使塔体漆膜全部烧掉，部分金属结构及平台梯子漆膜烧掉，防腐层受到严重破坏。为了保证4号高炉正常生产，恢复设备的正常使用寿命，决定对4号高炉双文壳体、钢结构及平台、梯子重新刷油防腐。7月20日进入施工现场施工，9月15日完工，施工费用32万元。

余压发电投产前，需要在二文至减压阀组间增设旋流式脱水器，以保证余压发电的正常运行。此项目的设备费和施工费约82万元。

D 预防措施

这次事故教训是极其深刻的，要求设计部门在设计中要考虑突发事故对生产和设备产生的影响。对新建和改造的设备，使用单位要研究在生产过程中可能发生突发事故的防范措施，如配备高位事故水塔等。

8.4.2.4 焦炉煤气管道着火事故（鞍钢炼铁厂 张万仲）

A 事故经过

1985年5月25日，鞍钢炼铁厂6号高炉和6号热风炉之间的600mm焦炉煤气管道，在燃气厂第二煤气管理室北侧，发生了一起煤气着火事故。

25日下午燃气青年综合厂在600mm焦炉煤气管道上方动火施工，用气焊割栏杆，溅落的火花将有渗漏的煤气管道点燃。开始火很小，施工者试图用干粉灭火剂扑灭，但火势越来越大，后来该管道横向焊缝烧裂，使管道横向断裂。在灭火中首先采用关开闭器降压，消防车用水枪灭火，仍未扑灭。此后向管道内通入蒸汽和倒流高炉煤气将火扑灭。从着火到扑灭历时90min。由于管道破损严重，必须停气处理，立即组织堵盲板，处理煤气进行焊补，于26日4:30焊补完成。

从着火到恢复送气共历时 14h30min。

　　B　事故原因

事故发生的原因为:

　　(1) 该管道年久失修,腐蚀严重,出现了轻微的煤气泄漏,这是发生煤气着火的根本原因。

　　(2) 动火制度管理不严,在有缺陷的管道动火是这次事故的直接原因。

　　C　应该吸取的教训

焦炉煤气管道腐蚀较快,应建立定期更换制度。在煤气管道上动火时,应严格贯彻动火制度。由于鞍钢煤气管网比较复杂,各厂之间管网交错排列,今后动火施工一定考虑安全,对于动火区域有几家管理的煤气管道,应该由几家共同确认后再开动火证。

　　8.4.2.5　倒流休风管烧红着火事故 (鞍钢炼铁厂　张万仲)

高炉休风后炉缸内还会残存一定量的煤气,为了改善炉前的劳动条件,现在的短期休风多采用倒流休风。倒流休风是将炉缸的残余煤气倒流到热风炉或专门设置的倒流管,而后放散到大气中去。这在一般情况下不会出现问题,但倒流管也不允许被烧红和着火。

个别情况下也可能出现倒流管着火现象,这是由于高炉煤气切断阀没关严,或高炉冷却设备大量漏水产生大量高温煤气,煤气被抽到倒流管中激烈燃烧的结果。

倒流管烧红着火如不及时处理,可能将热风管道的砖衬烧熔,严重时会将倒流管烧倒。处理这种事故的应急措施是将打开的风口视孔盖关上几个,以减弱煤气在倒流管里的激烈燃烧,来达到降低温度的目的。然后立即查明烧红和着火的原因,首先要检查高炉煤气切断阀关严与否,如果没关严应立即关严;其次检查高炉冷却设备有无漏水现象,如发现漏水立即闭死或关小。找到了原因采取相应措施,倒流管着火问题就可得到控制。下面介绍鞍钢的两个案例。

　　(1) 1983 年 12 月 7 日 17∶30,7 号高炉倒流休风换风口。当时 7 号高炉炉体破损严重,很多冷却设备已烧坏,高炉已接近一代中修的后期。高炉在倒流休风 5min 后,倒流管被烧红并着火,关了几个视孔盖后没有解决问题,风口的煤气火很大,人不能靠近。当时分析认为是煤气切断阀没关严,重复开关几次仍未解决问题。后来估计是损坏的冷却设备漏水产生煤气着火,将冷却水闭死或关小,很快倒流管就转入正常,风口的煤气火减小。

　　(2) 1985 年 5 月 19 日 21∶00,7 号高炉倒流休风换风口,在休风后发现倒流管烧红着火。高炉风温表指示 1450℃,煤气班长当即和高炉工长商量采取应急措施，关上几个风口视孔盖，温度得到初步控制。随后立即检查高炉煤气切断阀的关闭情况，发现煤气切断阀没有关严，钢绳虽已存套，但阀门没有关到位置，立即稍许提紧钢绳关严。这样倒流管着火不到 10min 就处理好了。

这次着火事故的原因是高炉煤气切断阀没有关严，使管网的煤气漏蹿到 7 号高炉，经过炽热料层的加热，进一步提高燃烧温度，致使倒流休风管着火。

这次事故处理得比较得当，没有造成严重后果，但应引起注意。关闭煤气切断阀不能只看钢绳存套就停止，应看阀的实际位置和钢绳标志，以防止偶尔出现煤气切断阀卡而关不严的情况。

8.4.3 煤气爆炸事故案例

8.4.3.1 高炉检修发生的炉顶爆炸事故（摘引自 www. safehoo. com）

2006 年 3 月 30 日 8：39 左右，唐山国丰钢铁有限公司（以下简称国丰公司）5 号高炉（450m^3）发生炉顶爆炸事故，导致 6 人死亡、6 人受伤，直接经济损失 150 万元。

A 事故经过

2006 年 3 月 30 日，原定 5 号高炉进行计划检修，但由于当日夜班炉温向凉，5：40 高炉产生悬料，并且风口有涌渣现象。值班工长及时通知车间主任和生产厂长，车间主任、生产厂长分别于 6：00、6：20 到达现场采取措施。6：10 减风到 146kPa，6：25 左右 11 号风口有渣烧出，看水工及时用冷却水封住。由于担心高炉产生崩料后灌死并烧穿风口，高炉改常压操作，并为紧急休风做准备。6：35 切断煤气，炉顶和重力除尘器通蒸汽。6：50 观察炉况比较稳定，又减风到 70kPa，稍后又发现有风口涌渣现象。7：10 加风到 89kPa，风压风量关系转好，但炉顶温度明显上行。为控制炉顶温度，从 7：35 开始间断打水，控制炉顶温度在 300～350℃。8：15 左右，高炉工况呈好转趋势，但发现此间料尺没有动，怀疑料尺有卡阻。值班工长通知煤防员和检修人员到炉顶平台对料尺进行检查。在 8：39 左右，炉内突然塌料引起炉顶爆炸，造成 6 人死亡、6 人受伤的严重伤亡事故。

B 事故原因分析

经过反复调查研究，查明了这起煤气爆炸事故的原因是多因素叠加的结果。由于 5 号高炉长时间悬料（约 3h），炉内下部形成较大空间，成为一个高温高压的容器；炉身上部形成悬料（固体料柱）；高炉已经切煤气操作，高炉炉顶放散阀打开，炉顶和大气相通；炉顶温度逐步升高，超过了规定的炉顶温度 350℃，在 40min 内断续打水，想控制炉顶温度在 300～350℃。当炉内突发塌料时，炉顶瞬间产生负压，空气从炉顶放散阀处瞬间进入炉内，炉身上部含有水的固体料柱突然塌落，附着在固体料柱上的水遇高温后分解产生 H_2 和 O_2，和炉内下部的高温煤气突然混合后（炉内下部温度高于1000℃）发生了爆炸。

根据《中华人民共和国安全生产行业标准》AQ2002—2004《炼铁安全规程》，对应国丰公司的《炼铁作业指导书》（以下简称作业指导书），对这起事故的原因分析如下：

（1）事故的直接原因是未严格按规程操作。值班工长在炉凉初期未严格执行该厂值班工长作业指导书"向凉阶段，可增加风温、喷煤量，减风控制料速"的规定，值班工长虽然按规定提高风温，增加喷煤量，但未能有效地减风控制料速，造成冷悬料。值班工长在操作中发现悬料后因风口有涌渣现象，担心坐料灌死风口，未按作业指导书"风口前涌渣且悬料时只有出净渣铁并适当喷吹铁口后才能坐料，坐料时要打开风口窥视孔防上弯头灌渣"的规定，没有把握有利时机进行果断坐料处理。同时，也未执行作业指导书悬料后"有灌风口危险，应先放净渣铁再坐料，一般放风时间不得超过3min"的规定进行坐料操作。以上是造成此次事故发生的直接原因。

（2）事故的重要原因是处置不果断。车间主任、生产厂长到位后，未能采取果断措施组织坐料，对值班工长操作指挥不利，造成长时间悬料，使炉内空间变大，这是造成此次事故的重要原因。

（3）人员技术素质不高是事故的间接原因。该企业对管理和操作人员技术培训不够，现场指挥及操作人员安全技术素质不高，特别是对失常炉况判断及处置能力不够。5号高炉炉况异常，原定计划检修，在交接班时，炼铁厂没有要求职工注意危险，协调不利，是此次事故的间接原因之一。

C 事故的性质

经过事故调查组调查，确认这次事故属于违反技术操作规程造成的责任事故。

D 事故的防范措施

针对这次重大事故，国丰公司采取了以下防范措施：

（1）加强对职工的技术培训和安全培训，提高操作人员的技术素质，特别重视对值班工长、炉前工等关键岗位人员培训，增强对特殊炉况等突发事故的应对能力。

（2）加大对重点岗位操作工的监督检查力度，严禁违章作业和违章指挥，特别是高炉操作者必须严格执行行业作业指导书的规定，杜绝重复性事故再次发生。

（3）加大交叉作业、检修作业等合作项目的协调管理力度，做到危险情况协调得当，避免不知情人员进驻危险场地，造成不必要的伤害。

（4）严格对重大应急救援预案的编制与演练，增强全体干部职工对突发事故的应急防范能力。

（5）对照国标炼铁、炼钢、轧钢（AQ2002—2004）三大规程查隐患，教育广大职工和各级领导干部牢固树立"安全第一"的思想，把安全工作摆在突出的重要位置来抓，切实改进工作作风，以求真务实精神高度重视安全，使安全管理工作再上新台阶，在今后的整个生产中吸取血的教训，避免各类事故的发生。

8.4.3.2 高炉长期休风炉顶煤气爆炸（鞍钢炼铁厂 张万仲）

A 事故经过

1988 年 8 月，鞍钢 7 号高炉（2580m³）计划休风 12h，休风、炉顶点火、处理煤气都正常。9：45 处理完煤气，10：45 停止风机，11：45 炉顶突然发生了煤气爆炸，其后又连续发生间歇性的煤气小爆炸 5 次，造成高炉西半部风口堵泥全部喷出，炉顶煤气阀崩错位，煤气下降管内砌砖崩落，掉砖量多达可装一个火车皮。

B 事故原因

7 号高炉在休风期间，由于冷却设备漏水，没有采取坚决的闭水措施，产生了大量的水煤气，使残余煤气量大增，含 H_2 量增高。在高炉休风 3h 后，炉顶温度仍高达 580 ~ 600℃。因担心高炉炉顶设备烧坏，开炉顶蒸汽降温（从高炉蒸汽量表明显看出）将炉顶煤气火熄灭。炉顶温度降下来后，又将蒸汽关闭。火灭后新生的煤气和由人孔吸入的空气形成了爆炸性的混合气体，同时炉顶蒸汽关闭后炉顶温度又逐渐升高，达到煤气的着火温度，由于煤气爆炸的两个必备条件同时具备，因而发生了煤气爆炸。

间歇性爆炸发生有以下原因：第一次爆炸以后将爆炸性混合气体燃尽，由于料面较深，由人孔吸入的空气达不到料面，炉顶煤气未着火在新生的煤气还没有形成爆炸性的混合气体之前，有一段间歇时间。当形成了爆炸性混合气体后，又发生了新的爆炸（料面本身就是火源）。这一过程的反复出现，就形成了连续性的、间歇的多次煤气爆炸。直至将漏水的冷却设备大量闭水，新生的残余煤气减少了，爆炸才停止。

C 事故的经验教训

通过此次事故，得出以下经验教训：

（1）长期休风期间，严禁向炉内漏水，如发现冷却设备坏，应采取坚决的闭水措施。

（2）高炉炉顶点火休风期间，担心炉顶温度高影响施工和将炉顶设备烧坏向炉顶打水或通蒸汽是严重的违章行为，是绝对不允许的。应查找炉顶温度高的原因，如风口未堵严、冷却设备漏水等，从根本上采取措施。

（3）用冷炉料炉顶温度偏低和休风后点火的高炉，炉顶应设专用的点火枪（烧焦炉煤气用氧气助燃）进行炉顶点火，以确保炉顶点火的安全。

（4）炉顶点火的长期休风，在整个休风期间，炉顶应设明火，并设专人看火。发现火灭后，往炉顶通蒸汽（或 N_2） 10 ~ 15min，再重新点火。

8.4.3.3 高炉煤气下降管爆炸事故（首钢炼铁厂 师守纯）

A 事故经过

1959 年 11 月 24 日 3 号高炉计划检修 24h。6：50 开始降料面，按规定降到 3m。7：20 打开炉顶煤气放散阀，关闭煤气切断阀停止送煤气，同时慢风保持风压 8 ~ 10kPa，连加 9 料车水渣在炉喉内铺 2m 厚。8：12 关炉顶及煤气下降管的蒸汽阀门。8：15 加入 2 罐炽热的烧结矿进行点火。8：22 正式停风并打开炉喉煤气取样孔，经此处吸入空气以点燃煤气和保持火焰不灭。8：30 检查，见炉内煤气仍在燃烧，9：10 再次检查，发现火焰已经熄灭。

在研究第二次点火方案时，考虑到过去由煤气上升管人孔二次点火曾蹿出火焰伤人，这次没有采用，改为经由煤气取样孔进行二次点火。

12：45 自煤气取样孔向炉内送入点燃的油棉丝，当即引起爆炸，将煤气下降管与煤气切断阀上部相连接的三岔管口炸开约 7 ~ 10m² 的大洞。被迫延长休风时间到 28 日 14：13，共休风 101h51min，按当时生产水平计算约损失生铁 5000t，人力、物力消耗也很大，仅电焊条就用了 1t 以上。

B 事故原因和经验教训

事故原因为：

（1）点火后火焰熄灭。用炽热的烧结矿点火与用燃烧的焦炭点火对比，缺点是前者维持燃烧的时间短。若上升煤气中断，则火焰熄灭；以后又有煤气逸出料面时，热烧结矿已经变凉，不能再次将煤气点燃。在用水渣覆盖料面的条件下，更有可能发生上升煤气时断时现的现象。在点火后没有安排专人看火和续加木柴致使火焰熄灭。

（2）二次点火措施不当。发现火焰熄灭后拖延 3h35min 才进行第二次点火，在这样长的时间里，炉内已积聚了大量爆炸性混合气体。二次点火前，为适应煤气点燃后体积扩张的需要，本应扩大放散面积，然而在二次点火前却错误地关闭了上升管人孔。炉顶点火时，为了容易着火可将炉顶蒸汽阀门关死，但在第一次点火时却错误地将煤气切断阀上部的蒸汽阀门关死，以致使该处积聚了爆炸性的混合气体并与炉顶连成一片。第二次点火前未采取通蒸汽稀释爆炸性混合气体的措施。

二次点火的正确方法为：第一次点火后应安排专人看火，并续加木柴保持火焰不灭。如火焰熄灭，应毫不迟疑地用点燃的油棉丝点火。如火焰已经熄灭较长时间（如不知道熄灭多长时间也应按熄灭较长时间对待），炉内和煤气管路内可能已形成爆炸性气体，则不能立即点火，可以选择下面两种办法：

（1）如果检修时间还很长，特别是如果检修中需要在炉顶或煤气系统点火，则高炉应再送风重新进行炉顶点火。送风前炉顶和煤气系统应先通入蒸汽,这样做的目的是用蒸汽和煤气把已形成的爆炸性气体赶走。

(2) 如果检修时间已经不长,炉顶和煤气系统已不需再点火,则应关闭炉顶煤气系统的人孔,通入蒸汽。用蒸汽把已形成的爆炸性混合气体赶走,并使之不再形成爆炸性气体。

8.4.3.4 马钢第二炼铁厂高炉停炉爆炸事故(马钢 第二炼铁厂)

马钢第二炼铁厂 2 号高炉(255m³)1974 年 5 月中修停炉,发生了一起爆炸事故。高炉本体、煤气下降管、除尘器、炉顶平台等多处炸毁,高炉被迫由中修改为事故性大修,更为严重的是爆炸造成了重大的人身伤亡事故。

A 事故经过

a 停炉准备工作

1974 年 5 月 1 日,2 号高炉中修停炉,按计划加入停炉料。6:30 短期休风,将 2 根探尺接长到能探 15m 的深度,并安装高压水泵及炉喉、炉顶喷水管,还将供水系统与冲渣水源连通,以备水泵发生故障时使用。炉喉喷水管从 4 个煤气取样孔插入,管上钻 4 排 3mm 的小孔,前端打成鸭嘴形,另接 2 根水管至炉顶受料斗,前端打成鸭嘴形,作为备用水管。

b 计划停炉方案

厂技术科事先制定了停炉方案,停炉料的组成和停炉操作要点如下:停炉料共加入净焦 65m³,其体积相当于将料线空到风口以上 2m 时料面以下的容积。前 50m³ 炉料在短期休风前按正常料线加入,后 15m³ 炉料在短期休风复风后按炉顶温度加入,借以逐步降低料线。在加入空焦前,提前 35 批料减轻焦炭负荷 12%,炉顶温度控制在 450～500℃之间。净焦加完后,炉顶连续喷水,用分水阀的开度调节水量。为解决炉顶放散能力不足,喷水开始后应开启大、小料钟,其平衡锤用枕木垫起,随着料线的降低逐渐减少风量,相应降低风温,待料线降到 12.5m 后,出最后一炉铁休风停炉。

c 实际停炉操作和调节情况

短期休风后料线为 4.1m,于 10:57 复风,转入停炉操作。11:35 高炉发生悬料,进行人工坐料,停炉过程中降料线的进程见表 8-4。

表 8-4 马钢 2 号高炉中修停炉降料线进程

时 间	6:30	13:20	14:25	15:00	15:40	16:25	17:00
料线深度/mm	4100	7100	9100	10000	10000	11000	12000

随着料面降低,炉顶温度升高,超过了规定范围。炉顶温度高的另一个原因是送风制度不但未按规定控制,反而采取了相反的措施,即将风量加至风机全开的水平,风温加至近于正常操作的水平(见表 8-5)。

表 8-5 降料线过程中炉顶温度和鼓风参数变化

时 间	风量/m³·min⁻¹	冷风压力/kPa	热风压力/kPa	风温/℃	炉顶温度/℃
11:00	540	63	60	600	505~640
12:00	330	60	58	600	495~550
13:00	570	74	72	610	550~685
14:00	650	75	78	600	520~690
15:00	700	82	80	610	405~720
16:00	680	86	64	820	435~755
17:00	640		86	840	410~675
18:00	700			840	565~690
18:10					1070

为控制炉顶温度，在停炉净焦未加完时即开启高压水泵，使上料和喷水同时进行（上料情况见表 8-6）。喷水未按要求操作，水泵开开停停断续喷水，炉顶温度波动较大。通往受料斗的备用水管也未关闭，造成炉喉和受料斗同时喷水。更为严重的是大小料钟没有开启，受料斗喷的水不能随时进入炉内，而是在大小料斗内，在开启大钟放料时骤然放入炉内。事故前曾发生 3 次炉顶爆震，煤气压力表超量程而失灵（见表 8-7）。由于大小料钟未打开，炉内气体排放受阻，炉内压力升高，当料线降到 12.5m 时，热风压力仍有 86kPa。17:00 虽将小料钟平衡锤垫起，但大料钟未开，从受料斗喷入的水全部积存在大料斗内。18:13 在准备休风时才开启大钟，大料斗的积水和湿焦炭集中落入炉内。

表 8-6 高炉停炉期间的上料情况

时 间	加净焦车数	小料斗内存料车数	大料斗内存料车数
14:30	2	0	2
15:30	2	0	2
16:10	2	2	2
16:50	0	0	4
17:00	0	0	4
		小钟垫枕木	
18:13	0	0	0（发生爆炸）

表 8-7 降料线过程炉顶压力变化情况

时 间	13:00	16:00	16:00	16:10
压力/mmHg	650	1100	炉顶连续 2 次爆震，压力表失灵	炉顶爆震 1 次

注：1mmHg = 133.3224Pa。

d 事故破坏情况及损失

马钢 2 号高炉这次严重的爆炸事故，使高炉炉腰支圈的下缘被横向拉断（该处钢壳厚 16mm）；上截炉体被抛起约 2m，并向除尘器方向横向移 1.7m；煤气下降管与除尘器的连接处被拉开一条裂缝，上截炉体向同一方向倾斜；除尘器被推歪，水泥支架开裂；炉顶平台被炸掉约 1/4；斜桥与炉顶相通的过桥被炸断；炉顶布料器的小房被炸落在出铁场顶盖上；冷却水环管被炸断，炉腰支圈和支柱相连的 20 只 M32 的螺栓全部拉断；炉体上部砖衬整体脱落，有 15t 左右的砖块和焦炭喷出炉外；炉身下部钢壳烧红变形，呈波浪状。这次煤气爆炸事故造成了严重损失，高炉被迫由中修改为事故性大修。大修时炉壳全部更换，多耗资金 28 万余元。更为严重的是爆炸造成 3 人死亡、1 人重伤、2 人轻伤的重大伤亡事故。

B 事故原因分析

这次爆炸事故的起因与停炉操作的全过程有关，概括地说完全是违章操作，缺乏科学态度的必然结果。爆炸的介质是蒸汽，爆炸的性质类似锅炉爆炸。

爆炸发生在开启大钟后，大料斗内的大量积水和湿焦炭同时落入炉身下部高温区（当时炉顶温度为 1070℃），水分急剧汽化，在瞬间产生大量蒸汽和水煤气，体积猛烈膨胀，达到破坏的程度。水汽在 1000℃ 时其密度为 $0.172kg/m^3$，在此高温下，加入 $1m^3$ 的水，其体积猛增 5800 余倍，这是发生爆炸的主要原因。

C 经验教训

这次事故发生在生产和技术管理混乱的年代。停炉的时间是因原燃料供应紧张临时决定的，停炉的准备工作很不充分，停炉操作要点未得到认真执行，又缺少统一指挥。如停炉净焦的加入方法、炉顶喷水方法、炉顶温度的控制、送风制度的调节等，都没按规定操作，而是各行其是。停炉前将风量加到最大，是想以大风、高压吹出炉内的渣铁，缩短扒料的时间。提高风温则是防止炉温过低，这些都忽视了停炉过程中的基本安全要求，违反了停炉操作的基本原则。

从这次事故中应该吸取以下教训：

（1）停炉是高炉一代生产中的重大事件，要统一指挥，严格执行有关的技术操作规程。

（2）停炉净焦不应作为降料线、降低炉顶温度的手段，在未加完前炉顶不能喷水。

（3）从炉喉取样孔均匀喷水是比较安全的，在连续喷水的情况下喷水孔不会被堵塞，因此不需要再从炉顶受料斗喷水。如果要从大钟以上部位喷水，则大小钟应保持常开，避免水集中落入炉内引起爆炸。分配水量的调节阀应装在安全位置以便于调节。

（4）炉顶温度、送风制度必须严格控制，以减少喷水量。随着料线的降低，应逐步减少风量，禁止用大风、高压来吹出炉内的渣铁。

8.4.3.5   重力除尘操作间发生的煤气爆炸事故（摘引自 www. safehoo. com）

2003 年 5 月 12 日 0：50，某钢铁公司 1 号高炉（450m³）布袋除尘班长在组织重力除尘泄灰，由于煤气法兰漏气，在关下部球阀时因球阀转动不灵活导致电机烧坏，致使大量煤气聚集在操作间。接到撤离指令后，3 名人员撤离，3min 以后重力除尘操作间发生了煤气爆炸事故，造成南面倒塌，其他三面变形。

这次事故的直接原因是重力球阀电机坏无法关闭，致使煤气大量聚集与空气混合达到了爆炸比例。这时高炉正在组织出铁，铁花飞溅到重力除尘下锥体，顺泄灰管进入操作间内引起了爆炸。

8.4.3.6   高炉休风处理煤气发生的爆炸（鞍钢炼铁厂   张万仲）

鞍钢 10 号高炉（1800m³）在长期休风处理煤气过程中，由于过早地进行煤气沟通（过早地开煤气切断阀），使 10 号高炉整个煤气系统发生了连珠炮式的小爆炸。

A   事故经过

1971 年 7 月，鞍钢 10 号高炉计划检修，在高炉休风处理煤气时，炉顶点火、开除尘器人孔等都正常，但由于洗涤塔放水较慢，在洗涤系统人孔还没有全打开，煤气尚未驱尽的情况下，过早地开启煤气切断阀，使整个煤气系统联络沟通，在煤气切断阀打开 2~3min 后，高炉炉顶发生了小爆炸，紧接着发出连珠炮式的响声，从炉顶经除尘器一直响到洗涤塔脱水器，幸好系统的放散阀、人孔基本上都打开，才没有造成设备和人身事故。

B   事故原因

这次事故是由于过早地开启了煤气切断阀，整个煤气系统联络、沟通，除尘器、洗涤塔内形成了爆炸性混合气体。一打开切断阀，煤气被抽到高炉炉顶，遇到大钟下的明火，产生了爆炸，并引起了随后的各处爆炸。

C   应吸取的教训

通过此次事故，得到以下教训：

（1）整个煤气系统的联络、沟通要具备条件，即应在系统各处的残余煤气都驱尽后，才能开启煤气切断阀，使炉顶和全系统与大气相通。

（2）在驱赶残余煤气过程中，各放散阀、人孔、水封的操作顺序及间隔时间都应有规定，并严格执行。

（3）在处理煤气中应把煤气系统的放散阀、人孔全打开，一旦发生爆炸事故，这是减少事故损失较好的做法。

8.4.3.7   包钢热风炉烟囱爆炸事故（包钢炼铁厂   胡富林、李泽）

1968 年 10 月 19 日 21：10 左右，包钢 2 号高炉热风炉烟囱发生了煤气爆炸，从热风炉底部 9m 以上全部炸毁，高炉被迫停产。

A 事故情况

1968年10月18日中班，包钢2号高炉发生了风口灌渣事故，19：03至次日7：45休风进行处理。19日白班因送风装置出现问题，又于15：52休风更换，直至20：24高炉才送风。因当时高炉恢复困难，炉顶压力低，故未能送煤气。考虑到高炉频繁休风，热风炉很凉，难保证高炉所需的风温，用3号热风炉送风后，就用加压的焦炉煤气点火烧1号、2号热风炉。点火后火焰正常，21：10左右一声巨响，大量火焰从1号、2号热风炉助燃风机吸风口喷出，接着滚滚的浓烟夹杂着砖头碎块向四处飞去，一场严重的烟囱自爆炸事故就这样发生了。在烟囱爆炸后的现场，65m高的热风炉烟囱只剩下底部9m，靠近烟囱的1号高炉出铁场房顶被砸坏，烟囱南侧的热风炉操作室房顶和操作盘被砸坏。

B 事故处理

事故发生后立即强制撤炉（当时热风炉操作盘已被砸坏），使热风炉处于闷炉状态。高炉当时尚未送煤气，风量也较小，决定继续维持生产。焦炭负荷由2.35减到1.43。热风炉换炉全部改为手动，并且只送不烧（实际上已无法烧炉）。次日处理了高炉净煤气，并开始进行抢修。高炉起初风温还能维持1000℃左右，到后来基本上是送冷风，焦炭负荷一减再减，直减至1.0。虽然生铁含硅高，但渣铁水流动性极差，风口自动灌渣凝死，无法继续生产，只好于10月24日9：50炉顶点火休风。烟囱修复后，于11月1日20：39才送风恢复生产。

C 事故原因

此次事故是发生在高炉尚未送煤气，用加压的焦炉煤气"点炉"造成的。按规定这时根本不允许"点炉"，所以这是一起严重违反安全技术操作规程造成的事故。从"点炉"着火正常直至发生事故，操作人员未观察过火焰的情况。据仪表记录，开始烧炉时废气温度上升较快，后来一段时间是恒温状态，之后便有下降的趋势。这说明烧炉一段时间之后，火焰熄灭了。熄灭的原因，可能是由于煤气压力不稳，流量随之波动，加之热风炉火井下部温度过低等。此外，助燃空气不足也可能是火焰熄灭的一个原因，因为用高炉煤气烧炉时风门开启两个"眼"，而这次用焦炉煤气也只开启了两个"眼"，显然空气不足。因为焦炉煤气可燃成分高，需要空气量大。火焰熄灭后，未经燃烧的焦炉煤气经过热风炉预热后进入烟道和烟囱。当时是靠近烟囱的3号热风炉送风，由于其烟道阀漏风，空气漏入烟道与预热后的焦炉煤气混合，造成了爆炸事故。爆炸发生时一部分能量将烟囱炸坏，另一部分能量返回烟道经热风炉从燃烧阀排出而造成该处着火。

D 经验教训及预防措施

经验教训及预防措施有：

（1）严禁用加压煤气烧炉。若管道已充压，高炉复风后送煤气，待煤气压力正常，征得煤气厂同意后方可点炉。

（2）热风炉点炉时要保证燃烧正常，操作人员要经常检查燃烧情况。一旦火焰已熄灭要及时切断煤气来源，必须将残余煤气完全排除后，才可点炉。

（3）热风炉燃烧时严禁用煤气过剩的方法来控制温度，这样做既不安全又浪费能源。

（4）热风炉各阀门要严密，不得漏风。

8.4.3.8　太钢热风炉烟囱煤气爆炸事故（太钢炼铁厂　罗芙溥）

太钢 3 号高炉（1200m³）是单高炉操作，放风阀放风是用导管经大烟道引入烟囱。1980 年该高炉发生了热风炉烟囱煤气爆炸事故。

A　事故经过

1980 年 3 月 23 日 2：00，高炉打开铁口仅 25min，还未出完铁，因发电厂出事故高炉突然停风、停汽。操作人员立即开放风阀，但没有蒸汽，未敢马上休风。2：08，烟道发生爆炸。2：15 来蒸汽，随即切煤气休风。

经检查，发现放风导管进入烟道的一端炸坏，导管进入烟道处的砖炸飞。热风炉烟囱上段砌砖内衬被炸掉，烟囱出口保护砖和避雷针也被炸坏，但烟囱本体混凝土没受到损坏。

B　事故原因

事故停风前高炉生产状态正常，风量为 2250m³/min，风温为 1030℃，混风阀全关，[Si] 0.68%，[S] 0.036%。

突然停风后，由于没有立即采取休风措施，炉内煤气倒流进入送风热风炉，与剩余空气混合后燃烧。剩余氧气烧完后，高温煤气经热风炉进入冷风管道，并到达放风阀（因为高炉使用最高风温，混风阀全关，故由此泄漏进入冷风管的煤气很少）。由于烟囱侧有抽力，且烟囱距离放风阀较近，因此煤气主要经放风阀泄漏进入放风导管从烟囱排出。

此外，3 号高炉设有富氧管道，当时虽然没有富氧鼓风，但阀门不严，停风后氧气继续泄漏进入冷风管道，到放风阀后则与煤气混合进入烟囱，更增加了煤气的爆炸性。

还有，由于烟道本来就有一定的温度，煤气温度也高，特别是煤气倒流进入热风炉燃烧后，温度进一步升高。因此烟道内具备爆炸的温度条件。

C　处理过程

蒸汽来了以后立即进行休风操作，并对放风导管进入烟道造成的炸穿处做了临时处理，没有影响送风。由于氧气阀门不严，临时关闭了总阀门，其他部分直到 8 月停炉中修才得以处理，包括烟囱砌砖修补、换放风导管、更换富氧阀门等。

D　经验教训

通过此次事故得出以下经验教训：

（1）突然停风后立即打开了放风阀，因而煤气没有倒流向风机，避免了发生更严重的爆炸事故，风机没有受到任何影响。但热风炉没有立即采取休风操作，以致造成爆炸事故，这是一个严重的教训。

（2）氧气管道阀门不严，且所处地点开关不方便，又是手动操作，造成停风时氧气继续泄漏，与煤气混合成爆炸气体。

（3）3号高炉是单高炉操作，停风对煤气系统影响很大。此次停风、停蒸汽没有造成煤气系统爆炸，主要是由于净化室操作较好，各用户严格遵守规程的结果。另外，时间也不长，煤气系统没有产生负压。

（4）停风后没有立即切断煤气是不对的，特别是热风炉处于不正常倒流状态，这很不安全。

8.4.3.9 高炉炉缸煤气爆炸事故（太钢炼铁厂 罗芙溥）

A 事故经过

太钢3号高炉（1200m³），18个风口。1980年该高炉停炉中修期间发生了炉缸煤气爆炸事故。

1980年9月4日12：55开始用热风烘炉，准备开炉。烘炉前，炉缸清理至铁口水平，铁口全部露出，但炉缸底部还残留不少焦炭。此外，在铁口部位用普通炮泥做了泥包，并装了煤气导管，风口处没有任何附加装置。烘炉开始后，按烘炉曲线调节温度。烘炉中，开始用煤气在炉外烘烤铁口，进而将煤气引入铁口孔道烘烤。9月5日8：00烘炉风量由1500m³/min加到1800m³/min，13：00左右由恒温450℃转入升温。14：50热风温度升至480℃，西渣口温度400℃，高炉炉顶温度100℃，炉内突然发生爆炸。炉顶放散阀冒出大股黑烟，热风压力上升了10kPa，炉顶压力上升了20kPa。爆炸后立即停止烘炉，卸下14号风口进行观察。炉底未见耐火砖等掉落物，可以看见铁口部位泥包（特别是裂缝处）已发红，其附近的焦炭也已着火。从炉顶放散阀取煤气样分析，CO含量高达21%，表明是发生了煤气爆炸。

B 事故原因

事故发生的原因有：

（1）爆炸时热风温度仅升高到480℃，西渣口温度仅400℃，远未达到焦炭的燃烧温度（700~750℃）。但由于烘烤铁口引燃了煤气，煤气火焰从泥包裂开的缝隙进入炉内，因而引燃了附近的焦炭。

（2）由于烘炉时风口没有装导向装置，进入炉内的热风使炉底的焦炭燃烧，生成的CO不能迅速地向上扩散，而逐渐在炉缸内富集，当其达到一定浓度后，就具备了爆炸条件。

C 处理过程

发生爆炸后，立即停止烘炉，并在炉顶取样和卸下一个风口观察，查明了爆炸原因。由于上部砖衬没有掉落（说明损坏不大），炉缸内还存在煤气，焦炭已着火，不便进入炉内处理。考虑到炉缸虽经修补，但炉底没有重砌，仍保持干燥状态，只是炉墙没有烘干，遂决定停止烘炉，立即装料。

由于炉墙未干，在开炉过程中要消耗热量，因此开炉焦比适当提高，而且加风速度减慢，以利于炉墙的烘烤，整个开炉过程比较安全顺利。

D　经验教训

通过此次事故，得出以下经验教训：

（1）中修开炉，炉缸最好清理干净，特别是铁口附近更应如此。

（2）烘炉过程中，风口应适当装设引风导管，一方面可以加强炉缸烘烤，另一方面可使炉缸空气流通，避免煤气浓集。

（3）烘炉温度应严格控制，防止炉内残存焦炭自燃。

（4）烘炉中不宜烘烤铁口、渣口或进行其他可能使炉内焦炭着火的作业。

8.4.3.10　高炉煤气爆炸事故（首钢炼铁厂　师守纯）

1961年9月6日首钢3号高炉中修，在降料面休风过程中发生了炉顶煤气爆炸事故。

A　事故经过

为了便于检修，决定降料面到12.7m后休风。在降料面过程中，用安装在煤气上升管内的4根喷水管和安装在大小钟之间的喷水管（原蒸汽管）喷水（喷水管直径为25.4mm），以控制炉顶温度不高于500℃。

当料面降到接近8m时，炉顶温度上升到600℃以上，此时虽然连续不断地向炉内喷水，但炉顶温度仍继续上升，最高达到780℃。当放风至20kPa时，卷扬机室试验开大钟，大钟打开后，立即发出巨大的爆炸声音，同时从风口、直吹管往外猛烈蹿火，将已经封死铁口的堵口泥崩出约50m远，高炉放风阀也向外猛烈蹿火。事后检查，有7~8个风口被炸坏，放风阀被炸坏不能开关。

B　爆炸原因

由于煤气上升管的4根喷水管喷水量小，大小钟之间的水管虽然喷水，但是由于大钟在降料面过程始终关闭，水泄漏不下去而积在大钟斗内，因此炉顶温度一直很高。当打开大钟时，大量冷却水由大料斗进入炉内，接触到炉内高温气体、炉料以及炽热的炉衬，急剧汽化并与焦炭发生水煤气反应，产生大量爆炸性的混合气体。炉顶放散阀放散面积很小，没有能力排出体积突然增大的气体，巨大的气浪穿透料层到达炉缸，自风口、铁口喷出，并与冷风管道中的低压冷风混合而发生爆炸，自放风阀排出。

C　预防措施

防止在降料面过程中发生爆炸，应从消除爆炸因素和一旦发生爆炸能迅速泄压这两方面着手解决：

（1）消除爆炸因素：

1）降料线炉顶喷水改为从煤气取样孔插入 4 根直达高炉中心的多孔喷水管，均匀喷水。

2）布料器密封填料用喷水冷却、润滑的高炉，冷水有可能渗入大小钟之间，如大钟密封严实，降料面过程中应定时开大钟放水，使冷却水集中大量地进入炉内，或在降料面前停止对布料器喷水。

3）检验煤气的含 H_2 量，当含 H_2 高时应及时减风和减少喷水。

4）为防止炉墙或炉墙黏着物脱落引起爆炸，应远离炉墙喷水。

5）料面降至炉身下部，料线愈深爆炸的危险性愈大，此时应适当减风，以降低炉顶温度和防止产生管道行程。

6）如料面只降至炉身中、下部为止，首钢当前采用高压、全风操作降料面。使用生产时的降温喷水管或自炉喉取样孔插入喷水管控制炉顶温度。有时也采用间断加净焦的方法作为辅助措施。

（2）迅速泄压。摘掉 1~2 个炉顶煤气放散阀迅速泄压。首钢高炉有 2 个放散阀，一般只摘下 1 个。当高炉大修或更换炉顶设备时，可以打开大钟和均压放散阀。对不更换炉顶设备的检修，不宜打开上述阀门，因为大钟会因煤气压力急剧波动产生摆动而受到损害。

8.4.3.11 高炉冷风管道爆炸事故（鞍钢炼铁厂 张万仲）

A 事故经过

1977 年 7 月的一天，鞍钢 11 号高炉 4:30 出铁后换渣口，低压未换下来，改为休风换。6:25 送风，起初用 2 号热风炉送风，开炉冷风阀、热风阀后发现燃烧口冒火，改用 3 号炉送风，打开 3 号热风炉冷风阀、热风阀后即发生了爆炸，放风阀高炉侧的冷风管道被炸开 2m 以上。

B 事故原因

休风换渣口放风到底时混风大闸尚未关闭，由于放风阀将风放尽，缸残余煤气倒流入冷风管道。关了混风大闸、冷风阀和热风阀以后，煤气被关在冷风管道中，与冷风形成爆炸性的混合气体。当由 2 号炉改为 3 号炉送风，打开冷、热风阀时，爆炸性的混合气体进入高温的热风炉内即发生了爆炸，将薄弱部位靠放风阀的冷风管道炸开。

C 经验教训

休风前高炉放风到 50% 以下时即应关混风大闸，进一步放风，最低风压至少应留 5kPa。如发现煤气已蹿入冷风管道，可用送过风的热风炉（废气温度低）先开烟道阀，再开冷风阀，将煤气从烟囱抽走，避免蹿入冷风管道的煤气在冷风管道中爆炸。

8.4.3.12　高炉炉膛爆炸事故（本钢第二炼铁厂　张文达）

A　事故经过

1969 年，本钢 3 号高炉炸瘤休风前，喷水降料线至规定的炉腰下部，出铁后休风。在休风后更换风口和风口二套，这时炉顶空料喷水的喷水管继续喷水。休风后约 1h，风口二套更换完毕，正准备上风口，突然一声闷响，所有风口均冒火，其中未上风口处喷火远达 10m 以上，并带出红焦炭十余吨，在风口旁工作的 2 人被烧伤。

1978 年本钢 5 号高炉也发生过类似事故。该高炉休风补焊大料斗，为了隔热在料钟上装了一些粉矿，又在料钟上喷水，粉矿全部浸湿，补焊完毕开钟时发生了爆炸。

B　事故原因

由于料线降到距离高温区较近，而休风后炉顶喷水管继续喷水，水无热气流阻碍全部落在料面上。喷水管的位置和水压没有变化，水的落点固定，因此休风时喷的水不可能全部汽化，必然有部分水在料面附近积存。水一旦集中进入高温区，遇到红焦和铁水就会很快汽化，产生爆炸。在不停风空料线喷水时，水在下落过程中不断被汽化，而料面的热量不间断地得到补充，因此未汽化完而到达料面的水大部分能立即汽化，不会存积，炉顶只会产生有限的压力脉冲。

C　事故预防

空料线休风后，炉内的冷却喷水应立即停止，并将炉内煤气点燃。更换风口等作业，必须待炉膛火焰燃烧稳定后方能进行。

8.4.3.13　高炉放风阀煤气爆炸事故（本钢第二炼铁厂　张文达）

A　事故经过

这次事故发生在 1973 年的某一天。本钢 4 号高炉 4 号热风炉换炉时，冷风阀发生故障无法关闭，检查后发现是冷风阀传动齿轮与齿条错位。高炉倒流休风进行处理，虽然高炉休风，放风阀全开，冷风压力仍有 80kPa。为了降低一些压力，从鼓风机放风。此后冷风管道压力下降到 10kPa，检修工人仍无法工作，后决定关闭鼓风机出口风门，冷风管道压力才到零。在此之前，为了降压，曾将 4 号烟道阀打开以放掉冷风，直到风机关闭出口风门数分钟以后才关闭烟道阀。这时高炉更换完风口，关闭倒流阀，就在刚关闭倒流阀时发生了爆炸。爆炸发出巨大响声，在冷风阀和放风阀处看到火光，所幸并未伤人。

B　事故原因

这次煤气爆炸事故是因炉缸煤气通过混风管进入冷风管道造成的。混风阀虽已完全关闭，但其结构如同热风阀，当有压力时可被压紧，起到隔离作用；而没有压力时，阀门则处于中间位置，阀座与阀门之间有一通路。高炉风口未堵，吹管未卸，因而高炉内残余煤气和冷风管道之间形成一条通路。由于 4 号冷风阀处于开启位置，开烟道阀后，冷风管道与烟道连通。在风机出口关闭之前，尚可维持一点正压，此门关闭后冷风管道便产生负压，高炉内残余煤气被抽过来，当再关烟道阀后，煤气就与空气混合积存在冷风管道内。

倒流阀关闭前，大量的炉缸残余煤气由倒流阀排放出去，由于窥视孔进风，部分煤气已燃烧。当窥视孔和倒流阀关闭后，高炉内的残余煤气在残余压力下，便通过冷风阀进入冷风管道，由于它本身就具有点火温度，因而立即引起了爆炸。

C 事故预防

凡是停风机或关风机出口风门，必须堵塞风口，最好卸掉风管，以切断高炉与冷风管的通路。在冷风管道无压力的情况下，要始终开启倒流阀，以便将泄漏的高炉残余煤气抽走。

8.4.3.14 热风炉燃烧器煤气爆炸事故（首钢炼铁厂 潘春山、师守纯）

A 事故经过

1979 年首钢 4 号高炉的两座热风炉曾发生过燃烧器煤气爆炸事故。

a 1 号热风炉燃烧器煤气爆炸事故

1979 年 2 月 18 日，1 号热风炉换炉时因燃烧阀未关严，而煤气切断阀又漏煤气，当开冷风阀往炉内送风均压时，由燃烧阀往外蹿出热风，导致燃烧器内煤气与空气混合，发生剧烈爆炸，将助燃风机崩坏。

b 2 号热风炉燃烧器煤气爆炸事故

1979 年 3 月 3 日，当时 4 号高炉热风炉因助燃风机能力不足，采取了安装风管接高炉风给热风炉补充助燃风的措施。高炉减压放风时，引起煤气压力突然下降，煤气大量减少。高炉回风后，风量和煤气量又突然大量增加，热风炉内废气量随之大量增加，此时烟道又不能迅速地排出废气，以致造成经燃烧阀回火而发生爆炸，崩坏了燃烧器（燃烧器为外置金属燃烧器）。

B 预防措施

应采取以下预防措施：

（1）燃烧器前后的煤气切断阀和燃烧阀必须保持严密，不得漏煤气和往外漏风。换炉时要关严，要注意阀门模拟信号指示是否可靠、正确。

（2）热风炉燃烧器是密闭式设备，在煤气切断阀和燃烧阀之间必须安装放散装置。

（3）换炉后点火时必须注意燃烧炉的底温，在底温低于 900℃ 以下时，点火的煤气与空气不宜开大，防止炉内燃烧不稳产生回火爆炸。

（4）当高炉放风煤气量减少时，应及时减少助燃风机风量。

8.4.3.15 高炉除尘器煤气爆炸事故（本钢第二炼铁厂 张文达）

A 事故经过

1981 年 7 月，本钢 5 号高炉停炉大修。在停炉空料前先休风，任务是割断炉顶800mm放散阀阀帽并对除尘器进行沙封。休风按长期休风程序进行，出净除尘器瓦斯灰。7：33开始赶除尘器系统煤气，8：10高炉炉顶点火，休风完毕。9：00停止除尘器荒煤气管道蒸汽，接着打开除尘器切断阀上人孔，测定煤气成分，CO含量为零（因切断阀关不严）。然后又在阀罩上剖开一个通风孔，开始沙封，并用电焊焊接。10：30沙封工作快结束时，电焊工由里面撤出，两个铆工进入里面工作。10：42发生煤气爆炸，声音低沉而持续，从除尘器人孔和清灰阀喷出的大量黑烟状热气流笼罩了整个除尘器，7.7t重的切断阀被热浪掀起，落下时将牵引钢绳拉断。在切断阀被掀起的瞬间，炉顶放散阀处喷出黑烟，并将割断的成吨重的阀帽移位300mm。此时洗涤塔放散阀也冒出黑烟，设备虽未遭到破坏，但切断阀上工作的2人被严重烧伤，其中1人在抢救中死亡。

B 事故原因

休风点火后，由于打开了除尘器下部清灰孔、人孔和上部放散阀，又通入大量蒸汽，除尘器内的煤气已经驱净。煤气测定和多次电焊作业，证明芯管没有残留煤气。而洗涤塔内的煤气，由于只打开放散阀，未打开下部的放灰阀和人孔，不能形成对流，故残余煤气量很大。洗涤塔与除尘器之间连接有2.6m的荒煤气管道，在除尘器通蒸汽时煤气不易由洗涤塔通过荒煤气管道进入除尘器，但在停汽后煤气就能流过来，成为爆炸气体中的煤气来源。

切断阀被沙封后，除尘器内部的芯管上下通路被隔绝，从洗涤塔过来的煤气一部分由放散阀抽走，一部分进入除尘器顶部和芯管并在那里积存。在此煤气管道口附近，芯管脱落了3块衬板，有15个M35螺孔，总面积144cm^2，形成窗口，它可能是煤气进入芯管的主要途径。由于煤气积存过程缓慢，因此直到驱赶煤气后3h才发生爆炸。

在爆炸区域周围并没有带火星的作业，据分析，这次爆炸可能是除尘器内残余瓦斯灰的火星引起的。

C 事故预防

应采取以下预防措施：

（1）高炉煤气系统大都是炼铁厂和燃气厂分段管理，在驱赶煤气作业时应有专人统一指挥，严格按规程办事（这次燃气车间误以为还要引煤气而未驱赶洗涤塔煤气）。

（2）凡带火星或在煤气系统作业，要检查该连通系统的煤气驱赶情况，直到煤气驱净后方能作业。

（3）为防止煤气串通和加快煤气驱赶过程，在除尘器和洗涤塔之间的煤气管道上应设有人孔。

（4）在所述处理煤气的程序中，进行切断阀沙封之前应将切断阀打开，以驱赶除尘器管芯管中的残余煤气。即使这次事故不是因此而引起的，这道操作程序也不应缺少。

8.4.4 煤气系统负压事故案例

8.4.4.1 鞍钢高炉洗涤塔压瘪事故（鞍钢炼铁厂 张万仲）

A 事故经过

1975 年 9 月 10 日 17：00 左右，鞍钢 11 号高炉炉顶压力突然上升，被迫炉顶放散，经检查是洗涤塔水位升高所致。当即强制开 1 号和 2 号排水翻板，增大排水量，同时减少塔东线的给水量。检查 1 号排水管是凉的，表明管内没有排水（因排水管已被瓦斯泥堵死）。小开放水砣，透开了淤泥堵塞，放了 1～2min 稀泥以后方见排水，随即关闭放水砣，后检查排水已经正常。18：50 高炉开始送煤气，当时高炉热风压力是 0.04MPa，炉顶压力是 0.005MPa。两个煤气放散阀关闭后，炉顶压力猛增至 0.05MPa，并连续上涨。高炉又采取紧急放散措施，再检查洗涤塔时发现塔前管道上人孔向外冒水。随后将 2 号排水翻板大开 20min 后在 19：30 塔内连响两声，接着就往外淌水。经检查发现，洗涤塔的西北侧塔皮已严重变形，内陷 500mm，长约 15m，宽约 5m，并有两处裂开小口，部分走台、梯子裂断。根据损坏情况，决定高炉半风操作，洗涤塔继续接收煤气。第 3 天高炉休风焊补塔皮裂缝，并对塔内裂断的水嘴、水管做了部分检修，对塔体进行加固，送风后坚持正常生产。此后，在 1976 年大中修时更换了洗涤塔的部分塔皮。

B 事故原因

这次洗涤塔变形事故主要是塔内形成负压所致。由于洗涤塔排水管被泥堵塞，排水不畅，塔内水位升高。文氏管的脱水器排水插入洗涤塔下锥体上，水位随塔内的水位升高。当塔内水位升高到将煤气入口封死时，塔内出口也被封死，使高炉和管网的煤气无法进入洗涤塔，洗涤塔成了密闭容器。当加大排水量时，随着塔内水位迅速下降，塔内形成了负压。与此同时，塔内的高温气体被水喷淋冷却，体积缩小，进而使负压增大，致使塔皮薄弱的部位被大气压瘪。

C 应吸取的教训

通过本次事故，得到以下经验教训：

（1）这次事故的主要原因是瓦斯泥将排水管堵塞，洗涤塔水位升高所致。除尘器应定期打灰，严禁存有大量煤气灰。

（2）当洗涤塔已成封闭容器，水位上涨很高时未采取有效措施，而是强制全开排水翻板，突然大量增加排水，使塔内形成负压，是这次事故的直接原因。处理类似事故，应先采取应急措施，打开塔顶放散阀，使洗涤塔和大气相通，方能大量排水降低水位，以免形成负压而损坏塔体。

（3）如果洗涤塔已通蒸汽，不能先给水，后开塔顶放散阀。应该先开塔顶放散阀，后给水，以防洗涤塔内形成真空被大气压瘪。

（4）取消文氏管脱水器排水引入塔内的设施，防止塔内水位升高，将文氏管排水封闭，使管网煤气不能倒流入塔。

8.4.4.2　鄂钢高炉煤气洗涤塔压瘪事故（鄂城钢铁厂　孙忠良）

A　事故经过

1980 年 5 月 15 日 8：00，因总变电站水泵电源跳闸，鄂钢 544m³ 高炉冷却水和煤气洗涤塔供水中断，高炉立即采取紧急措施，于 8：45 启用保护安全的用水，8：50 切断高炉煤气，9：00 休风。高炉煤气系统内部包括洗涤塔内全部充满了蒸汽。供水恢复正常后，开送水阀门向塔内供水，当水进入塔内时，煤气洗涤塔被大气压瘪。

B　事故原因

高炉休风处理煤气时，煤气洗涤塔内全部通入了蒸汽，当水进入塔内时，蒸汽突遇水冷，体积迅速缩小，塔内产生负压，外界大气压力将煤气洗涤塔压瘪。

C　事故处理

煤气洗涤塔被压瘪后，高炉无法生产，决定封炉后对洗涤塔进行抢修。为此，高炉于 16 日 11：24 复风，上封炉料。封炉料是按预计休风 10 天计算的。煤气洗涤塔抢修以后，于 25 日 14：37 高炉复风，恢复正常生产。

D　经验教训和防止措施

本次事故是因生产管理不严、制度不健全及操作人员缺乏在特殊情况下处理煤气的经验造成的。为避免类似事故做了下列规定：

（1）因突然停水迫使高炉休风，煤气系统使用蒸汽赶煤气时，必须注意送水前的系统工作。只有当接到生产调度的命令时，供水水泵操作工才能开泵供水。

（2）断水后，煤气清洗工必须注意将向煤气系统内的供水阀门关闭。

（3）送水前，煤气清洗工必须注意把洗涤塔所有放散阀和人孔打开，使系统内与大气连通，内外压力达到平衡后才能供水。

编著者说明：本章煤气事故案例，除署名汤清华、邬虎林的以外，其他案例摘引自安全网和《高炉事故处理一百例》（徐矩良、刘琦著，冶金工业出版社1986 年出版），p337～388。

9 高炉爆炸事故

9.1 综述

高炉爆炸事故是高炉最严重的事故之一。爆炸事故一旦发生，不仅直接使炉壳、炉顶等高炉设备遭到破坏，更严重的是大量炽热的焦炭和煤气喷出，高炉周围一片火海，大量炉前设备、操作电缆等都会受到严重的破坏，并且极易造成人员伤亡。事故发生后短时间内高炉难以恢复生产，严重时可能使高炉遭受毁灭性的破坏。

本章介绍几个典型的高炉爆炸事故案例。其中 1990 年酒钢 1 号高炉爆炸事故可算作世界高炉炼铁史上最严重的爆炸事故之一。由于种种原因，这一事故的细节此前没有公开披露过。为了记录历史，从中吸取教训，本章介绍了那次高炉爆炸事故的详细情况。事故已过去了 20 余年，很多当事人已经离开了工作岗位，庆幸的是，我们搜集到了当时担任酒钢总工程师的炼铁专家蔡化南先生写的文章以及酒钢公司撰写的事故报告，特引用以警示后人。由于这两篇文章成文较早，其中有些意见与当时的炼铁技术水平有关，请读者阅读时注意。1982 年首钢 4 号高炉的爆炸事故同样给人以启迪，此文对事故的分析比较深入，有一定参考价值。冀东、河南两座高炉的爆炸原因带有一定的普遍性，应该引起同行的警觉。

9.1.1 高炉爆炸事故的原因

高炉爆炸事故的发生有以下原因：

（1）大修逾期是高炉爆炸事故的重要原因。高炉一代炉役末期，中上部炉壳往往反复地严重开裂，即使及时补焊也会因应力存在而使强度急剧下降。在更多的情况下，炉壳补焊不可能做到非常及时，高炉可能在炉壳开裂的情况下带病生产。这样不仅会因煤气泄漏冒火、喷料等情况，威胁人员和设备的安全，一旦在特定情况下炉内出现负压，空气沿裂缝进入炉内就可能发生爆炸。超期大修的高炉因炉壳强度低，一旦发生爆炸，事故的范围和对高炉的破坏程度会比新高炉严重得多。酒钢的高炉爆炸事故是个破坏性极大的案例，一声巨响之后高炉瞬间崩塌，变成一堆废铁。冀东和河南的高炉爆炸因距大修时间较近，炉壳坚固，只炸坏了炉顶人孔，事故范围和损失较小。

（2）大量水或含水炉料崩落高温区，发生水煤气反应。高炉内发生的水煤气反应（$H_2O + CO \rightleftharpoons H_2 + CO_2$ 和 $H_2O + C \rightleftharpoons H_2 + CO$），使炉内气体体积骤然膨胀，产生巨大压力，足以摧毁炉壳或炉顶人孔等炉体薄弱部分。冀东、河南、酒钢高炉爆炸事故都是这一因素起了作用。

（3）炉内形成高炉煤气与空气的混合体，满足爆炸条件，产生爆炸。高炉是一个相对密封的容器，炉内煤气爆炸需要两个条件：1）煤气与空气达到爆炸浓度；2）温度达到煤气着火点以上。一般来说，高炉内条件1）难以具备，因为高炉运行时炉内是还原气氛，并且是正压，很难有空气存在。但如操作不当，炉内产生瞬时的和局部的负压，空气被吸入炉内，也并非没有可能。本章首钢4号高炉爆炸事故原因就属此类。

（4）休风时炉顶点火不当，可能引发煤气在炉顶发生爆炸。

9.1.2　高炉爆炸事故的预防

高炉爆炸事故的预防措施有：

（1）高炉应及时大修。逾期大修不仅会使炉缸、炉腹难以承受正常冶炼的重负，还会有烧穿的危险。因为炉体、炉壳、冷却壁及其他设备严重破损，很难维持高炉正常生产，并可能引起多种事故，其中爆炸是最严重的事故之一。因此，在高炉设备、炉腹、炉缸耐火材料和炉体破损到一定程度时应及时大修。

高炉从开炉起就应重视炉体的维护。例如，不能长期发展边缘气流；要减少洗炉，特别是恶性洗炉。现在有的高炉为了改善炉渣流动性，长期使用萤石，是十分有害的。炉体耐火材料损坏严重时应及时造衬。冷却壁破损严重时，应及时处理，如串管或更换点式冷却壁。炉壳发红或开裂时及时打水、补焊等。

（2）防止大量水骤然进入高炉下部。骤然进入高温带的水较大可能是冷却壁漏水和炉顶过量打水造成的。

目前多数高炉使用软水密闭循环的冷却方式，检漏技术比较复杂。应健全高炉冷却管理制度和操作规程，发现不正常时，跟踪检查。应力求及时发现破损的冷却壁，并视情况采取减水、关闭、串管等技术处理。不允许向炉内大量漏水，较长时间休风时漏水冷却壁要停水。

在高炉难行、炉顶温度过高时，炉顶打水是难免的。特别是，目前使用干法除尘的高炉越来越多，对炉顶温度的要求相对严格，打水的频率增加。因此，对炉顶打水系统应引起足够重视。应设置自动控制系统，炉顶温度低于规定时自动停水；提高打水的雾化水平；不允许发生延时关水或忘记关水的现象。

（3）高炉较长时间休风需要炉顶点火时，应严格按规程操作。较长时间休风，炉顶点火要派专人看守，不能熄灭。高炉上部要开放散阀和炉顶人孔。高炉下部要堵严风口，焊补好炉壳裂缝，以免炉内吸入空气。

9.2 高炉爆炸事故典型案例

9.2.1 酒钢1号高炉崩塌事故[1,2]

1990年3月12日7:56，随着一声闷响，正在生产的酒钢1号高炉突然崩塌，托圈（位于炉腹中部）以上高炉本体和斜桥上半段脱落，出铁场和卷扬机室的屋面砸坏。从炉内喷出的高温气流和炉料烧坏了矿槽的上料皮带系统和卷扬机室内的设备，并造成了人身伤亡。

这一高炉爆炸事故在世界高炉炼铁史上也可算作最严重的爆炸事故之一。由于种种原因，对这一事故的记述和分析资料当年没有发表。本章收录了时任酒钢总工程师的炼铁专家蔡化南先生的一篇总结文章，同时列出了当时酒钢公司写的事故报告，二者互为补充，可以较全面地反映该爆炸事故的经过和原因。

9.2.1.1 酒钢1号高炉的崩塌[1]

A 酒钢1号高炉设备概况

酒钢1号高炉有效容积 $1513m^3$，托圈下有5根炉缸支柱，上有6根炉身支柱。炉底到炉顶有炉壳23带（最下部为1带）。支柱和炉壳所用钢号为3号平炉镇静钢。托圈钢板厚度为40mm，紧接其上的10带、11带炉壳厚度为30mm，12带厚度为28mm，13~19带厚度为24mm。1号高炉于1970年10月投产，1978年中修，更换了4段和5段的冷却壁、环形炭砖以上的炉衬和13~15带炉壳。1984年10月大修，更换全部冷却设备、14~23带炉壳，对11带和12带炉壳进行挖补处理。

炉底和炉缸有4段光面冷却壁，炉腹下部5段为48块镶砖冷却壁。托圈上有21层水平冷却板，总计590块。其中位于炉腹上部的有5层，炉腹有3层。炉身上部为3层支梁式水箱。位于5段冷却壁以上的1层水平冷却板，冷却水为横向两块串联；8~11层为纵向4块串联；12~21层为纵向5块串联。冷却板内铸两排水管，里圈水管烧坏以后外圈仍可通水。炉底为风冷综合炉底，渣口以上为黏土砖，大修时托圈到炉顶煤气上升管及热风管道喷涂耐火材料矾-40。

B 中修和大修时高炉炉体破损情况

a 1978年中修

中修以前炉身中下部冷却设备和砖衬的损坏情况比炉身下部、炉腰、炉腹更为严重，而炉身中部炉壳的变形尤其严重。炉身下部和炉腹处的炉壳较为完好。

b 1984年大修

支梁式水箱以上的砖衬较好，水箱有少量烧坏和水管裸露。1~3层冷却板完好，4层约有1/3烧坏，5~9层烧坏的较多，13~17层烧坏的最多。炉腹冷却壁保存完好。与中修时相比，炉身下部、炉腰和炉腹的损坏相近，炉身中部、上部残留的砖衬较多。炉壳的变形没有中修时严重。

C 1984 年大修后炉体破损过程

a 1987 年底以前

为了适应炼钢厂建设和生产的需要，决定在 1984 年底对 1 号高炉大修，当时的炉体状况尚可维持生产。当时正处于冬季，砌砖质量难以保证，1 号高炉的大修期定为 75 天。由于施工进度紧张，设备调试时间短，高炉投产后上料系统不正常。送风时 2 号热风炉炉壳开裂停用，风温降低到 365℃，开炉后几天就造成炉缸冻结。在处理炉缸冻结期间，烧坏 1 块 5 段的冷却壁。

大修后实现了烧结矿过筛，入炉烧结矿粉末较少，炉况顺行改善。从 1986 年 4 月起推行铁水降硅（1985 年 0.75%，1986 年 4 月 0.50%，7 月 0.42%）和提高炉渣碱度操作（1985 年 1.05，1986 年 5 月 1.19，11 月 1.15）。由于酒钢高炉碱金属负荷高达 10kg/t 以上，提高炉渣碱度不利于排碱，而碱金属在炉内影响炉衬寿命。此外，炉凉时炉渣碱度高，使炉况恶化，炉温波动大，炉衬不易形成渣皮保护层，引起炉衬和冷却设备损坏加快。1987 年，5 段冷却壁烧坏 14 块，累计损坏 21 块，占总数的 43.7%。相关情况见表 9-1 和表 9-2。

表 9-1 酒钢 1 号高炉 1985～1990 年冷却设备损坏情况

项 目	1985 年		1986 年		1987 年		1988 年		1989 年		1990 年 1～3 月	
	整块	半块	整块	半块	整块	半块	整块	半块	整块	半块	整块	半块
冷却板	16	4	49	37	124	61	26	131	32	152		13
炉腹冷却壁	3		4		14		5		5		1	
风口区冷却壁							1					

表 9-2 炉腹炉壳烧坏情况

日 期	烧穿部位	休风时间/min
1987 年 6 月 15 日	5 段 6 号冷却壁盖板	512
1987 年 9 月 8 日	5 段 2 号冷却壁盖板，托圈下缘开裂	787
1987 年 10 月 20 日	5 段 48 号冷却壁处下部 150mm×150mm 洞	1634
1988 年 11 月 27 日	5 段 5 号冷却壁处，托圈下缘开裂	休风 325，减风 166
1989 年 4 月 6 日	6 号风口上方，托圈下缘烧 2 个洞	415

除此以外，大修后 2 段冷却壁的水温差升高速度也超过了第一代。从以上情况看，1987 年底就应该对 1 号高炉进行大修或中修了。为此，1987 年 11 月 5 日酒钢公司成立了由 6 人组成的护炉组，督促、考核和指导炼铁厂的护炉工作。

b 1989 年 4 月底以前的炉体破损情况及护炉工作

公司护炉队检查时发现，冷却壁损坏时嫌处理麻烦，将串联的几块冷却板全部卡死，这种错误做法大大加速了冷却板的损坏。1988 年 3 月逐块检查卡死的冷却板，有 2 块尚未烧坏，再次恢复了通水，并要求当里圈水管烧坏后外圈仍要通水，延缓了冷却板的损坏速度。

与此同时，对低炉温、高碱度的操作方法进行了调整，改为降低炉渣碱度，适当提高炉温，力求炉况顺行，改善碱金属的排出情况，也使炉衬和冷却板的损坏速度减缓。

为减少炉腹冷却壁破损，从 1987 年 11 月起，当水温差超过 7℃ 时改通高压水加强冷却。另外，在烧坏冷却壁的部位装 1 个 U 形管通水冷却。1988 年 11 月，在 5 段 5 号、6 号冷却壁处，试装了两个堵头管（φ140mm×190mm，圆柱形）。在通高压水的情况下，堵头管处的水温差为 0.4 ~ 0.7℃。此后，5 段冷却壁处安装了 44 个堵头管，炉身 2 层、3 层和 4 层平台分别安装了 41 个、61 个和 24 个堵头管。

表 9-3 列出了 1987 年 10 月 ~1990 年 2 月间炉壳安装 U 形管和贴补钢板的情况。

除了上述措施，还加强了炉外喷水。总的来看，各种强化冷却措施有助于炉内形成渣皮，延缓冷却板的损坏速度，但不能根本解决问题，因为损坏的冷却板和炉衬已经失去了相互保护的作用。

表 9-3　炉壳安装 U 形管及贴补钢板情况

日 期	部 位	类 型	尺寸/mm×mm	个数
1987 年 10 月	5 段冷却壁处	单环 U 形管	800×600	1
1989 年 9 月	1 ~3 号风口上方，2 层平台	双环 U 形管	600×400	2
1989 年 10 月	1 ~3 号风口上方，2 层平台	单环 U 形管	600×350	1
1989 年 10 月	1 ~3 号风口上方，2 层平台	扁水箱	200×450	1
1989 年 11 月	14 ~20 号风口上方，1 层平台	贴补钢板	400×200×20	3
1989 年 12 月	14 ~20 号风口上方，1 层平台	贴补钢板	2000×400×20	1
1990 年 2 月	5 段 1 号、2 号冷却壁	贴补钢板	200×300 150×200	1 1

c　1989 年 5 月以后的炉体破损过程

1989 年 4 月 28 日，额头式连接的布料溜槽脱落。因为溜槽是 3 月 23 日刚更换不久，没有溜槽备品，拖到 5 月 11 日才休风更换溜槽。在此期间，边缘气流发展，炉墙及冷却板损坏加速。从 3 月 31 日出现冷却板盖板开焊，到了 6 月冷却板损坏加速，并出现炉壳开焊开裂。6 月 2 日将炉顶压力由 0.12MPa 降到 0.10MPa，以后又降低到 0.08MPa。6 月集中焊炉壳 9 次，6 月 18 日对开焊开裂处（总长度 18m）进行了焊补。炉壳开焊开裂区域集中在炉身 3 层、4 层平台，位于铁口和东渣口上方。据 5 月安装堵头管时观察，该部位已无炉衬，可听到炉料摩擦炉壳的声音。冷却板损坏也很严重，6 月整块损坏的有 6 块，半块损坏的有 18 块。以上情况表明，1 号高炉的炉体损坏已经到了更严重的阶段。

到了 7 月，炉壳发红更为频繁，只能靠强化冷却暂时对付。冷却板盖板开焊增多，冷却板继续大量损坏，整块的损坏 5 块，半块的损坏 29 块。至此，冷却板损坏共计达到 440 块（整块坏 298 块，半块坏 142 块），已占冷却板总数的 74.58%。8 月 16 日炼铁厂成立了炉壳特护组（由 5 人组成），制订了考核制度和奖惩条例，专职进行检查和焊补炉壳。从 8 月起，在开焊开裂部位加焊立筋板，进展情况见表 9-4。尽管逐月加焊立筋板，仍不能扭转炉壳开焊开裂的趋势，往往连立筋板也会拉裂。

表 9-4   加焊立筋板情况

日　期	1989 年 8 月	1989 年 9 月	1989 年 10 月	1989 年 11 月	1989 年 12 月	1990 年 1 月	1990 年 2 月	合计
加立筋板/条	15	8	7	12	15	10	10	77
备　注	炉身 2 层、3 层、4 层平台分别加立筋板 28 块、37 块和 12 块							

1989 年 11 月以后，炉壳由开焊为主转到以开裂为主，炉壳多处凹陷，冷却板多处鼓包，炉体破损更加严重。从炉内操作情况看，风口破损增多，到 12 月有多个风口重复性地破损，堵死后一透开又损坏，炉况极为不顺。1990 年 1 月 10 日检修焊炉壳后，炉身 2 层平台又开裂两处，开裂长度分别为 800mm 和 300mm，在焊接处也出现了开焊。

d　1 号高炉临近崩塌前的生产及护炉情况

在 1 号高炉崩塌前，休风、减风频繁，顺行情况很差，主要原因是风口破损多和焊补炉壳。1990 年 2 月，损坏风口 36 个，休风焊补炉壳 3 次，共休风 1901min，冷却板全坏的 394 块，半坏的 98 块，占总数的 83.38%。3 月上半月情况更为严重，损坏风口 38 个，焊炉壳 9 次，休风 3086min，减风 646min。高炉是在部分炉壳开焊开裂和漏煤气的条件下生产，终于在 3 月 12 日发生了高炉崩塌事故。

D　高炉崩塌的后果

a　高炉本体

托圈以下的炉壳较为完好，炉口钢圈下 7~8m 的炉身上部炉壳完好，炉喉钢砖及布料设备较完整。4 个煤气上升管均在根部或稍上一点处断开。炉身上部的炉壳落下来，座在炉腹下部、热风主管和围管上。托圈以上 15m 炉壳裂为 7 块，如图 9-1 所示。

托圈部分被撕裂、扭曲，破坏严重。6 根炉身支柱随托圈倾倒或随炉壳脱离。其中落在除尘器和热风主管上的有 4 根，1 根掉进铁水罐，1 根靠近卷扬机房方向，如图 9-2 所示。

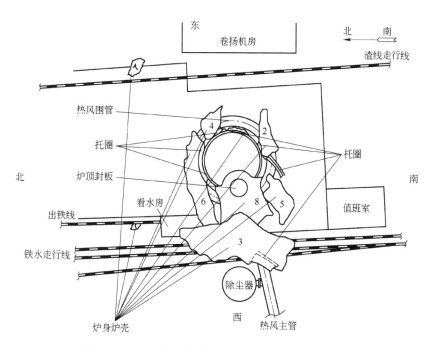

图 9-1　酒钢 1 号高炉崩塌后炉壳和托圈位置示意图

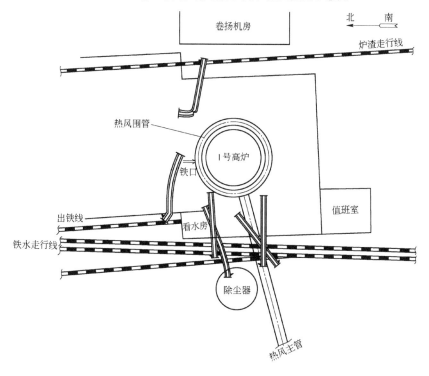

图 9-2　酒钢 1 号高炉崩塌后炉身支柱位置示意图

炉壳开裂最严重的部位在托圈和13层冷却板之间，撕裂的断口呈锯齿形。10~13层冷却板间有1条长1.4m原来焊补时覆盖过的穿透性裂纹，还有11根多次焊过的穿透性裂纹，总长度11.2m。裂纹表面呈人字形，属于快速脆性断口。炉身上部折断处，裂纹全部由里向外或斜面折断，裂纹表面有银灰色的金属光泽。

b 炉顶设备和斜桥受损情况

炉壳破裂和炉身支柱倾倒，使支在上部的炉顶平台、煤气上升管和煤气下降管脱落，并将斜桥上半段（卷扬机房的屋顶以西部分）压断。煤气下降管塌落时，推动与其相连接的除尘器倾斜500~700mm，支撑除尘器的混凝土也被破坏。斜桥上的卷扬机钢绳滑轮砸坏了卷扬机房的屋顶，高温煤气和炉料进入室内，破坏了液压站、主卷扬电机、探尺和均压阀卷扬机、PC-584计算机及继电器盘柜等设备。

E 酒钢1号高炉崩塌事故的经验教训

酒钢1号高炉这次崩塌事故的严重程度在世界炼铁历史上也是少见的，应该从中吸取沉痛的教训。

(1) 在计划经济时代，上级部门对炼铁厂主要考核产量等指标，不考核炉体损坏情况和高炉寿命，对高炉寿命问题的重要性重视不够，关心高炉产量和顺行往往超过对炉体维护和高炉寿命。在炉况不顺时，习惯于采取发展边缘气流、加萤石洗炉等措施，致使炉衬和冷却设备大量损坏，导致炉壳严重开焊开裂。

(2) 酒钢高炉碱金属负荷高，1号高炉1987年底以前，低炉温、高碱度操作使得高炉排碱困难，炉温波动大，导致炉腹、炉腰和炉身下部炉衬和冷却器损坏加速，炉壳开焊开裂加剧。

(3) 在高炉炉衬和冷却器烧损，炉壳直接接触高温煤气和炉料时，温度梯度很大（尤其是径向）。炉壳材质为亚共析钢，在焊补炉壳、打水冷却的周期性作业过程中，反复加热冷却，钢的组织变成珠光体加马氏体，发生结晶转变时体积膨胀，产生应力，使钢板开裂。1号高炉崩塌前的几个月，炉壳频繁地大面积焊补，靠炉壳喷水冷却，造成开焊开裂恶性循环，仅靠喷水冷却已经无济于事。

(4) 在高炉崩塌前的几个月，高炉是在炉壳焊补不及时，存在很多穿透性裂纹的情况下生产。高炉炉顶压力为0.08~0.10MPa，由于炉况不顺，经常崩料，造成炉内压力升高，更加加剧了穿透性裂纹的扩展。穿透性裂纹的扩展，使得达到炉壳爆裂的压力比按照常规计算的低得多，爆炸产生的破坏程度也大得多。

(5) 高炉何时大修、何时中修要有标准加以规范。1965年冶金部规定，高炉炉缸以上冷却设备损坏超过1/3时，高炉应该进行中修，这一规定看来基本是合适的。由于种种原因，当时酒钢1号高炉未能及时中修，最后酿成了高炉崩塌的严重事故，这一深刻教训应该引以为戒。

9.2.1.2　1513m³ 高炉崩塌事故报告（酒泉钢铁公司）[2]

A　事故经过

1990 年 3 月 12 日 7：56，正在生产中的酒钢炼铁厂 1 号高炉（1513m³）炉内突然发出沉闷的爆炸声，瞬间炉体托盘以上的炉壳被崩裂成 12 块，并向不同方向抛落。随后炉顶设备连同炉顶平台，顶部框架、上升管、下降管及斜桥等全部倾倒坍塌，出铁场屋面被压毁两跨。高炉喷出的红焦将卷扬机室内的液压站、主卷扬电机、探尺、放散阀、PC-584 控制机以及继电器盘柜等设施全部烧毁，上料皮带系统也被烧毁。这就造成冶金史上一次罕见的特大事故。

B　事故后现场情况

a　高炉本体及辅助设备破损情况

酒钢 1 号高炉为托盘式结构。托盘位于炉腰部位，其下有 5 根炉身支柱支撑托盘，其上有 6 根炉顶支柱支撑炉顶平台及相关炉顶设备。在事故中，高炉主体从托盘以上炉身中下部的炉壳开始崩破，炉身钢架及炉衬全部塌落。炉身中上段与炉喉部位（未见破裂）塌落在西南方向的热风围管上面，砸坏了热风围管的一段。煤气上升管和煤气下降管掉落在高炉北侧炉台上，呈东西倒向。炉身 6 根支柱有 3 根落在高炉的西侧。上料斜桥塌倒在原位的北侧，砸塌了卷扬机房。炉顶支柱和横梁从南向北发生了倾倒（见图 9-3 和图 9-4）。

图 9-3　酒钢 1 号高炉完全崩塌后近景　　　图 9-4　酒钢 1 号高炉完全崩塌后远景

b　高炉崩塌时喷散物的分布情况

高炉崩塌时，从炉内喷散出来的物料基本上以高炉为中心向东北、东、东南、南、西南方向呈扇形飞散，东北方向最多，东、东南方向次之，西北至西南方向较少。散落物为焦炭、耐火砖、烧结矿及金属构件。

散落物的最远距离为东北方 238m，掉在烧结厂旁 13 号公路上，多为焦炭和断砖（最重的 5kg）。最大物体是 9.8m × 5.8m × 3m 的出铁场南端顶盖，被抛落在距高炉 78m 处。

C 事故发生前设备及生产情况

a 事故发生前设备情况

酒钢 1 号高炉第二代炉役始于 1985 年 1 月 1 日,1985 年 6 月起部分炉缸冷却壁的水温差升高,最高达到 3.7℃。为了控制冷却壁的水温差,高炉改为高压水强制冷却。1985 年 10 月,5 段炉壳多次发生烧红、烧穿。11 月,冶金部组织炼铁专家对高炉进行诊断,诊断意见是"炉壳比较完整,采用切实可靠措施,精心护炉,可维持正常生产水平一年半到两年"。为此,1988 年 1 月,酒钢成立了公司和厂两级护炉小组,并制定了技术操作方针、保护措施和维护制度。1989年 6 月开始,高炉炉壳频繁出现开裂、开焊,并不断加剧。事故前的 1990 年 3月,该高炉几乎每天进行休风、补焊。

据资料记载,开裂、开焊多发生在炉腹、炉身下部。炉壳的明显裂纹有 12条,长度约 15m,穿透裂纹有的达 5mm 宽。炉壳变形部位有 3 处约 11m²,其中 3 ~ 4 层平台约 2m²。到事故发生前,风口带 4 段冷却壁烧坏 1 块,占 40 块的2.5%;炉腹 5 段冷却壁烧坏 32 块,占 48 块的 66.7%;炉身冷却板烧坏 393 个整块,100 个半块,占 590 块的 75.1%,仅剩 98 个整块,100 个半块。

b 事故发生前高炉运行情况

1990 年 3 月 12 日 2:00 以前,高炉换了 3 个风口,堵了 5 个风口,风量较小,炉温略高,下料较慢。4:30 出当班第 1 炉铁,7:00 又有 2 个风口烧坏。考虑白班要更换冷却设备,未休风换套,只把冷却水调小 1/3。7:30,又有 1 个风口烧坏。在事故发生前,高炉未做任何操作变更,炉况比较正常。事故发生时有关的仪表记录数据见表 9-5。

表 9-5 酒钢 1 号高炉发生爆炸时的部分操作参数

参 数	事故发生前记录	事故时记录	1989 年四季度参数
炉顶煤气压力/MPa	0.09	0.18	0.081
热风压力/MPa	0.24	0.315	0.216
冷风压力//MPa		0.248	
透气指数	1250		
热风温度/℃	1020		1040
2 号文氏管压差/Pa	3750	20000	4000
减压阀组前压力/MPa	0.0875	0.125	
减压阀组后压力/Pa	7031	11578	
TRT 发电功率/kW	1000	2000	

D 事故原因分析

这次事故的发生，是由于炉内压力骤然升高引起爆炸所致，主要依据如下：

（1）仪表记录显示，事故发生瞬间炉顶压力突然由0.09MPa升至0.15MPa以上（压力指示记录线已超过记录纸幅度，无法看到最高压力）。分析认为，只有炉内压力突升，发生爆炸，才能合理、完整地解释各仪表记录值之间的逻辑关系。如果是溃破，炉内不应有升压出现。

（2）从崩开炉壳的断口看，二十几处断裂源表现为同时扩展，呈现大量脆性断口。炉壳钢材为延展性较高的Q235钢板，如果不是在异乎寻常的速度下被破坏，不会出现如此多的脆性断口。

（3）破坏后抛散的炉壳，以2号环缝为界，上段呈正开的伞状散开坠落，下段则呈倒开的伞状散落，只有发自炉内的爆炸才可能出现这种形状。

（4）从抛散物散落的位置看，483.8kg重的支梁水箱抛落到70m以外，5kg重的耐火砖块抛落到200m多远的13号公路上，$\phi160mm \times 2900mm$水管也被抛落到70m以外等。只有爆炸产生的巨大爆发力才将上述重物抛射如此远的距离。

（5）据嘉峪关中心地震台报告，3月12日7：56：38.6，检测到距该台7.5km处发生了$M_S0.3$级震动。根据波形确认，是爆炸性震动而不是地震，并且3月10~12日嘉峪关附近区域均无弱震（地震）活动。

事故发生后6根炉身支柱找到5根，有1根掉进铁水罐被铁水熔化只剩下一小段，其余完整。炉身支柱底脚与固定在托盘上的链接螺栓，有的被剪断，有的底板撕开，没有出现支柱中部断裂的情况。

根据实物调查，该高炉崩塌的全过程大致可描述为：炉内突然升压爆炸—2号环缝及4条竖缝上的23条裂缝同时开裂—爆开的炉壳在高压气浪作用下飞散—爆裂向1号、3号环缝发展，同时托盘被撕坏—炉身支柱高端支座解体—炉身支柱倾倒—炉顶框架、上升管、下降管、炉顶设备塌落—除尘器歪斜、斜桥倒塌。

对于炉内产生爆炸的原因，经反复阅看仪表记录、值班日报，经过认真讨论，归纳为以下意见：

（1）大量冷却水向炉内泄漏。事故发生前6号、14号、17号3个风口烧坏，各闭水1/3。当时水压是0.84MPa，单风口供水量9.4t/h，按50%漏进炉内计算为4.7t/h。3个风口12日7：30烧坏，事故发生前漏进炉内的水总计约10.8t。5段26号冷却壁3月10日2：45发现漏水，当时进水关闭2/3，供水量为4.7t/h，按50%漏入炉内计算则为2.35t/h。从12日7：00至事故发生前，3个风口和1块冷却壁漏入炉内的水量多达13t。

事故发生前几天，风口损坏频繁，3月11日0：00~12日7：56风口损坏、漏水和更换的情况见表9-6。

表9-6 3月11日0:00~12日7:56风口损坏、漏水和更换情况

时　　间		状　　态
3月11日	0:55	4号风口坏，14:13更换完
	10:15	8号风口坏，14:13更换完
	12:25	1号风口坏，14:13更换完
	18:00	14号风口坏，12日2:05更换完
	20:35	8号风口坏，12日2:05更换完
	20:45	5号风口坏，12日2:05更换完
3月12日	7:00至事故发生	6号风口坏，闭水1/3未换
	7:00至事故发生	14号风口坏，闭水1/3未换
	7:30至事故发生	17号风口坏，闭水1/3未换

表9-6所列风口损坏也会有水漏入炉内，因此漏进炉内的水量比以上计算要大。

此外，在12日7:33，为降炉低温（生铁含硅量高达1.75%），将鼓风加湿量在2min之内升至6.0t/h左右，大量蒸汽的加入，也增加了炉内水量。

（2）高炉风口区漏水点附近有范围较大的呆滞区存在。该高炉共有20个风口，发生事故前几天堵风口情况见表9-7。

表9-7 酒钢1号高炉发生爆炸前堵风口情况

3月9日堵死风口	1号		5号	6号	7号			16号	20号
3月10日堵死风口				6号	7号		11号		
3月11日堵死风口		4号	5号		7号	8号	11号		
3月12日堵死风口		4号	5号		7号	8号	11号		

事故发生时，4号、7号、8号、11号和15号风口处于堵死状态。其中7号风口已持续堵死3天多，11号风口持续堵死2天多，4号、5号和8号风口也已持续堵死1天多。长期堵死风口，加上与之相邻的风口不断漏水，必然出现呆滞区。在拆炉时曾在17号风口前发现一个区域，长约2000mm，高约500~600mm，宽约600~700mm，充满了坚固的渣焦混合体。在相同水平面，尚有多处大小不一，较前所述大块稍微疏松一些的渣焦混合体。

由于风口前出现呆滞区，漏水的风口、冷却壁又与堵死风口毗邻，有些漏入炉内的水不能立即蒸发。其中一部分水在煤气带动下沿炉子内壁上升，其中一部分会以浸湿周围物料的方式积蓄下来。高压水冷却的风口，漏入炉内的水沿炉壁上升至炉腰以上部位的情况，1985年曾在1号高炉出现过。当年2月发现，标高17.0m平台以上的冷却盖板往炉外喷水，射程达到5~6m，曾经怀疑是冷却板漏

水，但后来查清是风口漏水。

(3) 炉壳脱落。炉内软熔带部位的渣皮，在事故前 30 ~40min 开始脱落，并持续到事故出现。事故前最后一次出铁是 7：15 ~7：40，出铁量 150t，生铁含硅量高达 1.75%，而前两次铁的生铁含硅量分别是 0.62% 和 0.92%，这表明在此期间炉温急剧上升。根据分布在标高 17.0 ~18.0m 的炉皮温度计检测数据，7：20 以后几处炉壳的外表温度（在带水情况下）由 37.5℃ 骤升至 70℃，并持续到事故发生。这说明该区域由于炉内温度大幅波动，导致炉壁内黏结物脱落。炉内聚积的水有机会与炽热物相遇而急剧汽化，黏结物脱落也会破坏软熔带以上悬挂料的"拱角"，造成局部塌料。

(4) 高炉难行悬料，在高炉下部形成较大的"无料空间"。据高炉日报记载，从 12 日 7：00 ~7：56 事故发生近 1h 的时间内，炉内下料只有 2 批（总计烧结矿 36.4t，焦炭 12.3t），说明炉况难行。在此期间，风量维持在 1650m³/min，按照物料平衡，上部加入焦炭及烧结矿量，低于下部消耗的焦炭和排出的渣铁量。在炉顶料线正常（即料线不亏），而下部消耗及排出量大于上部加料的情况，肯定会在悬料料层下面形成疏松的"无料空间"。7：15 ~7：40 出铁 150t，7：00 ~7：25 出渣约 40t，加剧了"无料空间"现象。粗略估计，"无料空间"可能达到 40 ~50m³，这为大崩料或滑料创造了前提，也合理地解释了探尺记录纸上显示的炉料难行或悬料现象。

(5) 炉内打水，炉料粉化，透气性变坏。3 月 12 日 2：00 换风口复风后，2：40 炉顶温度达到 268℃，打水后 3：30 降至 150℃；4：40 上升到 355℃，打水后 5：00 降到 160℃；6：40 又升到 357℃，再打水 7：20 降到 80 ~100℃；7：40 升到 260℃，打水后降到 125℃。如此 4 次向炉内打入大量的水，这些水一部分汽化被煤气带走，一部分为炉料吸收，当高炉崩料时，含水炉料突然进入高温区，产生水煤气形成爆炸。同时，水湿的炉料产生粉化，恶化透气性，增加悬料的可能，从另一角度成为事故的促进因素。

(6) 事故前崩料，炉内出现爆炸。前已述及，高炉在 7：00 以后出现悬料。据仪表记载，事故发生前，北探尺从 2.4m 直线降至 3.18m，随后高炉内即发生爆炸。因爆炸使两探尺同时终止工作，因此无从得知此次崩料的确切深度，但可确认，爆炸是在崩料中发生的。

将以上 6 点分析，对这起高炉爆炸形成的过程表述如下：事故前，高炉已经难行，炉子上部由于打水炉料被粉化，阻塞气流通过的瓶塞作用被加强，增加了高炉悬料的力度，使高炉下部产生"无料空间"。而由于下部漏水、加蒸汽、上部打水的作用，炉内积存大量富含水的炉料。由于"无料空间"的扩大，高炉必然产生崩料，而高炉炉壁黏结物的脱落，促进了崩料的发生。崩料使富含水的炉料直接进入高温区，产生水煤气反应，从而发生剧烈的爆炸。由于高炉炉龄已过大修期,裂缝处应力大,强度差,加之高炉结构的特点,最终造成高炉史上罕见的事故,造成了巨大的损失。

E 事故教训

通过此次事故,得出以下经验教训:

(1) 设计问题及改进:

1) 托盘式结构是酒钢 1 号高炉和同时期建造的某些高炉的共同特征,采用这种设计的高炉其整体安全度较差,此后发展起来的炉体框架结构则更为安全。炉壳厚度应适当增加,特别是开口较多的区域应该加厚,有足够的强度。

2) 要根据高炉炉料特点,科学地选用高炉炉衬耐火材料。酒钢高炉炉料的碱金属负荷较高,达 10kg/t。为了高炉长寿,炉身下部应采用氮化硅结合的碳化硅砖,或磷酸浸渍的黏土砖,以提高抗碱侵蚀能力;炉底可采用炭砖配底板水冷,在铁口易损部位采用微孔炭砖等。

(2) 加强施工管理:

1) 要加强施工管理,切实做到质量第一。要有一套有效的质量检查制度,对结构和砌体跟踪检查,确保施工质量。

2) 尽量避免冬季施工,尤其是地处严寒地区更要注意。如果需要在冬季施工,必须有可行的防寒、保温措施。

(3) 加强操作管理。要将高产、优质、低耗、长寿、环保的理念全面贯彻到高炉日常操作中,做到:

1) 保持高炉长期稳定顺行,避免炉况波动;

2) 风口损坏应及时更换,避免向炉内大量漏水;

3) 严禁长期采用过分发展边缘的装料制度,以保护炉墙;

4) 炉体设备破损严重时,要果断采取降压或常压操作;

5) 避免经常洗炉;

6) 要顾及炉体状况,不能单纯追求产量而拼设备;

7) 不能随意在炉皮上开孔,以免影响炉皮强度。

(4) 及时进行大中修:

1) 要根据高炉的实际情况及时进行大中修,不能单纯考虑产量、效益,而推迟或不修。酒钢 1 号高炉在炉体已过度损坏应当停炉大修的情况下反而继续坚持生产,是造成这次事故最根本的原因。

2) 高炉大中修时是否更换炉壳,应通过技术鉴定确定,不能凭经验或目测。酒钢 1 号高炉 1984 年大修,1985 年 1 月 1 日开炉,同年 6 月有的冷却壁水温差就升高,10 月又发现炉壳发红、烧穿,可见大修处理不当。

3) 炉役后期要加强维护。酒钢在护炉方面做了大量工作,在一定时间内收到了较好的效果,但它只能起到减缓作用,而不能制止损坏的发展。因此,炉子不能无限期地"护"下去，应该大中修就必须及时进行大中修。

（5）安全生产方面。安全是生产的根本保证，当安全与生产、效益发生矛盾时，必须服从安全。

（6）要改变以往炼铁界的老观念，即只注重防止炉缸、炉底的烧穿，对炉体烧穿可能酿成的严重后果认识不足。酒钢1号高炉崩塌事故充分说明，炉体维护不好也会发生重大事故，这一沉痛教训一定要牢牢记取。

9.2.1.3　案例点评

1990年酒钢1号高炉爆炸事故发生后，本章编者曾作为冶金部代表前往酒钢，组织全国高炉专家对此事故进行讨论和总结。编者还亲眼目睹了高炉崩塌后的惨状（见图9-3和图9-4）。

这一事故发生的背景是：当年全国钢铁资源非常紧张，位处西北地区的甘肃省情况尤其严重。当时酒钢"有铁无钢"，几乎是甘肃省唯一的生铁供应地。它不仅向兰州钢铁厂等钢厂供应生铁，而且还有向国家"上缴"生铁的任务。虽然事故发生前一两年炉体已严重破坏，但大修期还是一拖再拖。由于超期服役，事故发生前炉壳已长时间反复开裂，出现严重的应力集中，炉壳强度明显下降，因此爆炸后果非常严重，酿成了这一严重事故。这充分说明，对待客观事物（这里指高炉炉体状况）采取实事求是的态度是多么重要。

酒钢1号高炉爆炸事故的技术原因，与其他大部分高炉发生爆炸基本相同，都是大量的水及含水炉料突然进入高温区（崩料）引起水煤气反应，煤气体积骤然膨胀，引发爆炸。在9.2.1.2小节中作了详细分析。

9.2.2　首钢4号高炉炉身爆炸事故[3]

1982年4月5日，首钢4号高炉（1200m^3）在计划检修装入烧结矿压料时发生一起炉身爆炸事故。本节对这次事故的经过、原因和经验教训进行总结。

9.2.2.1　事故经过

1982年4月5日，4号高炉按计划检修，更换8～9层冷却壁和焊补炉皮。1:00高炉装完休风料，开始降低料面。1:15料线为4m，风量2200m^3/min，风压0.16MPa，顶压0.05MPa，打开炉喉和大小钟间的蒸汽。1:50将4根喷水管插入炉喉煤气取样孔，以控制炉顶温度不超过450℃。因为该高炉炉身开焊严重，跑煤气量大，为了人身安全决定在2:30停煤气（比计划提前1h）。2:50放下软探尺测得料线为8m，风量回到2100m^3/min，风压为0.09MPa。

在整个降料面的过程中，风量稳定在2100～2200m^3/min，风压0.075～0.078MPa，顶压由0.022MPa升至0.045MPa，顶温控制在450℃以下。由于提前停煤气，使降料面速度减慢，为争取时间，降料面深度由计划的17.5m改为16.5m。随着料面下降，炉墙黏结物和砌砖塌落，发生多次小爆震。7:30料面降到 15m 以后，小爆震又发生 6 次。当时估计小爆震是大钟上有水引起的。为确定是否有水，决定装烧结矿进行观察。7∶35～8∶35 出最后一次铁，在 8∶20 放风（风压 0.04MPa，顶压 0.024MPa）。8∶28 上第 1 批烧结矿，料落到大钟上时发生喷料现象。上第 2 批烧结矿时仍有些喷料，但较上第 1 批时要小。8∶34 上第 3 批烧结矿时没有发生喷料，随后停止炉顶喷水并将水管拔出。此时风压降到 0.025MPa，顶压 0.007MPa。8∶37 开大钟放料，当时风压 0.02MPa，风量 1000m³/min，大钟一打开就听到异常声音，大钟关闭的一瞬间炉内发生了爆炸（爆炸时的风压为 0.075MPa，顶压为 0.1MPa，大小钟间的压力为 0.036MPa）。

首钢 4 号高炉这次爆炸事故使炉身下部东南侧炸开一个 5m×3m 的大洞，支梁式水箱以上砌砖全部脱落，东侧的炉前罩棚崩掉了约 30m²，落在炉前电炮室的屋顶上，有 1 块水箱被崩出去落在约 30m 以外的料仓走道上，喷出的炽热焦炭落在百米之外的焦化厂精苯车间。此外还造成 6 人轻度烧伤和砸伤。

9.2.2.2 事故原因分析

根据仪表记录，发生爆炸时大小钟间的压力（0.036MPa）低于炉顶压力（0.1MPa），而大钟开启延时约 5s，说明爆炸是在大钟关闭的一瞬间发生的。在大钟开启时，烧结矿在下降过程中首先在炉身上部产生瞬间负压，空气由严重破损的炉皮处吸入炉内，与炉内的煤气混合，生成爆炸性气体，在炉内高温条件下发生了爆炸。

9.2.2.3 应吸取的教训和防范措施

通过此次事故应吸取的教训和应采取的防范措施有：

（1）中修降料面时通常采用摘掉 1 个 ϕ800mm 放散阀的做法，以加大排放煤气的能力，减少炉顶煤气爆震。这次中修停炉考虑料面只降到炉身，没有摘掉 1 个放散阀，看来不够妥当。

（2）在料面降到 8m 以上时应禁止放风压料，减少煤气爆震机会。

（3）为防止可能有水积存在大钟上，在开始降料面时就应停止向布料器喷水。

（4）鞍钢等厂规定高炉休风检修降料面以前需将炉皮焊好，以防止空气进入炉内。

通过这次事故，看来应吸取这些经验。

9.2.2.4 案例点评

首钢 4 号高炉在 1982 年 4 月 5 日发生的炉体爆炸事故，从引发爆炸的原因看，可算作高炉爆炸事故中的一个"另类"。一般的高炉煤气爆炸事故多是由大量水落入高温区所致，而该高炉这次爆炸事故则是由于休风前集中加入烧结矿作为"盖面料"，在炉内形成"活塞反应"，形成瞬间负压，从严重损坏的炉皮开裂处吸入空气，与炉内的煤气达到爆炸的比例，引发了爆炸。

这次"另类"的高炉爆炸事故,为高炉工作者提供了特殊的经验,值得吸取和借鉴。

9.2.3 冀东某厂5号高炉爆炸事故[4]

2006年3月30日,冀东某钢铁公司炼铁厂5号高炉(450m³)发生了爆炸事故,造成炉顶设备严重损坏和人员伤亡,高炉被迫停产。

9.2.3.1 事故经过

2006年3月30日零点班接班后,5号高炉炉况顺行情况尚好。后发现风口漏水,在2:28~3:06间休风处理。送风后发现行程不稳,炉温逐步向凉,多次出现崩料,风量、风压频繁波动。5:30左右,高炉发生悬料。随着悬料时间的延长,炉顶温度逐渐升高。在顶温达到350℃时炉顶开始打水,以保护炉顶设备和布袋除尘设备。与此同时抓紧组织出铁,以便在出净渣铁后处理悬料。

6:20出铁后高炉减风降压实施坐料,发现风口直吹管涌渣,炉前工人用水管打水止住。为避免风口灌渣,炉内被迫回风,结果坐料没有成功。此时风压维持在80kPa,因悬料时间过长,炉顶温度超出布袋除尘要求,只好再次采取炉顶打水降温,并被迫切断煤气。此时炉温很低,渣铁流动性差,出铁十分困难。8:39炉内发生崩料,随即引起炉顶煤气爆炸,造成炉顶设备、除尘设备和煤气上升管膨胀节损坏,煤气下降管断裂,炉头人孔封盖炸飞,并有大量炽热焦炭、炉料喷出炉外,造成了人员伤亡。

9.2.3.2 事故原因分析

这次事故是由于悬料时间过长,炉顶温度超过布袋除尘的要求,采用打水冷却引起的。该高炉的炉顶打水管出水不是雾化状态,而是直接将水打到料面上。操作中为了达到迅速降温的效果,打水量偏大,使过量的水存在炉料中。当崩料发生,炉料骤然下降到高温区时发生水煤气反应,煤气体积急剧膨胀,最后引起爆炸。

9.2.3.3 炉况恢复过程

A 送风前的准备工作

事故发生后对发生损坏的设备进行修复,并将炉顶打水装置改为雾化打水。为保证炉况顺利恢复,将炉内的大部分残存炉料扒出。对炉内的凝结物,清理到风口中心线以下。扒通渣口并做好泥套作为临时铁口使用,通过烧氧气使风口与铁口相通,以利于送风后出渣出铁。提前将热风炉烧好备用。

B 装料

净焦装入22批,焦炭批重3900kg,合计85.8t。空焦16批(焦炭3900kg,白云石600kg,萤石200kg)。空焦加正常料9组,与正常料编组装入,正常料的组成为:焦炭3900kg,烧结矿4200kg,球团矿2800kg,锰矿200kg,萤石200kg。开炉料的负荷为1.846。

C 炉况恢复情况

高炉装完净焦和空料后开始送风，开6个风口。采用边加风边装料的方式加入后续炉料。赶上正常料线后曾发生悬料，坐料后炉况转顺。送风7h后铁口见渣随即堵上铁口，又过了1.5h打开铁口，渣铁顺利流出，流动性良好。随着出铁逐步增加风量，同时增加送风的风口数目。送风两天以后炉况转入正常，第3天产量达到正常水平。

9.2.3.4 事故的经验教训

这次爆炸事故是因为炉顶打水装置简陋，炉顶打水过量且不能雾化引起的。由于悬料时间长，炉顶打水多，崩料时落在炉料上的水骤然进入高温区，发生了水煤气爆炸反应。这次事故有以下教训应该吸取：

（1）在高炉发生悬料时，操作人员要尽快创造条件，及时果断地进行坐料处理。

（2）炉顶温度超高需要打水时，要间断打水，不能连续打水，严格执行操作规程和安全规程，杜绝违章作业。

（3）炉顶打水应采用雾化打水装置，以改善冷却效果和减少打水量。有的高炉仍在使用简陋的炉顶打水装置，是很大的安全隐患，必须加以整改。

9.2.3.5 案例点评

冀东某厂5号高炉这次爆炸事故发生的原因比较"经典"，即大量的水（炉顶打水）集中进入了炉内的高温区。造成"大量打水"的起因则是不被注意的一件"小事"，即炉顶打水管过于简陋（炉顶打水管未经过任何加工，连简单的"砸扁"也没有做）。在某些厂还存在这种隐患，应该引起警觉赶快整改。

9.2.4 河南某厂高炉2006年爆炸事故[5]

2006年8月15日，河南某炼铁厂一座高炉（450m³）发生了爆炸事故，造成炉顶设备严重损坏，溜槽落入炉内，炉前、热风炉、布袋除尘器等多处着火，所幸未造成人身事故。

9.2.4.1 事故前的炉况

该高炉2006年一季度以前炉况一直欠佳，燃料比较高。4月对操作制度进行了调整，5月和6月炉况有较大改善，技术经济指标明显提高（见表9-8）。

表9-8 高炉操作制度调整前后指标对比

时 间	平均日产/t	利用系数 /t·(m³·d)⁻¹	焦比/kg·t⁻¹	煤比/kg·t⁻¹	燃料比/kg·t⁻¹
2006年3月	1598	3.550	402	123	553
2006年4月21~30日	1775	3.945	374	127	518

但在 6 月 25 日以后，炉况发生变化，每隔一周左右出现周期性的炉凉，炉温经常从［Si］0.5%～0.7%突然降到 0.2%～0.4%，铁水温度从 1480℃左右降至 1400℃左右甚至更低。当时从原料和操作方面分析未查出原因，只是采用加净焦、减风、提风温、增加喷煤等措施。虽然采取以上措施后一两天内炉温又恢复正常，但过不了几天又会出现炉温"无名"下降，这种炉况一直延续到 8 月 15 日高炉发生爆炸。

9.2.4.2 事故经过

2006 年 8 月 14 日夜班 2：00 以后，高炉下料缓慢，炉顶温度接近 300℃，一度打水进行控制。6：20 出的一次铁虽然［Si］还有 0.7%，但铁水温度已经降至 1405℃，此后连续 2 次铁未见炉渣。随后发现 9 号风口漏水，出完铁后在 9：10 休风，出现风口大面积灌渣。这次休风处理长达 9h40min，到 18：30 复风，用铁口两侧的 7 个风口送风。20：40 出铁，［Si］0.28%，铁水温度只有 1240℃，渣黑、黏度大，且量少，呈明显的炉凉特征。20：30～22：30，料速慢，炉顶温度超过 300℃，打水处理。22：30 崩料后赶料线，炉顶温度降到 90～95℃。到 8 月 15 日夜班，炉温仍然很低，两次铁的［Si］分别为 0.31% 和 0.23%，无渣。随即集中加焦 50t，负荷减到 2.40。因炉前主沟、支沟被低温渣铁糊死，不能及时清理，延误出铁，造成高炉憋风、悬料。

8 月 15 日白班 10：30 高炉发生悬料，炉顶温度超过 300℃，再次打水降温。11：50 打开铁口出铁，炉温仍低，铁水流动性很差。此时的风压为 154kPa，顶压为 15～20kPa。为加速出铁，分两次将风压加到 187kPa，顶压 25kPa。12：38，听到两声巨响，随即发生了高炉爆炸事故。在爆炸前个别风口曾有冒火现象发生。

爆炸中将炉顶的人孔炸飞，崩出的人孔将煤气下降管撞破后继续向前飞，落到 50m 开外的喷煤煤场附近。大量炽热的焦炭被吹出，炉顶一片火海，炉顶设备烧坏，溜槽落到炉内，炉前、热风炉、布袋除尘等多处着火。所幸的是当时下着大雨，工人均在休息室，才没有发生人身事故。另外，该高炉新建才两年，炉皮完整，炉皮没有开裂。

9.2.4.3 事故原因分析

这次爆炸事故的主要原因是炉内存在大量积水，积水落入高温区发生水煤气反应引起爆炸。

（1）炉腹冷却壁破损漏水。前面曾经提到，6 月 25 日以后高炉出现周期性的炉凉，但一直没有找出准确的原因。在高炉爆炸停炉后一段时间，工长发现个别风口上方仍然向下滴水，经取水样化验查明是软水，才知道是炉腹冷却壁破损漏出的软水。正是破损冷却壁大量漏水，引起了高炉周期性的炉凉。

（2）炉顶打水过多。8 月 15 日白班悬料后炉顶打水时忘记了关水，使大量水进入高炉。

这两种情况下进入炉内的水，对处于炉凉、悬料、崩料等不顺炉况的高炉是极为危险的。遇到崩料，大量的水直接进入高温区，产生水煤气反应引起了爆炸。

除了上述原因，高炉操作不当也有一定关系。例如，8月15日在高炉悬料不顺的情况下采取提风压加速出铁就不妥当。在高炉风量小的情况下，高炉压差高（达到162kPa），可能容易"顶开"冷的渣层，使水流进高温区引起爆炸。

9.2.4.4 事故的教训

通过此次事故，得出以下经验教训：

（1）该高炉炉腹冷却壁破损在高炉停炉后很久才发现，表明在掌握软水密闭循环技术和管理方面存在较多问题。首先是没有很好地掌握软水密闭循环技术，其次是没有建立起相应的软水检漏等管理制度（甚至没有专职的看水工）。为了使软水密闭循环这一高炉长寿技术充分发挥作用，应配备专职管理人员，加强技术培训，完善炉体冷却设备检测手段和各项管理制度，认真落实到岗位工作。

（2）炉顶打水工作要加以改进，包括进一步完善管理制度，加强技能培训和岗位人员的责任心教育。同时还要完善炉顶打水装置，采用雾化喷水。

（3）提高高炉操作水平，在炉凉等炉况不顺的情况下避免采用加风、提压差出铁等不当操作。

9.2.4.5 案例点评

本节介绍的河南某炼铁厂高炉爆炸事故属于比较"经典"的一个案例，即炉内大量积水进入高温区，形成的水煤气发生了爆炸。该高炉炉内积水有两个原因：一是炉腹冷却壁已大量漏水，引起高炉周期性的炉凉，操作人员还未察觉；二是炉顶打水忘记了关闭。这反映出技术人员经验不足，而且生产管理不严。特别值得提出的是，该厂对软水密闭循环技术的掌握还有差距，维护人员配备和管理制度建设方面做得不够，这些教训是值得吸取的。

参 考 文 献

[1] 蔡化南. 酒钢1号高炉的崩塌（内部资料）.
[2] 1513m³ 高炉崩塌事故报告（酒泉钢铁公司内部资料，原冶金部机动司《设备事故摘编（第4册）》，酒钢高健民提供此资料及照片）.
[3] 首钢炼铁厂内部资料.
[4] 刘东英. 冀东某炼铁厂内部资料.
[5] 张振江. 河南某炼铁厂内部资料.

10 其他重大事故

前面几章的高炉事故有些属于操作事故，有些属于设备事故，本章将介绍高炉生产中可能遇到的一些重大设备事故，包括高炉停水事故、炉壳开裂或烧穿事故、高炉装料设备（大钟、布料溜槽、上料皮带）事故等。有些高炉设备事故是渐进性的，有些则是突发性的。对于渐进性的高炉设备事故，操作人员事前会有一定的防范措施，事故发生时采取的对策可能相对从容，事故造成的损失自然也可能较小。而对于一些突发性的高炉重大设备事故，往往由于没有准备或缺乏处理经验，事故一旦发生就会造成重大的损失。因此，总结某些重大设备事故案例的处理经验，从中归纳出合理、可行的处理原则和方法是很有必要的。

10.1 高炉停水事故

停水是高炉生产的重大设备事故，它会影响冷却系统的正常工作乃至高炉的寿命。造成高炉冷却系统停水有可能是输水管道破裂、操作失误、过滤器或管道堵塞等供水系统的问题，也可能是突然停电使水泵骤停而停水。在停水事故发生时，风口小套、二套、炉体冷却器和热风阀等冷却设备有烧毁的危险，高炉必须紧急休风处理。

10.1.1 马钢一铁厂高炉停水事故[1]

1977～1988 年期间，马钢一铁厂 5 座 300m³ 高炉曾因输水管道爆裂造成 5 次停水事故。其中 1988 年 6 月 9～10 日连续两次发生高炉停水事故，导致全厂 5 座高炉停产休风 17 个多小时，损失生铁 18000 余吨，多消耗焦炭 1900 余吨，经济损失近百万元。

10.1.1.1 停水事故经过

1988 年 6 月 9 日 22：58，马钢一铁厂水泵房逆止阀爆裂后严重漏水，将 9 台水泵淹没，导致全厂 5 座高炉停水。当时各高炉正值出铁，各高炉均在冷却水管出水降至零以前紧急休风完毕，故造成的损失较小。全厂 5 座高炉只烧毁风口 2 个，灌死直吹管 3 个，灌死弯头 3 个。各高炉休风时间约 10h，在休风后组织抢卸了 60 个风口然后复风。由于突然停水非计划休风，复风后有 4 座高炉处于炉凉状态，其中 11 号高炉处于轻度炉缸冻结状态。

在各高炉炉况恢复过程中，6 月 10 日 22：10 又发生了高炉区南北输水管连接管爆裂事故。在十几分钟的时间内，漏水将5座高炉的料车坑淹没，高炉再次停水，不得不紧急休风处理。与前一天的情况不同，这次停水时间是在各高炉出铁之前，加上炉凉，造成各炉开的风口全部灌死，直吹管灌死23个，弯管灌死23个，连接管灌死1个。各高炉休风时间在6~12h，复风后5座高炉仍处于炉凉状态。

6月9~10日两次停水事故，烧铁口和灌死的风口共消耗氧气390瓶，氧气管5.31t。

10.1.1.2 停水事故后的操作

高炉停水事故危及设备和人身安全，处理必须果断、谨慎。具体操作如下：

（1）及时紧急休风。这两次停水都是突然发生，正常情况下水压为0.2MPa左右，发生事故后在2~3min内水压降为零，在10min左右的时间内冷却设备出水为零。由于5座高炉均在水压降为零时休风，冷却设备出水管仍有余水滴出几分钟，故全厂两次停水只烧毁3个风口，热风阀和其他冷却设备均未烧坏。与此同时，将风口窥孔小盖打开，把直吹管内的炉渣排出，减轻了灌渣带来的损失。

（2）抢卸风口。紧急休风时抢卸风口是操作常规。第一次停水事故时5座高炉抢卸了60个风口，用了1.5h。第二次停水事故则未卸风口，紧急休风下来冷却设备出水还未为零，风口和其他冷却设备没有烧坏。

（3）进水总阀门的控制操作。高炉停水后，在冷却设备出水为零时要将进水总阀门关小。其目的是防止突然来水，使风口急剧产生大量水蒸气而造成风口爆炸或水蒸气喷出烫人事故。这两次停水进水总阀门操作得当，没出事故。

（4）炉顶安全处理。第一次停水事故时锅炉同时断水，影响蒸汽供应。第二次停水事故时锅炉没有断水，但全厂休风没有煤气烧炉，蒸气压极低，也不能满足高炉休风的需要。高炉休风时有的进行炉顶点火，有的没有点火，出现炉顶爆震响声，将风口泥震出，幸而未发生炉顶爆炸事故。为保证休风安全，蒸气压低于0.1MPa时必须进行炉顶点火。

（5）蒸汽锅炉的操作。第一次停水事故时锅炉也断了水，随即联系消防车为锅炉补水。在煤气不足的情况下，采用烧煤保护锅炉的安全和蒸汽的供应。

（6）炉缸内有渣铁情况下的休风操作。第二次停水事故发生时正值出铁之前，休风时大部分高炉未能及时将风口窥孔盖打开，导致直吹管、弯管灌死，增加了处理的难度。好在休风后出渣、出铁较净，防止了渣铁在炉缸内冷凝，为复风创造了有利条件。

（7）恢复送水操作：

1）稍开进水总阀门；

2）分区、分段缓慢送水，对风口逐个送水，防止发生蒸汽爆炸；

3）逐个检查风口、渣口是否漏水，如发现漏水立即更换，防止漏水入炉引起炉凉；

4）全部冷却设备出水正常后，再恢复至正常水压；

5）水压正常后才进行复风操作。

在这两次停水事故中，由于处理果断、谨慎，没有发生其他人身、设备事故，为炉况恢复创造了良好的条件。

10.1.1.3　停水事故后的炉况恢复

高炉停水事故是突然发生的，此前高炉全风操作，具有风温高、喷煤、负荷重、炉温低等特点。这两次停水事故引起的休风均超过 8h，按照操作规程炉况属于炉凉状态。在恢复过程中注意了以下几点：

（1）送风制度。送风时的风量为正常值的 1/3 左右，送风风口个数为总数的 1/2 ~ 1/3。无计划休风时间越长，送风风量越小，送风风口的个数也越少，铁口上方及其两侧的风口要先开。使用的风温要高，希望在轻料、空焦下达之前形成铁口为中心的局部熔化区域。该区域炉缸逐步加热，缓慢熔化风口周围及料柱凝结的渣铁，使上下相通，熔化和生成的渣铁便于从铁口排出。这两次停水事故休风时间较长，热风炉停烧，风温只有 800℃ 左右。复风后高炉自动下料，没有发生悬料现象。

（2）减轻负荷和加足空焦。目的是补偿无计划休风的热量损失，尽快提高炉温，改善料柱透气性，避免悬料事故发生。

（3）渣铁处理。渣铁能从铁口排出是炉况恢复的关键。这两次停水事故，复风后开始的几炉铁铁口比较难开，为此将铁口角度由原来的 13°提到 0°，将吹氧管放平向铁口上方某个风口方向烧氧气（编者注：对于铁口通道由定形砖砌筑的高炉，任意改变铁口角度可能破坏铁口通道，需要慎重）。几座高炉都出现少量铁而不见渣。而送风的几个风口出现涌渣，渣子将风口糊死又化开，表明风口区与铁口区之间的夹层还未化开，渣子流不下去。幸亏高炉能自动下料，接受提高的风温，依靠风口区的高温逐渐将夹层熔化。每隔 2h 将铁口烧开一次，经过 10h 左右，除 11 号高炉以外，各高炉铁口烧开后既来渣又来铁，风口涌渣现象基本消除，表示炉缸热状态转好。

（4）加风时机。加风需具备以下 3 个条件：1）能从铁口顺利排出渣铁；2）出铁后风口前无涌渣、挂渣现象；3）炉温升高到铁水中硅含量正常管理范围以内，质量合格。形成铁口为中心的局部熔化区域需要相当长的时间，这个时间基本是轻负荷、空焦下达到风口区的时间。只有这时才是加风与捅开风口交叉进行的时间。一般来说，软熔带和炉缸黏结现象严重时，"化"为正常炉型所需要的时间较长，高炉加风到恢复到正常风量的时间也比较长。这两次停水事故 5 座高炉加风到正常风量的时间不等，在 84.7 ~ 184.5h 之间。

10.1.1.4 马钢一铁高炉停水事故处理小结

高炉停水事故多为突发性，尽最大可能保护高炉冷却设备不被烧坏最为关键。马钢一铁厂这两次高炉停水事故的处理比较成功。主要经验可归纳为以下几点：

（1）不论高炉停水事故发生在出渣铁之前还是之后，都必须进行紧急休风。要抢在高炉冷却水管出水为零之前休风，这可避免和减少风口、热风阀等冷却设备烧坏。不一定急于抢卸风口，可以用炮泥把风口临时堵死。

（2）高炉停水事故处理过程中，要特别注意进水总阀门的控制，防止突然来水使冷却设备烧坏和产生蒸汽伤人，休风时要保证炉顶的安全。

（3）高炉停水事故后的炉况恢复按非计划休风处理。在轻料、空焦下达之前要形成铁口为中心的局部熔化区，缓慢熔化风口周围及料柱凝结的渣铁，使渣铁便于从铁口排出。加风的进度和达到正常风量的时间要与排出渣铁的情况相适应。

10.1.2 鄂钢炼铁厂高炉停电断水事故（鄂钢　洪曙）

10.1.2.1 停电断水事故经过

2009 年 12 月 2 日中班 19∶06 左右，因城际铁路施工触动了鄂州一供电的电缆，导致鄂钢一总降停电，能源动力厂循环泵站电源跳闸，炼铁厂 1 号高炉（544m³）、2 号高炉（620m³）、3 号高炉（380m³）突然断水，停水时间约10min。虽然各高炉先后紧急休风，但 3 座高炉的风口小套全部烧坏，还烧坏 2个风口中套和 1 个热风阀阀芯，1~3 号高炉分别休风 382min、505min、1703min更换处理烧坏的冷却设备。

这次事故造成直接经济损失 60 多万元，间接经济损失仅铁厂就达 500 多万元。幸亏 4 号高炉（1080m³）风口冷却循环水系统由另外一路电源供给，只是上料系统断电影响慢风十几分钟，后来迅速恢复了生产，炼钢工序处于半停产状态。轧钢系统则因缺高炉煤气几乎全部停产。

10.1.2.2 断水事故后的操作

由于停电断水事故的突然性，以及各高炉情况不同，处理过程和效果也不尽相同：

（1）1 号高炉发现风口断水时，恰好是中班出完第 2 次铁刚堵铁口，值班工长紧急休风只用 2min 多，并将风口套的进水阀关死，然后组织检查、更换破损的风口套。

（2）2 号高炉发现风口断水时离上次铁堵口已二十多分钟，值班工长对事态的严重性估计不足，休风进程较慢，风口套的进水阀门也没有全部关死。此后几分钟风来水，休风未完水就通过破损的风口套大量进入炉缸，最后造成更换冷却设备后炉况恢复困难，炉前工作也相当被动。

（3）3 号高炉发现风口断水时出铁已经过半，炉温基础较好，但值班工长处理不够果断，休风、关水都不到位，最后也导致炉缸进水，炉况恢复困难。

（4）4 号高炉因采用软水密闭循环冷却系统，仅在停电的 1min 多的时间内水压有些下降，槽下不能上料，慢风操作时间短，未造成重大损失。

1～3 号高炉 2009 年 12 月 2 日发生断水事故，事故前后几天的操作指标对比见表 10-1～表 10-3。

表 10-1　鄂钢 1 号高炉断水事故前后的操作指标（2009 年）

日　　期	日产量/t	日出铁/次	系数/t·$(m^3 \cdot d)^{-1}$	焦比/kg·t^{-1}	煤比/kg·t^{-1}	堵风口数	风压/kPa	顶压/kPa
11-29	1131.81	15	2.081	465	63	2	196	104
11-30	1215.62	15	2.235	470	63	2	201	106
12-01	1196.41	15	2.199	462	68	2	204	111
12-02	987.78	12	1.816	428	103	2	204	113
12-03	705.78	11；干渣 1	1.297	476	6	7	141	80
12-04	871.98	14	1.603	523	51	4	190	103
12-05	1337.06	15	2.458	406	95	2	203	108
12-06	1351.25	15	2.484	401	91	2	203	109
12-07	1300.81	13	2.391	394	108	2	204	112

表 10-2　鄂钢 2 号高炉断水事故前后的操作指标（2009 年）

日　　期	日产量/t	日出铁/次	系数/t·$(m^3 \cdot d)^{-1}$	焦比/kg·t^{-1}	煤比/kg·t^{-1}	堵风口数	风压/kPa	顶压/kPa
11-29	1695.97	15	2.735	338	148	0	222	112
11-30	1722.57	15	2.778	335	145	0	222	112
12-01	1770.45	15	2.856	331	133	0	219	110
12-02	1490.96	13	2.405	417	124	0	220	111
12-03	0	干渣 4	0	—	—	9	—	—
12-04	0	干渣 21	0	—	—	9	100	41
12-05	262.30	7；干渣 7	0.423	1055	—	5	145	80
12-06	1178.26	14	1.900	474	43	3	203	104
12-07	817	7	1.318	348	102	1	201	105
12-08	1521.52	14	2.454	350	117	4	209	106
12-09	1742.74	15	2.811	326	128	1	221	112
12-10	1750.40	15	2.823	322	133	0	222	112

表 10-3　鄂钢 3 号高炉断水事故前后的操作指标（2009 年）

日　　期	日产量/t	日出铁/次	系数/t·(m³·d)⁻¹	焦比/kg·t⁻¹	煤比/kg·t⁻¹	堵风口数	风压/kPa	顶压/kPa
11-29	1345.91	15	3.542	315	160	0	210	108
11-30	1238.04	15	3.258	340	145	0	212	109
12-01	1307.56	15	3.441	330	142	0	210	108
12-02	1059.70	12	2.789	331	149	0	212	108
12-03	0	干渣 4	0	—	—	8	100	24
12-04	0	干渣 5	0	—	—	10	66	7
12-05	0	干渣 22	0	—	—	10	94	43
12-06	0	干渣 12	0	—	—	8	139	79
12-07	786.23	14；干渣 1	2.069	457	33	5	182	100
12-08	1222.61	14	3.217	373	94	1	212	107
12-09	1226.35	15	3.227	362	125	1	212	107

1 号高炉风口断水后休风处理及时，换风口时还是红焦，堵 7 个风口复风（共 15 个风口）恢复较快，第 3 天就恢复到正常水平。2 号高炉风口断水处理时间太长，换风口时都是黑焦，堵 9 个风口复风（共 14 个风口）恢复很慢，放 3 天干渣，炉前工作量大，直到第 5 天才基本正常，第 8 天才恢复到正常水平。3 号高炉风口断水处理也不及时，换风口时都是黑焦，堵 8 个风口复风（共 12 个风口），恢复时出第一次铁后开 2 个风口，结果灌了 4 个风口，然后再从头开始，导致放干渣 4 天，直到第 6 天才恢复到正常水平。

10.1.2.3　鄂钢高炉停水事故处理小结

鄂钢炼铁厂在处理因停电引起的高炉停水事故过程中暴露出以下问题需要改进：

（1）部分值班工长经验不足，在处理突发事故时不果断，未严格执行本厂高炉技术操作规程要求的"高炉生产时，水压应大于风压至少 50kPa，否则应相应减风降压，直至休风"的规定。

（2）新高炉准备投产抽调人员，值班看水工由原来 2 人减为 1 人，在处理突发的高炉断水事故时力量薄弱。新补充的看水工缺少临场经验，在处理断水事故时未严格执行本厂高炉技术操作规程要求的"发现高炉风口套断水时应迅速通知值班室紧急休风并及时关闭进水阀门，迅速组织处理，经检查未破损的风口套，来水后由小到大逐渐开水"的规定。

（3）3 座小高炉的冷却水系统没有低压报警功能，这是一个教训。高炉供水系统的重要性不言而喻，设置报警功能是必须的。因为风口断水，很难做到及时发现。即便是有经验的看水工,也不可能每一时刻都紧盯风口出水管,因为他们还有其他岗位工作。

10.1.3 高炉停水事故评述

本节介绍了高炉冷却设备停水的两个事故案例,马钢一铁厂5座高炉是由于输水管道爆裂造成停水,鄂钢3座高炉是由于水泵停电引起停水。这两个案例以下的经验和教训值得吸取:

(1)高炉发生停水事故必须进行紧急休风,并尽量抢在高炉冷却水管出水为零之前,这可避免或减少风口、热风阀等冷却设备烧坏。在停水事故处理过程中,要特别注意进水总阀门的控制,防止突然来水使冷却设备烧坏和产生蒸汽伤人,休风时还要保证炉顶的安全。

(2)高炉停水事故后的炉况恢复按非计划休风处理。在轻料、空焦下达之前要形成铁口为中心的局部熔化区,缓慢熔化风口周围及料柱凝结的渣铁,使渣铁便于从铁口排出。加风的进度和达到正常风量的时间要与排出渣铁的情况相适应。

(3)高炉供水系统必须设置低压报警功能,如果没有仪表检测作为保证,万一发生风口断水,依靠人工很难做到及时发现。

10.2 高炉炉壳开裂事故

众所周知,沿高炉高度方向热流强度最高的区域一般位于炉身下部和炉腹。我国多数高炉,炉体这一区域广泛使用的冷却器是球墨铸铁冷却壁,只是在近几年才开始使用铜冷却壁。炉身下部和炉腹区域的耐火材料,承受恶劣的工作条件,包括化学侵蚀、很高的热负荷以及剧烈的温度波动等。因此,这些区域的耐火内衬很容易损坏,引起冷却壁烧坏乃至炉壳开裂或烧穿事故。

10.2.1 梅山铁厂2号高炉炉壳崩裂事故[2]

梅山铁厂2号高炉($1060m^3$)于1971年5月17日投产。该高炉炉壳采用16Mn钢板,在1978年3~4月中修时曾更换炉身中下部炉壳,使用从日本进口的SM41B钢板,炉壳厚度由25mm改为30mm。1981年换大钟、小钟时,炉身中下部炉壳裂纹多,漏煤气严重,又焊补了3块材质为Q235的钢板,焊补钢板的面积为$50m^2$。经以上处理后,炉壳开裂状况并未好转,高炉经常被迫休风焊补炉壳。1982年2月12日,炉壳突然崩裂,高炉被迫休风、检修,损失产量达25000t。

10.2.1.1 事故经过

梅山铁厂2号高炉炉壳崩裂事故发生前未发现任何先兆。本来已经计划从2

月 12 日上午 8 时开始休风 6h，对 2 号高炉进行检修，包括焊补炉壳。为做好检修准备工作，10 日和 11 日先后对炉壳检查过 5 次，以确定需要焊补的炉壳部位及工作量。在检查过程中未发现炉壳有异常情况。

12 月 12 日夜班交接班时，仪表反映高炉炉况是正常的，风量 2140m³/min，风压 0.23MPa，风温 1000℃。夜班的第 1 炉铁在 2：00 堵铁口，出铁 241.5t。3：20 出第 2 炉铁，到 3：38，铁水已出一罐半（141.3t），突然一声轰响，伴随着火光，炉内的矿石、焦炭喷涌而出，铁流、渣流却断了。这时风量突然上升到 2880m³/min，风压急剧下降。高炉值班人员立即按休风程序休风，3：48 休风完毕，并立即组织堵风口和处理冷却水系统，防止冷却水入炉。

10.2.1.2 事故处理

这次炉壳突然崩裂的部位位于炉身下部西北方向，第 1 层水箱与第 2 层水箱之间。裂口纵向 7.5m，横向 7.8m，呈 L 形。事故发生后，当即组织人力清理从炉壳开裂处喷出的大量焦炭和炉料。机修厂在 48h 内制作出 54m² 新炉壳配件，修建部抓紧焊补炉壳，并在其外部加了冷却水喷管。这次事故共停产 226h，到 2 月 20 日 12：04 高炉复风，此后较快地转入正常生产。

10.2.1.3 事故原因及安全生产对策

梅山铁厂 2 号高炉从 1971 年 5 月投产到 1982 年 2 月发生炉壳开裂事故，中间生产了 10 年 9 个月，累计产铁 523.92 万吨，单位炉容产铁 4942.68t。因炉壳损坏严重，2 号高炉曾在 1978 年 3 月 25 日进行一次中修，更换部分炉壳。到 1979 年，炉壳又开始出现破坏且日益严重。1981 年 5 月，在更换炉顶设备的同时，对炉壳进行了大面积挖补。这一期间，加强了对炉壳的观察和焊补，仅 1981 年下半年就有 6 次计划和非计划的休风焊补炉壳，总计 1600min。尽管如此，对这样老化的炉体状况及其潜在危险重视程度不够。从炉壳崩裂的裂缝看，横向裂纹多在焊补炉壳与原炉壳的焊缝处。在生产中当高炉内的压力超过炉壳本身和焊缝所能承受的压力时，造成了炉壳的开裂。

在处理炉壳开裂事故后，为了保证安全生产，采取了以下措施：

（1）研究采取正确的操作方针。炉顶压力从 0.12MPa 降低到 0.08MPa，保持中等冶炼强度（综合冶炼强度 0.98～1.005t 焦/（m³·d））。在保证顺行的情况下加重边缘，抑制边缘气流的发展，保护炉壳。

（2）加强对高炉主体设备和附属设备的巡回检查，制定了《关于加强高炉炉体维护检查的规定》，并建立了由班组到炼铁厂和指挥部有关人员和负责人的定期检查制度，及时发现和解决问题。

10.2.2 酒钢 2 号高炉炉壳开裂事故[3]

酒钢 2 号高炉第一代炉容 750m³，炉役寿命为 10 年 8 个月。该高炉第二代炉容扩大为1000m³，于2000年10月25日大修后开炉。生产5年后，炉身下部冷却壁损坏严重，局部炉壳开裂严重，2005年4月12日休风72h，对开裂的炉壳实施挖补和补焊。炉壳开裂共有3处，挖补和补焊的炉壳面积约40m²。

10.2.2.1 炉壳开裂原因分析

A 炉体设计概况

2号高炉第二代炉缸为陶瓷杯结构，材质为刚玉莫来石砖。风口以上至炉身冷却壁区域为微孔烧成铝炭砖，炉身中上部为高铝砖，在炉壳与冷却壁之间填充非水压入泥浆。炉体冷却设计从炉底到炉身上部共14段冷却壁。第1~5段为光面冷却壁，厚度为120mm，材质为灰口铸铁；第6~14段为镶砖冷却壁，材质为球墨铸铁，其中第6~7段厚度为350mm，第8~14段厚度为220mm。炉体采用工业水循环冷却，水压为1.3MPa。高炉炉壳材质设计为Q235C，钢板厚度为40mm。

B 炉壳和黏结物取样及分析结果

高炉休风过程中取残炉壳样9块进行金相、力学性能检验，取黏结物样4个进行化学分析，化检验结果列于表10-4~表10-6。

表10-4 残炉壳金相组织检验结果

取样部位	晶粒度级别	组 织 状 况
南-1	7	铁素体+块状珠光体（19.0%），表面有脱碳现象
南-2	7	铁素体+粒状珠光体，珠光体发生轻度球化，球化级别3级
南-3	7	铁素体+块状珠光体
东-1	7	铁素体+块状珠光体
东-2	7	铁素体+粒状珠光体，珠光体发生轻度球化，球化级别3级
东-3	7	开裂处出现粗大魏氏体组织（2mm部位），距断面2~6mm部位出现珠光体球化现象，其他部位为铁素体+块状珠光体
西-1	8	铁素体+块（粒）状珠光体，晶粒较细，铁素体晶粒不圆整
西-2	8	开裂附近出现粗大魏氏体组织，珠光体量减少，其他部位为铁素体+块状珠光体
西-3	8	开裂附近出现粗大魏氏体组织，珠光体量减少，其他部位为铁素体+块状珠光体

表10-5 残炉壳力学性能检验结果

取样部位	屈服强度/MPa	抗拉强度/MPa	伸长率/%	备 注
东-1-1	300	450	26.0	
东-1-2	300	450	28.0	

续表 10-5

取样部位	屈服强度/MPa	抗拉强度/MPa	伸长率/%	备　注
东-2-1	345	480	—	断在缺陷处
东-2-2	320	450	23.5	
东-3	365	480	23.0	
南-3-1	365	475	28.5	
南-3-2	345	465	24.8	
西-3	330	365	—	断在缺陷处

表 10-6　炉墙黏结物化学分析结果　　　　　　　　　　　（%）

取样位置	样品编号	TFe	FeO	SiO_2	CaO	MgO	Al_2O_3	MnO
南铁口上	南侧渣皮 N-1	13.31	17.00	16.69	18.70	3.96	4.95	1.170
炉身西侧	西侧渣皮 X-1	1.35	1.08	0.36	2.32	0.54	0.50	0.176
炉身东侧	东侧渣皮 D-1	1.16	1.20	0.10	0.75	0.19	0.30	0.035
炉身东侧	东侧渣皮 D-2	4.47	4.79	1.85	0.69	0.18	0.80	0.046
炉身西侧	补渣皮-1	10.98	14.01	11.43	13.07	3.10	3.18	1.380

取样位置	样品编号	S	P	C	K_2O	Na_2O	ZnO	
南铁口上	南侧渣皮 N-1	0.421	0.065	9.69	14.50	1.27	4.39	
炉身西侧	西侧渣皮 X-1	0.059	0.015	24.70	7.23	0.66	25.99	
炉身东侧	东侧渣皮 D-1	0.028	0.007	14.73	25.10	1.90	64.56	
炉身东侧	东侧渣皮 D-2	0.080	0.015	23.91	9.98	0.58	50.35	
炉身西侧	补渣皮-1	0.330	0.008	14.10	16.90	1.44	6.17	

C　炉壳开裂原因分析

根据残炉壳和炉墙黏结物的检验结果，结合高炉工艺设计资料，总结出引起酒钢 2 号高炉炉壳开裂的原因主要有以下几点：

（1）炉壳在热冲击下金相组织发生变化。由表 10-4 看出，炉壳开裂处的钢板组织中片状珠光体发生了球化现象，其中的碳化物已分散，且出现粗大的魏氏体组织。这种组织常常是因为钢板长时间处于较高的温度下，加之受周围介质的腐蚀作用而发生的一种变化。据分析这应是冷却壁烧坏后该区域局部热负荷增大，热冲击剧烈且长期作用所致。表 10-5 中东边的部分残炉壳试样伸长率低于25% 的标准值，可证实这种推测。

（2）冷却壁开孔处理不当。冷却壁固定螺栓开孔处的炉壳开裂，说明开孔处的处理不当，应力不能释放。更重要的是，冷却壁烧坏后炉壳局部热负荷增大，导致炉壳变形，开孔处更易撕裂。

（3）从表10-6看出，炉墙黏结物中锌、钾、钠含量高，说明煤气从炉壳的裂缝处溢泄，其中锌、钾蒸气在炉壳内侧遇冷凝结富集，会对炉壳产生严重的胀裂作用。

（4）在冷却壁未烧坏的部位也有炉壳开裂，表明存在煤气通道的因素居多。唯此才能导致炉壳局部热负荷增大和热冲击增加，加上锌、钾蒸气在炉壳内侧的凝结富集，引起这些部位的炉壳开裂。

（5）高炉炉壳材质设计为Q235C，强度、韧性等指标较低也是原因之一。

10.2.2.2　炉壳开裂的处理及其效果

2005年4月12日，酒钢2号高炉休风72h，对炉壳裂缝集中并形成环缝的部位进行挖补修复，对单独裂缝进行刨口焊接修复，所用钢板的材质和厚度与原炉壳一致。内置把手形铜冷却水管，间距300~400mm，替代已损坏冷却壁的功能，在某些部位还用硅酸盐泥浆进行了灌浆处理。

由于采用上述处理措施，2号高炉复风4天后炉况就恢复到了休风前的水平。从4月中旬到11月中旬，挖补位置未发生新的炉壳开裂或冷却铜管烧坏，水温差为2℃左右。这不仅维持了高炉继续生产，还节省了原计划的一笔中修费用，取得了很好的维修效果。

10.2.3　攀钢4号高炉炉壳烧穿事故[4]

攀钢4号高炉有效容积1350m³，第一代于1989年9月投产，炉役14.5年，一代炉役产铁9495t/m³，实现了高效长寿生产。第二代炉役于2004年5月28日投产，高炉采用了薄炉衬设计，8段以上冷却壁全部镶嵌碳化硅结合的氮化硅砖，炉腹和炉腰冷却壁7段、6段采用铜冷却壁，炉底为超致密黏土砖、复合莫来石和半石墨炭砖相结合的复合炉底结构。

这座高炉在设计上存在缺陷，第5段冷却壁外环管上部有一高度为300mm的弱冷却区（无冷却水管区），在第二代生产约5年的时候发生了因20号冷却壁烧穿引发的炉壳烧穿事故。

10.2.3.1　事故经过

A　事故前的炉况

2004年5月第二代炉役投产后不久，各段冷却壁由于水质和设计缺陷，加上操作不当等因素，出现了冷却壁大量损坏的现象。为此2006年10月和2008年5月高炉进行了两次年修，检修项目包括对炉身各漏点补焊、炉身造衬、清洗铜冷却壁、对第5段和第6段炉壳外加打水管、热风围管焊补造衬等。在2009年4月12日20号冷却壁烧穿以前，4号高炉各段冷却壁累计损坏已达64块。其中，第5段冷却壁损坏最为严重，36块冷却壁中内环管损坏的达35块，占97.2%，内外环管均损坏的有5块（见表10-7）。

表 10-7 攀钢 4 号高炉冷却壁损坏情况

部 位	段 号	材 质	损坏数量
炉腹	5 段	镶砖冷却壁	35
	6 段	铜冷却壁	3
	8 段	镶砖冷却壁	15
炉身	9 段	镶砖冷却壁	11
合 计			64

　　两次检修后，2008 年 6 ~ 12 月期间 4 号高炉的技术经济指标比较稳定，其间休风率也较低。2009 年 2 月 10 日高炉因更换主皮带休风，3 月 26 日又因能动中心动力电缆着火休风，使 2009 年 2 月和 3 月的休风率高达 4.61% 和 4.93%。高炉长期休风对炉况影响很大，炉缸不活，中心气流弱，边缘气流发展。

　　B 发生事故时的炉况

　　4 号高炉 2009 年 2 月和 3 月的长期休风使炉况恶化，进入 4 月炉况顺行进一步变差。高炉操作采取了做中上限炉温、降低炉渣碱度和渣中 TiO_2 含量、力争出好渣铁等措施。4 月上旬炉况不顺，表现为炉喉温度逐渐升高，炉喉中心温度下降，边缘气流发展，中心气流弱，煤气利用差，炉缸不活。与此同时，炉前铁口不稳，大量渣铁憋在炉内，加上边缘气流冲刷炉墙，4 月 12 日 20：36 造成 5 段 20 号冷却壁烧坏，引起炉壳烧穿，休风 19h 进行了处理。4 月 1 ~ 12 日 4 号高炉的主要技术经济指标见表 10-8。

表 10-8 攀钢 4 号高炉炉壳烧穿前主要技术经济指标

日 期	平均日产 /t	风量 /$m^3 \cdot min^{-1}$	富氧量 /$m^3 \cdot h^{-1}$	炉喉温度 /℃	煤气 CO_2 /%	十字测温中心温度/℃
2009-04-01	3315.9	3231	5570	80	17.5	433
2009-04-02	3281.0	3254	5627	82	17.0	398
2009-04-03	3410.1	3199	5411	77	18.1	417
2009-04-04	3197.1	3253	5088	90	17.5	367
2009-04-05	3212.2	3125	4465	89	17.6	356
2009-04-06	3060.2	3120	4418	90	17.2	328
2009-04-07	3099.4	3214	4705	118	17.6	264
2009-04-08	3010.7	3179	5748	154	17.8	172
2009-04-09	3201.8	3193	4394	163	17.6	101
2009-04-10	3050.3	3082	4826	158	17.8	87
2009-04-11	2849.3	3108	4919	167	17.3	83
2009-04-12	2272.6	2724	4004	155	17.7	85

10.2.3.2 事故原因分析

4 号高炉冷却壁烧穿引起炉壳烧穿，与冷却设计缺陷、长期休风使炉况变差、炉料结构变化、高炉操作不当等因素有关。具体分析如下：

（1）冷却设计缺陷。攀钢 4 号高炉的炉体结构如图 10-1 所示。由于设计原因，第 5 段冷却壁外环管上部有一段高度约为 300mm 的区域为弱冷却区（无冷却水管区）。在内环管损坏的情况下，该区域成为冷却盲区，在高温气流和熔融渣铁的冲刷熔蚀下极易被烧穿。4 号高炉 2004 年 5 月投产，到 2005 年 4 月就已损坏 20 块冷却壁，其中第 5 段的冷却壁几乎全部损坏（见表 10-9）。据检修时观察，第 5 段冷却壁上沿距第 6 段冷却壁下部约 200~300mm 全空，只剩下了一层炉壳。

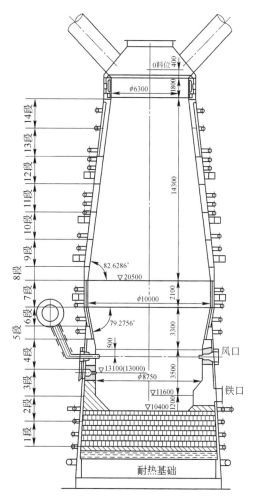

图 10-1　攀钢 4 号高炉的炉体结构

表 10-9　攀钢 4 号高炉冷却壁损坏情况

时　期	冷却壁	其中铜冷却壁	损坏情况
2004 年 12 月～2005 年 4 月	坏 20 块	0	内外环水管全卡断 5 块
2005 年 4 月～2005 年 12 月	坏 9 块	0	内外环水管全卡断 4 块
2005 年 12 月～2006 年 10 月	坏 13 块	2	内外环水管全卡断 5 块
2006 年 10 月～2007 年 4 月	坏 12 块	0	
2007 年 2 月～2009 年 11 月	坏 10 块	1	内外环水管全卡断 9 块
合　计	坏 64 块	3	内外环水管全卡断共 23 块

（2）长期休风的影响。2009 年 2 月和 3 月的两次长期休风对炉况影响很大，引起炉缸不活，中心气流弱，边缘气流发展。长期小风量操作使高炉出现炉缸堆积，铁口工作异常，大量渣铁憋在炉内，经常每个班出 8～9 次铁。

（3）炉料结构变化边缘气流发展的影响。攀钢 4 号高炉 2009 年 3 月 15 日进行捣固焦冶炼工业试验，捣固焦配比从 30%开始，逐步增加到 4 月 8 日的 66%。在此期间，高炉出现管道行程，边缘气流旺盛，炉喉温度升高到 100℃以上。4 月 11 日和 12 日，炉喉温度继续上升到 163℃和 155℃，比正常情况 70℃高出很多。由于炉料结构变化过程中，装料制度的调整处于摸索阶段，未能及时有效地抑制边缘气流的发展，加剧了对炉墙的冲刷侵蚀，引起冷却壁破损和炉壳烧穿。

10.2.4　炉壳开裂事故评述

炉壳开裂事故的发生，有的与炉壳选用的材质、厚度、焊接质量等设计和施工因素有关，有的则与炉役寿命和操作方面的因素有关。本节介绍的 3 个案例中，梅山 2 号高炉发生炉壳烧穿是在投产 10 年多以后，此前已经发生过严重的炉壳变形和开裂，进行过多次修补。这个事故与该高炉已接近炉役寿命后期有关。酒钢 2 号高炉第一代，在开炉生产 5 年后，因炉身下部冷却壁损坏导致局部炉壳严重开裂。攀钢 4 号高炉第二代，生产约 5 年的时候发生了因 20 号冷却壁烧穿引发的炉壳烧穿事故。这两个案例则与设计缺陷有很大关系。酒钢 2 号高炉炉壳开裂，首先发生在冷却壁固定螺栓开孔处，说明此设计不当。由于热应力不能很好地释放，炉壳变形，形成煤气气隙通道。炉壳钢板在泄露煤气的热冲击下，金相组织发生变化，伸长率降低，脆性增加，引起炉壳开裂。攀钢 4 号高炉，因 20 号冷却壁烧穿引起的炉壳开裂，则主要与第 5 段冷却壁外环管上部有一高度为 300mm 的弱冷却区有关。

炉身中下部是高炉热负荷最高的区域，比其他部位更容易发生炉壳开裂事故。近年设计的高炉，炉身中下部区域普遍采用轧铜冷却壁，使炉壳的冷却能力大幅度提高。但是，与铜冷却壁相匹配的薄衬耐火材料的选择以及冷却壁与炉壳间的结构设计，还需要进一步研究和完善。

10.3 高炉大钟坠落和漏损事故

20 世纪 90 年代以来，我国大中型高炉普遍采用了无钟炉顶，但有些中型高炉至今仍采用钟式炉顶。我国某些钟式炉顶高炉曾发生过大钟坠落事故，有的造成重大人身伤亡，有的造成重大生产损失。本节介绍两座高炉在小修和生产两种情况下发生的大钟坠落事故以及包钢 2 号高炉因大钟漏损引起的炉况失常。

10.3.1 武钢 4 号高炉小修时的大钟坠落事故[5]

武钢 4 号高炉（2516m³）第一代 1970 年 9 月投产，是用 1513m³ 高炉设备改造建成的当时国内容积最大的高炉。1980 年 12 月，4 号高炉计划小修更换炉顶设备时，发生了大钟坠落炉内，造成人员伤亡的重大人身设备事故。

10.3.1.1 事故经过

4 号高炉于 1980 年 12 月 15 日按计划进行小修，更换炉顶设备。12 月 19 日，已被焊连为一体的新大钟和料斗吊装在炉口的钢圈上。20 日白班，冶金炉厂的 12 名架工开始进入炉内搭设砌补炉衬用的脚手架。与此同时，检修人员在炉顶吊放加强半体和保护罩。12∶50 左右，正当吊起保护罩准备放到大钟上时，大钟突然坠入炉内，造成 6 人死亡，7 人受伤（其中 2 人重伤）的特大人身事故。

10.3.1.2 事故原因分析

事后查明这是一起重大责任事故，发生事故的直接原因是焊接大钟与大料斗的联结板时，没有去掉焊接处大钟表面的硬质合金层，导致联结板与大钟脱焊，使大钟坠入炉内。

联结板起两个作用：一是在拆除或安装大钟与大料斗时将二者临时固定为一体，使检修的拆装工作能在上下两层同时作业；二是起密封炉口作用，避免从上面掉物威胁炉内施工人员的安全（见图 10-2 和图 10-3）。

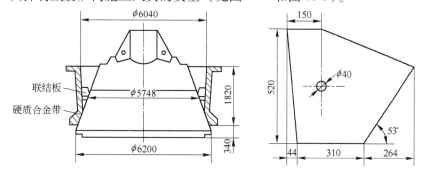

图 10-2 大钟与大料斗预装示意图　　　　图 10-3 联结板示意图

联结板承受的总质量约为52t，其中大钟质量45t，加强半体质量3.6t，加强半体的保护罩质量3t，其他托架和灰尘的质量约0.4t。受力方向是垂直向下，联结板焊缝基本上承受剪切力。根据设计，联结板焊缝的承载能力是料钟等质量的9.2倍，设计强度是足够的。作者认为，发生这次大钟坠落事故有以下施工管理方面的原因：

（1）根据施工工艺要求，焊接联结板时如遇到合金层，必须将其清除干净才能进行焊接。由于管理原因，这样重要的工艺要求并未写入施工方案，只是强调"一定要焊牢，要派人检查"。这次检修更换的大钟是经过修复使用的旧大钟，长期使用以后旧的合金层不易辨认，给焊接人员作业带来一定困难。结果，3块联结板中有2块没有去掉合金层，未起到应有的作用。

（2）焊接工的技术素质与工程要求存在差距。有的焊接工不会分辨合金层，有的焊接工技术水平较差，焊接处存在气孔、夹杂、裂纹等缺陷，使联结板焊缝强度降低，承载不起大钟的重量。

10.3.1.3　事故处理小结

大钟坠落这样的恶性事故极为罕见，后果极其严重，必须从中吸取深刻的教训。

这次大钟坠落事故的发生，表面看是施工管理问题，实际上首先是施工方案有问题：

（1）大钟与大料斗固定位置的选择有缺陷，因为此处焊接和检查都不方便。此位置是合金带，去除残存合金的难度很大。

（2）施工方案中未特别强调合金处焊接质量的重要性，以及保证此处的焊接质量有哪些具体要求和规定。例如，在施工工艺中应强调，焊接联结板时如遇到合金层，必须将其清除干净才能进行焊接，对修复使用的旧大钟更要严格。

（3）对于大钟联结板这样重要的焊接件，对焊接工的技术级别和实际水平必须有硬性规定，而且上岗前要进行必要的考核，以保证焊接的质量。

10.3.2　水钢1号高炉生产中大钟坠落事故[6]

水城钢铁厂1号高炉（568m³）是一座迁建的鞍钢料罐式双钟高炉，1970年9月30日投产。在迁建时改为料车上料，并增加了一个小钟和旋转布料器，成为三钟式炉顶。投产后该高炉生产水平较低，利用系数只有0.8t/（m³·d）左右。1972年2月10日，在生产过程中发生了大钟坠入炉内的事故。

10.3.2.1　事故经过

1972年2月10日20：40，当班的卷扬机司机发现大钟操作机构失灵，开启信号不来，而且电流值高，无法打开大钟。经维修人员做一般性的检查处理，仍然没有效果。在详细检查以后发现有以下现象（见图10-4）：

（1）联结大钟平衡重物的一段钢绳1和大钟卷筒链子6拉得很紧，而在大钟正常的情况下钢绳1和大钟卷筒链子6处于松弛状态。

（2）大钟平衡重物5提起后，二段钢绳2松弛，且大钟平衡杆7和其拉杆8不动作，大钟不下降。

（3）高炉减风后放两批料到大钟上，发现炉顶温度由500℃迅速下降到400℃以下，说明炉料已直接落入炉内。

（4）高炉炉顶压力和大小钟之间的压力指示相等。

（5）打开炉顶2个ϕ400mm均压放散阀时压力很大，和开大钟吹扫小钟均压管道时相同。

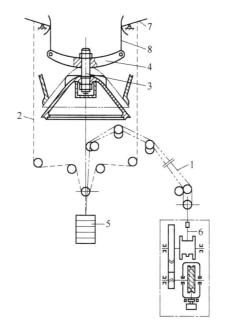

图10-4 大钟传动系统示意图

1——一段钢绳；2—二段钢绳；3—大钟吊杆；4—大钟横梁；5—大钟平衡重物；
6—大钟卷筒链子；7—大钟平衡杆；8—大钟拉杆

根据以上现象，断定大钟已经坠入炉内。

10.3.2.2 事故的处理

A 事故处理方案的确定

待确认大钟已经坠落炉内后，立即进行炉顶点火紧急休风。打开大钟上下人孔后发现，大钟坠落在炉内距炉顶大钟人孔约8m处。当时考虑了3种处理方案：

（1）"弃钟保炉"方案。即高炉尽快送风，让大钟熔化，然后高炉进行长期休风，更换一个新的大钟。这个方案可使炉缸不致冻结，但在当时没有大钟备品，按此方案需要停产3～6个月，损失太大。

（2）"扒料保钟"方案。就是把炉料从风口、渣口扒出，待大钟落到渣口位置后，施工人员从风口进入炉内拴住大钟，再起吊大钟重新安装。这个方案要消耗大量的人力、物力，工作条件也十分恶劣，而且需要停产2个月以上，弊多利少也不可取。

（3）"抢钟保炉"方案。就是测出大钟坠落在炉内的准确位置，在炉身割开两个宽1200mm，高1500mm的天窗，从天窗扒出大钟上的炉料，然后用一台卷扬机吊起大钟，定位安装后尽快恢复生产。这个方案只需要5~7天，可节省人力、物力，劳动条件较好，又可以继续使用原大钟，炉缸也不致发生严重的冻结事故。经过反复研究，决定采用这个方案。

B 处理经过

2月13日下午，在炉身割开两个天窗后，把炉顶均压放散阀、煤气放散阀和大钟上下4个人孔全部打开，以迅速降低炉内温度和煤气浓度。此后，炉内温度很快就降低到110℃，煤气CO浓度降低到0.06%。炉前工人仅用4h就扒出了覆盖在大钟上的炉料。2月14日上午，4名设备工人戴着防毒面具进入炉内扒平炉料，铺好石棉板和铁板，并在大钟的吊耳上划好线，为在吊耳上割孔做好准备（此时炉内温度60℃，煤气CO浓度降至0.006%）。随后4名气焊工在大钟吊耳上割了4个直径ϕ55mm穿钢绳用的孔。最后4名架工进入炉内，完成了在大钟吊耳上穿钢绳的任务。

2月14日下午，用1台50马力5t的双筒卷扬机吊起大钟。经过鉴定，认定大钟可以继续使用。为改善作业条件，在砌好天窗后炉内加满了冷料。15~17日，重新联结好大钟和横梁，并进行加固（见图10-5）。安装后实测，大钟和漏斗间的最大间隙为77mm。2月17日21∶45高炉送风恢复生产。由于大料钟与料斗间泄漏严重，小钟开关困难，被迫采用辅助工作制，即炉顶两个ϕ400mm均压放散阀保持常开，只在开启大钟前才关闭。

2月28日高炉再次休风，在大钟漏斗内壁下缘焊上一圈与大钟接触的密合保护板（高300mm，厚36mm，材质为20Mn），使大钟和漏斗的间隙由77mm减少到4mm（见图10-6），为后来高炉，提高炉顶压力，强化冶炼创造了条件。1975年以后较长时间，该高炉的冶炼强度达到0.85~0.95，炉顶压力0.06MPa。

C 休风期间的高炉操作

此次处理大钟坠落事故，高炉休风时间接近7昼夜。休风期间炉内全部是重负荷炉料，幸亏休风前1号高炉炉况较顺，炉温充沛，渣铁流动性良好，没有严重的炉缸堆积现象。加上休风前出了一次铁，炉内残铁量不多，渣口水平面比较干净，只有部分渣铁在渣口水平面以下冻结。

为了复风后操作顺利，在休风期间做了以下准备工作：

（1）将出铁主沟面降低300mm，以有利于烧铁口时氧气管向上烧。同时将

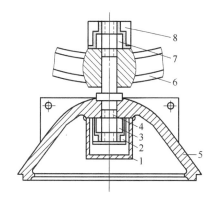

图 10-5 大钟和横梁联结加固示意
1—大钟密封罩；2—加强筋板（3 个）；
3—吊杆下螺帽；4—吊杆螺丝；5—大钟；
6—大钟横梁；7—吊杆上螺帽；8—加固卡子

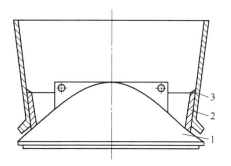

图 10-6 大钟漏斗内壁下缘焊接密合保护板
1—大钟；2—密合保护板；3—料斗

电钻角度由 10°～11°落到水平位置。

（2）安装一个氧气排，准备足够的氧气。

（3）沿铁口水平方向向内钻、烧 1.2m，将铁口眼扩大到 φ100mm。

（4）考虑到炉缸处于冷凝状态，暂时不可能用铁口出铁，在休风期间做了从渣口出铁的准备。拉下东渣口的三套、四套，烧去渣口前 300～400mm 深的渣铁和焦炭混凝层，扒出部分焦炭，使其与渣口上方的 2 号、3 号风口贯通，然后在渣口里填塞炮泥。在渣口二套里砌砖、填泥，做成临时铁口，并在东渣沟内做临时撇渣器，渣口下配渣铁罐。

（5）送风前认真处理铁口、东渣口上方的 12 号、1 号、2 号、3 号风口，使以上 4 个风口与东渣口、铁口之间贯通，其余风口重新堵泥。

（6）2 月 11 日休风后曾检查冷却设备并降低水压，以防止冷却设备漏水和热量损失过多。送风前再次检查冷却设备并将各部分水压恢复正常。

（7）规定了这个时期的炉内操作的方针：轻负荷、小风量、高风温，集中在渣口、铁口上方的 4 个风口送风。炉况好转后再逐渐增加风口数目，提高风量。为此，提前用焦炉煤气烧热风炉，使炉顶温度达到了 1000℃以上。

低料线（7m）情况下的炉料组成为：净焦 4500kg×5 批；轻料 1 批，其中烧结矿 6500kg，焦炭 4500kg（倒槽料）；洗炉料 10 批，其中萤石 2000kg，石灰石 480kg，焦炭 4500kg；轻料 5 批，矿石用平黄块矿。全炉总焦比约为 4.0。

2 月 17 日 21:45 送风后立即烧铁口。因铁口烧不开，次日 6:50 用钢钎打开临时出铁口（东渣口），排出渣铁各 15t 左右。以后轮流烧铁口和东渣口出铁。在东渣口出第 5 次铁，减风堵口时炉料崩下，铁水自动从东渣口流出。

从铁口出铁 10 次以后，分两次提铁口角度，并相继打开 4 号、5 号、6 号风口，10 号、11 号风口自动吹开，风量上升到 $1000m^3/min$。2 月 20 日 15：45 烧开西渣口放渣。

在此期间，炉内和炉前操作密切配合，在铁口未出铁前用较小的风量，以免风量大渣铁生成太多，铁口出铁后迅速增加风量；在净焦下达前，维持较高风温，全闭蒸汽鼓风；采取适当疏松边缘的装料制度；炉渣碱度 CaO/SiO_2 比平常偏低。高炉复风后，经过 6 天恢复了正常生产。

10.3.2.3 大钟坠落原因分析

休风后检查发现，大钟是由于吊杆发生巨大的塑性变形，螺帽脱落而坠落的。吊杆螺纹的外径由 $\phi130mm$ 变细为 $\phi100mm$，螺纹内径由 $\phi102mm$ 变细为 $\phi70mm$，即直径变细 30mm，长度也由 1190mm 拉伸为 1240mm，即拉伸 50mm（见图 10-7）。

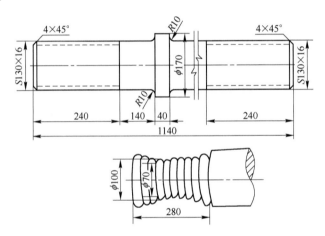

图 10-7 大钟吊杆下端变形示意图

经过对吊杆抗拉强度、冲击强度和高温蠕变强度的校核计算，证明大钟吊杆的抗拉强度、冲击强度足够，而高温蠕变强度不足。对吊杆进行了化学分析和金相检验，表明其材质为 45 号钢，但是没有按技术要求进行调质处理。由此得出结论，水钢 1 号高炉的大钟，是由于吊杆材质未经调质处理和设计直径小，抗高温蠕变强度不够，在高炉生产过程中发生蠕变而坠落的。

10.3.2.4 大钟坠落事故小结

水钢 1 号高炉坠落事故，是由于吊杆材质未经调质处理，吊杆设计直径偏小，抗高温蠕变强度不够引起的。在处理事故过程中，采取了"抢钟保炉"方案，节省了人力、物力，继续使用原大钟，最大限度地减少了事故造成的生产损失。

10.3.3 包钢2号高炉大钟漏损引起的炉况严重失常[7]

包钢2号高炉（1513m³）1982年11~12月期间，因大钟严重漏损引起炉况严重失常。经一再洗炉、烧瘤均无效果。在确认炉况失常是由于大钟漏损引起之后，将装入顺序由 JJKK（焦焦矿矿）改用 KJJK（矿焦焦矿）以后炉况才逐渐转入正常。

10.3.3.1 炉况失常的经过

1982年11月上旬2号高炉炉况基本正常，虽然炉身东南方向有结瘤现象，但危害不大。11月10日白班起，炉喉西南边缘煤气 CO_2 含量突然升高，以后日益发展（见表10-10）。11月17日以后煤气曲线变得极不规则（见图10-8）。

表10-10 包钢2号高炉炉喉边缘煤气 CO_2 含量变化（1982年） （%）

日　期	西南方向	西北、东北、东南平均	差　值
11月上旬	11.8	10.9	0.9
11月11~16日	15.0	12.4	2.6
11月17~26日	17.1	10.9	6.2
11月27日~12月1日	15.0	8.3	6.7

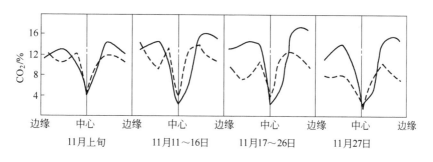

图10-8 包钢2号高炉炉喉煤气 CO_2 曲线（1982年）

——东北、西南方向；-----东南、西北方向

17日起，西南方向的南渣口（高渣口）放渣开始出现困难，16日时该渣口每次能放渣30t，而17日每次只能放渣1t。18日9时，西南方向的4号风口因冒渣被烧穿。休风中2号和3号风口凝渣，用氧气烧进1m也未见焦炭，却由4号风口扒出一些外观毫无变化的球团矿。送风之后，这几个风口出现生降和涌渣现象。与此同时，下料日趋恶化，南料尺偏深达1m。

26日10时开始，开小钟时炉顶时常喷出焦炭，经检查发现是大钟严重漏损所致。当即把炉顶压力从 0.12MPa 降到 0.08MPa，12月1日进一步降低到 0.06MPa。

11 月 27 日 6 时，2 号和 3 号风口同时因冒渣被烧穿，休风中 2 ~ 4 号风口全部凝渣，用氧气烧开。高炉复风后不久又出现凝渣，此后时凝时开。到 12 月 2 日，风口的情况是 2 号和 3 号风口凝渣，4 号风口时开时凝，相邻的 5 号和 6 号风口，以及 18 号和 17 号风口也开始恶化。随着炉况恶化，生铁含硫升高且剧烈波动，大量出格。尽管提高了生铁含硅水平，硫的分配系数却在下降（见表 10-11）。

表 10-11   包钢 2 号高炉炉况失常时期生铁含硫量变化（1982 年）

日 期	炉顶压力 /MPa	生铁含硫/%			(S)/[S]	炉渣 CaO/SiO$_2$	生铁含硅/%
		平均	范 围	[S] ≥0.06% 所占比例			
11 月上旬	0.117	0.034	0.021 ~ 0.058	0	40.0	1.02	0.72
11 月 11 ~ 16 日	0.108	0.043	0.023 ~ 0.062	5	34.3	1.01	0.73
11 月 17 ~ 26 日	0.112	0.042	0.022 ~ 0.142	21	34.8	1.02	0.94
11 月 27 ~ 12 月 1 日	0.073	0.051	0.022 ~ 0.151	39	33.5	1.03	1.30

10.3.3.2 炉况失常的原因

由于炉身、炉喉热电偶全部失灵，这给分析炉况失常的原因造成很大的困难。在排除了冷却器漏水的因素后，首先怀疑炉况失常是炉瘤发展引起的。为此在 11 月 17 日采取提高料线、提高炉温等措施，采用倒装洗炉 8 天，并一度使用全部包头块矿洗炉。在此期间还采取了装偏料，减少西南方向矿石量等措施，但均未见效果。最后于 12 月 2 ~ 8 日烧瘤，烧瘤后炉况仍然失常，前述失常征兆依然存在。

在排除了炉瘤是造成炉况失常的原因之后，通过进一步分析确认大钟漏损才是炉况失常的根本原因。

2 号高炉所用的大钟是 1981 年初更换的，发生炉况失常时已服役 19 个月，在此期间炉顶工作压力平均为 0.113MPa。1982 年 10 月 17 日曾点火检查大钟，发现西南方向漏损较严重。11 月 10 日起大钟漏损明显扩大，从 11 月 26 日开始开小钟时炉顶向外喷焦炭。而从 11 月中旬起西南方向的 2 ~ 4 号风口长期出现生降、涌渣，一再烧穿、凝渣。放渣困难的南出渣口（高渣口）位于西南方向，这说明炉况失常与大钟漏损有密切联系。

大钟漏损又与当时包钢高炉采用的装入顺序主要是（有时全部是）JJKK 有关。大钟破损后，高速煤气经漏洞进入大料斗，先行装入大料斗的焦炭因其质量轻，很容易被高速煤气吹起并抛向两侧；而矿石较重，不易被高速煤气吹动。这样一来，炉料在大料斗内实际分布状况是漏损区附近焦炭分布少，而矿石分布较均匀。因此，在大钟漏损区矿石相对较多，焦炭负荷过重。随着炉料在炉内下降，这种分布状况一直保持到风口区。最后使大钟漏损的西南方向煤气流严重不足，导致该方向风口、渣口以及炉缸工作均不正常。

实践证明，当炉顶压力高，焦炭负荷较重，料批较小时，大钟漏损引起的炉况失常比较严重。1982 年 11 ~ 12 月包钢 2 号高炉的炉况失常就属于这种情况。

10.3.3.3 炉况失常的处理

根据以上 JJKK 装入顺序影响布料的分析，大钟漏损后如果每批料先装矿石，进到大料斗内的煤气流不易将其吹动，而后装入的焦炭也不致被吹起抛向两侧，从而避免偏料。但在包钢当时的生产条件下，单一的 JJKK 装入顺序对高炉中心及边缘气流均有强烈的抑制作用，引起炉况不顺，因而不宜长期使用。在这种情况下，从 12 月 10 日起采用了 KJJK 的装入顺序。

12 月 10 日采用 KJJK 装入顺序后，11 日炉况即见改善，12 日炉况进一步好转。已凝死 4 天的 3 号风口自动吹开，18 个风口全部活跃明亮。南渣口放渣逐渐顺利，到 12 日中班，每次放渣量达到 35t。生铁含硫下降，波动幅度减小，炉喉煤气 CO_2 曲线也恢复了正常。

10.3.4 大钟坠落和漏损事故评述

本节介绍了两个大钟坠入高炉炉内的案例和一个大钟漏损的案例。随着近年无钟炉顶的普及，马基式双钟炉顶主要是在一些中小型高炉上应用。尽管如此，这些偶尔一见的事故还是值得高炉工作者高度重视。1980 年武钢 4 号高炉计划小修时发生的大钟坠落事故，造成重大的人员伤亡和设备事故。事故的主要原因是施工方案存在缺陷，施工管理存在漏洞。水城钢铁厂 1 号高炉是一座 1970 年迁建、改造的旧高炉，投产两年后，在生产水平不高的情况下，在生产过程中发生了大钟坠入炉内的事故。事故的主要原因是由于大钟吊杆材质未经调质处理，吊杆设计直径偏小，抗高温蠕变强度不够引起的。可以认为，技术改造时未对大钟设备的关键参数进行认真校核，造成了设备的重大隐患。与以上案例不同，包钢 2 号高炉 1982 年大钟严重漏损，主要是操作问题，特别是与装料制度的选择不当有关。以上这些教训是值得认真吸取的。

10.4 高炉无钟炉顶布料溜槽事故

随着高炉的大型化，传统的马基式双钟炉顶装料设备已不能满足高炉高压操作的要求。无钟炉顶以其密封性好、布料手段灵活、检修方便等优点，已逐步取代了双钟炉顶。无钟炉顶的特点是以旋转溜槽代替料钟进行布料，溜槽既可以围绕高炉中心旋转及上下摆动，又可以旋转和摆动同时进行，所以布料灵活，有利于提高煤气利用率和控制煤气合理分布。对于无钟炉顶来说，溜槽是很关键的布料手段，溜槽的磨损或脱落对高炉生产有严重的影响。

10.4.1 马钢 2500m³ 高炉布料溜槽磨损事故[8]

马钢 2500m³ 高炉采用从 PW 公司引进的串罐无钟炉顶，1997 年 6 月发生了布料溜槽磨损事故。现介绍判断布料溜槽磨损的依据、溜槽磨损后的高炉操作以及减缓溜槽磨损的措施。

10.4.1.1 布料溜槽磨损的判断

在高炉生产过程中布料溜槽的破损情况无法直接看到，只有利用休风机会才能进行观察。在这次布料溜槽磨损事故发生前的一个月，曾利用高炉休风机会观察溜槽状况，发现溜槽上中部的衬板开始出现变形，初步判断这是布料溜槽局部磨损的征兆。

在高炉生产过程中，可根据炉顶煤气封罩温度和炉喉钢砖温度的变化对布料溜槽的破损状况做出判断。如图 10-9 所示，该高炉煤气封罩测温点共 7 个，位于径向直径 3970mm 处。炉喉直径为 8309mm，测温点形成的圆面积约占炉喉断面积的 23%，煤气封罩的平均温度可代表煤气流中心的温度。炉喉钢砖测温点共 8 个，其平均温度可代表煤气流边缘的温度。至于十字测温，因为该高炉只有一个中心处的测温点，而且热电偶读数也不够准确，所以未用该数据判断。

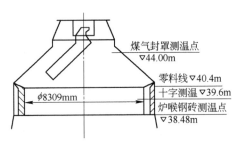

图 10-9 炉喉部位各测温点示意

在炉况正常的情况下，该高炉煤气封罩的温度为 400℃ 左右。溜槽磨漏后，部分炉料穿过空洞布向中心区域，且焦炭粒度大于烧结矿粒度，会使中心区域温度下降。表 10-12 和图 10-10 为 1997 年 6 月 1~25 日期间煤气封罩平均温度和炉喉钢砖平均温度的变化情况。6 月 19 日以前，煤气封罩和炉喉钢砖的温度比较正常。20~21 日，煤气封罩温度从 322℃ 降低到 258℃，炉喉钢砖温度从 301℃ 升高到 348℃。据此判断布料溜槽已经磨损，22 日决定高炉休风处理，23 日做高炉休风准备，24 日休风更换了溜槽。

表 10-12 煤气封罩和炉喉钢砖的平均温度变化

日 期	煤气封罩温度/℃	炉喉钢砖温度/℃	日 期	煤气封罩温度/℃	炉喉钢砖温度/℃
6 月 1 日	433	350	6 月 14 日	427	258
6 月 2 日	417	255	6 月 15 日	429	241
6 月 3 日	452	335	6 月 16 日	397	246
6 月 4 日	416	313	6 月 18 日	380	246
6 月 6 日	370	291	6 月 19 日	369	258
6 月 7 日	423	298	6 月 20 日	322	301
6 月 8 日	387	299	6 月 21 日	258	348
6 月 9 日	392	316	6 月 22 日	218	429
6 月 10 日	410	291	6 月 23 日	258	467
6 月 11 日	401	241	6 月 24 日	370	291
6 月 12 日	386	245	6 月 25 日	373	518①
6 月 13 日	419	259			

① 炉喉温度偏高是受复风后焦炭负荷轻和慢风时间长的影响。

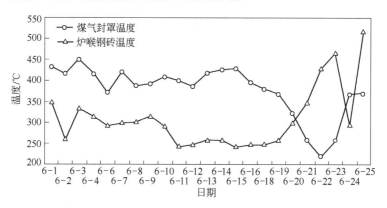

图 10-10 溜槽磨漏前后煤气封罩温度和炉喉钢砖温度的变化

10.4.1.2 布料溜槽磨损后的操作

6 月 22 日，根据煤气封罩温度和炉喉钢砖温度的变化判定溜槽磨损后，立即减负荷（O/C）0.2，相当于增加焦比 33kg/t。装料制度的调节原则是适当加重边缘，疏松中心，防止煤气流大的失常。原来的装料制度为 $C_{1222221}^{9876543} O_{1\ 22221}^{10\ 98765}$ （综合布料角度 $\alpha_C = 36.25°$，$\alpha_O = 40.20°$），矿焦布料角度差为 3.95°，料线 1.5m。6 月 23 日，为定修做准备工作，将装料制度改为 C_{122223}^{987651} （$\alpha_C = 31.58°$），矿焦布料角度差为 9.31°，炉况未出现失常。

6 月 24 日 5：20～21：00 休风 920min 更换破损的溜槽，并观测了磨损情况。如图 10-11 所示，溜槽上磨漏的空洞近似椭圆形，长轴（纵向）420mm，短轴

340mm，面积为 0.113m² 。溜槽未磨漏部分为八字形，长度约为 2440mm。

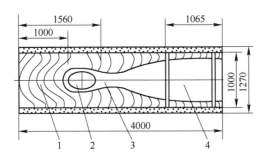

图 10-11 溜槽磨损情况

1—残存衬板存在区；2—磨通穿孔区；3—磨损后残存衬板形成的沟槽最窄处（347mm）；
4—磨损到壳底，未磨通处长度约 2440mm

10.4.1.3 溜槽磨损原因分析

布料溜槽磨漏既有工艺因素影响，也有溜槽设备方面的问题，简要分析如下：

（1）工艺因素影响。文献认为，无钟炉顶装入的炉料在中心喉管内料流偏行是导致溜槽磨损的重要原因之一[9]。引起中心喉管内料流偏行的主要因素有：1）上罐运转不正常；2）上罐内插入件的位置不正；3）主皮带卸料处的可调挡板位置未调好；4）下罐内插入件位置调整不合适等。当料流呈漏斗中心下降时，排料过程中粒度偏析大，易在中心喉管内产生炉料偏行。若操作控制好，炉料下降呈层状流，则炉料在中心喉管内的 Z 字形偏析将减轻，这有利于保护溜槽。

（2）设备因素影响。表 10-13 列出 1994～1998 年期间马钢高炉所用布料溜槽的材质、结构等情况。其中，国内 X 厂所提供的溜槽明显单薄，衬板及堆焊层均为 8mm，且对焊的合金耐磨性较差，因而影响了溜槽寿命。

表 10-13 1994～1998 年期间马钢高炉使用的溜槽结构

开始时间	溜槽结构	衬板及堆焊材质	制 造 厂
1994-04-25	箱格式（3层衬板）	ST37-3，堆焊 A45-0 合金	PW 公司
1996-11-07	箱格式（3层衬板）	Q235，堆焊 A45-0 合金	国内 X 厂
1997-06-24	箱格式（3层衬板）	Q235，堆焊 A45-0 合金	国内 X 厂
1997-10-31	箱格式（3层衬板）	Q235，堆焊 A45-0 合金	国内 X 厂
1998-04-07	基本为光面（镶嵌）	35CrMo 镶嵌合金刀块	国内 S 厂

10.4.1.4 减缓溜槽磨损的措施

为了减缓布料溜槽的磨损，马钢采取了以下措施：

（1）采用新型耐磨材料。国内已研制出堆焊 WC 及含 Cu、Mn、Ni 的复合材料，TiC 与 Mn 复合材料，还有的采用 WC + Co 合金及其他耐磨刀具材料镶嵌溜槽衬板，不少国产溜槽的通铁量已达到 250 万吨。马钢高炉原来使用较多的国内 X 厂溜槽寿命较短，后改用 S 厂制造的溜槽。今后应研究耐磨性、耐腐蚀性、耐氧化性、热抗震性及耐高温性好，价格不贵的陶瓷材料试用于溜槽衬板。

（2）改进溜槽结构。溜槽有 4 种基本形式，即箱格式、鱼鳞式、箱格和鱼鳞组合式、全部光面式。可以考虑在此基础上对溜槽的结构形式进行组合和优化。

（3）进一步研究减少炉料在中心喉管内偏行的措施。维护好插入件和上罐挡料板，消除漏斗中心流卸料现象，防止卸料过程中因粒度偏析过大导致的中心喉管内炉料偏行。

10.4.2 酒钢 1 号高炉布料溜槽穿漏和脱落事故[10]

酒钢 1 号高炉（1513m³）1984 年大修时由钟式炉顶改为无钟炉顶，于 1985 年 1 月投产。1989 年 2～4 月期间，该高炉发生了溜槽穿漏和脱落事故，造成炉料和煤气分布严重失常，导致炉子大凉。幸亏高炉操作人员对溜槽事故的判断及时，并采取了相应的措施，才预防了炉缸冻结事故的发生。

10.4.2.1 溜槽穿漏

钟式炉顶通常根据炉顶压力的变化来判断大钟是否穿漏，而无钟炉顶则可根据炉喉煤气 CO_2 曲线的变化来判断溜槽的穿漏。图 10-12 所示为该高炉 1989 年 1 月 20 日溜槽穿漏以前，炉况基本正常，炉喉煤气 CO_2 曲线呈现典型的边缘、中心两道气流。

3 月 14 日高炉休风，在打开炉顶人孔检查时发现溜槽已穿漏严重，约有 70% 的炉料从溜槽上磨穿的空洞直接漏入炉喉中心。从炉喉煤气 CO_2 曲线的变化趋势看，中心 CO_2 含量逐渐升高，边缘 CO_2 含量则逐渐降低（见图 10-13）。这说明溜槽上穿漏的空洞在扩大，漏入中心的炉料增多，已堵塞中心气流。

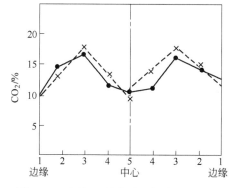

图 10-12 酒钢 1 号高炉溜槽穿漏前炉喉煤气 CO_2 曲线（1989 年 1 月 20 日）

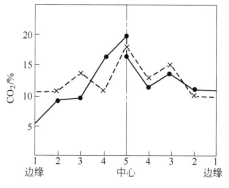

图 10-13 酒钢 1 号高炉溜槽穿漏后炉喉煤气 CO_2 曲线（1989 年 3 月 19 日）

随着料柱透气性的恶化，从 2 月下旬起高炉冶炼强度大幅度降低，焦比升高，产量急剧下降（见图 10-14）。

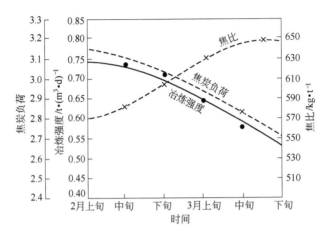

图 10-14　酒钢 1 号高炉溜槽穿漏后指标变化（1989 年 2～3 月）

10.4.2.2　溜槽脱落

从 2 月上旬起，高炉各项技术经济指标逐渐变差，3 月 14 日休风发现溜槽已穿漏严重。但在 4 月 28 日以前，生铁质量和煤气曲线还大体正常。从 4 月 29 日夜班开始炉况变差，出现严重炉凉，渣铁不分。13439 次铁，硅含量突然降到 0.12%，硫含量升至 0.3%，下两炉次铁的硅含量竟降至 0.08%。此后接连十几炉次生铁出格，硫含量最高达到 0.705%，炉顶综合煤气 CO_2 含量降低了 2%～5%。4 月 29 日白班的炉喉煤气 CO_2 曲线如图 10-15 所示，边缘煤气 CO_2 含量降低到 2% 以下，中心煤气 CO_2 含量升高到 36%，呈明显的"塔尖"形。这种煤气曲线在一般情况下从未出现过，由此初步判断溜槽已掉入炉内。

为了进一步证实溜槽是否脱落，还进行了以下试验：

（1）改变装料制度。4 月 30 日夜班装料制度由全混装改为混装加分装，煤气 CO_2 曲线仍为"塔尖"形，表明

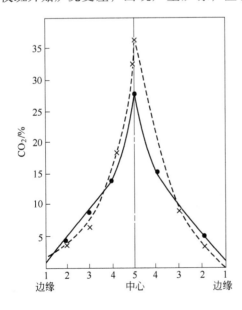

图 10-15　酒钢 1 号高炉溜槽脱落后的煤气 CO_2 曲线（1989 年 4 月 29 日白班）

依靠改变装料制度控制煤气流分布已经不起作用。

（2）检查溜槽倾角（α 角）。如果溜槽存在，当溜槽与水平方向的夹角小于炉料堆角时，炉料将较难漏入炉内。在进行定点布料的情况下，逐渐增大 α 角超过其正常值，达到 67°和 71°，最后甚至达到 87°，发现炉料仍能顺利流入炉内，证明溜槽确实已经脱落。

（3）探测料面状况。先是通过定点布料，即选择旋转角（β 角）使落料点在南北两探尺方位，探尺连续跟踪料面。试验结果表明南北方位料线无变化，然后又采用 β 角任意旋转布料，发现南北探尺升高 300mm，说明炉料从中心喉管直接进入了炉内，形成自然堆角，使探尺方位的料面自然升高。

（4）观察溜槽工作电流变化。在溜槽空载和带负荷运转时，正常的工作电流分别为 10A 和 15A。在装料试验期间，不论多大负荷溜槽电流都保持 10A 不变，这说明溜槽是不带负荷运转的，间接判断溜槽已不存在。

5 月 4 日高炉休风观察，除了溜槽的旋转轴和动臂尚存，溜槽已不存在，证实了以上推测和试验结果的判断。

10.4.2.3 溜槽脱落后的高炉操作

溜槽掉入炉内后，炉料从喉管直接漏到炉喉中心，形成"塔尖"形料柱，必然造成边缘气流剧烈发展。加上炉凉后减风操作，炉内基本为死料柱。由于煤气利用差，大量炉料落入炉缸参加直接还原，消耗了大量的高温热量。在这种炉况下，虽然风温保持 1000℃以上，仍然出现风口挂渣，炉渣变黑，进而发展到渣铁不分，铁口自动封死等炉缸大凉现象。

在恢复炉况过程中，高炉操作采取了以下紧急措施：

（1）立即减风 35% ~ 60%，提高风温 50 ~ 70℃，同时全关鼓风中的蒸汽，每 5 批料加 1 批净焦。此后炉温迅速回升，［Si］由 0.08% 上升到 1.09%，但炉缸温度仍然不足，渣铁流动性很差。

（2）减轻焦炭负荷，由 2.97 逐步降低到 1.40。

（3）在每批正常料内加萤石 200kg，以改善炉渣流动性，促使渣铁分离。

（4）装料制度采用正分装，使矿石相对多布到边缘，同时调整料线。

（5）保证渣口、铁口与其上方的风口连通，多放上渣，尽量将低温渣及时排出。

（6）杜绝一切炉外事故，包括各种设备事故，确保高炉不休风，防止高炉产生自动灌渣事故。

由于以上措施的实施，高炉炉况逐渐恢复正常，避免了炉凉事故发生。

10.4.3 邯钢 5 号高炉布料溜槽磨漏事故[11]

邯钢 5 号高炉（1260m³）1992 年 7 月投产。1995 年 11 月和 1997 年 7 月，该高炉先后两次发现溜槽磨漏，分别因为距离计划大修时间较近和溜槽备件未到而未及时更换。在溜槽磨漏未更换的条件下，高炉操作中采取了防止边缘气流过分发展的措施，使高炉生产实现了稳定、顺行。

10.4.3.1　溜槽磨漏情况

邯钢 5 号高炉第一次溜槽磨漏是 1995 年 11 月 1 日休风时发现的，而在休风前没有发现煤气分布出现异常变化。据目测观察，当时布料溜槽底部已经磨漏，漏洞位于中心喉管的下方，呈椭圆形，尺寸约为 400mm × 200mm（见图 10-16（a））。在远离中心喉管下方，底部还有两处衬板被磨掉。

第二次溜槽磨漏发生在 1997 年 7 月 8 日，磨漏处同样位于中心喉管下方，为不规则形（见图 10-16（b））。当时炉顶十字测温数据曾有反映：在 15h 时间内，中心点的温度从 600℃ 下降到 160 ~ 200℃，边缘温度由 140 ~ 180℃ 上升到 200 ~ 270℃，个别点高达 350℃ 以上。即使采取加大布料角度的措施，温度分布也没有大的变化。

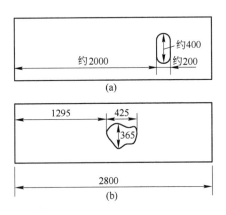

图 10-16　邯钢 5 号高炉溜槽磨漏情况
（a）1995 年磨漏；（b）1997 年磨漏

10.4.3.2　溜槽磨漏后的操作

由于溜槽磨漏孔洞位于中心喉管到溜槽的垂直落料的撞击点，因此必须采取措施解决两个问题：第一要使溜槽漏下的炉料减少到最低限度，以防止和纠正因漏料引起的中心煤气流太弱、边缘气流过分发展；第二要保持炉缸热量充沛，渣铁流动性好。具体措施可概括为"减漏压边"，分述如下：

（1）"减漏"措施：

1）减小布料角度。减小布料角度可使炉料落点沿溜槽长度方向下移，达到漏洞下沿或以下，以减少漏料甚至做到不漏料。

溜槽第一次磨漏前，矿石的布料角度是 34°，焦炭布料角度 30°。发现溜槽磨漏后，把矿石布料角度减小到 29° ~ 31°，焦炭布料角度减小到 25° ~ 27°；这一时期常用布料参数为矿石布料角度 30°，焦炭布料角度 26°，其角度差 4° 未变。

溜槽第二次磨漏前，布料角度较大，矿石布料角度37°，焦炭布料角度33°，其角度差4°。判断溜槽磨漏后，参照第一次的做法，分别将矿石和焦炭的布料角度各减小4°，但效果不明显。随后继续减小布料角度，矿石布料角度减小到30°，焦炭布料角度减小到26°，获得了较好的效果。通过这两次溜槽磨漏实践，认为矿石布料角度减小到30°，焦炭布料角度减小到26°是合适的。

2）适当扩大料批。在溜槽磨漏的情况下，适当扩大料批可减少通过漏洞的漏料在总料流中的比例。

试验观察表明减少漏洞的漏料有利于减轻中心负荷。

（2）"压边"措施。溜槽磨漏会使中心区域漏料增加，加上减小布料角度易使炉料堆尖移向中心，因此必须采取发展中心气流、抑制边缘气流的"压边措施"。这两次溜槽磨漏后采取的"压边"措施包括：

1）加大料流阀的开度。加大料流阀开度可增加料流速度，使炉料冲向炉墙边缘。在溜槽磨漏后，每罐料的布料圈数都减少了1~2圈。

2）降低料线。第一次发现溜槽磨漏后，将装矿石和焦炭的料线由1m降为2m，但效果不好，随后将料线提到1.2m，最终定在1.4m，取得了较好的效果。第二次发现溜槽磨漏后，直接将装矿石料线由1.4m降到1.8m，装焦炭料线由1.2m降到1.4m。

3）维持大风量、高风速、高风温，采用长风口。这些措施有利于保证活跃的炉缸工作和充沛的渣铁温度。第一次溜槽磨漏后，未按照过去大修停炉前缩短风口的操作，而是坚持用长风口，并推迟捅开所堵的风口。第二次溜槽磨漏后还适当地增加了风量，维持较高的冶炼强度操作。

4）稳定或增加中心焦量。这一措施有利于中心气流发展。第一次溜槽磨漏时所用中心加焦量较大，采取了稳定中心加焦量不变的措施。第二次溜槽磨漏前，已经长期未实施中心加焦，在溜槽磨漏后将中心加焦增加到6.45%。

10.4.3.3 实施效果

邯钢5号高炉在溜槽磨漏不及时更换的条件下，通过采取以上措施，实现了高炉生产的稳定、顺行。表10-14列出该高炉两次溜槽磨漏前后主要技术经济指标的对比数据，其中时期分为溜槽磨漏前和溜槽磨漏后。从表中数据看出，第一次溜槽磨漏后，尽管休风率高，利用系数并未降低，主要表现为燃料比升高；第二次溜槽磨漏后，休风率基本维持了此前的水平，利用系数也未降低，只是燃料比有较明显的升高。

采取"减漏压边"措施后，高炉炉况基本稳定，可从以下方面看出：

（1）溜槽磨损未再明显加重。第一次溜槽磨漏，从休风时发现到停炉观察，原溜槽漏洞未见明显扩大，也未发现新的磨漏孔洞。第二次溜槽磨漏前后的情况与上述相似。

表 10-14　邯钢 5 号高炉溜槽磨漏前后技术经济指标的对比

时　期	利用系数/t·(m³·d)⁻¹	冶炼强度/t·(m³·d)⁻¹	焦比/kg·t⁻¹	煤比/kg·t⁻¹	煤气 CO₂/%	风量/m³·min⁻¹	顶压/kPa	休风率/%
第一次磨漏（1995 年）								
9 月 1～30 日	1.695	0.832	489	14.0	15.87	2261	149	0.37
11 月 1 日～12 月 6 日	1.753	0.908	503	22.8	15.30	2417	157	3.04
第二次磨漏（1997 年）								
6 月 1～23 日	2.036	0.854	419	105.9	18.55	2575	151	0.12
7 月 8～31 日	2.005	0.886	442	108.3	17.75	2654	159	0.18

（2）煤气流分布未发生明显异常，中心气流适度发展。这可从采取措施前后十字测温温度曲线的变化看出（见图 10-17）。

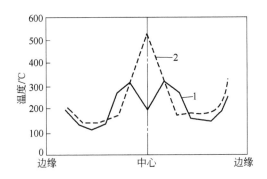

图 10-17　邯钢 5 号高炉溜槽磨漏前后十字测温温度分布
1—采取措施前；2—采取措施后

（3）溜槽更换后高炉复风顺利，炉况顺行。送风 2.5h 后，风压和风量基本恢复到正常水平，第二天高炉利用系数便达到 2.0 以上。

10.4.3.4　减小布料角度落料试验

在第二次溜槽磨漏时，利用更换溜槽前压水渣的机会，观察了改变溜槽布料角度时料流落点的变化。观察发现，随着布料角度 α（与垂直方向）减小，料流在溜槽上的落点逐渐移向溜槽下端。如图 10-18 所示，当布料角度为 37°和 28°时，由溜槽漏下去的干水渣占其总量的比例分别为 2/3 和 1/10。布料角度小于 23°时，干水渣落点已下移到溜槽漏洞下方，且仍能落在溜槽内保持正常布料。当布料角度小于 12°时，干水渣由中心喉管直接落入炉内，溜槽不再起布料作用。

观察试验结果，可得到以下启示：

（1）溜槽磨漏后减小布料角度的操作是正确的，根据漏洞位置选择漏料最少的最大有效布料角度仍可实现正常布料。

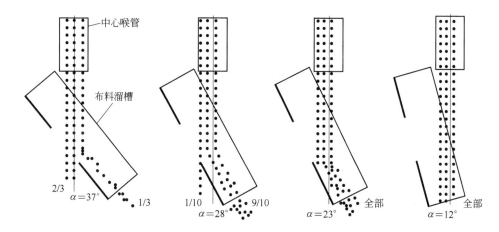

图 10-18 布料溜槽处于不同布料角度时干水渣落点

（2）确定最大有效布料角度后，可用降料线来补偿减小布料角度对边缘减轻的影响。调整炉料分布，可达到最佳的"减漏压边"效果。

（3）随着漏洞扩大或下移，最大有效布料角度可继续减小以延续正常使用的期限，直到最大有效布料角度太小，采用降低料线也不奏效为止。

（4）由于焦炭布料角度较小，焦炭从漏洞漏下去的比例不大，而矿石布料角度较大，因此溜槽磨漏后的布料更像"中心加矿"。

（5）第二次磨漏的形状和位置与第一次不同，据分析与该时期长期采用多环布料有关。因为多环布料可使炉料垂直落点沿溜槽长度方向上下移动，不会对某处集中冲击，因而能减轻溜槽的磨损。此外，第二次磨漏的漏洞及磨损衬板的形状两侧不对称，可能与溜槽转动方向单一有关。由此认为，溜槽定期更替正转、反转的方向将有利于减小溜槽的磨损。

10.4.3.5 基本经验

通过处理两次磨漏事故，总结以下经验：

（1）邯钢 5 号高炉在溜槽磨漏未及时更换的条件下，由于采取"减漏压边"的操作措施，保持了煤气分布和炉缸工作未发生严重失常，减少了损失。维持高炉正常生产一个月以上。

（2）在维持生产过程中，由于边缘气流相对发展，煤气利用变差，焦比会有所升高。适当提高冶炼强度，改善炉缸工作，可使产量基本稳定在原水平。

（3）根据溜槽的漏洞位置选择最大有效布料角度可实现漏料最少，甚至完全不漏料。随着漏洞扩大或下移，最大有效布料角度须相应减小。

（4）最大有效布料角度确定后可固定一段时间不变，并用降料线来补偿减小布料角度的影响，以改善布料效果。在邯钢条件下，布料角度为矿石 30°，焦炭 26°，料线 1.4～1.8m，布料圈数减少 1～2 圈，效果较好。

（5）多换布料和溜槽定期正反向交替转动布料可以减轻溜槽的磨损。

10.4.4 湘钢 2 号高炉溜槽磨漏事故[12]

2002 年 5 月，湘钢 2 号高炉（750m³）中修后投产。投产后随着生产节奏的加快，设备故障频发，影响了炉况顺行。高炉生产 5 个月后，在 2002 年 10 月发生了溜槽磨穿事故。幸亏发现事故及时，并采取了有效措施，才避免了炉况的失常。

10.4.4.1 溜槽磨穿的征兆

2002 年 10 月上中旬，2 号高炉炉况相当顺行，炉缸工作活跃，煤气流分布合理，保持中心略强于边缘的双峰式煤气曲线，炉温充沛，下料均匀、顺畅。从 10 月下旬起，炉况发生明显变化，表现在：

（1）高炉不易接受风量，压差高且波动大，透气性指数偏低。

（2）料速不均匀，易出现"陷落"或突然"料满"现象。

（3）10 月 22 日上午在摄像中发现布料时出现两股料流，中心煤气流明显不足，炉喉煤气 CO_2 曲线中心呈"馒头形"。

（4）炉喉温度高于正常值，顶温带宽，波动较大。

（5）不能维持全风操作，喷煤量上不去，仅 10 月 19 日一天就因压差高减风 9 次。

（6）10 月 19 日夜班开始出现上渣物理热不足，清渣困难。

10 月 19~22 日，炉喉煤气 CO_2 曲线经历了中心不断加重的变化（见图 10-19）。在这 4 天时间里，中心处 CO_2 从 10.2% 一直升到 22%，而北部第 4 点 CO_2 升高至 19%~22%。高炉操作人员从原燃料质量、布料制度、风口和渣口等冷却设备方面进行检查，均未发现异常。根据炉喉煤气中心处 CO_2 升到 22%，认为是大部分矿石布向中心所致。由于布料角度、圈数和时间均未变化，推测可能是溜槽磨穿使矿石大量布向中心。

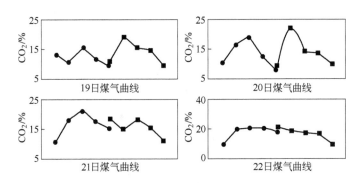

图 10-19 湘钢 2 号高炉溜槽磨穿时的煤气 CO_2 曲线

10.4.4.2 溜槽磨穿事故处理措施

在更换溜槽以前要为休风做好准备，避免产生炉缸中心堆积，保证渣铁物理热充足，煤气流分布正常。为此采取了以下措施：

（1）减轻焦炭负荷，降低煤比。10月22日，将矿石批重由原来的20.60t减小到18.25t，焦炭负荷由原来的4.29降低到3.80，喷煤量由8t/h降低到6t/h，[Si]由原来的0.45%~0.60%提高到0.50%~0.65%。采取以上措施后高炉压差明显降低，从原来的138kPa降低到130kPa，渣铁物理热充沛。虽然煤比降低后焦比升高约40kg/t，但由于维持了顺行和风量水平，基本避免了高炉减产。

（2）调整装料制度。为了尽量做到中心少布矿石，多布焦炭，以维持一定的中心气流，2号高炉及时调整了装料制度，由原来的 $O_2^{32°\ 30.5°}_{\quad 6}C_2^{31.5°\ 34.3°\ 21°\ 28.5°}_{\quad 3\quad 4\quad 3}$ 变为 $O_3^{31°\ 29.5°}_{\quad 5}C_2^{30.5°\ 33.5°\ 20°\ 27.5°}_{\quad 3\quad 4\quad 3}$，料线由原来的1.1m降低到1.3m。采用这种装料制度后，从23日煤气 CO_2 曲线可以看出，中心维持了一定气流，料柱透气性有所改善（见图10-20）。

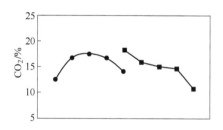

图10-20 采取措施后的23日煤气 CO_2 曲线

（3）其他措施：

1）要求操作人员精心操作，防止压差较高，维持较高透气性指数，密切观察十字测温和炉体各部位温度的变化，发现问题尽早处理。

2）抓好炉前工作，勤放渣，勤出铁，保证铁口深度，多喷铁口，出净渣铁，为炉况顺行创造有利条件。

10.4.4.3 更换衬板和炉况恢复

10月24日，按照计划高炉检修10h，检查时发现溜槽确实已经磨穿，形成了直径180mm的圆孔。休风前对热制度和造渣制度进行调整，在休风前3h按装料制度4C加入焦炭9.6t，在休风前4.5h将20批料按不喷煤调节炉渣碱度。休风前先压两罐料，休风后因炉顶火大，将料罐中的料按装料制度2（O2C3）装入。

送风时堵4个风口（3号、7号、11号、14号），风量为 $1400m^3/min$。送风后恢复顺利，第一次铁后打开7号和14号风口，第二次铁后打开3号风口，第三次铁后打开11号风口。前两次铁因受净焦影响[Si]较高，此后转为正常。

在出第一次铁后将焦炭负荷调至 4.1，在［Si］降低后再将焦炭负荷调至 4.22。装料制度的调整是在 10 月 20 日的基础上将矿石和焦炭的布料角度同时减小 1°，主要考虑更换新的溜槽衬板厚度增加的因素，并保证一定的边缘气流。

10.4.5 布料溜槽事故评述

本节介绍了布料溜槽穿漏或脱落的 4 个事故案例，尽管情况不尽相同，但有些共同的经验可以吸取：

（1）为了减少布料溜槽事故造成的生产损失，高炉操作人员应尽早判断布料溜槽是否已经损坏。判断溜槽穿漏或脱落，基本依靠炉顶温度的相关参数。马钢 2500m³ 高炉是根据炉顶煤气封罩温度和炉喉钢砖温度的变化，酒钢 1 号高炉和湘钢 2 号高炉是根据炉喉煤气 CO_2 曲线变化，邯钢 5 号高炉是根据炉顶十字测温数据的变化。

（2）布料溜槽的完好状态，对高炉内炉料分布起着决定性的作用。对于布料溜槽这样的关键备品，管理上应该做到常备，最好做到定期按计划更换，至少不应该发生溜槽损坏后无备品更换的情况。无论如何，及时更换溜槽的损失总是小于溜槽损坏乃至脱落掉入炉内的情况。

参 考 文 献

[1] 朱时祥. 高炉断水事故的处理 [J]. 炼铁, 1989, (3).

[2] 徐矩良, 刘琦. 高炉事故处理一百例 [M]. 北京: 冶金工业出版社, 1986: 398～399.

[3] 李继昌. 酒钢 2 号高炉炉皮开裂的原因及对策 [J]. 炼铁, 2007, (4).

[4] 李长平. 攀钢高炉炉皮烧穿事故分析 [C]. 首期全国炉长工长点检长培训班论文集, 2009: 198～202.

[5] 徐矩良, 刘琦. 高炉事故处理一百例 [M]. 北京: 冶金工业出版社, 1986: 389～390.

[6] 徐矩良, 刘琦. 高炉事故处理一百例 [M]. 北京: 冶金工业出版社, 1986: 391～397.

[7] 徐矩良, 刘琦. 高炉事故处理一百例 [M]. 北京: 冶金工业出版社, 1986: 410～413.

[8] 夏世桐, 等. 马钢 2500m³ 高炉布料溜槽磨损的判断及原因分析 [J]. 炼铁, 1998, (4).

[9] 章天华. 宝钢 2 号高炉无料钟炉顶设备特点 [J]. 冶金设备, 1992, (6).

[10] 刘兰田. 无钟炉顶溜槽穿漏和脱落事故 [J]. 炼铁, 1989, (6).

[11] 张艳允. 邯钢 5 号高炉布料溜槽磨漏后的生产操作 [J]. 炼铁, 1998, (4).

[12] 李永清, 刘竹林. 湘钢 2 号高炉溜槽磨穿分析及处理措施 [J]. 炼铁, 2003, (3).

11 从挫折中学习

11.1 高炉事故的随机性与多样性

自20世纪50年代我国钢铁工业建立至今已近60年，我国钢铁工业规模不断扩大，技术进步加速，水平持续提升，高炉事故日益减少。

高炉事故的发生是有条件的。随着各方面条件的不断改善，事故减少是必然的。由于高炉炼铁生产、技术、操作和组织管理的复杂性，迄今为止仍不能完全杜绝事故的发生。高炉事故往往是意外出现的，是偶然因素引起的，因而是随机性的。高炉事故的随机性，决定了本书各章中所列举的事故都是在特定条件下发生的，高炉事故中没有完全相同的，不可能有完全重复的。因此，这些高炉事故的处理经验只能借鉴参考，而不能照搬照套。

11.2 出现苗头及时决策

高炉事故的出现是随机的，然而在事故发生前往往有苗头显现。如高炉炉缸烧穿前往往有炉衬局部温度过高或冷却设备热负荷过高等先兆出现，而铁口区烧穿则往往是铁口过浅等。如能在事故苗头出现后采取果断措施，则炉缸烧穿等事故是可以避免的。

炉况失常往往是一个累积的过程，即由短期性的炉况不顺逐渐演变为炉况失常。如在出现炉况不顺时及时找出原因，使炉况恢复顺行，炉况失常就不会发生。

11.3 保持头脑清醒是关键

事故出现往往带来严重损失，使当事者精神紧张。这时最重要的是尽量保持头脑清醒，以下四方面的问题不容忽视：

（1）判断事故的源头所在，尽快予以控制，防止事故扩大。

（2）研究有无引起次生事故的可能性，尽快采取措施避免出现次生事故。

（3）把人员安全放在首位，使事故区与其他非事故区隔离。

（4）处理高炉事故无固定模式，应从实际出发，集思广益，从大局着眼，勇于承担责任是处理高炉事故的基本原则。

11.4 从挫折中学习不断提升高炉炼铁技术水平

路是人走出来的。成功经验和失败教训的积累使钢铁冶炼形成一门技艺。工业革命的推动及其带来的技术创新使钢铁冶炼成为工业化中的一门重要产业。当今的钢铁工业的科学技术水平与20世纪二次世界大战后的国际钢铁工业相比,决不可同日而语。钢铁工业资源和能源的全球化,技术装备的现代化、大型化、自动化,冶金工业的科研发现和技术创新,使钢铁工业工艺技术水平大幅提升,信息技术的应用使钢铁工业科学技术跨入前所未有的高水平。高炉炼铁进入21世纪以来也达到了历史最高水平,生产技术指标不断改善,事故不断减少。不少高炉保持长期稳定生产,有的操作人员工作10年以上未见过高炉事故。这种结果来之不易,应当珍惜。另外,高炉事故的偶然性和随机性决定了高炉事故还不可能完全杜绝。一旦事故出现,就会由于缺乏应对事故的知识而措手不及,进退失据而造成不必要的损失。高炉炼铁能进步到当前的水平,事故带来的挫折在高炉炼铁技术水平的提升上发挥了重要作用。有关高炉事故的知识、教训和经验是高炉炼铁界数代人积累下的宝贵知识财富,应当传承下来,使今天和将来的炼铁工作者能够分享。科学、技术永远是在克服挫折中前进的。从挫折中学习,将继续是不断提升高炉炼铁技术水平主要途径之一。

冶金工业出版社部分图书推荐

书　　名	定价（元）
高炉炼铁生产技术手册	118.00
高炉设计——炼铁工艺设计理论与实践	136.00
武钢高炉长寿技术	56.00
炼铁计算辨析	40.00
高炉布料规律（第3版）	30.00
高炉炼铁理论与操作	35.00
实用高炉炼铁技术	29.00
高炉炼铁操作	65.00
高炉冶炼操作技术（第2版）	38.00
高炉炼铁基础知识（第2版）	40.00
高炉生产知识问答（第2版）	35.00
高炉炉前操作技术	25.00
高炉喷吹煤粉知识问答	25.00
高炉喷煤技术	19.00
高炉炼铁设计原理	28.00
炼铁节能与工艺计算	19.00
炼铁生产自动化技术	46.00
高炉炼铁过程优化与智能控制系统	36.00
高炉热风炉燃烧CBR智能控制技术	18.00
炼焦煤性质与高炉焦炭质量	29.00
高炉砌筑技术手册	66.00
高炉衬蚀损显微剖析	99.00
钢铁冶金学（炼铁部分）（第2版）	29.00
炼铁学	45.00
炼铁机械（第2版）	38.00
冶金课程工艺设计计算（炼铁部分）	20.00
非高炉炼铁工艺与理论（第2版）	39.00